GEOGRAFIAS DE SÃO PAULO

A Metrópole do século XXI

Ana Fani Alessandri Carlos
Ariovaldo Umbelino de Oliveira
(organizadores)

GEOGRAFIAS DE SÃO PAULO

A Metrópole do século XXI

editoracontexto

Montagem de capa
Gustavo S. Vilas Boas

Diagramação
Denis Fracalossi

Preparação de originais
Dos autores

Colaboração
Pró-Reitoria de Pós-Graduação – USP
Programa de Pós-Graduação em Geografia Humana – FFLCH

Departamento de Geografia – FFLCH

Dados Internacionais de Catalogação na Publicação (CIP)
(Câmara Brasileira do Livro, SP, Brasil)

Geografias de São Paulo : a metrópole do século XXI /
Ana Fani Alessandri Carlos, Ariovaldo Umbelino de Oliveira
(organizadores). – 1.ed., 1ª reimpressão. – São Paulo :
Contexto, 2021.

Obra em 2 v.
Bibliografia
ISBN 978-85-7244-275-6

1. Geografia urbana – São Paulo (SP) 2. São Paulo (SP) –
História 3. São Paulo (SP) – Urbanismo I. Carlos, Ana Fani
Alessandri. II. Oliveira, Ariovaldo Umbelino de.

04-5301 CDD-711.40981611

Índice para catálogo sistemático:
1. São Paulo : Cidade : Espaço urbano : Urbanismo 711.40981611

2021

EDITORA CONTEXTO
Diretor editorial: *Jaime Pinsky*

Rua Dr. José Elias, 520 – Alto da Lapa
05083-030 – São Paulo – SP
PABX: (11) 3832 5838
contexto@editoracontexto.com.br
www.editoracontexto.com.br

SUMÁRIO

APRESENTANDO A OBRA

Neste momento histórico em que se comemoram os 450 anos da Cidade de São Paulo, também comemoramos a criação da Geografia Institucionalizada com a fundação da Universidade de São Paulo, ambas em 1934. Ao longo destes 70 anos, os professores do Departamento de Geografia (da atual Faculdade de Filosofia, Letras e Ciências Humanas, da Universidade de São Paulo) pelas pesquisas realizadas, vêem contribuindo de modo significativo à construção do pensamento geográfico brasileiro, bem como do entendimento da realidade brasileira. Muitos destes pesquisadores têm, desde a fundação do curso de geografia, a Cidade de São Paulo como ponto de partida para o entendimento do território e da sociedade brasileira. Deste modo, São Paulo se constitui no foco central de nossas pesquisas e de muitos de nossos cursos – tanto da graduação quanto da pós-graduação. Tal fato explica, por exemplo, que em 1954, quando do aniversário de 400 anos da Cidade, geógrafos deste Departamento, membros da AGB – Associação dos Geógrafos Brasileiros – publicaram uma obra sobre a Cidade que se tornou referência obrigatória para todos aqueles que se debruçam a estudar São Paulo.

A coleção de livros que ora apresentamos, sob o título *As Geografias de São Paulo* visa dar continuidade a este trabalho de divulgação das pesquisas sobre a metrópole, reunidas num único conjunto, produzidas no âmbito do Departamento, a partir das possibilidades abertas pela Geografia. Com isto, pretende-se apresentar as reflexões sobre a metrópole, a partir das pesquisas que têm como fundamento os mais variados temas e vertentes teórico-metodológicas – visto que o ensino e a pesquisa realizada neste Departamento de Geografia vêem, ao longo do tempo, reafirmando a possibilidade de pensar o mundo a partir de várias possibilidades *teórico-metodológicas*. Essa prática fundamenta as "geografias" do título da obra, estimulando e permitindo dar visibilidade à multiplicidade de temas e abordagens de uma metrópole complexa como São Paulo.

Este trabalho coloca, também, a questão da possibilidade de construção de uma leitura do mundo moderno, através ou a partir da análise de São Paulo. Portanto a obra que ora apresentamos revela dois objetivos. O primeiro é desvendar a metrópole em sua complexidade, o segundo é dar visibilidade à pesquisa que se realiza no Departamento de Geografia, dando voz aos pesquisadores que, em seu cotidiano, pensam a realidade da metrópole, fazendo dela seu campo privilegiado de pesquisa, e de orientação de estudantes. É a partir daqui que pensamos o mundo – com os pés nesta Cidade, com a mente, voltada para o futuro, que se tece nas tramas do presente.

É, também, através deste trabalho que reafirmamos nosso compromisso na construção ininterrupta de uma universidade pública, de qualidade, capaz de construir um pensamento inédito sobre a realidade em que vivemos, sem importação de modelos teóricos e análises que dizem respeito à realidade dos países centrais. É, neste sentido, que com nosso trabalho cotidiano de pesquisa, assumimos uma responsabilidade com o futuro da sociedade brasileira.

Queremos dedicar esta obra àqueles – nossos mestres – que por meio de suas atividades de pesquisas e ensino; com suas reflexões e conhecimento, contribuíram de forma significativa, à construção do Departamento de Geografia e, através dele, lutaram e ajudaram a construir a universidade pública e gratuita.

Ana Fani Alessandri Carlos

AGRADECIMENTOS

Não resta dúvida que o trabalho que ora apresentamos envolveu a superação de uma série de obstáculos, que seriam intransponíveis sem a colaboração de muitas pessoas. Assumindo, totalmente, a responsabilidade pelos erros contidos no projeto, gostaríamos de dividir os "acertos" com algumas pessoas especiais e externar-lhes nosso reconhecimento e carinho.

Inicialmente aos colegas e amigos, professores do Departamento de Geografia, que em meio "aos milhões de afazeres", com o qual a Universidade nos presenteia cotidianamente; se dispuseram a escrever os capítulos necessários para compor os dois volumes iniciais da coleção, participando ativamente de todo o processo. Foram momentos de muito trabalho, alguma tensão, mas de muita "camaradagem", o que aprofundou nossas relações de amizade e solidariedade.

A professora SueliVilela, Pró-reitora de Pós-graduação da Universidade de São Paulo que, desde que assumiu o cargo, tem imprimido uma nova dinâmica à pós-graduação e acreditou no projeto que lhe apresentamos.

A professora Amália Inês Geraiges Lemos, chefe do Departamento de geografia, pelo apoio e confiança (pelo ombro também). A Amélia Luisa Damiani presente em todas as horas, à Glória Alves, ao Ailton Luchiari pelo apoio indispensável.

A Nancy Frangiotti e Camila Salles que estiveram ao lado ajudando neste difícil processo.

Finalmente ao professor e amigo, Jaime Pinsky por manter as portas da Editora Contexto sempre abertas.

“GEOGRAFIAS” DE SÃO PAULO: UMA INTRODUÇÃO

É mister iniciar esta introdução com um esclarecimento na medida em que a edição desta obra, no momento em que se comemoram os 450 anos da Cidade de São Paulo, estabelece uma comparação imediata com a realizada pelos professores do Departamento de Geografia quando do quarto centenário da Cidade, sob a coordenação do professor Aroldo de Azevedo. Apesar de ambas apresentarem uma análise sobre São Paulo, nos momentos em que ambas obras se realizaram, cada uma se baseou num projeto distinto, tornando a comparação infrutífera.

A obra *A Cidade de São Paulo*, publicada apenas em 1958, surgia de um projeto pessoal de seu coordenador, como extensão de sua tese e de seu desejo (também pessoal, pelo menos é o que depreende da apresentação que escreve no volume I) de realizar um estudo geográfico da Cidade de São Paulo – em suas palavras “um estudo de geografia urbana o mais completo e detalhado possível”. O plano do trabalho então definido por Azevedo tinha, como apoio, uma grande equipe de alunos de várias turmas do curso de geografia (anos 1950, 1951 e 1952) e sócios da AGB (Associação dos Geógrafos Brasileiros) para realizar trabalho de campo para coleta de informações. Na apresentação desta obra, seu coordenador esclarece que esta se baseou num projeto coletivo articulado, espelhando a preocupação de produzir uma análise capaz de englobar toda a área da metrópole, inclusive de seus “subúrbios”, bem como realizar uma análise da evolução urbana, numa perspectiva histórica – que é o que demonstram seus quatro volumes. É assim que no preâmbulo o coordenador apresenta São Paulo como cidade trimilionária, debruçando-se sobre o “espetacular crescimento da metrópole paulista”; para, em seguida, aparecer à análise do que chama “a região de São Paulo” – definida a partir de seu sítio, articulada a sua função urbana (volume I), seguido da evolução urbana (volume II), dos aspectos da metrópole paulista (o parque industrial, a produção da energia, a área central, e os bairros da metrópole compondo o volume III) e, finalmente, apresenta uma análise dos subúrbios paulistanos como conteúdo do volume IV. É desnecessário lembrar que esta obra espelha, claramente, um modo de entender a realidade a partir de um modo de fazer geografia, específicos, de uma época, superada na geografia urbana atual.

No caso desta obra o caminho foi diferente; a coordenação fez um convite aos professores do Departamento, para escreverem sobre uma faceta da realidade paulistana a partir de suas pesquisas individuais, e não de um projeto pronto e acabado capaz de articular os artigos, o que permitiu que todos trabalhassem na mais perfeita liberdade trazendo, como conseqüência, as múltiplas possibilidades de entendimento sobre a metrópole, assumindo pelo menos dois riscos, conscientemente: a) deixarmos de fora da obra segmentos espaciais, temáticos, e temporais, b) apresentar uma obra sem um fio teórico metodológico único. Isto porque, quisemos que os livros revelassem nossa prática cotidiana no Departamento, construída ao longo de sua história e que se baseia no "exercício de liberdade" acadêmica, o que contempla, necessariamente, a existência de variadas visões e temas, bem como vertentes teóricas.

Mas os riscos não cessam aí, mas o conjunto dos artigos produziu uma análise que nos permite entender o mundo moderno a partir da metrópole paulistana. A articulação dos artigos permitiu também entender que os problemas atuais postos pela urbanização guardam o sentido do processo de reprodução da sociedade como um todo, no qual as transformações recentes revelam um processo em curso em todo mundo, o que permite pensar na universalidade da categoria metrópole. O conjunto dos artigos sinaliza, a nosso juízo, um entendimento da dinâmica do espaço urbano como dinâmica do processo de reprodução social, apontando a metrópole como realidade e devir da sociedade urbana. Nesta direção, o processo de acumulação se generaliza no espaço ao mesmo tempo tornado condição e produto deste processo, revelando a sua dimensão social e natural.

Neste contexto, o conteúdo da urbanização aparece como momento determinado da reprodução da sociedade, em função das novas possibilidades/necessidades de realizar a acumulação e reprodução da vida, criando novas contradições dentre elas, repondo o debate sobre a natureza, sua degradação e seu "esgotamento". Assim o conjunto dos textos também apresenta a articulação do entendimento dos elementos da sociedade e da natureza, necessários ao entendimento do processo de urbanização no momento atual. Mas, se na obra do quarto centenário da Cidade, Azevedo exaltava a industrialização que estava tornando a cidade trimilionária, o processo, atual, saído da industrialização que fez implodir os bairros e permitiu a extensão das periferias, sinaliza a emergência de um novo momento do processo de urbanização, com a hegemonia do capital financeiro, e a constituição de uma nova realidade urbana.

A análise da metrópole, atualmente, vai revelando um processo que contempla a extensão da constituição da sociedade urbana traduzida como prática *sócioespacial* e, nesta dimensão, a reprodução vai ganhando um sentido prático. Isto é, revela-se no plano do vivido e do lugar, analisado a partir dos bairros (e de sua explosão) que compõem a metrópole, e da articulação necessária deste plano com o do mundial, pela mediação da metrópole. Esse conjunto de transformações abre perspectivas para o entendimento dos conteúdos do processo de reprodução social, em sua totalidade. Assim a dinâmica urbana indica o processo de reprodução tanto no plano espacial, em sua dimensão econômica e política-estratégica, quanto no plano da vida cotidiana, recolocando a produção do espaço como produção da vida na metrópole.

É necessário, finalmente reconhecer, que esta obra coletiva representa um enorme desafio: o de revelar a metrópole em sua complexidade, ao mesmo tempo em que a produção de um conhecimento sobre São Paulo em seu dinamismo e possibilidades analíticas, sem a necessidade de construção de um trabalho exaustivo sobre cada segmento *espaço-temporal*.

A Metrópole do século XXI

Embuídos desta concepção de método e de aporte teórico que comandou o processo de produção desta obra, passamos a introduzir o leitor em seu segundo volume. *A Metrópole do século XXI* traz como temáticas aglutinadoras o caráter mundial da metrópole paulistana; sinaliza os múltiplos problemas oriundos das múltiplas questões que envolvem o ambiente; identifica os diferentes cenários que geram paisagens contraditoriamente desoladas e as perspectivas de sua recuperação rumo à sua sustentabilidade; e, como não poderia faltar, introduz o necessário olhar estrangeiro sobre a metrópole de São Paulo.

Não há no volume, portanto, costura ou amarração. A teia vai sendo tecida no seio das contradições que movem mentes e corações dos autores. Eles estão nos artigos por inteiro, de corpo e alma. É como se o clímax da liberdade pudesse levá-los ao êxtase do trabalho intelectual, que no Departamento de Geografia da Faculdade de Filosofia, Letras e Ciências Humanas da Universidade de São Paulo, se faz como marca registrada, crítico por excelência. Suas raízes são, portanto, fundadas na concepção crítica simultânea da ciência que se produz e da sociedade que se analisa.

Por isso, não haverá articulação entre capítulos e artigos porque ela seria negadora dos princípios que conceberam a obra. Dos artigos serão destacados pontos que a coordenação julgou significativo identificar como introdutório para os leitores. Certamente eles poderão ou não coincidir como os dos leitores ou mesmo com os dos próprios autores. Ato criativo permanente, imprevisibilidade e, conseqüentemente, a busca do novo são instrumentos valiosos e constantes da dialética que aqui se busca praticar.

No primeiro capítulo deste segundo volume estão novos conteúdos do processo de urbanização da metrópole atual, construídos a partir das questões postas pelo processo de mundialização do capitalismo. Neste movimento contraditório em sua essência, revelam-se os conflitos e os desafios de um espaço que se produz e se reproduz, reproduzindo constantemente seu oposto: a segregação urbana. Assim, local e mundial, e mesmo mundial e local, vão se revelando na articulação de uma nova configuração territorial. No plano "do local", a dinâmica dos processos urbanos, em momentos históricos determinados, revela o fato de que a constituição da sociedade nesta porção do território capitalista no Brasil se realiza, e se concebe, ao longo de um movimento no curso do qual explodem formas urbanas. Como decorrência deste fenômeno de implosão-explosão da cidade, transformadora de usos e funções, gera-se, como conseqüência, a destruição dos referenciais urbanos e, com eles, as antigas relações sociais redefinem-se e reatualizam-se.

Tradição e modernidade encontram-se na luta contínua entre permanência e transformação, redefinição e reatualização. Ao lado dos ícones da modernidade estão os esteios da tradição. Tipos e formas modernas e tradicionais misturam-se no cotidiano que a metrópole reproduz. Ao lado do executivo engravatado do mundo do capital está o *punk* rebelde coberto pela cor negra e pelo brilho metálico, está o caipira desajeitado do chapéu sertanejo de palha ou de peão, ou está a nação índia Guarani a vender na Praça da Sé seus artesanatos. Ruptura e continuidade, transformação e novas hegemonias. Às formas hegemônicas da produção capitalista da metrópole vão se opondo e ou resistindo formas que a segregação tenta transformar em guetos.

Estas situações e contradições indicam a existência de uma crise – decorrente do modo como a reprodução da metrópole se realiza – atualmente sob a égide do capitalismo monopolista, apontando para SOUZA uma tendência inquietante: no terceiro milênio as metrópoles tenderão ao empobrecimento como produto do crescimento acelerado da população. Seu raciocínio desenvolve-se a partir da tese de que o processo da paisagem vertical, cuja origem está no processo de verticalização, é a viabilização mais completa dos processos da produção capitalista, no qual produzir um edifício é como realizar plenamente o capitalismo.

Neste momento, o aprofundamento da divisão social e espacial do trabalho baseia-se em uma nova racionalidade apoiada na técnica aplicada tanto à produção quanto à gestão, e aos mecanismos de distribuição que tendem a homogeneizar o espaço por meio do controle e da vigilância. Nesta direção, as mudanças no plano da sociedade revelam-se como mudanças espaciais, percebidas nas formas urbanas capazes de revelar processos mais profundos.

As mudanças podem ser visíveis no plano da produção econômica – a transformação das atividades econômicas na metrópole, aponta para a diminuição da importância do setor industrial tanto na produção, quanto na geração do emprego – pois, sua realização produz um novo espaço, como condição de sua efetivação. Na realidade, a desconcentração industrial potencializa a centralização do capital criando novas formas para sua realização. Na metrópole constata-se a existência de profundas transformações no processo produtivo decorrente das transformações no setor industrial. A reprodução do ciclo do capital exige, em cada momento histórico, determinadas condições especiais para sua realização. A dinâmica da economia metropolitana, antes baseada preferencialmente no setor produtivo industrial, vem se apoiando, agora, também em um amplo crescimento do setor terciário moderno – serviços, comércio, setor financeiro – como condição de desenvolvimento, em uma economia globalizada. Tal transformação requer a "produção de um outro espaço", como condição da acumulação, que se realiza a partir da expansão da área central da metrópole (até então lugar precípuo de realização desta atividade) em direção a região sudoeste da metrópole, como aponta CARLOS.

A nova divisão espacial do trabalho hierarquizada para incorporar a nova tecnologia necessita atualmente de uma outra infra-estrutura, um sistema educacional, laboratórios, centros de pesquisa, redes eficientes de comunicação e capacidade de absorver novas formas de produção, além de recursos humanos. Estas novas necessidades estão na base do movimento de deslocamento dos estabelecimentos industriais da capital do Estado para o interior do Estado de São Paulo. Estende-se assim, no espaço a concentração das unidades produtivas em áreas contíguas à metrópole envolvendo redes fortemente articuladas a partir de estratégias definidas pelo Estado com políticas de subvenção e de investimentos. Este procedimento torna inquestionável a concentração de novas tecnologias diferenciando os lugares no espaço regional e nacional em função de sua capacidade de concentrar infra-estrutura, necessária ao crescimento da produção, no momento atual. Mas, este processo também diferencia e hierarquiza o espaço metropolitano, mudando suas relações com outras áreas na América Latina como revela LEMOS.

OLIVEIRA, por sua vez, mostra que estes processos de produção e reprodução da metrópole enquanto fenômeno essencialmente urbano tiveram seus desdobramentos na destruição da imensa área rural que, há 50 anos atrás, São Paulo ainda tinha. Bairros rurais foram transformados em loteamentos urbanos legalizados ou clandestinos. O denominado "cinturão verde", que um dia imaginava-se pudesse existir como anel de entorno da metrópole, foi vorazmente devorado pela ânsia da apropriação da renda da terra neste capitalismo rentista que teima em se reproduzir no Brasil. De e do verde sobraram os poucos parques que a Cidade possui, a silvicultura da Melhoramentos na porção noroeste e o último reduto do que restou da produção hortícola e de flores na porção sul do Município, em Parelheiros e Marsilac. Mas lá também já estão os loteadores clandestinos a contestarem a seu modo a lei de proteção dos mananciais. Simultâneo a esse processo destruidor do espaço rural próximo nasceu o seu oposto, a reprodução no interior do Estado de São Paulo e em outros estados brasileiros da produção de alimentos que abastece a metrópole. Redefiniram-se as funções e os lugares. Agora a metrópole é lugar dos equipamentos que comandam a lógica do controle da produção não só dos alimentos que a metrópole necessita, mas de toda a produção que o país envia para o mercado mundial. Se o Mercado Central perdeu sua função no espaço da Cidade, e agora se prepara para se tornar cada vez mais centro turístico, o Ceagesp, seu sucessor, comanda a formação dos preços dos produtos hortifrutícolas no Brasil inteiro. No contraponto deste processo centro-periferia, outro mais hegemônico se realiza no velho edifício reformado da Praça Antonio Prado no Centro Velho da Cidade: a Bolsa de Mercadorias e de Futuros agora comanda o agronegócio no país e em parte no mundo, pois é parte da rede mundial de bolsas de mercadorias e de futuro do capitalismo mundializado. As relações "cidade x campo" transformaram-se qualitativamente.

Diante destas profundas transformações constatadas na metrópole a questão ambiental exige urgente redefinição e o Segundo Capítulo aponta as possibilidades deste debate. A questão climática vai ser aprofundada no artigo de GALVANI – que traz algumas considerações relacionadas aos avanços dos estudos bioclimáticos no Brasil com o objetivo de caracterizar os períodos secos e úmidos de determinada região. É sobre o solo urbano que se debruçam MANFREDINI, FERREIRA e QUEIROZ NETO, trazendo as contribuições das pesquisas realizadas pelo Laboratório de Pedologia do Departamento de Geografia.

RIBEIRO e ROSS vão enfocar em seus estudos a questão das águas, tão importantes na vida cotidiana da metrópole e que vem merecendo atenção espacial, posto que transformada em problema, pelo modo como o processo de urbanização se realizou em São Paulo. Em ambos os artigos, aparecem as preocupações com os problemas causados pelo crescimento acelerado da população e as conseqüências deste processo nas alterações do quadro ambiental. Sinalizam para a necessidade da preservação ambiental compatível com o desenvolvimento urbano e, nesse sentido, o planejamento baseado na potencialidade do ambiente natural e socioeconômico assume importância fundamental na ordenação do território no que se refere ao aproveitamento dos recursos hídricos. A preocupação advinda destas transformações refere-se à necessidade de pensar o conteúdo do que para muitos se revela como "qualidade de vida" nos grandes centros urbanos, exigindo uma reflexão integrada de pesquisadores, políticos e movimentos sociais, envolvendo os cidadãos.

O Capítulo Terceiro, traz a tona à questão da paisagem como expressão urbana capaz de permitir uma primeira aproximação para o entendimento do fenômeno urbano metropolitano, tema longamente tratado pela geografia. As várias facetas da análise geográfica da paisagem podem ser desvendadas a partir dos estudos que envolvem as transformações do centro histórico de São Paulo, como atesta o artigo de ANUNCIAÇÃO ALVES. Este artigo aponta na direção do "uso da paisagem" como elemento de valorização capitalista da área central da metrópole; e o de FURLAN, discute as paisagens metropolitanas.

VENTURI, em seu artigo, aponta para o debate do que chama de "qualidade ambiental" e como esta vai se transformando a medida em que São Paulo vai se constituindo em metrópole. Neste processo analisa o papel dos elementos que nos auxiliam a desvendar o sentido da ocupação populacional baseada na especulação imobiliária. Sinaliza também, para a ineficiência dos instrumentos legais para encaminhar uma solução para o problema da degradação ambiental sem que seja levado em consideração os contrastes sociais e a desigualdade da distribuição da renda.

Finalmente o Quarto Capítulo tem como objetivo trazer "o olhar estrangeiro" sobre São Paulo, isto é, como a metrópole é vista através das análises de alguns dos mais destacados pesquisadores europeus, como um convite à reflexão.

Assim, esperamos que esta obra sobre São Paulo seja tão estimulante à leitura quanto foi o desafio que enfrentamos para fazê-la.

Ana Fani Alessandri Carlos
Ariovaldo Umbelino de Oliveira
Outubro de 2003

CAPÍTULO 1

SÃO PAULO – CIDADE MUNDIAL?

TERRITÓRIO E LUGAR NA METRÓPOLE REVISITANDO SÃO PAULO

Maria Adélia Aparecida de Souza

Introdução

São Paulo, esta paradoxal metrópole, torna difícil qualquer tarefa de reflexão sobre ela.

Indiscutivelmente, o uso do território e o lugar se transformaram intensamente nestes quatro séculos e meio de existência de São Paulo. E, esta transformação revelada pela paisagem urbana, expressa pela história da sua arquitetura, é acompanhada do desenvolvimento da ciência, da tecnologia e da informação. Nesta perspectiva, o conceito chave para esta reflexão é aquele da "metrópole corporativa e fragmentada" (SANTOS, 1990).

A Cidade de São Paulo, no início do século XXI, de acordo com os dados da fundação Seade [1] é o centro de uma região metropolitana com 17,8 milhões de habitantes, ocupando a terceira posição dentre as maiores aglomerações urbanas do mundo. São Paulo é antecedida nesta lista apenas por Tóquio com 26 milhões, Cidade do México e Bombaim com 18 milhões de habitantes. Diante desta magnitude ela se constitui em uma das mais populosas cidades do mundo.

A análise do volume da população das maiores aglomerações do mundo, segundo informações das Nações Unidas exibidas pela fundação Seade, nos permite esboçar duas distinções:

a) É inegável o aumento populacional e a explosão urbana dos países em desenvolvimento e subdesenvolvidos, em relação aos países desenvolvidos;

b) Uma outra distinção que se prende à dinâmica e ao ritmo, diz respeito a projeção territorial dessa urbanização. Aí surge o conceito de metrópole corporativa e fragmentada aqui utilizado.

Enquanto São Paulo e a Cidade do México vêm sua população se multiplicar por 10 no período examinado, as cidades do mundo desenvolvido não chegam a multiplicar por dois a sua população, exceção feita apenas à Tóquio, que conhece situações especialíssimas do ponto de vista territorial e social.

Quanto a São Paulo, é indispensável observar seu ritmo e sua dinâmica, sem dúvida alguma um fato inusitado da metropolização mundial. São Paulo, além de ser uma das mais populosas, é uma das mais extensas: 80 km no sentido leste-oeste e 40 km no sentido norte-sul. Ela é também campeã no número de taxis: 35 mil que transportam em média 450 mil passageiros por dia (SANTOS, 1990).

É, ainda, a Cidade que tem uma das maiores *mobilidades* do mundo sobre pneus: 8 milhões de viagens de ônibus. No entanto, a deterioração dos serviços de transporte coletivo sobre pneus, faz com que haja uma grande diminuição no transporte de passageiros, por ônibus em São Paulo: de 1,6 bilhões em 1997 quando em 1990 havia atingido a meta histórica de 2 bilhões de passageiros. O aumento do número de automóveis e o surgimento de outros modos de transporte, ou a ampliação dos percursos a pé, explicam essa redução. Entre os passageiros que deixam de utilizar o ônibus, 1/3 passa a fazer viagens a pé, 1/3 passa a usar lotações e outro 1/3 passa a utilizar automóvel usado ou o carro popular financiado. De qualquer modo o número de viagens a pé tem aumentado e o número de viagens motorizadas tem diminuído: 74,77 do total de viagens em 1977 para 65,6 em 1997 (BALBIM, 2003). A mobilidade reflete sem dúvida nenhuma profundas transformações estruturais na vida e na paisagem da metrópole, agravadas pela crise e pelo seu permanente processo de empobrecimento.

São Paulo é verdadeiramente uma cidade paradoxal. Juntamente com Tóquio e Los Angeles possui o maior número de operários industriais do planeta, embora atualmente o número de empregos industriais caiu em proporção ao desemprego, com números alarmantes. Milton Santos costumava dizer que São Paulo é "operária e operosa". Daí o paradoxo: o maior número de empregos intelectuais do mundo, uma classe média também numerosa, porém um aumento crescente do número de pobres. Uma só Cidade é ao mesmo tempo abastada e pobre.

Como explicar esta Cidade e tamanho paradoxo?

Fala-se, aqui e acolá, no estabelecimento como tendência ou como processo em desenvolvimento de um novo padrão *socioespacial* de acumulação, conforme a nova divisão social e internacional do trabalho. Falamos inclusive em nova divisão territorial e internacional do trabalho, que faz novas exigências com relação à configuração territorial. [2] Daí decorrem as referências ao processo de "desindustrialização" de São Paulo, com a dinamização do terciário e uma elevada especialização no desenvolvimento e prestação de serviços, envolvendo a instalação e concentração de serviços administrativos, financeiros, com sérias implicações na estrutura do emprego urbano e na necessidade de refinamento dos sistemas informacionais.

Estes são alguns fundamentos que implicam na necessidade de revisão do conceito de metrópole, especialmente em países pobres. As características do mundo novo e sua nova dinâmica agregam ao espaço geográfico novos atributos fazendo com que a velha justaposição espaço/tempo seja substituída pela possibilidade da simultaneidade, da instantaneidade. Enfim, o centro nevrálgico da formação *socioespacial* – a metrópole – se adapta a estes novos tempos. Daí decorrer que, o uso do território pelas ações sociais se dê de forma seletiva e corporativa na metrópole (chamada por alguns autores de processo da modernidade). Espaços com uma nova racionalidade são criados na cidade de modo a realizar as tarefas do mundo requeridas pelo mundo novo.

Santos (1994) já nos alertava sobre as características do crescimento e desenvolvimento de São Paulo, apontando que há mais de um século São Paulo e sua região aceitam todos os instrumentos da modernidade vindos da Europa e dos Estados Unidos, inserindo desta forma a cidade e o campo, vantajosamente, na divisão internacional do trabalho. Com isto foi criando modernas infra-estruturas (estradas de ferro, de rodagem, porto), plantações, bancos, escolas, modernizações administrativas, instituindo o urbanismo, entre outras modernizações.

Desta forma, a expansão do campo e o desenvolvimento urbano criam uma dinâmica que vai influenciar a vida do país e gerar uma classe média importante na capital e no interior. Esta é a razão, segundo Milton Santos, pela qual São Paulo se torna a mais importante cidade dos trópicos, com as maiores taxas de crescimento industrial e econômico. Por isto é importante ficar atento à modernização do território. [3] No entanto, ao lado deste vigor, São Paulo vai sendo abandonada pelas políticas públicas e conhece um aumento nas demandas de serviços sociais, de toda ordem. Há carências de tudo: de transporte, de escolas, de equipamentos e serviços de saúde, de projetos cidadãos, enfim.

Os mecanismos perversos criados pelo projeto político do Brasil nos últimos anos é também o responsável por esse abandono. Assim, ontem o desenvolvimento agrícola deu dinamismo a São Paulo, atualmente o desenvolvimento agrícola brasileiro, ligado aos interesses hegemônicos da reprodução capitalista, liderados pelo setor financeiro, é responsável pela desestruturação de São Paulo e pelo seu empobrecimento, transformando-a em uma das cidades mais violentas do planeta. Sem política pública, o uso do território é feito pelos interesses hegemônicos implicando no aumento da sua fluidez, pela marginalidade, pelo ilegal, pela corrupção de toda ordem.

São Paulo é pelas suas características uma Cidade onipresente em todo o território nacional e é o lugar onde são mais fortes e significativas as relações internacionais, sobretudo as de comando. Por isso ela, ainda que menos forte com relação ao emprego industrial, mantém sua força, aumentando-a inclusive no Brasil e no mundo, graças às atividades de serviço que abriga, criando um expressivo setor terciário de comando, baseado na informação, qual seja na possibilidade de concepção, direção, coordenação e controle de grandes sistemas técnicos, operacionais e gerenciais.

Esta é a São Paulo – metrópole corporativa e fragmentada. Daí a importância de examinar a configuração territorial e verificar em que medida, a adequação da metrópole para o funcionamento das ações hegemônicas, vem prejudicando a maioria da sua população e agudizando a contradição abundância/escassez, riqueza/pobreza.

Em 1986 (lamentavelmente nossas estatísticas têm dificuldade de se atualizarem) São Paulo tinha 600 mil empregos em atividades técnicas, científicas, artísticas e afins, triplicando em 15 anos. No entanto, o emprego total, nesse mesmo período crescia 90% (SANTOS, 1994). Porém, a pobreza também aumentava: 31,8% dos assalariados ganham menos de três salários mínimos em 1988 (SANTOS & SILVEIRA, 2001).

Como, então, compreender São Paulo no contexto do mundo do presente?

Nossa proposta neste texto é que o território usado seja adotado como categoria de análise social. Acreditamos não haver outra maneira de enfrentar a problemática da Cidade, ou como propunha Santos (1994), a revanche do território [4] antes que ela continue a acontecer no campo fértil da barbárie, maior explicação para a violência urbana em nossas metrópoles e, especialmente em São Paulo.

Assim, a nova divisão do trabalho, para responder aos interesses dos seus agentes hegemônicos, necessita cada vez mais *artificializar* o meio de vida e de trabalho, assim como a própria vida. São as condições sem as quais o presente momento histórico não se afirmaria. Isto se dá de acordo com Milton Santos (1996) por meio da criação de uma *tecnoesfera*[5] e de uma *psicoesfera*. [6] E nesta perspectiva que a relação entre internacionalização e as cidades ganha nova dimensão com o chamado processo de globalização, que perpassa todos os continentes.

Pelos objetos em que se apoia e pelas relações que cria, a nova divisão do trabalho leva a uma verdadeira mundialização dos lugares. Esses lugares têm um ar de família, pela sua materialidade e pelas relações que permite desenvolver. Daí a idéia de lugares mundiais, dos quais São Paulo faz parte. Mas atenção: os lugares mundiais são monitorados de fora para dentro, pois há como que um controle remoto dos objetos (infra-estruturais) pelos interesses hegemônicos. A unidade das técnicas que permitem a instalação de novos objetos se dá em nível mundial, o que também acontece com as relações que os animam.

Estes são, pois, dados inovadores da nossa época e que asseguram a passagem de um período de internacionalização para uma situação de globalização. É nesta perspectiva que é preciso entender São Paulo, o funcionamento e uso de seu território e a dinâmica dos lugares.

Essa mundialização cria, especialmente nos lugares mundiais, lugares especializados, que respondem a uma demanda globalizada, com um infra-estrutura precisa e especializada. Lugares complexos, as grandes cidades e as metrópoles, onde o meio humano permite o desenvolvimento de uma série de atividades localmente complementares, nos diversos *sub-espaços* metropolitanos, o meio técnico é diferenciado e adaptado para recebê-las. Assim, a metrópole possui *sub-espaços* especializados, fundados na ciência e na técnica, concebidos para permitir a maior eficácia de um determinado tipo de função *geoeconômica*.

Sem dúvida alguma, este processo no Brasil começa a ser instalado nas cidades, a partir da República. Aí começam a existir um sistema de objetos indissociavelmente ligado a um sistema de ações que, oriundos dos países desenvolvidos, ajustam, através da cidade, o funcionamento dos mecanismos de dependência, eufemisticamente denominados, nos dias de hoje de mecanismos da globalização.

São Paulo, metrópole corporativa e fragmentada é exemplar neste processo. Por isso se transforma em metrópole informacional. Por ser também territorial, a nova divisão internacional do trabalho privilegia no mundo e nos Estados, determinados *sub-espaços*. No Brasil é o sudeste e dentro dele São Paulo e sua região metropolitana. Suas novas condições de polarização são devidas à acumulação de atividades intelectuais ligadas a nova modernidade, assegurando-lhe a possibilidade de criação de inúmeras atividades produtivas de ponta. Claro que atividades modernas existem em todo o território brasileiro, no entanto elas necessitam de São Paulo para se desenvolver e sobreviver.

São Paulo, assim, está presente em todo o território brasileiro, graças à necessidade de fluxos de informação, que criam novos nexos indispensáveis ao trabalho produtivo, no mundo do presente. Muitas variáveis modernas se difundem pelo território, mas outra parte depende de atividades geograficamente concentradas. Atualmente, portanto, dispersão e concentração dão-se de modo dialético, isto é, complementar e contraditório, no território. Por isso São Paulo se impõe a todo território brasileiro, de forma irrecusável. E, não é mais pela sua industrialização que ela se impõe, mas pela sua condição de metrópole informacional.

O papel de comando de São Paulo no território brasileiro, portanto, é devido a essas formas superiores de produção não material que são conseqüências da integração do país à vida internacional. Claro que isto se deve também ao fato de São Paulo continuar a ser centro de uma região fabril complexa. São Paulo é, sobretudo o grande centro de decisão, de produção de idéias, que se transformam em informações e mensagens, das quais uma parte importante são ordens. Por ser metrópole industrial é que São Paulo se transforma em metrópole informacional.

No entanto, a participação dos países pobres nesse permanente processo de modernização exige investimentos cada vez mais pesados nas infra-estruturas que configuram a modernização, havendo, por conseguinte um abandono da aplicação de recursos e investimentos nas áreas sociais, das quais os pobres são umbilicalmente dependentes. Como essa modernização é seletiva, ela deixa de fora dos seus benefícios muitas empresas incapazes de utilizá-la, além de parcela importante da atividade urbana e da população. Isto significa e explica a alta concentração da produção em poucos estabelecimentos, internacionais, em poucos lugares. A internacionalização da economia leva a uma concentração financeira e econômica que se traduz pela mudança das funções urbanas e por modificações brutais na lógica de funcionamento da cidade, o que significa uma mudança brutal e rápida dos agentes da economia urbana. Isto cria cada vez mais nas cidades uma necessidade cada vez maior de espaços da circulação, pois a rapidez é um atributo deste período histórico.

A necessidade permanente de reconstrução do espaço urbano, ainda que com a alegação de defesa do patrimônio histórico, é sempre feita com o dinheiro público. Somas imensas são destinadas, na realidade, para a reprodução do grande capital imobiliário e valorização fundiária do Centro para também executar a novas funções informacionais da Cidade. Assim, há ciclos sucessivos de inviabilização e revitalização da Cidade, aumentando a superfície urbana útil ao grande capital, estendendo a área urbana de forma específica, de modo a criar as condições exigidas pelas grandes firmas, em matéria de espaço geográfico. No entanto, é bom lembrar que o espaço das grandes firmas não é o espaço de todos, conforme constam dos discursos, mas é um espaço particular, especial, enquanto que a cidade como um todo, vai mudando de função.

Por isso não basta à discussão do tamanho atribuída à lógica dos espaços especulativos, pois é preciso considerar a lógica espacial das grandes firmas.

Finalmente para compreender São Paulo é preciso rediscutir um conceito tão caro aos economistas, aquele de economia e deseconomia urbanas.

O urbanismo e o planejamento urbano, nos últimos tempos tem apenas atendido a essas economias e deseconomias, agravando, portanto, a situação de todos os que vivem na Cidade, pois essa lógica viabiliza apenas a produção. Um espaço que representa uma deseconomia para as grandes firmas pode representar uma economia para as pequenas firmas. Por isso é que os pobres e a economia pobre se instalam dentro das cidades, de preferência no seu Centro. Instalamse nos espaços opacos. Espaços opacos e espaços luminosos, eis a lógica do processo de formação territorial das cidades no mundo de hoje. São Paulo não foge a esta regra. Desvendá-los, portanto, é compreender o desenvolvimento e a formação da metrópole.

As inúmeras especificidades do seu desenvolvimento fazem de São Paulo um objeto intrigante de pesquisa, de observação e de vivência.

O objetivo deste texto é suscitar uma reflexão sobre o processo de metropolização, especificando essa discussão com o caso de uma metrópole do Terceiro Mundo. Detectar sua identidade e as especificidades do seu processo de formação territorial, do uso do território e da dinâmica dos lugares da metrópole, é procurar conhecê-la e, ao mesmo tempo, participar da formulação de uma teoria própria, uma pequena teoria, como diria Milton Santos, para sua explicação.

É essencial descobrir os novos usos do território e a dinâmica dos lugares, na metrópole. É preciso revisitar os conceitos de "necessidades" e "potencialidades" tão difundidos entre urbanistas do Terceiro Mundo, os decantados "custo de urbanização", o público e o privado, as formas "forçadas" e institucionalizadas da nova urbanização, as noções de caos e ordem, do belo e do feio, do crescimento horizontal e vertical. Aparentes dualidades que se constituem em pares dialéticos a reger o processo de formação da metrópole. A diversidade, a pluralidade, a universalidade na metrópole. A desordem aparente de uma Geografia absolutamente ordenada, pois em movimento conflitante. Um ritmo espaço-tempo no Terceiro Mundo.

Interessou-nos, contudo, explicar um dos aspectos daquilo que chamamos de formação territorial metropolitana, ou seja, interessou-nos explicar os processos que vão configurando a metrópole, construindo suas paisagens.

> A paisagem é um conjunto heterogêneo de formas naturais e artificiais; é formada por frações de ambas, seja quanto ao tamanho, volume, cor, utilidade, ou por qualquer outro critério (SANTOS, 1988:65).

A partir daí, emerge outro fato notável da metropolização – a verticalização – que, a nosso ver, se acelera adiante do processo primeiro que foi o de horizontalizarão, ou seja, de formação de periferias. Esses processos constituem numa dinâmica que tem como resultante um processo desigual de configuração que se expressa sob a forma corporativa – a metrópole interessando a alguns – e fragmentada, a metrópole presente em todo o território brasileiro. Assim, nem o processo de verticalização, nem o processo de formação das periferias podem se examinados fora do contexto da compreensão do uso do território brasileiro como um todo.

Para ficarmos fiéis aos propósitos da Geografia, nos detivemos aqui ao estudo do uso do território e da dinâmica dos lugares na metrópole. Trata-se, portanto da adoção do território usado ou espaço geográfico como uma categoria de análise social que, na realidade concreta é enunciado por formas, conteúdos, estruturas e processos dinamizados por agentes de um processo produtivo e de um processo cultural (SANTOS, 1985: 49). Isto resulta nesta paradoxal metrópole, da qual abordaremos aqui apenas alguns de seus aspectos territoriais.

Reconhecendo São Paulo

Examinando os dados sobre a Cidade de São Paulo, verificamos todos esses significantes. Contudo, há no nosso processo de urbanização, alguns aspectos que chamam a atenção. O adensamento: até os anos 1970, a Cidade se horizontalizava com o surgimento das periferias pobres, ampliação assustadora da área construída, por uma acelerada especulação imobiliária e fundiária, instrumentalizada pelos loteadores clandestinos, que trapaceavam a população por meio dos equivocadamente denominados *loteamentos clandestinos*. Não é nosso objetivo, aqui, aprofundar esse processo de horizontalização, mesmo porque a compreensão que temos da metrópole, malgrado este ser ainda um tema de pesquisa, é outra.

Porém, há um segundo e importante aspecto a ser considerado: pode-se afirmar que, a partir de 1964, acelerou-se um processo novo – a verticalização – que é importante do ponto de vista da luta de classes (portanto, do domínio da sociologia e da política), mas que é sobremaneira importante do ponto de vista da fisionomia e da fisiologia da Cidade e, conseqüentemente, do funcionamento do capital que, ao reproduzir-se, produz e reproduz espaço. Aqui, economia, sociologia e ciência política confundem-se com a ciência do espaço.

Este é, a nosso ver, um fenômeno que identifica nossa urbanização, cuja compreensão pode fornecer elementos primorosos para uma teoria da urbanização brasileira. A verticalização revela de forma clara o interesse corporativo, na Cidade. Este tema, ainda pouco estudado no Brasil, principiamos na década de 1970 e está consubstanciado na *Identidade da Metrópole* (SOUZA, 1994).[7]

Entretanto, o processo de verticalização é extremamente complexo e sugere inúmeros caminhos de investigação.

Um deles está vinculado a uma análise macro: por exemplo, verificar as grandes etapas do desenvolvimento brasileiro e procurar na configuração da Cidade, a sua projeção.

Neste sentido, o processo de metropolização emerge com a abertura da economia brasileira para o exterior. Acelera-se, inclusive, ao nível do espaço urbano construído com a entrada do capital estrangeiro, especialmente no governo Juscelino Kubitscheck de Oliveira, mas que tem seus anseios plantados muito antes, com os "revolucionários" gritos de modernidade exigidos pela Semana de 22 (Semana de Arte Moderna) em São Paulo, e com a emergência da industrialização no início do século.

Nosso objetivo foi estudar a verticalização como uma identidade do processo de urbanização brasileiro procurando identificar algumas categorias explicativas e agentes responsáveis pela produção e apropriação desses espaços.

Sua produção, vista como uma Geografia dos espaços metropolitanos, materializada na produção de edifícios, constitui-se numa possibilidade inusitada de articulação das múltiplas formas do capital num objeto – o edifício – em um mesmo lugar – o urbano – em um tempo/circulação extremamente reduzido.

A verticalização, assim, realiza espetacularmente a acumulação e a reprodução. Ela é uma expressão perfeita da dinâmica do modo de produção capitalista.

São inúmeras as possibilidades de escolha de caminhos para uma explicitação do processo de acumulação em São Paulo, por meio da compreensão do uso do território.

A complexidade do nosso processo histórico, aliada a todas as dificuldades inerentes ao processo de pesquisa no Brasil, especialmente na área das ciências humanas, tem dificultado o trabalho, mas não impossibilitado a sua prática.

De qualquer maneira, o que é estimulante é que, apesar de dar impressão de haver uma maior concentração de riqueza em São Paulo, disso não se pode inferir que sua população seja, em geral, mais rica. Sem dúvida, o fato de

São Paulo tornar-se um centro hegemônico do processo de acumulação no Brasil tem facilitado uma certa depauperação relativa nas outras regiões do país. Manoel Correia de Andrade (1988) aponta com clareza esse aspecto ao estudar as relações entre "a terra e o homem no Nordeste", revelando as condições de pauperismo do homem nordestino, fruto das contradições próprias da sua região, bem como por encontrarem aí "condições econômicas verdadeiramente repulsivas, que os fazem imigrar para o Sul (Norte do Paraná), o Sudeste (Rio e São Paulo), o Meio-Norte (Maranhão) e para o Centro do País (Brasília), à procura de melhores condições de vida e de trabalho".

A situação da Capital paulista no contexto brasileiro apresenta algumas peculiaridades que, do ponto de vista da população, escancara a exacerbação do contraste entre acumulação e pobreza.

Com esta visão procuramos evidenciar o papel exercido por uma metrópole, dentro do contexto de um país subdesenvolvido e economicamente dominado, interligando o "País Centro" ao "País Periférico" e que, por meio desse processo, exerce domínio econômico e cultural, promovendo necessidades, divulgando hábitos e costumes, com infiltrações nas suas respectivas políticas, indicando, com isto, duas faces de uma mesma totalidade. Esta é a idéia central que aprendemos com o "espaço dividido", de Milton Santos (1979) e que este autor retoma, como citado anteriormente na metrópole corporativa e fragmentada.

A verticalização parece ser um dos lados da questão da urbanização ainda não examinado, cujo conhecimento necessariamente ajudará a compreensão da realidade social brasileira e de um importante período da sua história. Até aqui ela tem sido estudada apenas como forma urbanística, como ocupação e uso do solo e como renda.

No entendimento do uso do território pela verticalização, propomos a existência de uma relação intrínseca entre o capital imobiliário, o capital financeiro, o capital fundiário e o capital produtivo que, nela realizam, num curto espaço/tempo, uma estratégia de interesse mútuo. Como, porém, relacioná-lo ao uso do território, enfocando a totalidade exigida para a compreensão do urbano? Que agentes privilegiar dentre os múltiplos que nele interferem?

Ainda mais, a especificidade da verticalização paulista que vai dar identidade à sua metropolização é o fato de que cerca de 90% dos edifícios construídos são destinados à habitação, contrariamente aquilo que se verifica no resto do mundo, onde os edifícios são maioritariamente ocupados pelos serviços.

Antecipa-se assim um fértil tema de investigação e um objeto de pesquisa: o processo de verticalização em São Paulo, produto acabado e ampliado dessa relação.

Por que, para muitos, metrópole não é salvação? Porque São Paulo não é a Nova York dos trópicos? São Paulo é um imbricado de dores, de raças, de esperança, de medo, de *brasis*. E mais, tudo aquilo que São Paulo é – sobretudo seus edifícios – o é por aquilo que está fora dela, "nos quatro cantos do mundo" e do Brasil.

A história de São Paulo está impregnada de contradições, interesses, agentes, enfim, daquilo que, ao espoliá-la, a faz crescer.

Tentar conhecê-Ia, ao mesmo tempo em que ela se destrói para fazer avançar sua própria história, não é tarefa fácil.

O uso do território nas cidades dos países do Terceiro Mundo e, especialmente, em São Paulo pela verticalização, com a modernização e a especulação que ela engendra, significa criar, com certeza, uma "geografia nova", mas também reproduzir e repetir, em grande escala, a velha dialética da História dos homens: renovar para destruir. Não poderá ser outra a dimensão desse inusitado processo, que envolve, para nós, uma nova (e possível?) forma de morar.

Por que São Paulo?

"As ruas de São Paulo não envelhecem". Ambígua e ao mesmo tempo apropriada assertiva.

O processo de produção e apropriação da Cidade de São Paulo conhece tais especificidades em que o velho e o moderno se combatem numa promiscuidade formal produzindo estéticas absolutamente inusitadas. Esta é a característica essencial da geografia metropolitana na qual construção/destruição, público/privado, trabalho/capital configuram e especificam espaços e formas muito bem caracterizadas nos diferentes períodos históricos.

A partir do concreto armado e do elevador, possibilitando a construção do espaço vertical no centro da Cidade no início do século, abrigando serviços e moradias, difundem-se formas e usos novos que vão ganhando territórios e especificando novas formas de morar e de produzir espaços. Tecnologias (trabalhos) e novas necessidades do processo de acumulação geram dinâmicas urbanas diferenciadas.

No entanto, a evidência concreta dessa complexidade é dada, na evolução da produção do espaço, pela prática do quotidiano na vida da metrópole e pelos edifícios que vão surgindo, caracterizando estilos, funções e lugares. Neles, o confronto destruição/modernização é revelado na configuração de uma geografia dos espaços metropolitanos definindo aquilo que Souza e Franciscomi (1974) [8] e Santos e Ribeiro (1979)[9] denominaram de região concentrada.

Um exame mais aprofundado das estatísticas nos conduz a uma verdade irrefutável: o processo de urbanização brasileiro conhece, em termos de seu ritmo, de sua natureza e de sua amplitude, um nítido processo de concentração da população que se urbaniza, aceleradamente, em poucos centros.

O processo de urbanização paulista pode ser proposto como um exemplo dessa singularidade.

Apenas justificando essa proposição, foi desenvolvido um expedito estudo com estatísticas da ONU, sobre a evolução da população residente em 65 metrópoles mundiais. E todas elas com população superior à de Curitiba, a menor metrópole brasileira (Censo 1980).

Essas metrópoles, distribuídas pelos diferentes continentes, estão consequentemente sujeitas a regimes sociopolíticos distintos. Nele se ressalta, sem dúvida nenhuma, o caráter exponencial da curva de população de certas aglomerações, sobretudo aquela apresentada pela Cidade de São Paulo (SOUZA, 1994).

Observamos nesse estudo que a Cidade do México e São Paulo têm um processo de evolução da população urbana bastante análogo. Suas curvas se projetam para os mais altos valores. Apesar de superestimadas, as estatísticas da ONU dão uma idéia da amplitude do processo de crescimento das grandes cidades do mundo. [10]

Já as velhas metrópoles européias (Londres, Paris) conhecem um nítido processo de queda da curva, diferenciando-se inclusive de Tóquio e Nova York. Estas duas têm sua projeção em termos de aumento da população urbana, antecedendo as metrópoles do Terceiro Mundo. No entanto, nos anos 1960, seu crescimento também apresentam uma abrupta queda. Tóquio, pelas estatísticas da ONU, portanto, vai paulatinamente perdendo sua liderança, em termos de tamanho urbano, para São Paulo e Cidade do México.

Essa configuração e essa identidade revestem-se de um significado especial na divisão internacional do trabalho, que aqui estamos conceituando como metropolização. Por outro lado, é curioso constatar que essas duas metrópoles do Terceiro Mundo – São Paulo e Cidade do México – constituem no centro nevrálgico da economia dos dois primeiros países subdesenvolvidos que, por sua quase bancarrota, manifestada, por exemplo, pelas suas dívidas externas, alertam os olhos do mundo para a iminente síncope do capitalismo monopolista.

No Brasil, a metropolização expressa a rapidez com que se urbaniza o espaço nacional. É paradoxal verificar como uma economia subdesenvolvida suporta esse papel que, inegavelmente, lhe é atribuído pela divisão internacional do trabalho, em termos da própria realização do capital internacional, sendo a metrópole, no entanto, essencialmente o lugar da pobreza.

Essa posição *sui generis* de São Paulo, juntamente com a Cidade do México no contexto da evolução da População Urbana das grandes metrópoles mundiais, já pode ser considerada como um elemento de identidade. São Paulo, metrópole nova que vem se consolidando como tal apenas neste século, apresenta um ritmo surpreendente de urbanização que vai se depurando a partir dos anos 1970. Seu crescimento se "descola", a partir daí, daquele da Cidade do México.

Pode-se, portanto, sugerir, sem mesmo examinar os demais aspectos correlatos àquele do crescimento populacional [11], que o processo de urbanização da Cidade de São Paulo a identifica no contexto das demais grandes metrópoles mundiais. São Paulo é a metrópole do 3° Milênio. Uma marca na urbanização brasileira.

A tabela 1 vai especificar melhor o processo de urbanização de São Paulo. Apesar da sua significativa participação no processo de urbanização brasileiro, conforme o que foi visto anteriormente, se analisarmos a evolução de 1940 a 1980, tanto no que refere à sua relação com o total da população urbana brasileira, quanto com aquela do Estado de São Paulo, há um decréscimo a partir de 1970. Contudo, a participação em relação à população brasileira ainda apresenta, em 1980, nível mais elevado do que em 1940. Fica evidente que, a partir de 1970, há um redirecionamento dos fluxos migratórios para outras partes do país (grandes projetos de infra-estrutura, frentes pioneiras, etc.) atenuando o crescimento populacional paulista.

Entretanto, neste contexto amplo de entendimento da metropolização brasileira, como destacar e explicar a verticalização? Enfim, qual a geografia da produção e apropriação dos espaços metropolitanos de São Paulo?

Iniciamos o estudo da verticalização através da História de São Paulo, tentando aprofundar sua periodização. Porém, como se vai consolidando a metrópole, como se assume a metrópole?

E indiscutível a necessidade de se aprofundar a compreensão da relação entre o processo capitalista ou o desenvolvimento do modo de produção capitalista e a concentração urbana.

Dificilmente tal comprovação poderia ser feita no entendimento da totalidade do desenvolvimento do processo metropolitano. Impõe-se aqui uma decisão metodológica, ou seja, destacar os elementos significantes do processo urbano no capitalismo – e a metrópole é uma geografia significante – e explicá-la

| Tabela 1 | Município de São Paulo, participação da população (%) em relação à população urbana do Brasil e do Estado de São Paulo

	1940	1950	1960	1970	1980	1991	2000
Brasil	10,29	11,71	12,08	11,37	10,55	8,0	7,0
Estado de São Paulo	41,86	45,75	47,15	41,49	38,26	32,9	30,0

Fonte: IBGE. Anuário Estatístico do Brasil. Rio de Janeiro, 1983. *Nota:* No caso do Município de São Paulo, para 1940, 1950 e 1960, tratou-se de população presente e 1970 e 1980, população residente.

à luz de suas formas, processos, conteúdos e estruturas que também evidenciam, no espaço geográfico, a natureza do processo de acumulação. Não se trata aqui, portanto, do "capital e seu espaço", mas do capital/espaço.

No entanto, é preciso dar o salto das questões metodológico – filosóficas essenciais para a compreensão da especificidade do espaço geográfico no capitalismo. É exatamente neste contexto que se considera São Paulo como uma realidade concreta, absolutamente ajustada a tais conjecturas. E, no seu processo, a verticalização se sobressai por sua própria genealogia.

É interessante acompanhar de que maneira esse espaço vai se consolidando; como na História a metropolização vai sendo assumida na prática cotidiana.

No cotidiano, a dor da modernidade

Tudo indica que as práticas cotidianas estabelecem uma forte inter-relação entre a configuração da metrópole – da realidade metropolitana – e as maneiras pelas quais a população, ao assumir o fato metropolitano, vai também definindo-o e conceituando-o.

Fomos buscar nos antagonismos de classe, *vivenciados* no espaço da metrópole e na imprensa, o material essencial para este ensaio. A *conflitualidade* cotidiana – especialmente aquela vivida pelas classes oprimidas – no espaço da metrópole, na maioria das vezes agravada pela prática do planejamento urbano e das políticas públicas, se constitui, sem dúvida alguma, numa fértil linha de reflexão para se desvendar o mito da metrópole. Mas a verticalização, como se verá nas partes que se seguem, constitui-se num uso privilegiado do território em relação àquele usado pelas classes pobres. É interessante ressaltar que, pelas práticas cotidianas no processo de uso do território metropolitano o Rio de Janeiro e São Paulo apresentam aspectos bastante semelhantes.

A configuração de uma sociedade predominantemente urbanizada e com forte teor burguês implicou, desde o início da fase republicana, numa penalização permanente das classes populares, apesar das revoltas, convulsões e crises. Inúmeros são os exemplos, aqui e acolá, desses fatos.

No Rio de Janeiro, em 1904, a denominada Revolta da Vacina [12] (SEVCENKO, 1984) foi um episódio cruel das contradições de classe, vivenciado num espaço em pleno vigor de urbanização, com todas as implicações que isso acarretou. Se por um lado tratava-se de uma questão de saúde pública – com efeito, a Cidade do Rio de Janeiro padecia de uma série de focos endêmicos de varíola e era necessário salvá-la – por outro lado, este saneamento dirigia-se quase que exclusivamente às classes populares que eram tratadas com arrogância e truculência por funcionários do Estado. A aprovação da Lei e sua regulamentação, elaborada por Oswaldo Cruz, desencadeou a Revolta. A Cidade passou a ser o palco das manifestações e da repressão. Marca indelével da definição da metrópole.

O conhecimento do espaço urbano por parte do povo, por uma prática de luta e sobrevivência – os becos, as demolições, as casas abandonadas, a topografia – foram elementos explorados para enfrentar as tropas do Governo por meio de armadilhas e tocaias. Sem dúvida alguma, tais fatos iriam provocar a necessidade do planejamento urbano na Cidade, ou seja, estabelecer um controle mais rígido e uma melhor fluidez do espaço urbano. São, portanto, as práticas coletivas, cotidianas de lutas, que vão oferecer os critérios para uma reformulação urbana voltada para interesses bem específicos.

Com esse planejamento e com a ferocidade das demolições, as classes populares, como em São Paulo, são rechaçadas para a periferia, em condições subumanas. As áreas insalubres e os morros são ocupados e é para aí que se transferem também as doenças e epidemias. Tudo isso foi palco da revolta, ao mesmo tempo de uma indignação e de uma tomada de consciência sobre o urbano. É a prática cotidiana colocando a nu a dialética da formação metropolitana que preconizava uma nova divisão geográfica da cidade.

São Paulo não foi exceção à regra. O setor de saúde pública cumpriu um significativo papel na transformação e no planejamento urbano, portanto, na configuração da metrópole. Fato interessante nesse processo paulistano é observar como a própria ação do setor de saúde pública se modifica, principalmente na década de 1920, tendendo para uma ação mais preventiva:

A preocupação que percorre o todo social com a ameaça que a "habitação insalubre e nojenta" do proletariado representava desde fins do século XIX se explicita de maneira diferente ao longo da década de 1920, notadamente após a intensa movimentação operária de 1917-1920 (DECCA, 1987:62).

A higiene e a saúde pública em relação ao operariado, na Cidade de São Paulo, ganham um estatuto diferenciado, detectado desde o início dos anos 1920. Métodos educativos e preventivos substituem os repressivos quanto à higiene e à saúde do proletariado urbano, com finalidades eugênicas, muito embora o interesse do Estado e o interesse da produção se colocavam primordialmente, como, aliás, no Rio de Janeiro.

Os setores mais organizados dos operários questionavam este tratamento, pelos seus jornais de tendências anarquistas, socialistas e comunistas.

Contrapor toda a dor da modernidade, vivenciada pelos setores mais humildes das cidades de São Paulo e do Rio de Janeiro, com a visão dos setores mais privilegiados da sociedade, passa agora a ser uma tentação. Como os mais abastados encaravam as grandes reformas urbanas, no período republicano? A rápida metropolização assustou os mais ricos?

Tais respostas podem ser buscadas no cotidiano, folheando os grandes periódicos paulistanos.[13] Tratam-se de documentos que testemunham as opiniões dos privilegiados, brigando no dia-a-dia para manter as suas conquistas.

A rápida urbanização paulistana, um pouco antes da virada do século, é percebida com certo entusiasmo pela grande imprensa, principalmente as inovações nos serviços urbanos. Os problemas aparecem como pequenas distorções na trajetória de "uma Cidade que caminha para o lado certo."

Cabe ressaltar que a idéia de "caminho certo" não implica que haja um consenso entre os privilegiados sobre o planejamento da Cidade e seu crescimento. O que une todos em torno desta idéia é a crescente insegurança que cada setor passa a ter em levar a sua proposta, diante do rápido desenvolvimento urbano.

> Esta cidade, esta bella e próspera Capital de S. Paulo, dia por dia vae ganhando direitos aos maiores cuidados da administração pública. (...) Morar em S. Paulo é hoje a moda, é o sonho dos agricultores do interior, e não é facto desconhecido a corrente de novos habitantes já estabelecida da província para a capital. (A PROVÍNCIA DE S. PAULO, 15/11/1876).

Esta tendência dura aproximadamente até a Primeira Grande Guerra. Vai ficando claro que os problemas têm força suficiente para tirar a Cidade de seu "caminho certo". O otimismo com a técnica e com a racionalidade é fortemente abalado com a Primeira Grande Guerra.

A idéia de verticalização aparece, com maior freqüência, nesta época, como solução a alguns problemas e como um símbolo de modernidade.

No final da década de 1930, a visão de que os problemas urbanos conseguiram tirar a Cidade do seu "caminho certo" cresce muito e vem como uma forte tendência até os dias atuais. O apelo a uma maior "racionalidade" da ação estatal no domínio urbano cresce na mesma proporção. Inúmeras são as manifestações por meio da imprensa.

Esta insegurança dos privilegiados, diante do vertiginoso crescimento urbano, não implica necessariamente num abalo do desenvolvimento capitalista no Brasil; pelo contrário, pode significar o seu fortalecimento.

E assim consolida-se a metrópole. Tempos e espaços definem a produção e a apropriação da metrópole.

Sem dúvida, essa reprodução do espaço urbano, desde meados do século XIX, terá um duplo significado para a Cidade: primeiro, amplia-se o espaço habitável urbano e, segundo, há profundas transformações na propriedade fundiária, revelando uma sensível alteração no significado da terra urbana que se evidencia como uma mercadoria e que terá grande importância no processo de acumulação, cuja dinâmica sugere dois caminhos de investigação: a compreensão do funcionamento da evolução da propriedade fundiária no Município de São Paulo, ou seja, uma tentativa de elaboração da história fundiária de São Paulo [14], e um estudo da evolução do mercado de terras e do mercado imobiliário. Sem dúvida alguma, a partir de meados do século XIX, São Paulo conhecerá profundas transformações na sua expansão.

Além disso, é exatamente nesse período (1872-1875) que o presidente da província, João Teodoro Xavier de Matos, dá o

> (...) ímpeto mais impressionante para o progresso material da cidade. Durante sua administração, gastou-se no embelezamento da Capital uma quantia aproximadamente igual à metade do orçamento anual da Província – índice bem evidente da mentalidade urbana (ou psicologia de Versalhes) que prevalecia, e um incentivo a mais para os fazendeiros ricos se transferirem para a Capital. Muitas ruas novas foram abertas, algumas em zonas novas e outras ligando bairros existentes (MORSE, 1970:244).

A partir de 1870, até início do século XX, a Cidade vai conhecer uma enorme ebulição na sua "construção material", seja na expansão urbana, seja na implantação de equipamentos e serviços, seja na arquitetura. Esta ebulição é sempre revelada pelos autores que têm examinado a história urbana de São Paulo. Os jornais da época documentam esse processo.

É importante salientar que nos seus três primeiros séculos de existência, a Cidade de São Paulo não ampliou significativamente seu espaço construído. Durante três séculos, ficou praticamente restrita ao que se denominava "triângulo", ou seja, o espaço compreendido entre a Rua Direita de Santo Antônio (atual Rua Direita), a Rua do Rosário (antiga Rua da Imperatriz e, desde o início da República, Rua XV de Novembro) e a Rua Direita de São Bento (atual Rua São Bento). Três conventos balizavam esse triângulo: São Francisco, São Bento e Carmo. No entanto, neste último século, São Paulo é reconstruída duas vezes. A Cidade é um palimpsesto, no dizer de Benedito Lima de Toledo (1983:67). Evidências disso são os processos atravessados, por exemplo, pela Avenida Paulista e pelo vale do Anhangabaú (símbolo da Cidade), freqüentemente arrasados e reconstruídos.

No entanto, a diversificação das atividades econômicas, a partir de meados do século XIX, aliada à idéia surgida em 1900, dada por Bernardino de Campos, de lançar as hipotecas sobre imóveis urbanos como condição à concessão de crédito aos fazendeiros de café, vai estimular o processo de expansão urbana com o surgimento de uma série de lançamento de loteamentos (BARBOSA, 1987). Assim, a Cidade "explode" no século XX, num intenso processo de construção/destruição.

Sem dúvida, essa ebulição vai desembocar nas pré-condições que, a partir dos anos 1920, propiciarão o processo de verticalização em São Paulo. Anuncia-se aí o arranha-céu.

E São Paulo prepara-se para o 3º Milênio...

A verticalização: revolução no espaço habitado

O marco da verticalização em São Paulo é, inegavelmente, a construção do primeiro edifício, em 1912.

Um edifício de 7 andares que carece ser aqui registrado, pois, sem dúvida alguma, foi um arrojado empreendimento para a época. Trata-se de um edifício de escritórios e estabelecimentos comerciais.

O concreto armado revoluciona, portanto, a paisagem da cidade, permitindo a construção em vários pavimentos.

Já um dos primeiros edifícios de apartamentos de São Paulo é o "Palacete Riachuelo", projetado em 1925, terminado em 1928 e inaugurado em 1932. Revoluciona-se a forma de morar em São Paulo.

O surto da construção civil, nessa época, especificamente o surgimento de edifícios de mais de 10 andares, destinados a escritórios e apartamentos no centro da Cidade, vai nitidamente refletir, por um lado o seu nível de equipamento e, por outro, a valorização do solo.

Essa expansão urbana vertiginosa, que prossegue até nossos dias, evidentemente acompanha *pari passu* o crescimento populacional da Cidade.

Essa relação de crescimento populacional e "produção material" da Cidade, especialmente no que concerne a verticalização vai, permanentemente, o tentando ser regulada pela ação do Estado no que diz respeito às legislações sobre uso e ocupação do solo.

Como se verifica pelo quadro 1, entre 1918 e 1935 (portanto na década de 1920, propriamente dita), a população de São Paulo dobra, ou seja, de 528.295 em 1918, chega a 1.120.400 habitantes em 1935, dinâmica que só se repetirá a partir da década de 1950. Um excelente trabalho sobre a evolução demográfica de São Paulo é aquele elaborado por Araújo Filho (1958).

Resgata ele, nesse trabalho, uma inesquecível frase de efeito: "A cidade que mais cresce no mundo" (ARAÚJO FILHO, 1958:178). De fato, a Cidade de São Paulo alinha-se, sem a menor dúvida, entre as cidades do mundo que mais rapidamente cresceram, quer do ponto de vista da área urbana, quer no que concerne à população.

No entanto, é justamente a partir de 1929, no Código de Obras Arthur Saboya, que se obtém uma legislação mais completa sobre construção e arruamento para São Paulo, apesar do seu teor extremamente cauteloso e de conseqüências ineficazes. [15] Há inúmeras críticas a esse Código, pois seu conteúdo é tido como "(...) um amálgama descoordenado de advertências amplas e ambíguas (trazendo sempre a condição "sempre que for possível") e minúcias restritivas e sem imaginação" (MORSE, 1970:366). Não faltaram restrições ao Código Arthur Saboya: a falta de um plano coerente de zoneamento; providências inadequadas para aprovação de plantas e fiscalização da construção; tratamento insuficiente aos problemas de higiene e segurança pública; regulamentação deficiente do loteamento, e ausência de qualquer preocupação estética.

De qualquer maneira, os anos 1920 se constituem num marco importante do processo de transformação da Cidade de São Paulo, no campo fértil da modernidade. As transformações que se operam, sob múltiplos aspectos, enunciam os tempos que estão por vir. A "Semana de 22" é o símbolo destes tempos. As vanguardas artísticas européias, evidentemente, têm um papel importante relacionado com essa Semana, em São Paulo.

| Quadro 1 | Evolução da população do Município de São Paulo

1585	120 almas *
1591	190 almas *
1697	2.000 almas *
1804	23.943 almas *
1824	25.000 almas *
1838	21.933 almas (perde Santo Amaro com 5.131 almas)*
1871	26.000 almas *
1872	31.385 almas *
1883	35.000 almas *
1886	44.030 almas *
1890	64.934 almas **
1900	239.820 almas **
1907	340.000 almas *
1918	528.295 almas *
1935	1.120.400 almas *
1940	1.326.261 habitantes **
1944	1.435.700 habitantes **
1950	2.213.300 habitantes (incluída parte rural) **
1960	3.781.446 habitantes (incluída parte rural) **
1970	5.978.977 habitantes (incluída parte rural) **
1980	8.587.665 habitantes (incluída parte rural) **
1988	10.822.614 habitantes ***

Fontes: * LEITE, 1954. ** Sinopse Preliminar do Censo Demográfico. IX Recenseamento Geral do Brasil -1980.Vol. 1,Tomo 1, Número 8. Rio de Janeiro, IBGE, 1981. *** FOLHA DE SÃO PAULO.

É conveniente destacar aqui que, em 1919, é inaugurada a Bauhaus ou movimento Bauhaus, criado por Gropius, que tinha como meta "(...) exercer uma influência viva no *design* (gestaltung)", pioneiro do movimento de Arte Moderna (GROPIUS, 1977:33).

É exatamente neste contexto que se define o início e se amplia o processo de verticalização em São Paulo.

As origens da verticalização paulistana

Último ano da década de 1920. Um estouro e montanhas de papel velho cobriram as ilusões de um enriquecimento fácil em Wall Street. Em outras partes do mundo, sacas de café queimadas, ruas lavadas com leite, ovelhas incineradas... Imagens que ficaram da pior crise econômica conhecida pelo capitalismo até hoje.

Um dos momentos importantes dessa crise, que cabe aqui ser lembrado, é o aparecimento de um comportamento monopolista em alguns setores econômicos nos países industrializados. Tal comportamento é evidência da grande capacidade de várias indústrias em reduzir sua produção, evitando que os preços de seus produtos despencassem durante esse período difícil. As crises de superprodução, com características puramente de livre concorrência, passaram a fazer parte do passado.

Os setores monopolizados e oligopolizados tinham uma ligação íntima com os setores de tecnologia mais desenvolvida, apesar de não se resumirem a esta ligação. Na época da crise, as indústrias de ponta eram as pertencentes aos ramos do aço, eletricidade, petróleo e química, substituindo, aproximadamente desde 1900, as bases tecnológicas assentadas no carvão, ferro e máquina a vapor (MULLER, 1987:26-27).

Não devemos nos esquecer de que a nova tecnologia não se esgotava nestas mudanças, por exemplo, do ferro para o aço, mas era acompanhada por novas maneiras de se organizar a própria produção. Neste ponto, Frederick W. Taylor trouxe uma ajuda importante ao mundo capitalista, com a sua "Administração Científica", conhecida também como "Taylorismo" (LIPIETZ, 1985).[16]

Muitas são as implicações desses processos tecnológicos. Uma delas, fundamental, foi a união maior conferida ao processo produtivo, exigindo, para tanto, uma articulação perfeita entre as partes desse processo. É o que Dobb (1977) observa, quando o compara à afinação dos instrumentos de uma orquestra. Qualquer alteração em uma das partes interfere em todo o conjunto. Assim é também o processo produtivo advindo das inovações tecnológicas.

> As exigências desse processo equilibrado muitas vezes se estendem além das fronteiras do que era antes uma empresa separada, e acarretam a integração vertical, sob um só controle, daquilo que antes foram unidades autônomas e mesmo a associação geográfica, em um lugar, de etapas de produção anteriormente dispersas (DOBB, 1977:438).

Eis alguns dos fundamentos que na década de 1970 se consolidam, naquilo que Milton Santos vai se referir em sua obra *A Natureza do Espaço*, como a convergência dos momentos e o alargamento dos contextos, atributos do período histórico por ele denominado de *técnico, científico e informacional*. Eis o funcionamento pleno do espaço geográfico como condição da dinâmica do mundo contemporâneo. A metrópole é a expressão disso: exibe lugares especializados, segregados concomitante ao avanço de um fantástico processo de empobrecimento da população. Esta é a expressão da Geografia do Capitalismo!

Nesses processos de monopolização, de oligopolização e de desenvolvimento tecnológico nos países industrializados, já se pode formular algumas indagações referentes a verticalização paulistana na década de 1920.

Primeiramente, pode-se pensar sobre as transferências tecnológicas para a indústria da construção civil brasileira, que possibilitaram a construção dos grandes edifícios.

As dificuldades para se conseguir uma produção interna de vários produtos básicos para a verticalização foram significativas. Um dos motivos é a própria monopolização e oligopolização de alguns ramos fornecedores de produtos para a construção civil nos países industrializados. O exemplo mais claro a este respeito é o da indústria siderúrgica: o Brasil, com uma das maiores reservas de minério de ferro do mundo, só conseguiu ter uma usina siderúrgica de porte expressivo depois da Segunda Guerra Mundial. Isto porque era mais interessante às indústrias siderúrgicas internacionais a manutenção das jazidas brasileiras como uma reserva, para uma exploração futura.

Entretanto, esses problemas não comprometeram um certo desenvolvimento de alguns ramos da indústria de bens de produção no Brasil durante a década de 1920, quando a indústria de São Paulo dá um grande salto.

A indústria paulista dá um salto qualitativo e quantitativo. Implanta, ainda que de maneira incipiente, um núcleo produtor de bens de capital e de insumos mais complexos, e diversifica a produção de bens de consumo, como a indústria têxtil. Neste período, o crescimento da indústria paulista (taxa média anual de 6,6%) é superior àquele do resto do país (em tomo de 3,4%).

Surge, na década de 1920, em São Paulo, uma série de indústrias de bens de produção: antigas e pequenas indústrias mecânicas, metalúrgicas e fundições que vão se expandir. São desse período a fabricação de motores, aparelhos elétricos, equipamentos para as indústrias têxteis e açucareira e empresas laminadoras de metal, entre outras. É nessa época que se lançam as bases para um perfeito controle da produção de tecidos de fibras artificiais e sintéticas, com a fabricação de fios e fibras de *rayon*.

É evidente que, desde então, o capital nacional se defronta com o internacional, naqueles setores que exigiam grandes investimentos, riscos empresariais e problemas com patentes internacionais: montagem de veículos, aparelhos elétricos, introdução de segmentos da indústria química e farmacêutica. Compete a Ford, à GM, a Phillips e à Rhodia, ingressar e produzir. Internacionaliza-se o capital e o espaço. Introduz-se a modernidade.

No entanto, há casos em que o próprio Governo se incumbe de contornar aqueles problemas. Foi o que aconteceu com o capital estrangeiro investido em cimento e aço (CANO, 1983:224).

Apesar da indústria da construção não dispensar as importações durante um longo tempo, parece claro que este surto de indústrias de bens de produção, na década de 1920, também foi o sustentáculo da expansão da verticalização em São Paulo.

É interessante notar que várias dessas indústrias de base para a verticalização formavam monopólios ou oligopólios no Brasil. Mas o cimento e o vidro operariam, durante muito tempo, sob forma monopolista, diferentemente do papel, da siderurgia e do fósforo, de características oligopolísticas.

E é mais interessante perceber que a verticalização, para essas empresas, pode ter significado a continuidade de seus lucros acima da média do mercado. Para esclarecermos melhor esta hipótese, examinemos Maurice Dobb (1977) tratando de um dilema vivido pelos monopólios e oligopólios nos países industrializados:

> (...) De um lado, a concentração da riqueza e lucros que a monopolização causa tenderá a aumentar o desejo de investir. De outro, as oportunidades existentes para investimento (sem prejudicar a taxa de lucro protegida na esfera monopolizada) serão diminuídas. O desfecho dessa contradição deverá ser uma busca intensificada de saídas externas para investimentos (...) (apud: CANO, 1983:395).

Se o desfecho do dilema dificilmente aconteceria no Brasil, na década de 1920, o dilema em si teria grande chance de se concretizar com a verticalização que, intensificando o uso de produtos de setores monopolizados e oligopolizados, teria sido a solução para a manutenção do lucro acima da média dessas indústrias. A produção do edifício realiza a reprodução de múltiplas formas do capital.

Há que se examinar também a relação do *taylorismo* na construção civil e a verticalização.

Várias organizações no Brasil incorporaram o *taylorismo* na década de 1920. Como exemplo, citamos o caso do início da eletrificação das linhas da Companhia Paulista de Estradas de Ferro, na metade da década de 1920.

Com o aumento das reivindicações, o capital procura minimizar a sua dependência em relação à mão-de-obra. A saída para tanto é a busca da tecnologia.

Impõe-se, portanto, o *taylorismo.*

Com este exemplo, já podemos pensar em uma relação próxima entre *taylorismo* e verticalização.

Sobre os movimentos dos trabalhadores da construção civil, as melhores fontes são seus jornais sindicais, editados na época: *A Ação Proletária* e o *Grito Operário.* [17]

A verticalização, como se pode ver através do *taylorismo* e das transferências tecnológicas, tem fortes laços no desenvolvimento das lutas de classes. Seria importante, agora, perceber o papel da verticalização em outra forma de expressão das lutas de classes, qual seja, a da ocupação do solo em São Paulo na década de 1920. Um instante privilegiado para captarmos esta questão é a Greve Geral de 1917, na Cidade de São Paulo, pois os ânimos das frações sociais estavam aguçados e tornaram transparentes alguns dos seus antagonismos.

A partir da greve de 1917, há condições para se pensar sobre o papel estratégico da verticalização nas lutas entre os vários segmentos sociais pelo espaço urbano.

Há um processo nítido de expulsão dos trabalhadores para a periferia: surgem os subúrbios industriais. Tal fato representa um saneamento das áreas centrais, áreas de decisão ou, como denominamos, da "cidade do capital". A própria infra-estrutura da Cidade vai evoluindo neste sentido: dos bondes e das caminhadas, passa-se aos trens de subúrbios e aos ônibus.

Fica evidente, por outro lado, que essa valorização da terra possibilita um processo de verticalização nas áreas de expansão do Centro ou "áreas de transição", tais como a Vila Buarque e Santa Ifigênia (MÜLLER, 1954:178).

O espírito da elite republicana, que comandava as transformações urbanas e esse processo de verticalização, é descrito com bastante propriedade por Sevcenko (1985:36):

> Como vemos, ao contrário do período da Independência, em que as elites buscavam uma identificação com os grupos nativos, particulannente índios e mamelucos – era esse o tema do indianismo – e manifestavam "um desejo de ser brasileiro": no período estudado, essa relação se toma de oposição, e o que é manifestado podemos dizer que é "um desejo de ser estrangeiro". O advento da República proclama sonoramente a vitória do cosmopolitismo no Rio de Janeiro. O importante, na área central da Cidade, era estar em dia com os menores detalhes do cotidiano do Velho Mundo.

A verticalização urbana na década de 1920, em São Paulo, mantém este espírito cosmopolita e de modernidade. É interessante constatar o estilo *art nouveau* dos edifícios exclusivamente residenciais que se constróem em São Paulo nesse período.

A Revolução de 1930, no Brasil, é um outro momento privilegiado para se entender a trajetória de vários grupos sociais na década de 1920.

Manoel Correia de Andrade em excelente trabalho sobre a Revolução de 30, nos ajuda a compreender os anos 1920 que, de fato, prenunciam uma série de rompimentos no processo histórico brasileiro. "(...) a Revolução de 30 foi um processo cujos primeiros sintomas foram sentidos durante a campanha civilista, pelas greves que ocorreram na segunda década do século XX e pelas insurreições armadas de 1922 e 1924" (1988:12).

A metrópole paulista conhece uma enorme efervescência na época. A Cidade cresce, a população pobre é jogada para fora do Centro, que se valoriza. Consolida-se um processo de especulação imobiliária, iniciado no final do século XX, acompanhado de uma grande demanda habitacional. A paisagem urbana transforma-se radicalmente.

Eva Blay (1985), ao estudar as vilas operárias de São Paulo, indica-nos as relações entre a emergência de se produzir habitações para a classe operária em determinados "espaços urbanos" e a especulação imobiliária. Se por um lado, a construção das vilas nos limites da Cidade era uma forma de atrair o capital privado para a construção de habitações operárias, por outro, ao deslocarem-se as populações do centro, como visto anteriormente, liberavam-se e valorizavam-se terras, possibilitando a verticalização, aliada à utilização de uma infra-estrutura já disponível.

Assim, a própria historiografia ajudou a esconder a realidade, realçando o acontecimento de 1930 e "esquecendo" o grande conflito de 1928, que marcou o fim do BOC (Bloco Operário e Camponês).

Apesar das divergências sobre os acontecimentos de 1930, a crescente influência política dos setores urbanos, a partir dessa época, é inegável; em especial da classe média, que está diretamente interessada na verticalização. É a aliada da burguesia, a qual aplicava seus lucros na construção de edifícios para aluguel.

> Essa década de 1930, foi o tempo da propagação do concreto armado e em que se aceitou definitivamente o prédio de apartamentos, a solução de moradia coletiva até então altamente rejeitada pelo gosto popular, especialmente pela classe média que não admitia 'promiscuidades" semelhantes aos cortiços das classes baixas (LEMOS, 1979:136).

A importante influência da classe média relacionada ao processo de verticalização estará sempre presente. Isso fica evidente, posteriormente, nos anos 1970, quando da terceirização do urbano, onde à classe média é reservado um papel especial pela divisão internacional do trabalho (OLIVEIRA, 1982). É a ela, inegavelmente, que estará destinada a Política Habitacional Brasileira desenvolvida desde então e, fundamentalmente, a produção de edifícios.

Indiscutivelmente, a ebulição dos anos 1920, que implicou numa reformulação da divisão social e internacional do trabalho, provocada pelo grito da modernidade nos países centrais, acarretará, no Brasil, intensas transformações e agitações na sociedade e no espaço – esteio da verticalização. Exatamente aí surgem os arranha-céus na Paulicéia desvairada. Desperta a metrópole... Prepara-se sua arrancada para o 3° Milênio.

No arranha-céu, um espectro da metrópole do terceiro Milênio.

O arranha-céu, signo do processo de verticalização, não revela evidentemente, apenas uma forma em São Paulo. Revela, isto sim, uma identidade do processo de urbanização brasileiro e uma nítida possibilidade de morar que separa ricos e pobres.

Quando se examinam as teorias urbanas, especialmente aquelas elaboradas nos países desenvolvidos, verificamos o quanto nosso processo foi histórica e geograficamente diferenciado. A verticalização vai se constituindo, portanto, na forma privilegiada de um segmento muito importante da reprodução do capital no espaço, aliada a uma nova forma (modo) de morar. Ela vai cristalizando um dos resultados do processo de urbanização, uma das geografias do espaço metropolitano. Ela legitima uma modernidade que impõe a um "sistema de objetos particulares", no dizer de Milton Santos.

A verticalização se constitui, efetivamente numa segunda natureza. "Os novos materiais de construção começam a superar os velhos materiais da natureza, afirma Gropius" (SUBIRATS, 1988:64). Essa superação se constitui também na superação do sitio geográfico, pelo sitio social.

A verticalização anuncia o novo milênio, pois na cidade continuará a realizar uma complexa estratégia do processo de produção capitalista na sua mais ampla dimensão, sintetizando, na produção de um edifício, seus desígnios. Nessa geografia dos espaços metropolitanos, retoma-se a totalidade, a universalidade do espaço produzido e apropriado, do espaço geográfico.

Na verticalização, a identidade de São Paulo – a metrópole do Terceiro Milênio. Nela, o limite da pobreza resultante maior da dor da modernidade.

Concluindo

A modernidade incompleta conhecida pelos países pobres gera antagonismos imensos na vida social. O território usado pela verticalização em São Paulo é revelador disto. Trata-se de um uso que pressupõe pre-condições técnicas, culturais, sociais, para sua efetivação. Criam-se, na metrópole múltiplas solidariedades, múltiplos lugares diferenciados: o lugar do interesse hegemônico, junto às redes, com insistentes processos de modernização – A Avenida Paulista, a Faria Lima, a Berrini, trechos das Marginais – e os lugares dos pobres intensivamente permeando os primeiros. Estes são os espaços opacos denominados por Milton Santos, aqueles os espaços luminosos, espaços privilegiados.

O território supõe a disseminação para todos os habitantes de bens e serviços indispensáveis a sua vida digna, lá onde eles estiver e supõe também a gestão, ou seja, a distribuição assegurada a todos dos bens e serviços públicos. Por isto ele precisa ser considerado uma categoria de análise social, fundamento da cidadania, juntamente com a cultura.

Mas, este não é o entendimento do mundo da globalização.

Eu os convido a conhecer a miséria de São Paulo, o desmonte do serviço e do patrimônio público do Brasil. Tudo em nome da nova ordem mundial e da modernidade.

Notas

[1] Informações disponíveis na Internet, no site http://www.seade.gov.br.

[2] Configuração territorial é formada pelo "conjunto de objetos culturais que, ao lado ou no lugar dos objetos naturais cuja significação modificam, tem na paisagem uma fração".

[3] Importante destacar que as demais aglomerações gigantes do planeta, na Ásia, África e América Latina, inclusive outras metrópoles brasileiras, não contaram, como São Paulo, com um mundo rural tão aberto e modernizado.

[5] Tecnoesfera: natureza tecnicizada com base científica; os novos sistemas de objetos respondem como dados infra-estruturais, às novas necessidades do processo direto da produção.

[6] Psicoesfera: a nova conformação das mentes, para a aceitação das novas condições da existência, a começar pela imersão no consumo. É um dado de superestrutura, essencial.

[8] Maria Adélia Souza & Jorge Francisconi, "Diretrizes Gerais da Politica Nacional de Desenvolvimento Urbano", in: Cadernos do IPEA, Brasília, 1975.

[9] Milton Santos & Ana Clara Torres Ribeiro, O Conceito de Região Concentrada. UFRJ/Ippur e Departamento de Geografia, fotocópia, 1979.

[10] São Paulo, em 1980, tinha cerca de 8.377.649 habitantes, de acordo com o IBGE. Pela ONU, essa cifra atingiria os 9 milhões de habitantes. Há, portanto, uma diferença cerca de 700.00 habitantes a qual, para efeito de análise de tendências pode ser desprezada.

[11] Para aprofundamento deste aspecto, ver, por exemplo, São Paulo 1975 – Crescimento e Pobreza, estudo realizado para a Pontifícia Comissão de Justiça e Paz da Arquidiocese de São Paulo.

[12] Tratava-se de uma decisão presidencial que tornava obrigatória a vacinação contra varíola.

[13] Foram pesquisados artigos a partir da década de 1870 até, aproximadamente, 1987. Diante do volume do material recolhido e de vários outros problemas correlatos a tão farta base informativa, uma sistematização rigorosa e precisa deste material não foi ainda possível, mas isto não impede de apontar algumas tendências com certa segurança.

[14] Tarefa que, em curto prazo, deverá ser realizada no contexto do Programa de Pesquisa sobre Urbanização Brasileira, PPU, do Departamento de Geografia da USP, sob a coordenação da Autora deste texto.

[15] Há também na bibliografia indicação da Lei 2.611, de 1923, que dispõe sobre arruamentos e apresentação de plantas dos terrenos.

[16] Trata-se da sistematização do processo de trabalho ou "organização científica do trabalho", feita por engenheiros e técnicos, expropriando dos trabalhadores o seu "saber fazer". A automatização imposta pela máquina substitui toda iniciativa de operação do trabalhador. O Taylorismo e posteriormente, o fordismo implicam necessariamente numa especialização da força de trabalho.

[17] Maiores detalhes sobre os periódicos, consultar respectivamente: Azis Simão, in: "Sindicato e Estado" (p. 227) e M.A. Guzzo Decca, in: A Vida Fora das Fábricas (p. 100).

Bibliografia

ANDRADE, Manoel Correia de. *A Revolução de 30 – Da República Velha ao Estado Novo.* Porto Alegre, Mercado Aberto, 1988.

ARAUJO FILHO, José Ribeiro. "A População paulistana". In: A Cidade DE São Paulo. Estudos de Geografia Urbana. Vol. II. A Evolução Urbana. São Paulo. Companhia Editora Nacional. 1958.

AZEVEDO, Aroldo de et al.. "A Cidade de São Paulo". In: *Estudos de Geografia Urbana.* São Paulo. Companhia Editora Nacional. 1958.

BALBIM, Renato Nunes. *Práticas Espaciais e Informatização do Espaço da circulação. Mobilidade cotidiana em São Paulo.* Tese de doutorado apresentada ao Departamento de Geografia da Faculdade de Filosofia, Letras e Ciências Humanas-FFLCH da Universidade de São Paulo-USP. São Paulo, fotocópia, 2003.

BARBOSA, Maria do Carmo Bicudo. *Tudo como Dantes no Quartel de Abrantes. Práticas da produção do Espaço na Cidade de São Paulo (1890-1930).* Tese de Doutorado apresentada à Faculdade de Arquitetura e Urbanismo-FAU da Universidade de São Paulo-USP. São Paulo, fotocópia, 1987.

BLAY, Eva. *Eu não Tenho Onde Morar: Vilas Operárias na Cidade de São Paulo.* São Paulo, Nobel, 1985.

CANO, Wilson. *Raízes da Concentração Industrial em São Paulo.* São Paulo, T.A. Queiroz, 1983.

CASTILLO, Ricardo & BERNARDES, Adriana. *São Paulo, Metropole Informacional. Coalizões de Crescimento e Immobilier d'Entreprise.* outubro de 1996.

DECCA, Edgard S. de. *1930, O Silêncio dos Vencidos.* São Paulo, Brasiliense, 1981.

DOBB, Maurice. *A Evolução do capitalismo.* Rio de Janeiro, Zahar, 1977.

LEMOS, Carlos. *Arquitetura Brasileira.* São Paulo, Melhoramentos/Edusp, 1979.

LIPIETZ, Alain. *Mirages et miracles: problèmes de l"industrialization dans le Tiers Monde.* Paris, Decouverte, 1985.

MORSE, Richard. *Formação Histórica de São Paulo.* São Paulo, Difel, 1970.

MULLER, Geraldo. *Introdução à Economia Mundial Contemporânea.* São Paulo, Ática/EDUC, 1987.

SANTOS, Milton. *A Natureza do Espaço. Técnica e tempo. Razão e Emoção.* São Paulo, Hucitec, 1996.

______________. *Por uma Economia Política da Cidade.* São Paulo, Hucitec/EDUC (Editora da PUC-SP). 1994a.

______________. *A Aceleração Contemporânea: tempo mundo e espaço mundo. Globalização e Fim de Século.* São Paulo, Hucitec/Anpur. 1994b. (Col. O Novo Mapa do Mundo).

______________. *Espaço/Tempo/Técnica. Globalização e Meio Técnico Científico Informacional.* São Paulo, Hucitec, 1994c.

______________. *Metrópole Corporativa e Fragmentada, o Caso de São Paulo.* São Paulo, Nobel, 1990.

______________. *Metrópole Corporativa e Fragmentada. O caso de São Paulo.* São Paulo, Nobel e Secretaria de Estado da Cultura, 1990.

______________. O *Espaço do Cidadão*. São Paulo, Nobel, 1987.

______________. *O Espaço Dividido. Os Dois Circuitos da Economia Urbana dos países subdesenvolvidos*. Rio de janeiro, s./e., 1979. (Coleção Ciências Sociais.)

______________."Sociedade e Espaço: a formação social como teoria e como método". In: *Boletim Paulista de Geografia*, nº 54. AGB, São Paulo, 1977.

SANTOS, Milton & SILVEIRA, Maria Laura. *O Brasil – Território e Sociedade no Início do século XXI*. Rio de Janeiro, Record, 2001.

SANTOS, Milton & SOUZA, Maria Adélia. Territorio – Globalização e Fragmentação. São Paulo, Hucitec, 1994.

SANTOS, Milton & RIBEIRO, Ana Clara Torres. *O Conceito de Região Concentrada*. UFRJ/IPPUR e Departamento de Geografia, Mimeo, s./d.

SOUZA, Maria Adélia. *A Identidade da Metrópole. O processo de verticalização em São Paulo*. São Paulo, Edusp/Hucitec, 1994.

SOUZA, Maria Adélia & FRANCISCONI, Jorge. "Diretrizes Gerais da Politica Nacional de Desenvolvimento Urbano". *Cadernos do IPEA*. Brasília, 1975.

SÃO PAULO: DO CAPITAL INDUSTRIAL AO CAPITAL FINANCEIRO

Ana Fani Alessandri Carlos

Introdução

A metrópole se transforma num ritmo intenso, que se revela numa sucessão de formas pontuando os momentos do processo de urbanização. Nosso desafio é desvendar o processo de mudança atual enquanto momento do processo de reprodução espacial da metrópole. Podemos inicialmente afirmar que as transformações vividas atualmente decorrem também do modo de entender e planejar a cidade, que envolve novas estratégias para a realização da acumulação impondo uma nova relação Estado-espaço.

A mudança mais evidente refere-se ao deslocamento das indústrias de São Paulo, uma tendência que presenciamos no mundo moderno como decorrência de mudanças no processo produtivo, como condição de competitividade que obriga as empresas a se modernizarem. A diminuição dos custos de produção torna-se difícil numa metrópole super edificada como São Paulo, onde o preço do solo urbano é relativamente alto, em comparação com outras áreas, (onde também se encontram impostos mais baixos e incentivos fiscais para localização de indústrias). Por outro lado, o congestionamento na área metropolitana aumenta os custos com o aumento do tempo de circulação das mercadorias. Todavia, o deslocamento dos estabelecimentos industriais potencializa a concentração, na medida em que muitas sedes de indústrias (que se deslocam) permanecem na metrópole, sinalizando o fenômeno de desconcentração (do setor produtivo) e centralização do capital.

As modificações no processo produtivo produzem conseqüências como a extinção de postos de trabalho, o aumento das taxas de desemprego, diminuição da participação do setor industrial de São Paulo no PIB brasileiro, o que leva o capital-dinheiro a migrar para os ativos financeiros, sem, necessariamente, distanciar-se da metrópole, ao contrário, nela se realizando.

Esse comportamento sinaliza um movimento de passagem do capital produtivo para o capital financeiro. Ao mesmo tempo, a centralização financeira aponta um outro fenômeno importante: o capital financeiro para se realizar, atualmente, fá-lo por meio do espaço – isto é, produzindo o espaço enquanto exigência da acumulação continuada sob novas modalidades, articuladas ao plano mundial. Deste modo São Paulo, no plano local, figura como nível importante do processo de realização da reprodução social no conjunto do espaço mundial – um movimento que acompanha as modificações do processo de reprodução do capital em suas novas articulações com o plano político. Trata-se aqui, do modo específico como o Estado atua diretamente no espaço da metrópole, construindo a infra-estrutura necessária e as condições para a realização de novas atividades econômicas.

Podemos, no caso do desenvolvimento deste capítulo, elaborar uma hipótese capaz de direcionar o raciocínio: a reprodução do espaço urbano da metrópole revela o momento em que o capital financeiro se realiza também, por meio da produção de "um novo espaço" sob a forma de "produto imobiliário" voltado ao mercado de locação, (fundamentalmente no que se refere aos edifícios corporativos de escritórios, rede hoteleira e *flats*) numa estratégia que associa varias frações do capital a partir do atendimento do setor de serviços modernos. Neste sentido, estabelece-se um movimento de passagem da predominância/presença do capital industrial produtor de mercadorias destinada ao consumo individual (ou produtivo) à preponderância do capital financeiro que produz o espaço como mercadoria, como condição de sua realização. Todavia, convém esclarecer que o espaço-mercadoria, tornado "produto imobiliário", transforma-se numa mercadoria substancialmente diferente daquela produzida até então, pois trata-se, agora, de uma mercadoria voltada essencialmente ao "consumo produtivo", isto é, entendido como lugar da reprodução do capital financeiro em articulação estreita com o capital industrial (basicamente o setor de construção civil), que pela mediação do setor imobiliário transforma o investimento produtivo no espaço, sobrepondo-se ao investimento improdutivo, regulando a repartição das atividades e usos.

O momento atual sinaliza, portanto, uma transformação no modo como o capital financeiro se realiza na metrópole atual; a passagem da aplicação do dinheiro acumulado do setor produtivo industrial ao setor imobiliário. Assim, a mercadoria-espaço mudou de sentido com a mudança de orientação das aplicações financeiras, que produz o espaço como "produto imobiliário". Por sua vez, este processo requer uma outra relação Estado/espaço – pois só ele é capaz de atuar no espaço da cidade por meio de políticas que criam a infra-estrutura necessária para a realização deste "novo ciclo econômico". Neste sentido, a produção do espaço realiza-se num outro patamar: o espaço como momento significativo e preferencial da realização do capital financeiro.

Assim, o processo de reprodução do espaço da metrópole, no contexto mais amplo do processo de urbanização, a) marca a desconcentração do setor produtivo, e a acentuação da centralização do capital na metrópole; bem como cria um outro conteúdo para o setor de serviços (basicamente o que se desenvolve é o financeiro e de serviços sofisticados e com ele, uma série de outras atividades de apoio como aquela de informática, serviços de telecomunicações); b) aponta um novo momento do processo produtivo em que novos ramos da economia ganham importância – trata-se, particularmente, do que se chama de "nova economia" contemplando o setor do turismo e lazer bem como a redefinição de outros setores, como é o caso do comércio e serviços para atender o crescimento destas atividades; c) o movimento de transformação do dinheiro em capital percorre agora, preferencialmente, outros caminhos. A criação dos fundos de investimento imobiliários atesta, por exemplo, que o ciclo de realização do capital desloca-se para novos setores da economia reproduzindo os lugares como condição de sua realização; d) revela uma nova relação Estado/espaço – que aparece, por exemplo, através das políticas públicas que orientam os investimentos em determinados setores e em determinadas áreas da metrópole com a produção de infra-estruturas e "*reparcelamento*" do solo urbano pela realização de operações urbanas e da chamada requalificação de áreas – principalmente centrais – através da realização de "parcerias" entre a prefeitura e os setores privados que acabam influenciando e orientando essas políticas; e) centralização do capital financeiro em São Paulo, em relação ao resto do território brasileiro; f) redefinição da centralidade da metrópole no território nacional g) introdução de profundas transformações na vida cotidiana, como decorrência de modificações na prática *sócioespacial*, revelada nas transformações no uso do espaço, bem como, das funções dos bairros no espaço metropolitano, através de uma nova relação espaço-tempo.

Assim, as transformações na economia – visando à reprodução continuada – se realizam reproduzindo o espaço urbano paulistano com conseqüências significativas para a prática *sócioespacial* impostas pelo processo de valorização / desvalorização dos lugares.

Desconcentração industrial – centralização financeira

O momento atual atesta uma tendência inequívoca à diminuição do número de estabelecimentos industriais na metrópole com o deslocamento de fábricas para o interior (próximo ou distante da capital, localizando-se numa área de 200 km de raio da metrópole, constituindo o que se chama de macrometrópole) e para outros estados; uma diminuição que é acompanhada pela elevação dos índices do setor de serviços, conforme mostra a tabela 1 (através do nível do emprego).

| Tabela 1 | Grande São Paulo: número de pessoas empregadas (%)

Ano	Indústria	Serviços	Comércio
1985	32,8	40,7	14,1
1995	25	47	16
2000	19,9	53	15,7

Fonte: Seade/Dieese.

O deslocamento de estabelecimentos industriais de São Paulo ganha sentido no bojo de um processo de mundialização que muda o perfil da economia a partir de profundas transformações no setor produtivo, em função da queda das taxas de lucros que exige uma diminuição dos custos de produção; neste setor cabem os custos com a modernização da fábrica, os custos com o terreno (seja com aluguel, IPTU), os impostos. Mas neste movimento dialético revela-se a integração de vários ramos da economia num outro patamar, bem como a desintegração de ramos tradicionais. É assim que a diminuição do número de estabelecimentos industriais não significa, necessariamente, que a indústria deixou de ser uma atividade importante em São Paulo. Um estudo do Seade[1] revela que de 1995 a maio de 2000, 47% dos investimentos privados anunciados na região metropolitana de São Paulo foram destinadas ao setor industrial (em um momento em que se substitui a mão-de-obra por máquinas modernas). Este comportamento, baseado no desenvolvimento tecnológico, teve como conseqüência a extinção de um número significativo de postos de trabalho que aparece, claramente, no quadro sobre empregos por setor de atividade. Os dados da Fiesp revelam que o número de vagas fechadas superou postos abertos; no período entre março de 2001 e março de 2002, 44.504 postos foram fechados; enquanto entre 95 e 99, 597.000 empregos industriais desapareceram). É bem verdade que estes empregos desaparecem como conseqüência da terceirização que transforma empregados, antes vinculados a uma indústria, em "terceiros". Com isso, quero dizer que uma parte das tarefas, antes realizadas no estabelecimento industrial, foram terceirizadas, diminuindo o número de empregados diretamente contratados pela indústria. Tal fato aponta uma separação nítida entre as atividades produtivas e improdutivas.

Portanto, a diminuição dos empregos industriais deve ser analisada com cautela; ela não é, imediatamente, perda de importância da indústria como setor de atividade metropolitana. Significa dizer que há em curso, na metrópole, um processo de modernização no processo produtivo, que extingue empregos e cria uma nova dinâmica de articulação entre indústria e o setor de serviços. Mas há também, desintegração: muitos dos estabelecimentos que fecham pertencem à categoria de pequenos estabelecimentos, mais sensíveis às oscilações das decisões políticas (abertura às exportações, políticas cambiais, política de juros altos, etc.). Por outro lado, também é necessário levar em conta na análise quais as indústrias que se deslocam de São Paulo e quais as que permanecem, pois muitas empresas deslocam o setor produtivo, enquanto suas sedes aqui permanecem. Sabemos, por exemplo, que estão na Cidade as principais fábricas de tecnologia do país – como informática e telecomunicação – é o caso da Ericson que mantém sua fábrica em São José dos Campos e sede em São Paulo. Aqui também se encontram as sedes da Motorols Digcall, Escentria, Imapctools, Mais Ativo, entre outras empresas de tecnologia. Só assim se pode entender o conteúdo do processo de desconcentração produtiva – centralização do capital.

Do ponto de vista da desconcentração produtiva os dados do *Anuário Exame*[2], referente as 500 maiores empresas no Brasil, nos ajuda a detectar dois comportamentos opostos; enquanto o número de empresas brasileiras concentradas em São Paulo diminuiu, no período 1990-2000, de 141 para 76, o número de empresas estrangeiras aumentava de 89 para 130, no mesmo período. Ainda mais significativa é a informação sobre o faturamento em vendas destas empresas, em ambos os casos o número é ascendente. As brasileiras apresentam aumento de 32,4 para 37,7 bilhões de dólares, enquanto as estrangeiras passaram de 35,6 para 91,3 bilhões de dólares, um aumento substantivo. Esses dados nos ajudam a refletir sobre o conteúdo do que se chama de "desindustrialização da metrópole".

Por outro lado, as mudanças no setor econômico apontam de forma inequívoca a expansão do setor de serviços (pela prestação dos mais variados serviços). A tabela 2 revela, por exemplo, que só há duas indústrias, entre as dez maiores empresas da região da Grande São Paulo atualmente, em que os dados indicam a concentração dos serviços e dos investimentos em novos setores econômicos como é o caso da Telefônica (exemplo da privatização da telefonia no Brasil) e o crescimento acentuado do setor bancário.

|Tabela 2| Os maiores empregadores na Grande São Paulo

Empresas	Número de Funcionários
Bradesco	28.335
Pão de Açúcar	26.650
Telefônica	21.000
Volkswagen	18.000
Itaú	16.867
Mercedes Benz	10.200
Carrefour	9.057
Mc Donald's	7.700

Fonte: Revista Exame, nº 723, 2000.

Além destes, no entanto, deve-se considerar o setor hoteleiro que no período 2001/2003 criou, em São Paulo, 100.000 novos postos de trabalho (destes, 20.000 para pessoal qualificado – com pelo menos curso técnico – e de 200 para pessoal altamente qualificado). Este comportamento dos setores econômicos vem impondo uma nova dinâmica espacial.

No que se refere ao aumento dos empregos do setor terciário a análise também deve considerar que, de um lado, este crescimento refere-se a emergência/crescimento de setores modernos, como informática, consultorias, *design*, etc.; mas em muitos casos refere-se aos serviços domésticos, limpeza, segurança, bem como, balconistas, *motoboys*, atendente de *telemarketing*. O que significa que acompanhando a modernização de vários setores econômicos, há uma precarização do trabalho, com salários mais baixos, e a perda de direitos como o contrato de trabalho e benefícios sociais, que daí decorrem, tais como: seguro de saúde; sindicalização, negociação coletiva para aumento de salários, etc.. A precarização do trabalho faz-se sentir com o aumento do número de ambulantes nas ruas da metrópole, conseqüência do aumento da informalidade do trabalho.

Do ponto de vista da centralização do dinheiro, potencialmente, capital, os dados apontam que se concentram em São Paulo 19 das 30 instituições financeiras do país, bem como 49 das 100 sedes referentes às maiores empresas privadas do país. Localizam-se também em São Paulo as sedes de 104 bancos dos 177 bancos que atuam no Brasil (representando uma porcentagem de 59%). No que se refere aos lucros do setor bancário, permaneceram em São Paulo no ano de 2000, 87% dos lucros gerados em todo país. Os empréstimos revelam o mesmo comportamento, São Paulo representa 53% do sistema bancário brasileiro – Bradesco, Itaú, Unibanco, Banespa e ABN Amro Bank, com sedes em São Paulo, respondem por quase um quarto de toda atividade bancária do país. Números do setor bancário, ainda revelam que cerca de 60% dos negócios bancários do Brasil são realizados em São Paulo, segundo a consultoria Austin Asis, com a justificativa que os bancos vivem de relacionamentos comerciais para captar recursos, e nesta questão a proximidade com as maiores empresas privadas brasileiras e com as principais subsidiárias das empresas multinacionais é fundamental. [3]

A esses dados alia-se o fato de que São Paulo concentra instituições educacionais e de pesquisa de ponta, rede médica especializada, vida cultural intensa se comparada ao resto do país e o maior mercado consumidor do território nacional. Já do ponto de vista da infra-estrutura São Paulo tem rede de fibra ótica e acesso a *Internet* de banda larga, bem como ampla gama de serviços modernos, capazes de criar a infra-estrutura necessária ao desenvolvimento dos setores mais avançados da economia. Estas são características que atraem as sedes das multinacionais, sinalizando que o processo de mundialização em curso realiza-se potencializando a concentração na metrópole. É assim que São Paulo cresce como centro financeiro e tecnológico da América Latina, lugar onde muitas empresas instalam-se para alavancar suas estratégias de crescimento na América Latina (como é o caso da Eccentria). Trata-se de um processo que aprofunda a desigualdade, pois está baseado no crescimento das possibilidades de lucro sempre crescentes, imposto por estratégias cada vez mais globais no território metropolitano. Deste modo, o processo de mundialização que se realiza no plano da metrópole, materializa-se produzindo novas contradições.

Assim, o crescimento do setor de serviços, tanto quanto a desconcentração industrial, revela um momento que necessita de explicitação não só quanto a significância no crescimento econômico mas também quanto ao seu papel no processo de transformação da metrópole atual. É assim, que o processo de acumulação generaliza-se no espaço, ao mesmo tempo tornado condição e produto deste processo.

O processo desconcentração-centralização revela por sua vez a criação de novas atividades econômicas, com a migração do capital de um ramo a outro da economia, bem como a criação de novos ramos de atividade sob a égide da modernização, enquanto aprofunda a desigualdade espacial a segregação e a pobreza. Neste contexto, o conteúdo da urbanização estaria subordinado ao momento da reprodução, em que novas possibilidades/necessidades de realizar a acumulação despontam no horizonte, produzindo um "novo espaço" e recolocando a urbanização em outros termos.

A "nova economia" e a produção do espaço como condição de sua realização

O deslocamento da indústria na metrópole e o crescimento do setor terciário revelam a primazia do capital financeiro que vai se realizar, no momento atual, como processo de produção de um espaço específico. Este fato pode ser percebido por meio da mobilidade do capital-dinheiro que deixa de direcionar-se, preferencialmente, para a produção de mercadorias – na indústria – para voltar-se à produção do espaço, como mercadoria passível de geração de lucros maiores do que para o setor industrial, em crise.

À necessidade dos empresários de, numa época de crise, direcionarem seus lucros para os ativos financeiros, alia-se às estratégias que se realizam para possibilitar a reprodução num momento em que se presencia: a) a ausência de edifícios compatíveis ao desenvolvimento das atividades de serviços modernos; b) a escassez de lugares na metrópole para o crescimento do setor imobiliário; c) o fato de que a competitividade coloca a necessidade de diminuição dos custos de produção, o que vai se refletir diretamente na mudança de comportamento quanto a propriedade do imóvel no qual vão se desenvolver as atividades econômicas, isto é, ao invés de imobilizar dinheiro na compra do imóvel, o empresário vai preferir alugá-lo, o que vai desenvolver o setor de locação de imóveis em São Paulo.

A mudança deste comportamento cria uma nova relação entre os setores econômicos e destes com o espaço, que é o que pode ser constatado no movimento dos investimentos em São Paulo. As atividades imobiliárias foram responsáveis por 20,8% dos investimentos realizados na Grande São Paulo no período janeiro de 1995-maio de 2000, seguida pela indústria automobilística, com 17,4 %, a indústria Química, com 9,8%, o Comércio varejista com 7,1% e as Telecomunicações com 6,2%. Este novo comportamento revela uma nova tendência do setor de investimento da economia, fato que vêm consolidando uma área restrita de localização dos escritórios em São Paulo, o que vai configurar uma área de extensão que vai do centro da cidade em direção à Marginal do rio Pinheiros e daí se expandindo em direção sudoeste até Avenida Guarapiranga numa faixa.

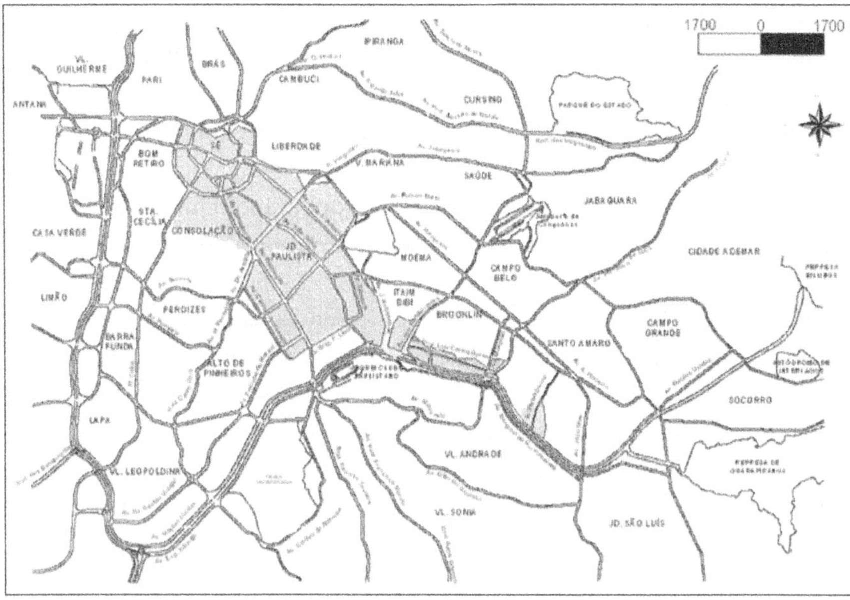

| Figura 1 | São Paulo – eixo empresarial-comercial. *Elaboração:* Paulo de A. Correia Jr., Laboratório de Cartografia, DG, FFLCH, USP. *Fonte:* Bolsa de Imóveis do Estado de S. Paulo, 1995.

Esse movimento aponta uma tendência de valorização das áreas decorrente do movimento de transformação no uso, como expansão da nova atividade que tende a se tornar predominante na metrópole (e que pode ser compreendida pelo comportamento da indústria da construção civil, voltada para a construção dos escritórios verticais). Assim, consolida-se em São Paulo uma das tendências da economia mundial trazendo, necessariamente, uma transformação nas áreas onde se estabelecem, direcionando os investimentos e atuando de forma inexorável na transformação da morfologia da metrópole, tanto no traçado das ruas, na altura dos edifícios, quanto na arquitetura arrojada, que se implanta como padrão homogêneo, onde o concreto e vidro produzem a nova imagem do "moderno". As necessidades da reprodução dos investimentos ligam-se ao fato de que se produz o edifício como uma mercadoria voltada ao desenvolvimento de uma atividade econômica (no caso serviços), ao mesmo tempo em que o transforma em uma mercadoria para o mercado financeiro sob a forma de investimento. Deste modo, a construção dos edifícios de escritórios para locação vai desenvolver este mercado, que, por sua vez, vai impulsionar o crescimento e desenvolvimento da indústria da construção civil. O movimento dos produtos imobiliários criados, voltados à realização do setor de serviços modernos, requer o desenvolvimento da indústria da construção civil apoiada no desenvolvimento tecnológico(exemplo do *dry wall*), bem como o desenvolvimento de um número grande de pequenas industrias que passam a atender este setor em crescimento. Este movimento pode ser analisado através da produção dos escritórios que vão constituir o "eixo" a partir do centro da cidade.

Neste sentido, as transformações da metrópole apontam para a construção de um espaço racional-funcional, revelando um projeto e uma estratégia que envolve:

a) o mercado imobiliário, visto como extensão da propriedade privada, que faz do espaço uma mercadoria, que no momento atual tem como particularidade, a realização do capital financeiro que se revela em duas frentes: num primeiro momento, os grandes investidores (que são os financiadores dos edifícios corporativos) e, atualmente, com os pequenos investidores, com a criação dos fundos de investimento imobiliários, que reúnem pequenos investidores pulverizados; b) o desenvolvimento dos serviços na metrópole, com o aprofundamento da divisão social e espacial do trabalho, que agora se baseia numa nova racionalidade, fundamentada e definida pela tecnologia aplicada à produção e a gestão; c) o planejamento revela um projeto que entende a cidade como esquema prático de circulação viária, priorizando o transporte individual, e nesta condição o espaço vai sendo construído apelando para sua forma operacional, produzido como instrumento da realização indispensável do crescimento econômico.

As relações Estado-espaço

O processo de urbanização em São Paulo produz no momento atual, do ponto de vista da acumulação do capital, o espaço como "nova raridade" como decorrência do desenvolvimento da propriedade privada da terra na metrópole. Isto porque, o capital desenvolveu o mundo da mercadoria, criou possibilidades reais para a extensão da propriedade privada no/do espaço, bem como a expansão das atividades econômicas para a sua realização. O processo que transforma o espaço em "nova raridade", é produzido pelo movimento que explicita a produção do espaço como condição sempre renovada da realização do ciclo econômico, sinalizando os novos conteúdos do processo de urbanização.

A condição de raridade do espaço manifesta-se, em áreas precisas, na metrópole. No centro, ou nas proximidades do centro, o espaço assume o papel de "nova raridade", em conseqüência da generalização no mesmo, do valor de troca, que, definido pela existência da propriedade privada do solo urbano, se reproduz fragmentando a cidade, como conseqüência do processo que o transforma em mercadoria. Podemos dizer que, o fenômeno da raridade se concretiza pela articulação de três elementos indissociáveis: a existência da propriedade privada do solo urbano, a centralidade do capital e das novas atividades econômicas e o grau de ocupação (índice de construção) da área no conjunto do espaço da metrópole. À idéia de escassez, alia-se, também, a necessidade de um novo padrão construtivo, apoiada numa rede de circulação e comunicação específicas, pois o ciclo do capital envolve, em cada momento histórico, condições diferenciadas para sua realização. É nesta direção que podemos afirmar que os "novos serviços", em função de sua especificidade e da necessidade de proximidade com outros setores da economia, buscam uma localização específica com características particulares, que necessita ser criada no centro. A centralidade tem, aqui, um papel importante. A construção da centralidade produz, contraditoriamente, a saturação, o que impede a expansão do setor de serviços na área central. Por outro lado, os novos serviços exigem um tipo de instalação incompatível com as construções encontradas no centro, incompatíveis com as necessidades de flexibilização.

É assim que para restabelecer as condições do crescimento é necessário criar mecanismos que minimizem a situação que transforma o espaço em raridade sem, todavia colocar em questão a existência da propriedade privada do solo urbano. Ao contrário permite seu desenvolvimento; o que se realiza com a intervenção do Estado no espaço, que se torna imprescindível à realização do crescimento da economia, uma vez que só ele pode atuar no conjunto da cidade transformando áreas públicas, direcionando investimentos, construindo infra-estrutura, trazendo como conseqüência redirecionamento dos usos, através das políticas urbanas (como o mecanismo das operações urbanas). É deste modo que o Estado interfere na reprodução espacial mediante mecanismos de gestão, fazendo com que as propriedades mudem de mãos, alterando, substancialmente, a prática espaço-temporal, gerando lutas.

A criação de mecanismos capazes de *liberar* a área construída residencial para o crescimento do setor de serviços em São Paulo, como extensão da antiga área central vai se realizar por meio de duas operações urbanas, coordenadas pela Prefeitura, em parcerias com o setor privado, como as Operações Urbanas

Faria Lima e Água Espraiada. A primeira vai permitir a extensão da Avenida Faria Lima, proporcionando a ligação de duas áreas de escritórios antes separadas por dois bairros residenciais, de modo para a construção contígua do eixo empresarial, a partir de mudanças profundas nas formas de ocupação dessas áreas, permitindo que propriedade mude de mãos, mudanças na lei de uso do solo, que permite o agrupamento de terrenos permitindo a construção de edifícios corporativos, pelas mudanças nos coeficientes construtivos.

Foi assim que, por meio da Operação Urbana Faria Lima, a Prefeitura desapropriou uma área ocupada, transformando a propriedade individual do solo urbano em área de "interesse social" e com isso permitiu que esta área voltasse ao mercado com possibilidades de *remembramento* de pequenos terrenos voltados para residências, o que permitiu que se colocasse no mercado imobiliário terrenos baratos, numa região plana, articulada por um novo sistema viário, circundada por bairros residenciais e, apenas, há 10 minutos do aeroporto de Congonhas.

O Estado – pelo investimento na urbanização, através do mecanismo das operações urbanas e a criação de um fundo imobiliário, regulando os fundos de pensão – cria as condições que tornam esta área intercambiável no mercado e passível de "receber" os escritórios "inteligentes", estendendo a concentração. Como conseqüência da Operação Urbana, há um processo de valorização do solo urbano em decorrência da diversidade de zoneamento que permitiu que se construíssem vários tipos de empreendimentos e dos investimentos importantes em infra-estrutura de transporte e de alta tecnologia, como a implantação do cabeamento de fibra ótica. [4]

A Operação Urbana Faria Lima é central para entender os conteúdos da urbanização que é feita em São Paulo atualmente, pela construção dos espaços para escritórios na Cidade, de modo a consolidar o "eixo empresarial-comercial" articulado com o restante da Cidade. A extensão da antiga Avenida Faria Lima permitindo uma ligação mais fácil e direta com outra área ocupada predominantemente pelas atividades voltadas aos serviços na metrópole (a Avenida Luis Carlos Berrini), contribuindo para formar uma mancha quase contínua, e ao mesmo tempo destruindo a barreira que impedia sua expansão. Não só criou uma via semi-expressa de comunicação, mas uma área "incorporável" para a construção dos edifícios, nos bairros antes voltados ao uso residencial horizontal (o que implicou na implosão de dois bairros:Vila Olímpia e Itaim). Assim, a lei da Operação Urbana derruba as barreiras ao desenvolvimento da acumulação, criando uma nova área para um novo uso em expansão. A possibilidade da "construção em altura" (de edificar), antes proibida pela lei de zoneamento e a de mudança do uso do solo urbano,bem como a função dos antigos bairros na divisão espacial do trabalho na metrópole, produz uma nova morfologia urbana. Esse processo tem como conseqüência a constituição de novas centralidades dentro da metrópole e o esvaziamento de outras em função dos novos usos, como conseqüência das mudanças nos setores econômicos, que estabelecem uma nova hierarquia espacial, como conseqüência da reestruturação das funções dos lugares na divisão espacial do trabalho.

Para o mercado imobiliário o primeiro impacto dessas modificações é o crescimento do estoque imobiliário [5] (isto é, dos terrenos passíveis de serem incorporados para a produção dos edifícios de escritórios) bem como a possibilidade do aumento do potencial construtivo que permite a construção dos modernos edifícios.

O impacto da Operação Urbana Água Espraiada, nas regiões de escritórios das avenidas Luis Carlos Berrini, Verbo Divino e Marginal Pinheiros representa um aumento potencial construtivo de "quase 125% em relação ao seu estoque". [6] "Além disso, diferentemente do que ocorreu no perímetro da Operação Urbana Faria Lima – onde a especulação imobiliária gerada pela abertura da nova avenida, somada ao valor a ser pago pelo potencial adicional de construção, terminaram sendo fatores determinantes no alto padrão dos empreendimentos lançados – os valores praticados em escritórios situados nas regiões abrangidas pela Operação Água Espraiada têm-se mantido em patamares mais baixos do que aqueles, encontrados na Região Faria Lima. Isto se reflete, também, no valor equivalente dos Cepac'[7]s para cada uma das operações"[8]. Trocado em números temos que o preço do Cepac na Faria Lima (Operação Urbana Faria Lima) é de 850,00 reais enquanto na Verbo Divino (Operação Urbana Águas Espraiadas) é 300,00 –, mas o valor para locação do m² na primeira varia de 60,00 a 90,00 reais enquanto na segunda de 30,00 a 45,00 reais, segundo a consultoria Jones Lang LaSalle. [9]

Neste contexto, o espaço ganha uma dimensão instrumental, enquanto objeto de dominação que estrutura a reprodução das relações sociais de produção. Neste sentido, o espaço torna-se estratégico para a reprodução como imperativo para a sua continuidade, só que agora num outro patamar, posto que articulado à economia globalizada.

A área de expansão dos serviços modernos: a construção do "novo espaço"

Como apontamos, o deslocamento de um número significativo de estabelecimentos industriais, a partir da redefinição do processo produtivo (com a reconversão do parque industrial, em movimentos diferenciados para cada setor industrial) na metrópole – sinaliza uma tendência que é mundial, imposta pelo estágio atual da acumulação do capital, que revela um novo momento da realização do ciclo do capital a partir de um novo padrão de competitividade, que requer a flexibilização do processo produtivo que transforma as áreas de produção industrial em áreas passíveis de abrigar novos usos.

Do ponto de vista da morfologia urbana, o processo assinalado no item anterior, revela não só a tendência de verticalização do espaço, bem como sua orientação para o uso não-residencial. Para o conjunto da Cidade, a área construída não-residencial, no período 1980/1990 passou de 69.086.117 m^2 para 92.351.608 m^2[10]; enquanto a área construída residencial aumentou de 139.374.695m^2 para 189.709.740 m^2; assim, enquanto a área residencial construída apresentava um aumento de 36,11% a área não-residencial crescia 35,3 %. Podemos observar que há, na década de 1990, um crescimento da área destinada ao uso comercial e de serviços (tabela 2), bem como da área construída para este uso (tabela 3) [11], indicando mudanças significativas. O adensamento para esta atividade se faz, em parte, ocupando áreas industriais antigas.

| Tabela 3 | Município de São Paulo: distribuição percentual da área construída pelo tipo de uso (1990 - 1999)

Usos	1990	1999
MSP	100	100
Residencial	67,3	67,5
Comércio/Serviços	19	20,1
Industrial	7,7	6,1
Outros usos[1]	6	6,3

Fonte: PMSP/SECRETARIA DAS FINANÇAS, *Cadastro TPCL*. SECRETARIA MUNICIPAL DO PLANEJAMENTO. *Agregação segundo o Módulo de Uso do Solo e Transportes*/MUT.

[1]Inclui Escolas, Edificações Especiais, Armazenagens, Depósitos.

| Tabela 4 | Município de São Paulo: acréscimo percentual da área construída por Tipo de Uso (1990 - 1999)

Usos	Acréscimo Percentual
Residencial	31,1
Comercial/Serviços	38,14
Industrial	3,9
Outros usos[1]	37,2

Fonte: PMSP/Secretaria das Finanças, *Cadastro TPCL*. SECRETARIA MUNICIPAL DO PLANEJAMENTO. *Agregação segundo o Módulo de Uso do Solo e Transportes*/MUT.
[1]Inclui Escolas, Edificações Especiais, Armazenagens, Depósitos.

No contexto do município, a região sudoeste teve um comportamento mais nítido de mudança de uso mediante a acentuação de seu processo de verticalização, a qual, juntamente com a região sul, apresentou 50% da área verticalizada, construída da década de 1980. O maior acréscimo de área construída da década, o equivalente a 17% do total construído na cidade, ocorreu na região oeste, seguida pela região sul com 10,5 % do total. Se analisarmos apenas a área construída não-residencial atestamos o seguinte comportamento: em 1980 a região sudoeste era responsável por 9,10 % da área total destinada ao uso não-residencial construída em São Paulo, aparecendo em 4º lugar, depois do centro da Cidade, que concentrava 24,56%, da região Leste com 15,84%, e do sudeste com 10,37%.

Enquanto na extensão da Avenida do Estado (Moóca, Ipiranga – áreas de industrialização antiga da Cidade) o deslocamento dos estabelecimentos industriais cede espaço aos empreendimentos imobiliários residenciais (prédios de apartamentos), na região oeste e sudoeste as áreas antes ocupadas pela indústria atualmente abrigam edifícios de escritórios. Na zona oeste, no entanto, a substituição da atividade fabril, longe de gerar um *boom* imobiliário como no sudoeste com a produção dos edifícios de escritórios, mantém os galpões industriais utilizados como locais de armazenagem, com predominância de estoques de confecção e produtos de informática, enquanto as fábricas que restam destinam-se a manufatura leve ou ainda, confecção. [12] Trata-se de uma área onde o preço do m² para locação (de galpões) gira em torno de 4,00 a 8,00 reais, o que permite a manutenção dos galpões. A exemplo do que ocorreu no segmento de escritórios a partir do final da década de 1980, os ocupantes dos galpões industriais passaram, nesta área, a preferir a locação dos imóveis ao invés da sua aquisição, o proprietário do galpão efetua a sua venda para um investidor, mas permanece como seu ocupante, mediante a assinatura de um contrato de locação de longo prazo, variando de 10 a 20 anos – é o chamado sistema *Sale & Leaseback*, tendo como principais investidores os incorporadores imobiliários. Também neste setor se constrói com as especificidades do ocupante, de modo a diminuir o risco do investidor. [13]

A região de expansão da atividade de serviços modernos, a partir do centro histórico, vai se constituindo num pólo de atração de investimentos imobiliários capaz de sediar as novas funções. O tratamento arquitetônico dos edifícios atrai uma ocupação diferenciada de alto padrão, como decorrência da aplicação de novas tecnologias. A localização dos escritórios em São Paulo se acha altamente concentrada hoje em dia, em 9 regiões, onde se fixam aproximadamente 90% de todos os escritórios instalados em São Paulo. São áreas novas como Vila Olímpia, Vila Funchal, Itaim, Verbo Divino, Marginal do rio Pinheiros, Berrini, e tradicionais como o Centro da Cidade e região da Avenida Paulista (esta é a primeira área de extravasamento das atividades do setor de serviços a partir Centro).Nessa área assume papel relevante, exceção da região central da Cidade, a ocupação das grandes avenidas, como é o caso da Avenida Paulista, da Avenida Faria Lima, da Avenida Luis Carlos Berrini, da Avenida das Nações Unidas (Marginal do Rio Pinheiros) e na rua Verbo Divino, trata-se de vias de trânsito rápido (pelo menos em tese), ligando imensa área e articulando-as, não somente ao aeroporto, mas às principais rodovias que partem de São Paulo, o que consolida, do ponto de vista da morfologia, o que estamos caracterizando como "eixo". Trata-se de uma área de ocupação recente e que, pela sua articulação viária e presença de grandes áreas passíveis de serem incorporadas pelo setor imobiliário, tem atraído um capital importante consolidando um papel econômico significativo no conjunto da Cidade.

Por outro lado, essa ocupação, a partir das avenidas, vai desenvolvendo *um entorno que vai ganhando uma característica homogênea,* que se diferencia da antiga por uma ocupação de alto padrão, com empreendimentos multifuncionais apoiados, cada vez mais, numa tecnologia de última geração voltada para clientes diferenciados e concentrando o maior volume de investimento na construção civil, atraindo grandes e novos projetos. Mas, nesse processo, muitas casas vão sendo demolidas para dar lugar aos altos prédios de escritórios. Com isso, vai se reestruturando uma área que se verticaliza.

Consolida-se assim, para uso empresarial-comercial, uma área na metrópole que aponta os limites e as possibilidades de superação das barreiras à acumulação imposta pelo próprio desenvolvimento do capitalismo, em sua necessidade renovada de produzir o espaço como condição e produto de sua realização. O processo de construção do eixo empresarial na metrópole permitiu um adensamento que se realiza por meio do processo de verticalização, voltado aos edifícios de escritórios, hotéis, na região sudoeste que chama atenção, por sua magnitude, revelando, diretamente, as mudanças nas atividades econômicas na metrópole. É interessante observar que a configuração espacial do eixo empresarial moderno realiza-se como construção de "um novo espaço", seguindo de certa maneira o movimento de deslocamento da indústria que vai liberando áreas que estão sendo ocupadas por outras atividades.

Esse é o caso específico dos bairros da Vila Olímpia/Vila Funchal principalmente na área de contato com a várzea do rio Pinheiros (paralela à Avenida semi-expressa Nações Unidas que corre paralela às pistas expressas da Marginal do Rio Pinheiros), local onde se localizava um conjunto de indústrias que foram cedendo espaços para serviços. Esta área vem se "tornando atraente" para os empresários em função dos altos preços por m^2 das Avenidas Paulista e Brigadeiro Faria Lima, associados à escassez de terrenos passíveis de serem incorporadas, com preços baixos (comparativamente) aliada a existência de infra-estrutura viária.

No que se refere ao perfil da ocupação dos prédios de escritórios, podemos em síntese, afirmar que, na região da Avenida Paulista encontram-se empresas de pequeno porte e não maiores ocupantes – o que está influenciando os comércio no entorno, principalmente com prestadores de serviços e alimentação, de modo a atingir o público que aí circula no horário de almoço, além da população residente no bairro. No caso dos Bairros da Vila Olímpia, Vila Funchal e Itaim (diretamente envolvidos pela Operação Urbana Faria Lima), observamos a predominância de edifícios ocupados por pequenas e médias empresas (lajes de pequenas dimensões e especificações técnicas de médio padrão), em geral não muito exigentes quanto à qualidade do espaço que ocupam. Os galpões industriais desocupados apresentam condições de infra-estrutura (bem como tamanho e preço) para a ocupação para as novas empresas "pontocom"; que em dezembro de 2000 eram 60 [14] (instaladas numa área que ocupa 3 km^2 entre as avenidas Nova Faria Lima, Juscelino Kubitschek, Nações Unidas e Bandeirantes).

Estes novos edifícios voltados às novas atividades, como estão voltados à realização do capitalismo financeiro na forma de locação, e é com a locação dos imóveis que os investidores realizam seu lucro, merecem cuidados especiais sob a forma de sua gestão. Um exemplo interessante é dado pela CPPM-CP Property Manegement – criada por um grupo de investidores liderado por Lincoln Cunha Pereira Filho que, por meio de seu "braço" tecnológico a ATRIUM Telecom, administra 9 prédios na área que a partir de acordos com a Embratel e a Telefônica oferece linhas e endereços IP para acesso a *Internet,* infra-estrutura de telecomunicação com centrais de Pasbx digitais, e oferta de 1000 linhas, além de anéis de fibra ótica e cabeamento para transmissão de dados e voz em alta velocidade (com um investimento de 50 milhões de dólares) para manter os escritórios em condições de atrair locatários. Nestes 9 prédios estão 10 empresas do mundo da Internet como a Yahoo, Arremate, Viajo.com, Tempestade. Além das companhias de informática aí localiza-se a produtora de *software* Vantive, que se acha nas proximidades das empresas de tecnologia de primeira linha. É o caso da torre Norte do Centro Empresarial Nações Unidas onde estão instaladas a Microsoft, a Compacq, a Global One, Direct TV, Computer Associates, Booz Allen, Monsanto, e Siebel. Convém lembrar que a Avenida Nações Unidas concentrou, em 2001, todos os edifícios de padrão AA entregues em São Paulo – nestes edifícios tudo é controlado por computador, equipamentos de segurança, entrada e saída dos visitantes, portarias 24 horas por dia – atendendo as novas exigênciasdos locatários.

Constata-se também, que em função das instalações, esta região vai atraindo empresas com características específicas. Inicialmente foram as agências de propaganda, produtoras de filmes publicitários, as TVs do grupo Abril, além das empresas chamadas "ponto com". Na segunda metade da década de 1990, com a abertura da Avenida Nova Faria Lima, "cortando" os bairros do Itaim e parte da Vila Olímpia em direção à Zona Sul, o interesse de grandes incorporadores voltou-se para essas regiões, iniciando-se uma "corrida imobiliária" em busca de terrenos de dimensões incorporáveis na nova avenida e suas imediações. O alto preço pedido pelos terrenos, somado ao custo da Operação Urbana Faria Lima (que permite aumentar o potencial construtivo dos terrenos, situados dentro de seu perímetro, para até 4 vezes a sua área), terminou por ser um fator decisivo na escolha do padrão dos novos prédios a serem aí construídos (somente edifícios de primeira linha).

Na Marginal do rio Pinheiros [15] (Avenida das Nações Unidas) o crescimento do mercado de escritórios aponta neste início de século, uma transformação muito grande na paisagem, com os edifícios corporativos. Os incorporadores encontram nesta área terrenos bem localizados e com grandes dimensões, o que tem propiciado um processo de valorização intensa, principalmente depois da construção dos primeiros edifícios. A construção dos chamados "edifícios corporativos" – com lages grandes, infra-estrutura e tecnologia de ponta, equipados, por exemplo, com fibra ótica, ar condicionado central, elevadores "inteligentes", piso elevado, pé direito alto – realizados com articulação entre incorporadoras/investidores é impulsionada, principalmente, por subsidiárias de multinacionais que buscam esse tipo de construção com o mesmo padrão de suas matrizes. Nesta área, o alto padrão tecnológico, de edifícios "inteligentes" (que se encontram principalmente nas Avenidas Juscelino Kubistchek, Nova Faria Lima e Avenida das Nações Unidas, Avenida Luis Carlos Berrini – esta última é atualmente o terceiro pólo de escritórios na Cidade depois do Centro e da região da Avenida Paulista, mas ocupa o primeiro lugar, no que tange à localização dos edifícios de alto padrão [16]) – se expressa no preço do m² limitando o acesso às grandes empresas, principalmente multinacionais, particularmente na área cortada pelas avenidas Juscelino Kubistchek, Nova Faria Lima e Nações Unidas, estão sendo construídos os edifícios da mais "nova geração tecnológica" que serão entregues em 2004 [17] - construídos pelas gigantes do mercado imobiliário: Brazil Realty, Tishiman Speyer-Método, Hines, Birman, Serplan, JHS e Inpar (nesta área, 75% da ocupação para locação é feita por empresas multinacionais [18]).

Na região da Verbo Divino/Nações Unidas há ainda terrenos passíveis de serem incorporados com a mudança de alguns estabelecimentos industriais. É o caso da indústria Alfa Laval que está sendo construído o Rocha Verá (um empreendimento de 240.000 m², num terreno de 50.000 m²) pela incorporadora Tischiman Speyer e a Método Engenharia, contendo 4 torres de escritórios. É também o caso do consulado americano, com o objetivo de concentrar suas atividades antes dispersas em 4 imóveis na Capital, ocupa, atualmente, um único prédio. Há ainda, nesta área, galpões de pequeno e médio porte, muitos mudando de ocupação, facilmente adaptáveis à incorporação imobiliária, pois o tamanho do terreno permite projetos avançados do ponto de vista tecnológico.

Em janeiro de 2003 havia em São Paulo[19] 1.780 edifícios de escritórios que ocupavam 8,5 milhões de m² de área útil; destes 179 são edifícios (menos de 2milhões de m²) destinados aos escritórios de classe A. Um *ranking* dos melhores edifícios realizados pela consultoria Amac Partners (especializada em imóveis comerciais) revela que dos 38 edifícios A 4 a A3.3 construídos na cidade, 11 estão nos Jardins, 8 na Avenida Paulista e 19 na Avenida Nações Unidas. Estes últimos criam o *skyline*, criando a imagem da "nova *monumentalidade*" que dá forma à "produção de um novo espaço" produzido sob a égide do capital financeiro.

Estas atividades têm poder de atração sobre outras e é, assim, que (se observa na paisagem) alguns galpão industriais passaram a abrigar bares, casas noturnas, choperias, lojas de automóveis importados, em meio aos quais se estabelecem uma dezena de pequenos restaurantes, que servem comidas por quilo e todo tipo de novos serviços (copiadoras, revelação de fotos, lavanderia, etc.) para os novos ocupantes da área. Mas também, atraem a construção de uma infra-estrutura hoteleira de alto padrão, com a construção, na área de vários hotéis de redes internacionais como o Hyatt, o Blue Tree, Towers Berrini, Meliá, (no WTC) Hilton no Centro Empresarial Nações Unidas (CENU), etc..

A construção dos hotéis, na última década, na metrópole revela uma profunda associação com uma nova atividade econômica que é a dos "eventos". Os dados referentes à realização de eventos, mostram que em São Paulo se realiza 68% do calendário de eventos do país, com um movimento anual de 2,8 bilhões de dólares em renda e 100 milhões em impostos. Em 1999, por exemplo, a movimentação alcançou a cifra de R$ 3,5 bilhões em negócios diretos e indiretos. Os impactos econômicos desta nova atividade podem ser medidos através de alguns dados; em 1998, por exemplo, o CTI (Centro de Turismo Integrado) informou que foram realizados em São Paulo 73.566 eventos, empregando 79.330 pessoas, com um faturamento anual de US$ 88.335.862,00.[20]

Portanto, aos hotéis somam-se os centros de convenções, construídos na esteira das transformações econômicas de São Paulo, os *shopping centers* (Morumbi, Market Place, DeD, Nações Unidas) trazendo um novo perfil a região.

A construção dos hotéis também aparece como opção de investimento com retorno maior que aquele de escritórios [21] e a tendência é que a procura por hotéis cresça na mesma proporção do aumento da área construída de escritórios. [22]

O comportamento do mercado imobiliário voltado ao setor de escritórios e hotelaria revela dois fatores: o primeiro é que grande parte do interesse de investidores e ocupantes centraliza-se na Marginal de Pinheiros, onde se encontram as possibilidades reais de valorização a médio prazo. É uma área que apresentam maior alta nos valores praticados, pois, conjuga a existência de terrenos disponíveis para incorporações a preços competitivos, com locais onde estão surgindo os projetos mais modernos e que melhor atendem as expectativas da economia atual, se comparadas às áreas centrais (que indicam relativa decadência em função do tipo de instalação).[23] O segundo refere-se ao fato de que o mercado de escritórios mostrou uma das mudanças mais importantes de sua história, segundo analistas da Bolsa de Imóveis, pois a estabilização da economia alterou radicalmente os investimentos no setor.[24] É assim que os pequenos investidores voltaram a aplicar em imóveis, pela remuneração real, que ultrapassa a caderneta de poupança.

A mobilidade da atividade econômica pelo espaço da metrópole, que influencia e determina os usos, associando-se às funções dos lugares, faz com que alguns lugares ganhem ou reforcem sua centralidade em detrimento de outros, que vai senda redefinida com a disputa com antigos pólos, substituindo-os ou complementando-os momentaneamente, direcionando o fluxo dos investimentos imobiliários que são fluídos. Essa atividade, nos anos 1990, foi patrocinada pelos grandes investidores.

Da produção da mercadoria à produção do espaço como mercadoria

O modo como o capital financeiro se realiza, em parte por meio do processo de produção do espaço, é bastante complexo, mas fundamental para desvendar o circuito que produz o edifício corporativo. Em primeiro lugar, o capital em sua totalidade, se realiza pelo movimento contraditório de suas frações: financeiro, fundiário (revelando o conteúdo do atual processo de urbanização), industrial, comercial. Neste momento, da produção do espaço urbano paulistano, a realização do capital financeiro engloba uma ampla articulação com outras frações, sob a coordenação do Estado; é assim que empresários de vários setores da indústria direcionam seus lucros, para o mercado financeiro, que vai ser aplicado na produção dos edifícios corporativos – configurando o eixo empresarial. Esse capital-dinheiro vai ser aplicado na compra do terreno – o que significa que uma parcela, transforma-se em capital fundiário – em seguida, outra parte vai ser aplicada na construção civil – esta parte transforma-se em capital industrial.

Esses dois momentos sinalizam, no entanto, que esses edifícios compostos de escritórios, realizam as frações de capital nele invertidos pela mediação do setor imobiliário, que vai realizar a locação e a administração dos imóveis. Com isso, o dinheiro dos fundos imobiliários, potencialmente capital, vai se realizar realizando a propriedade privada do solo urbano (corresponde ao primeiro momento), e o segundo momento realizando o lucro. Este movimento que realiza o capital financeiro, como capital produtivo, produzindo o espaço, requer um terceiro momento em que, a mercadoria – escritório realiza-se pela mediação do mercado de locação de imóveis – aqui o investimento é remunerado sob a forma de juro pela aplicação realizada. O que importa para o investidor é o retorno do seu investimento. Para que o processo ganhe o movimento capaz de permitir sua continuidade, o gerenciamento do edifício é central, pois é necessário torná-lo ocupado o tempo todo, isto é, só a locação dos escritórios permite realizar o retorno do investimento. Convém não esquecer, que ao investir na produção de um edifício de escritórios visa-se com o dispêndio de dinheiro obter-se "mais dinheiro de volta", sob a forma de aluguel. Assim a locação dos escritórios vai realizar o valor de troca do produto imobiliário.

Portanto, a questão central é aquela da reprodução, em que o mercado assume a lógica da mercadoria; o espaço produzido sob a forma do edifício corporativo, movimenta a reprodução do capital financeiro. Assim, o espaço se fragmenta, em função de interesses privados em busca de rentabilidade.

A característica deste processo é que a totalidade do capital – realizando-se por meio da metamorfose de suas formas ao longo do processo – só pode ocorrer pela mediação do Estado, tanto custeando a urbanização (construindo a infra-estrutura, regularizando o "estoque de terras", em função da raridade, atuando diretamente a realização das operações urbanas), quanto coordenando o sistema financeiro por meio das regularizações, ou ainda, com a criação dos fundos de investimento – capazes de captar recursos esparsos garantindo a "liquidez". Isto é, a reprodução continuada e ininterrupta, reunindo investidores individuais e pequenos, orientando a aplicação do dinheiro na produção do espaço.

Assim, a transformação que consolida o "eixo empresarial-comercial", não se realiza apenas através do livre jogo do mercado imobiliário e dos investimentos do mercado financeiro, mas constitui-se pela mediação do Estado, que através de mecanismos e estratégias de gestão, direciona o processo de reprodução espacial. Como salientamos, é com seu poder que o Estado define as leis que normatizam e disciplinam os usos, criando funções que modificam os lugares da Cidade em função do processo que produz o espaço como "nova raridade".

É assim que o movimento de construção dos edifícios de escritórios na Marginal do Rio Pinheiros (Avenida Nações Unidas no sudoeste) refere-se à possibilidade de se encontrar nessa área terrenos incorporáveis, visto tratar-se de uma área de ocupação urbana de baixa densidade (pouco edificada e com ocupação horizontal de uso residencial), ou ocupada por galpões industriais. Portanto, trata-se ou de terrenos amplos passíveis de abrigar a construção de prédios, ou de pequenas casas com possibilidade de *remembramento* dos terrenos, com baixo custo de demolição e preços baixos do m^2, se comparados com as áreas de ocupação vertical.

A construção dos edifícios de escritórios no "eixo" revela uma variedade de tamanhos e usos, os escritórios de portes diferentes associados ao preço do m^2 de área útil, marcam as áreas e definem, de certo modo, o tipo de ocupação. A tabela aponta os preços de locação por m^2 útil (na linguagem do mercado imobiliário), que indica uma variação bastante significativa, relacionada ao tipo de tecnologia que as construções apresentam, diferenciando as áreas do "eixo" referem-se, particularmente, ao tamanho e grau de tecnologia.

|Tabela 5| Preço do m^2 em 1999

Regiões	Para venda (Mínimo / Máximo)	Para locação (Mínimo / Máximo)
Centro	300,00 / 2.700,00	3,00 / 29,00
Paulista	800,00 / 5.200,00	60,00 / 71,00
Jardins	700,00 / 3.700,00	6,00 / 36,00
Faria Lima	800,00 / 7.000,00	70,00 / 71,00
Itaim	850,00 / 5.000,00	17,00 / 48,00
Vila Olímpia	900,00 / 3.500,00	8,00 / 38,00
Berrini	1.100,00 / 4.300,00	13,00 / 50,00
Verbo Divino	700,00 / 3.000,00	9,00 / 33,00
Marginal	1.000,00 / 3900,00	9,00 / 45,00

Fonte: Jones Lang La Salle/Bolsa de Imóveis de São Paulo, Out./99.

O que estamos chamando de "eixo empresarial-comercial" aponta para a fragmentação do espaço, uma forma espacial nova, construída segundo a lógica da reprodução – que alia as estratégias das frações do capital, sob a coordenação do Estado, que cria as condições necessárias à realização da totalidade do capital enquanto tal. Portanto, a "produção de um novo espaço" é apenas aparente, trata-se antes do momento em que o espaço produzido momento histórico atual é completamente transformado, em função das novas estratégias impostas pela continuidade do processo econômico-financeiro sob a égide da modernização, apoiada num amplo desenvolvimento técnico e acompanhada pela flexibilização e deslocamento dos setores produtivos no espaço metropolitano, criando uma nova hierarquia dos lugares, na qual a centralidade, potencializada, expande-se espacialmente. Assim a reprodução econômica realiza-se por meio da reprodução espacial.

Os investimentos no espaço

No conjunto da Cidade, uma parcela específica do espaço tem seu valor determinado pelo fato de que o espaço urbano se produz como condição geral da produção, ao mesmo tempo em que, como produto do trabalho da sociedade, (portanto, trabalho social geral materializado). Além de condição da produção, o espaço está incorporado ao universo dos bens necessários à manutenção da vida, pelos modos de habitar e de tudo que este ato implica/necessita para se realizar plenamente.

Mas, numa sociedade capitalista, o acesso à cidade se dá pela mediação do mercado, em função da existência da propriedade privada. Por outro lado, o monopólio do espaço, separado das condições de meio de produção ou moradia, e a partir do desenvolvimento delas, passa a ser fonte de lucro, na medida em que entra no circuito econômico como realização (econômica) do processo de valorização que a propriedade confere ao proprietário. Deste modo, o processo de formação do preço do solo urbano é uma manifestação do valor das parcelas do espaço, também influenciado pelos processos cíclicos de conjuntura nacional (que incluem a forma de manifestação de processos econômicos mundiais), até aspectos políticos e sociais específicos de determinado lugar. Esses fatores vinculam-se ao processo de urbanização, que, ao se realizar, redefine a divisão espacial, e com isso o valor das parcelas do espaço urbano. Este valor será determinado em função do conjunto ao qual pertence, e é nesta inter-relação entre o todo e a parte (a localização do terreno na cidade), que ocorre o processo de valorização real ou potencial de cada parcela do espaço.

No cerne da questão está a localização de cada parcela em relação àquela determinada pela produção espacial geral (a relação entre terreno-bairro, bairro-cidade) e, portanto, varia em função do desenvolvimento das forças produtivas; isto porque, a produção espacial é diferenciada e contraditória, conferindo valores às parcelas do espaço, diferencialmente. [25]

Em função da existência do monopólio, concedido pela propriedade privada do solo urbano, podemos afirmar que o processo de valorização não depende apenas da incorporação de trabalho (produção de infra-estrutura) na metrópole; podendo também, ser definido por mecanismos econômicos que alteram a relação oferta-demanda no mercado imobiliário, produzido pelas crises econômicas, provenientes das flutuações dos juros e das bolsas de valores, das estratégias imobiliárias e da produção do espaço como raridade, bem como pelos limites impostos pelo poder público no estabelecimento de normas de zoneamento e da criação de um Plano Diretor para a Cidade – são mudanças que redefinem usos, funções e preços, provocando com isso, a valorização/desvalorização dos lugares da cidade.

Em São Paulo, o setor imobiliário apresenta momentos de desenvolvimento e de estagnação em função dos ciclos econômicos que se inserem no quadro político-econômico nacional, mas que se concretizam nos lugares. É assim que em momentos de crise ele se retrai (caso do Plano Collor), e em momentos de estabilidade econômica se expande (Plano Real), direcionando os investimentos e, com isso, interferindo nos mecanismos produtores da cidade.

A abertura da Avenida Nova Faria Lima – realizada por meio da Operação Urbana coordenada pela Prefeitura da Cidade – traz possibilidades novas de investimento [26]. No mercado imobiliário urbano, o solo urbano, tornado mercadoria, se generaliza, assumindo uma expressão especulativa, pelo desenvolvimento do mercado de locação de escritórios, produto do desenvolvimento da troca e da *intercambialidade* de parcelas do espaço, antes nas mãos de pequenos proprietários urbanos, gerando conflito entre os usos e o sentido que cada grupo social confere ao espaço. O desenvolvimento desse mercado de imóveis de escritório tem na raridade do espaço (o segmento de escritórios que não pode se localizar em qualquer lugar do espaço metropolitano) um ponto importante, definidor de suas estratégias e alianças.

As transformações econômicas são acompanhas por estratégias imobiliárias bem precisas, capazes de direcionar os investimentos no espaço num momento em que, segundo os analistas, no Brasil, o imóvel deixa de ser *hedge* [27] para virar investimento. Significa dizer que o setor financeiro que opera na construção de edifícios de escritórios – como negócio, visando a realização do seu valor de troca – vai ocorrer pela locação e não na venda.

É assim que depois de pronto o edifício, os escritórios são alugados, o que vem proporcionando alto retorno para os investidores. Isto porque os empresários preferem alugar um imóvel a imobilizar seu capital, o que muda o perfil do mercado, refletindo-se nos preços. É assim que, enquanto o preço do m^2 útil para a venda apresenta uma curva descendente, aumenta o preço do aluguel do m^2 útil; o que tem atraído investidores para o mercado imobiliário influenciando o comportamento do mercado de locação de imóveis com a construção para locação de edifícios comerciais.

A construção de escritórios destinados ao mercado de locação, visando a reprodução das frações do capital (o industrial ligado ao setor da construção realizando o lucro e o financeiro como realização do capital bancário e fundiário), têm como pressuposto fundamental a realização do valor de troca (objetivo último daqueles que compram espaços de escritórios construídos com finalidade de investimento), pela possibilidade de realização do valor de uso, num momento em que as empresas preferem diminuir os custos, alugando e não comprando seus imóveis. É assim que, o uso esta em estado latente nesse tipo de investimento, ligado de modo inexorável à realização do valor de troca. Há um caráter "especulativo" em jogo (como algo novo) que pressupõe o uso, mas seu objetivo no ato de compra é o valor de troca que a operação intermediária de locação vai realizar. O que se deve ressaltar, então é que o uso pode vir a ter sentidos diversos, uma diferença substancial entre a compra de uma moradia e a compra de um escritório para ser alugado. Significa que há interesses diversos envolvendo o uso do espaço, como básico em ambas as operações imobiliárias – o habitante compra a moradia para seu uso, enquanto o investidor compra um imóvel para alugar, porque representa um uso para outrem e, neste processo, permite a realização do ciclo do capital financeiro investido na construção do edifício. O valor de troca tende a se impor à sociedade num espaço onde os lugares de apropriação diminuem até quase desaparecerem – como é o caso dos espaços públicos.

A Operação Faria Lima permitiu a liberação de um espaço para a cristalização desta nova atividade econômica em associação com os setores imobiliário e financeiro. O mercado de capitais e o estabelecimento de políticas espaciais redefinem o direcionamento dos investimentos no espaço; são estratégias que se projetam no código de obras, nos projetos urbanísticos, e inclusive no não-construído como: a organização do tráfego e o uso da rua. A abertura de avenidas, apoiada no "urbanismo institucional", definido como um conjunto de ações sistematizadas sob o comando da instância política visando seus interesses, atende às exigências do desenvolvimento do capitalismo, que, sob a égide do Estado, intervêm na prática *sócioespacial* por meio da sua gestão.

Deste modo, o processo de reprodução do espaço, realiza-se produzindo novas contradições, pois as estratégias visam à expansão das atividades econômicas. Neste processo, o movimento do dinheiro passível em ser revertido em capital, com as transformações do processo produtivo na metrópole, tem migrado para o setor imobiliário, que transforma o ativo imobiliário em possibilidade de investimento. Aqui o investimento volta-se, no caso dos edifícios corporativos, àqueles de alto padrão, os chamados, no setor imobiliário de edifícios "A", pois se trata exatamente de um mercado, em que a oferta está abaixo da demando e, por isso, mesmo, traz alto retorno, o que se pode ver no comportamento do aluguel dos edifícios de escritórios de São Paulo. Nos edifícios de alto padrão, *a vacância costuma ser baixa,* pois os edifícios, tecnologicamente avançados, raramente dispõem de unidades vagas, uma vez que, as multinacionais e empresas de ponta disputam as áreas nobres.

É o chamado desafio da modernização, como atualização, numa economia competitiva. Para que ela se realize é necessário outro tipo de espaço: diferente do tradicional, circundado por uma rede ampla de circulação viária, terrenos amplos onde a tecnologia aplicada à construção civil, que *acabará por produzir o "prédio inteligente"* e com ele o escritório "inteligente", com o objetivo de substanciais reduções nos custos. Nesta perspectiva, o imóvel é tratado como uma indústria e o gerenciamento do edifício passa a ser central – convém não esquecer que manter o imóvel alocado é o objetivo principal na realização do capital financeiro.

Criam-se assim, novas estratégias para a reprodução ampliada do capital apoiada, agora, no desenvolvimento do capital financeiro que se volta para a produção do espaço, com a construção dos edifícios de escritórios. Mas se num primeiro momento, esta "nova produção" é conseqüência do investimento dos grandes empreendedores, agora este mercado também esta sendo ocupado pelo chamado "pequeno investidor", o que foi possível pela criação dos fundos imobiliários, pelo Estado em 1993. Esta situação criou a possibilidade da reunião de capital-dinheiro pulverizado, nas mãos de pequenos investidores direcionando-os para a realização de projetos imobiliários pela compra de cotas. O que antes só era acessível somente ao grande investidor, agora – por meio deste mecanismo

– amplia-se com a incorporação de imóveis (grandes projetos atualmente em construção na metrópole) por meio de fundos imobiliários, dando destaque ao imóvel como alternativa para investimento.

O Fundo Imobiliário de Investimento (como um instrumento do mercado de capitais, integra o mercado imobiliário ao mercado de valores mobiliários) como nova modalidade de investimento para aplicação em fundos de imóveis e com isso, ampliando as possibilidades de investimento, ao mesmo tempo em que permite a entrada dos pequenos investidores para viabilizar a construção de hotéis, edifícios de escritórios, centro de convenção, *flats*. Essa é a estratégia usada para a ampliação Centro de Convenções Anhembi-Centro de exposição em São Paulo – que recebe 6 milhões de visitantes por ano e pertence a Prefeitura de São Paulo – neste caso, cada pequeno investidor compra uma cota (1 lote de cotas custa 51.000,00 reais e pode ser parcelados em 22 meses), o que permite a reunião do dinheiro de várias pessoas canalizados para um projeto. O projeto do "Novo Anhembi" prevê a construção de mais 70.000 m^2 de área de locação para feiras e convenções com o objetivo de disputar o mercado de feiras internacionais.

Assim o FII (Fundo de Investimento Imobiliário) aparece como um "meio de auferir renda da locação sem as inconveniências da aquisição direta em que o proprietário deve cuidar da inadimplência do inquilino, vacância e administração do imóvel". [28] Por meio do FII os investidores podem comprar cotas cujo valor depende do empreendimento (a aplicação deste fundo em patrimônio imobiliário é isenta de imposto de renda, "embora haja retenção de 20% na fonte para as distribuições de ganho de capital", [29] que só incide sobre as receitas obtidas) e apresenta uma rentabilidade líquida de 0.98%, mas dependem do aluguel.

Os assim chamados "fundos para o varejo" permitiram também a construção do Continental Square Faria Lima, um conjunto imobiliário de alto padrão que reúne *flats*, escritório comercial e hotel Caesar Plaza do Shopping Higienópolis, JK Finacial Center, o Centro Empresarial Água Branca e o Hospital da Criança, em São Paulo. Atualmente, o mercado de fundos imobiliários é grande e deve assegurar um produto rentável para investidor e empreendedor, o que é possível hoje graças política governamental de altas taxas de juro.

Os recursos captados e reunidos podem ser aplicados tanto em imóveis novos como já construídos – *shopping*, escritórios comerciais, hotéis, mas também em centros de distribuição e logística, como é o caso do fundo Europar – lançado em maio de 2002 – o primeiro, no Brasil, registrado na Bolsa de Valores – contemplando cinco centros de distribuição logística e um edifício de alta tecnologia, localizado no eixo Rio – São Paulo. Todos estão prontos e alugados para grandes empresas FedEx, Cesa, Belt Logisitics e Expresso Mercúrio. Estar ligado a Bolsa de Valores resolve um problema dos fundos imobiliários que é a sua liquidez; o que gerará maior agilidade na negociação quando um investidor quiser resgatar o investimento aplicado. Outro exemplo é a incorporadora Tishmann Speyer-Método que lançou no final de 2001 um fundo imobiliário lastreado na participação de 16,7%, que possui cotas na Torre Norte do Centro Empresarial Nações Unidas no valor de 64 milhões, com desembolso mínimo do investidor de 50.000,00. O mesmo será feito para o Rocheverá Plaza (edifício corporativo, um complexo de escritórios avaliado em 500 milhões de reais nas avenidas Faria Lima e Juscelino Kubistchek, realizado pela empresa americana Tishiman Speyer, a brasileira Método, e o Deutsche Bank).

Empresas como a Brazil Realty – uma *joint venture* entre Cyrela uma incorporadora paulistana e o grupo Americano Irsa de George Soros fundada em 1995 - vem construindo, sob medida, para o novo perfil econômico da Cidade, *flats*, *apart-hotel*, apartamentos tipo *long stays*, e escritórios com recursos tecnológicos de última geração, obtendo em 1999, um lucro de 41 milhões de reais.

À guisa de conclusão: São Paulo, a "cidade como negócio"

O processo de produção do espaço paulistano aponta uma tendência inequívoca, aquela que se volta a criação de uma cidade voltada aos negócios. Com isso reafirmo a hipótese aqui levantada de que a realização econômica passa, atualmente pela produção do espaço. Significa dizer que a transformação do espaço em mercadoria, é, hoje, condição da extensão mundo da mercadoria. A produção do espaço da metrópole sintetiza, assim, um movimento onde o solo urbano (que num determinado momento foi responsável pela fixidez do capital-dinheiro) cria da possibilidade reprodução ampliada.

São Paulo, construída como "negócio" realiza, assim, a possibilidade de extensão do valor de troca – revelando um movimento da propriedade privada na Cidade como momento da reprodução social. Realiza-se aprofundando a contradição entre extensão do valor de troca no espaço e a possibilidade do valor de uso na medida em que o valor de troca se autonomiza, pela potencialização da propriedade como direito e realidade. O modo como a propriedade do solo urbano muda de mãos com a realização das Operações Urbanas Faria Lima e Águas Espraiadas, revela este fenômeno.

Esse comportamento também aponta para o fato de que está em curso uma revolução nos serviços oferecidos; a preferência por escritórios de qualidade; a busca de escritórios tecnologicamente, mais avançados, com equipamentos de última geração (além da garantia de atualização tecnológica permanente e sem custos de infra-estrutura com exceção dos serviços fornecidos) [30], feitos a partir de processos construtivos com alta tecnologia, com o objetivo de barateamento da construção, é uma realidade.

Este processo de transformação também redefine a fluidez, recriando a centralidade dentro da metrópole, articulando pólos diferenciados, principalmente, a concentração das atividades de comércio, serviços e de lazer como produto da mobilidade da centralidade.

A extensão do "eixo", a partir das estratégias, acima descritas, interfere na produção de novas centralidades, redimencionando o fluxo de pessoas e capitais, num espaço mais amplo, iluminando um momento da reprodução das relações sociais, como momento da reprodução do espaço, marcado por apropriações temporais e espaciais múltiplas na metrópole, realizadas num tempo e espaço cada vez mais homogêneos (na medida em que a intercambialidade do espaço vai se realizando, inexoravelmente).

Deste modo a mobilização dos negócios com o solo urbano redefine o conteúdo da urbanização. A "metrópole como negócio" é assim, um momento central da reprodução cuja lógica é questionada pelos movimentos contrários a realização das "renovações/operações urbanas" na metrópole.

Notas

[1] Segundo Fátima Araújo da Fundação Seade em entrevista a *Revista Exame*, n° 723.

[2] "Melhores e Maiores", publicado na *Revista Exame* n. 745, São Paulo, julho de 2001.

[3] Revista Exame, março de 2001, pp. 92-93.

[4] Idem, ibidem

[5] Estima-se que só a Operação Urbana Águas Espraiadas vai liberar um estoque imobiliário adicional de 3.750.000 m² com o aumento do coeficiente de construção através dos Cepac's, segundo a Bolsa de Imóveis de São Paulo in Databolsa n°29, 2002, disponível na Internet, no site:www.bolsadeimoveis.com.br

[6] Idem, ibidem.

[7] O Cepac é um título a partir do qual a prefeitura poderá negociar o aumento da área a ser construída numa determinada região da cidade depois que a alteração de zoneamento for aprovada pela Câmara a partir de uma "operação urbana". Foi tido como

elemento inovador no processo de estabelecimento da Operação Urbana Faria Lima: o Cepac aparece como contrapartida a ser paga pela iniciativa privada pelo processo de valorização do solo urbano, decorrente da ação do Estado no espaço.

[8] Idem, ibidem

[9] *Boletim Databolsa*, nº 29.

[10] Segundo dados publicados pela Sempla no *Diário Oficial do Município de São Paulo*, 24 de dezembro de 1992.

[11]Tabelas retiradas do "Por dentro do Município de São Paulo", Emplasa, 2.000.

[12] Bolsa de Imóveis de São Paulo, in: *Databolsa* nº 27, 2000. Disponível na *Internet*, no site www.bolsadeimoveis.com.br

[13] Idem, ibidem.

[14] Segundo levantamento feito pela *Revista Exame*, São Paulo, nº 723.

[15] Desde 1985 as transformações espaciais relacionadas ao uso do solo urbano voltado à construção de escritórios vai se consolidando pela construção de novos edifícios em novas áreas – e é evidente que as novas regiões vão ganhando novo perfil, condicionadas por um novo padrão. É assim que ocorre o processo de ocupação da região da Marginal do Rio Pinheiros principalmente com a instalação de sedes de empresas que ocupam mais de 50% da área ocupada por escritórios na Marginal. Aqui se encontram os escritórios de primeira linha e escritórios com lajes em torno de 1.000m² úteis confirmando a tendência do deslocamento para a Marginal de empresas que necessitam de amplas áreas, o que requer ocupação de terrenos grandes, preços mais baixos e fácil acesso a outros bairros.

[16] Este padrão atrai empresas importantes e multinacionais, pelo sistema de locação (com algumas exceções, como Bank Boston que constrói sua sede (com custo de 150 mi de dólares, num edifício de 30 andares).

[17] *Revista Exame*, São Paulo, março de 2001.

[18] *Revista Exame*, São Paulo, número 759, fevereiro de 2002.

[19] Segundo *Revista Exame*, São Paulo, janeiro 2003.

[20] Publicação "Por dentro do Município de São Paulo", Emplasa ,2000, edição eletrônica.

[21] Os *Flats* – os lançamentos em São Paulo no final de 1995 promoveram uma retomada dos negócios com aumento de 50% dos estoque, em bairros como Moema Berrini, Itaim, V. Olímpia, Consolação, Pinheiros e Jardins. Destes, atualmente 2% destinam-se para moradia; 90% para investimento (maio de 97). *Boletim Databolsa*, nº 17, 1997.

[22] A construção de empreendimentos como World Trade Center (com centro de convenções para 2000 pessoas) são fortes indutores da demanda da região da Berrini e áreas próximas com a região da Verbo Divino, com 250.000 m² úteis de área construída atualmente e aumento programado para 350.000 m². Os analistas do mercado imobiliário, mais otimistas, prognosticam que em breve as regiões da Berrini e Verbo Divino terão área hoteleira superior àquela da Avenida Paulista.

[23] Investidores. *Boletim Databolsa* nº 11, São Paulo, agosto de 1996.

[24] Em 3 anos o valor médio dos aluguéis nas 9 regiões evoluiu 82,62% em termos nominais, superando inflação de 68,98%. Os preços de venda acima 30,55%.

[25] Carlos, Ana Fani Alessandri, *A (re)produção do espaço urbano*, São Paulo, Edusp, 1996, pp.166-173.

[26] Na qual se insere a criação do pólo de lazer voltado para o que os empreendedores chamam de "classe B+ e A" da sociedade paulista, numa das áreas mais valorizadas da metrópole na ultima década.

[27] "Com a estabilização da economia, o imóvel perde o papel de hedge para os compradores e, por isso, começa a haver uma tendência de demanda por espaço de locação. Aí entra o investidor de longo prazo". Cf."Boletim da Bolsa de Imóveis de São Paulo", *Boletim Databolsa* nº 20, São Paulo, 1998 (entrevista com Hermàn Martinez).

[28] Cotas de Fundo Imobiliário da CEF serão negociados na SOMA, site www.imovelweb.com.br

[29] Cresce procura por fundos imobiliários site www.imovelweb.com.br

[30] *Boletim Databolsa* nº 21, São Paulo, 1998.

Bibliografia

ARANTES, Otília. "Vendo a Cidade". In: *Revista Veredas*, ano 3, nº 36, CCBB, pp. 21-23, dezembro de 1998.

BOLSA DE IMÓVEIS DE SÃO PAULO. *Boletim Databolsa*, números 22 a 29, edição eletrônica, disponível na *Internet* no *site* http: www.bolsadeimóveis.com.br

CARLOS, Ana Fani A. *O Lugar no/do Mundo*. São Paulo: Hucitec, 1996.

________________. *A (re)Produção do Espaço Urbano*. São Paulo, Edusp, 1996.

________________ *Espaço-Tempo na Metrópole*. São Paulo, Contexto, 2001.

CHESNAIS. *A Mundialização Financeira*. São Paulo, Xamã VM Editora, 1999.

EMPLASA. *Por Dentro do Município de São Paulo*, São Paulo, 2000, versão eletrônica.

_________ *Por Dentro da Grande São Paulo*. São Paulo, Emplasa, 1993.

_________ *Sumário Dados da Grande São Paulo*. São Paulo, 2002, versão eletrônica.

FRUGOLI. *Centralidade em São Paulo*. São Paulo, Cortez/ Edusp/ Fapesp, 2000.

HARVEY, David. *Los Límites del Capitalismo y la Teoria Marxista*. México, Fondo de Cultura Económica, 1990.

LEFEBVRE, Henri. *La Production de l'espace*. Paris, Anthopos, 1986.

______________. *De l'Etat*. (4° vol.). Paris, Union Générale d' Éditions, 1976-1978.

______________. *Le droit a la ville suivi de l' éspace et politique*. Paris, Éditions Anthropos, 1971.

PREFEITURA DO MUNICÍPIO DE SÃO PAULO. *Operação Urbana Faria Lima*. São Paulo, Secretaria Municipal de Planejamento, 1995.

REVISTA EXAME SÃO PAULO.Vários números. Edições especiais sobre São Paulo, Editora Abril.

SASSEN, Saskia."A Cidade Global". In: Lena LAVINAS et al. (org.). *Reestruturação do Espaço Urbano e Regional no Brasil*. São Paulo, Anpur/Hucitec, 1993

______________"La ville global. Élements pour une lecture de Paris". *Revue Le Debat. Le nouveau Paris*. Paris, Gallimard, nº 80, mai-août, 1994.

SAVY, Michel & VELTZ, Pierre. *Économie global et reénvention du local*. Paris, L'Aube Datar, 1995.

SCHEVZ, Liane. *Avenidas Nova Faria Lima e Jacú-Pêssego/Nova Trabalhadores, um Estudo das Mudanças Sócioeconômicas-espaciais Dinamizadas pela Implantação da Infra-estrutura viária*. Dissertação de Mestrado apresentada ao departamento de Geografia da Faculdade de Filosofia, Letras e Ciências Humanas-FFLCH da Universidade de São Paulo-USP. São Paulo, fotocópia, 2002.

VELTZ, Pierre. *Mundialización, Ciudades y Territorios*. Barcelona, Ariel Geografía, 1999.

SÃO PAULO E OS FLUXOS INTERNACIONAIS DE MERCADORIAS: A ESPESSURA DE UMA REGIÃO METROPOLITANA

Mónica Arroyo

No prefácio do livro *Metrópole Corporativa Fragmentada. O caso de São Paulo*, Milton Santos (1990:9) nos diz:

> As metrópoles contemporâneas são os maiores objetos culturais jamais construídos pelo homem. Nas últimas décadas – não importa onde se situem –, elas trabalham em compasso com o ritmo do mundo, na medida em que a realidade da globalização se impõe sobre o processo secular de internacionalização. Desse modo, essas metrópoles funcionam e evoluem segundo parâmetros globais. Mas elas têm especificidades, que se devem à história do país onde se encontram e à sua própria história local. O mundo e o lugar, intermediados pela formação socioeconômica e territorial, eis aí um princípio de método a adotar, se quisermos apreender o significado de cada caso particular.

Princípio de método este que pretendemos atender para refletir sobre a especificidade da metrópole paulistana neste início do século XXI.

Como, então, captar essa especificidade a partir das relações que a metrópole tece com o mundo e com o país? Como escolher entre as múltiplas variáveis que explicam esse emaranhado? O fato de São Paulo ter ampliado, desde cedo, a escala de suas operações além de suas fronteiras mostra a inseparabilidade de suas dimensões nacional e internacional. Nas diferentes fases de mundialização que a cidade conhece, o caráter e a intensidade dos fluxos vão mudando e tornando-se cada vez mais complexos e sofisticados. De uma cidade comercial, São Paulo se metamorfoseia para uma metrópole industrial que, por sua vez, dá lugar à metrópole informacional (SANTOS, 1993; 1994).

Fluxos materiais e imateriais vão tomando conta desse processo, estruturando a região metropolitana. São os fluxos imateriais que atualmente permitem a São Paulo exercer seu comando em todo o território brasileiro, outorgando-lhe o caráter de metrópole onipresente (SANTOS, 1993; 1994). Ordens, mensagens, informações, transmitidas em condições de instantaneidade e de simultaneidade, requalificam sua posição hierárquica e imprimem novos conteúdos ao movimento de concentração-dispersão geográfica. Enquanto aumenta a dispersão das atividades manufatureiras, bancárias, agrícolas e minerais, se fortalece a concentração das funções de comando, tecnicamente possível graças à integração eletrônica do território nacional. As atividades produtivas desenvolvem-se em torno de objetos e ações cada dia mais informatizados, facilitando um controle à distância.

Qual é o papel dos fluxos de capital na relação *mundo-formação socioespacial-lugar*? As três dimensões clássicas de internacionalização do capital – o comércio exterior (fluxos de mercadorias), o investimento externo direto (fluxos de dinheiro para o investimento produtivo) e as aplicações financeiras (fluxos de capital que mantêm a forma monetária) – têm estado presentes, em diferentes graus, ao longo da história de São Paulo. Quer por ser a capital da província cafeeira, quer por albergar uma extensa gama de fábricas, quer por concentrar a sede dos principais bancos nacionais e estrangeiros, a metrópole tem sido cada vez mais uma economia de fluxos.

Qual é, em particular, o papel dos fluxos internacionais de mercadorias? Qual é a sua força mediadora? São Paulo mantém o comando desses fluxos? São estas questões que norteiam o presente artigo. Propomos, em primeiro lugar, fazer uma breve revisão dos trabalhos de importantes geógrafos que mostram a centralidade da informação e das finanças no enredo contemporâneo da metrópole. Apresentamos, a seguir, uma análise dos fluxos internacionais de mercadorias que, a despeito de terem diminuído relativamente seu poder organizador na cidade, ainda contribuem no seu dinamismo. Em terceiro lugar, focalizamos o olhar na multiplicidade de empresas que convivem nas condições atuais de alargamento dos contextos para, finalmente, fazer uma reflexão sobre a espessura da metrópole na virada do século XX.

A informação e as finanças redefinindo a metrópole contemporânea

No período histórico atual, a mediação entre mundo, formação *socioespacial* e *lugar* se faz, especialmente, por meio das finanças e da informação. São eles os principais elos, nexos, que ditam o sentido e a velocidade do movimento.

Helena Kohn Cordeiro (1986; 1993) confere à Região Metropolitana de São Paulo a posição do mais importante ponto de controle da economia transnacional do espaço brasileiro. Essa posição explica-se porque a metrópole paulista apresenta, conforme a autora, os seguintes indicadores: a maior concentração relativa de sedes das maiores empresas nacionais e internacionais de todos os setores da economia; a maior concentração relativa das sedes de corporações financeiras nacionais com redes de escala nacional e com agências instaladas também internacionalmente; a maior concentração relativa de sedes de instituições financeiras internacionais do país, algumas das quais possuem redes nacionais; a maior concentração relativa de investimentos estrangeiros no país (o maior montante do patrimônio líquido de empresas de capital multinacional no país); o maior nódulo do sistema de telecomunicações do país: do *telex*, do consumo da remessa de pacotes de dados por telemática, do tráfego de chamadas do sistema telefônico nacional e internacional; o maior centro difusor da publicidade de numerosas firmas e marcas nacionais e internacionais.

Para Roberto Lobato Corrêa (1995a; 1995b) a metrópole de São Paulo sobressai como o principal centro de gestão do território no Brasil, como um local de concentração de sedes sociais de grandes grupos econômicos. Duas pesquisas do autor, com dados para o ano 1985, mostram a proeminência paulistana, suplantando de muito a metrópole carioca. Por um lado, São Paulo controla cerca de 450.000 assalariados externos industriais, número 2,45 vezes maior que Rio de Janeiro, com pouco mais de 180.000 assalariados externos; ou seja, grandes empresas com sede em São Paulo possuem um número significativo de empregados que trabalham em estabelecimentos industriais localizados em outros lugares, indicando o papel que aquela cidade cumpre na divisão territorial do trabalho (CORRÊA, 1995a). Por outro lado, a metrópole paulista emerge como o mais importante centro de decisões financeiras do país, cumprindo um duplo papel: como centro de gestão da atividade bancária no território nacional, e como centro intermediário da gestão internacional. No primeiro caso, do total de 15.070 agências existentes no Brasil em 1985, São Paulo controla 6208, equivalentes a 41% do total, distribuídas por todo o território nacional (somente Bradesco, Banco Itaú, Unibanco e Banco Real controlam juntos cerca de 4 mil agências), ao passo que Brasília, por sediar o Banco do Brasil, aparece em segundo lugar com cerca de 3 mil agências controladas; a cidade do Rio de Janeiro situa-se no sétimo lugar, com 387 agências sob controle. No segundo caso, dos dezenove bancos estrangeiros que atuam no país, catorze possuem escritórios regionais em São Paulo e cinco no Rio de Janeiro; em relação aos representantes dos bancos estrangeiros, a metrópole paulista concentra 140 dos 223 representantes existentes em 1985, enquanto o Rio de Janeiro detém 81 (CORRÊA, 1995b).

Ao estudar a importância das redes eletrônicas nas novas dinâmicas do território brasileiro, Leila Dias (1995; 1996) destaca o fortalecimento dos papéis nacional e internacional de São Paulo, como principal nó da rede de transmissão de dados. Entre 1983 e 1988, a participação da Região Metropolitana de São Paulo na rede Transdata cresceu de 30% para 45%; em 1988, a metrópole paulista articulava 84% dos centros urbanos integrados pela rede Transdata, enquanto a metrópole carioca, que também controlava uma rede de dimensão nacional, raramente ia além das capitais estaduais, articulando 14% das cidades. Sobre a importância de São Paulo no interior do sistema urbano, a autora mostra como, numa análise dos dados na escala da Amazônia, aparecem ligações diretas e instantâneas de algumas cidades com a metrópole paulista, sem as tradicionais mediações dos degraus médios da hierarquia urbana (as cidades de Parintins, Itacoatiara, Balsas e Alta Floresta "fogem" completamente do controle regional e se ligam diretamente a São Paulo). Por sua vez, a participação da metrópole na rede internacional de comunicações digitais via satélite representou, em 1994, 62% do volume total de ligações com o exterior (DIAS, 1996).

Sandra Lencioni (1991; 2003) estuda as mudanças na metrópole de São Paulo ocorridas nas últimas décadas e examinadas à luz das transformações industriais, mostrando a formação de uma gigantesca mancha urbana, que a autora denomina como "região metropolitana desconcentrada" (conjunto da região metropolitana com seu entorno) para enfatizar a ocorrência de um processo de desconcentração territorial da indústria, e não de descentralização (LENCIONI, 1991). Houve, ao mesmo tempo, uma dispersão das atividades produtivas e um significativo processo de centralização do capital. A metrópole de São Paulo afirma sua primazia concentrando os centros de poder e direção do capital industrial e financeiro e de uma série de atividades relacionadas ao terciário superior fundamentais para a direção do processo de reprodução do capital em geral. Nesse contexto, aprofunda-se como estratégia territorial das empresas industriais a prática de separar, em municípios distintos, a planta industrial da gestão empresarial. Pesquisando as empresas que praticam essa cisão territorial, num universo de 7.562 indústrias presentes no Estado de São Paulo em 1994, a autora observa que elas correspondem a 807 ocorrências (10,7% do total), sendo que a grande maioria das indústrias que desenvolvem essa estratégia é de empresas de grande e médio porte. A Cidade de São Paulo reúne cerca de 80% das sedes das empresas com cisão territorial (637 dos 807 casos), e ao considerar os demais municípios da região metropolitana, essa cifra passa para 86,5%, reafirmando a metrópole como o lugar privilegiado da gestão do capital e do trabalho imaterial (LENCIONI, 2003).

A informação como elemento organizador dos novos contextos sócio-territoriais é o tema central da tese de Adriana Bernardes (2001), que se debruça sobre a contemporaneidade da metrópole paulista face ao processo de globalização e aos impactos que a informação tem causado na reorganização das cidades e do território brasileiro. Ao buscar um quadro explicativo para a natureza da densidade informacional de São Paulo, a autora considera a ação de empresas vinculadas à produção publicitária, ao mercado de capitais e, em particular, à consultoria. Por exemplo, entre as dez principais consultorias de gestão empresarial no mundo, todas têm escritórios regionais na Cidade de São Paulo, existentes desde o início da década de 1970. Entre as quinze principais consultorias em informática no Brasil, onze encontram-se em São Paulo, duas no Rio de Janeiro e uma em Porto Alegre. Desse modo, São Paulo comanda o território por produzir, coordenar e distribuir informações produtivas, não encontradas, com a mesma densidade, em outros lugares da rede urbana nacional, mas somente na rede de cidades globais que unifica a produção e a distribuição de informações especializadas. As informações produzidas por essas empresas envolvem conhecimentos sobre a economia, o território, a política, a cultura, sendo consideradas um recurso estratégico, utilizado seletiva e hierarquicamente. O papel hegemônico de São Paulo (visto através das empresas produtoras de informação e muito especialmente através das firmas de consultorias) é subordinado aos interesses das corporações globais. A metrópole paulista participa da rede global de cidades porque contribui para implantar as práticas, a intencionalidade e as estratégias das grandes empresas na formação *socioespacial*.

Os fluxos internacionais de mercadorias desenhando um perfil de São Paulo

Nesse contexto, vamos nos deter nos fluxos materiais de mercadorias que, a despeito de terem diminuído relativamente seu poder organizador na Cidade, ainda contribuem no seu dinamismo. Mesmo porque é cada vez mais difícil estabelecer os limites entre o capital industrial, mercantil, financeiro e informacional em um capitalismo que se caracteriza pela crescente multinacionalização e transnacionalização das empresas, pelo aprofundamento da centralização do capital (por meio de fusões e aquisições) e pelo aumento da interpenetração patrimonial (investimentos cruzados e aplicações financeiras).

Os fluxos de mercadorias expressos nas exportações e importações mostram as relações que distintas frações do território nacional têm com o mundo por meio da atividade mercantil. Por ser esta última uma das fases do processo geral de produção, ela é também uma manifestação da divisão territorial do trabalho, tanto internacional como interna à formação *socioespacial*. A balança comercial, registro técnico dos fluxos mercantis, indica a forma diferenciada com que os países e suas regiões se integram nesse movimento.

| Tabela 1 | Os fluxos de exportação segundo Regiões Brasileiras: participação no total nacional (%) (1995 a 2001)

Região	1995	1996	1997	1998	1999	2000	2001
Total País	100,00	100,00	100,00	100,00	100,00	100,00	100,00
Sudeste	57,27	55,93	55,86	58,68	58,34	56,51	54,11
Sul	24,52	26,28	26,29	24,37	23,95	23,29	25,23
Nordeste	9,12	7,47	8,07	7,28	6,99	7,31	7,19
Norte	5,23	5,03	4,85	5,07	5,58	6,03	5,57
Centro-Oeste	2,12	2,90	3,39	2,38	2,70	3,33	4,25
Não declarados	1,74	1,79	2,14	2,24	2,45	3,44	3,65

Fonte: Elaboração própria a partir de informações da Secretaria do Comércio Exterior (Secex).

Os fluxos de mercadorias gerados pelos Estados que compõem a Região Concentrada (Sudeste e Sul)[1] representam 80% do valor exportado anualmente pelo Brasil (Tabela 1). É o comportamento dessa fração do território nacional que, em grande parte, explica as tendências do comércio exterior do país.

São Paulo é o único Estado que gera uma corrente de comércio (exportações mais importações) superior a 40% do total dos fluxos mercantis movimentados anualmente pelo Brasil[2]. Por um lado, sua participação nas exportações brasileiras oscila em torno de 35%, coeficiente que vem sendo registrado desde a década de 1970; e, por outro, suas importações participam com mais de 45% do total nacional, comportamento verificado na década dos noventa, ao retomar uma tendência que tinha sido sua característica até meados dos anos 1970[3]. O saldo deficitário na balança comercial do Estado de São Paulo (tabela 2) é decorrente, sobretudo, da própria estrutura de sua indústria, que exige compras do segmento bens de capital, partes para aviões e helicópteros, partes e acessórios para tratores e veículos, partes para aparelhos transmissores, circuitos integrados digitais-analógicos, máquinas e aparelhos mecânicos.

| Tabela 2 | Balança Comercial – Estado de São Paulo

	Exportação (US$ 1000 FOB)	Part.* (%)	Importação (US$ 1000 FOB)	Part.* (%)	Saldo (US$ 1000 FOB)
1995	15.967.689	34,3	23.694.432	47,4	-7.726.743
1996	16.575.292	34,7	25.707.133	48,1	-9.131.841
1997	18.094.717	34,1	28.543.015	47,7	-10.448.298
1998	18.226.059	35,6	27.931.629	48,3	-9.705.570
1999	17.541.838	36,5	23.311.978	47,3	-5.770.140
2000	19.787.863	35,9	25.609.934	45,8	-5.822.071
2001	20.623.858	35,4	24.778.498	44,5	-4.154.640

* Participação do Estado de São Paulo no total das exportações e importações brasileiras.
Fonte: Elaboração própria a partir de informações da Secretaria do Comércio Exterior (Secex).

A pauta exportadora do Estado de São Paulo está constituída basicamente por produtos industrializados (manufaturados e semimanufaturados), que respondem desde 1997 por mais de 90% do total estadual. É uma pauta altamente diversificada, incluindo desde produtos semi-elaborados (açúcares e produtos de confeitaria, preparações de produtos vegetais, carnes congeladas, extratos tanantes e tintoriais, borracha sintética e artificial, etc.) a produtos de maior conteúdo tecnológico (aeronaves, automóveis, locomotivas e trilhos, terminais portáteis de telefonia celular, maquinaria elétrica, instrumentos de óptica, de precisão, cirúrgicos, etc.). Este indicador reflete a ainda elevada concentração industrial no Estado de São Paulo.

Os mercados de destino e de origem dos fluxos das mercadorias também são diversificados, apresentando um padrão distribuído entre os principais blocos de comércio. No período 1997-1999, do total das exportações paulistas, 25% eram destinados aos países do Nafta, 24% ao Mercosul, 20% à União Européia, 13% aos demais países da América Latina, e 19% ao resto do mundo. Essa distribuição equilibrada dos destinos de suas exportações altera-se no período 2000-2002, quando a participação do Mercosul se reduz para 16%, subindo cada um dos demais blocos de dois a três pontos. As importações apresentam uma distribuição menos equilibrada, vindas principalmente dos países da União Européia (33%) e do Nafta (30%).

Qual é o papel da Região Metropolitana de São Paulo neste retrato do comércio exterior paulista? De todas as regiões do Estado, é a metrópole quem apresenta maior participação nas exportações industriais do Estado: enquanto ela respondia, em 1996, por cerca de 41% do total, as demais regiões administrativas apresentavam uma participação consideravelmente menor: Campinas (17%), São José dos Campos (12%), Central (7%), Barretos (5%), Santos (4%), Sorocaba (4%), Ribeirão Preto (3%), Bauru (2%), e as demais regiões (1%)[4].

Tal padrão reflete a própria concentração da atividade industrial do Estado. Com efeito, a Região Metropolitana de São Paulo mantém alta sua participação relativa na produção industrial estadual que responde, em 1996, por 60,4% do valor adicionado produzido, 56,8% do pessoal ocupado e 57% das unidades locais. Por sua vez, ao interior da Região Metropolitana, o valor adicionado é produzido da seguinte forma: Município de São Paulo (33,1%), a região do ABC (13,8%) e os demais municípios (13,5%)[5].

A aglomeração paulistana continua sendo um centro importante da atividade fabril, com fluxos expressivos de exportações, que reforçam o caráter internacional da escala de suas operações. Ao lado de situações regionais diferenciadas, a primazia da metrópole permanece. A divisão territorial do trabalho, ao mesmo tempo em que promove uma dispersão geográfica das atividades produtivas, favorece as forças da concentração.

A presença dos circuitos industriais ligados à produção de bens de alto valor agregado e conteúdo tecnológico continua alta na Região Metropolitana de São Paulo. Em 1996, destacam-se, tanto pelo valor adicionado como pelo montante de pessoal ocupado, os segmentos de fabricação de produtos químicos, de fabricação e montagens de veículos automotores, reboques e carrocerias, de fabricação de máquinas e equipamentos, de edição, impressão reprodução de gravação (ARAÚJO, 1999).

A esse comportamento industrial corresponde o desempenho dos fluxos de exportação. A Região Metropolitana de São Paulo participa, em 1996, com mais de metade das exportações do Estado nos seguintes circuitos: fabricação e montagem de veículos automotores, fabricação de máquinas e equipamentos, fabricação de produtos químicos. Destaca-se, outrossim, na exportação de produtos têxteis (40% do total estadual), de celulose, papel e produtos de papel (33%), e de metalurgia básica (20%) (PAULINO & MONTORO, 1999).

Uma atividade industrial intensa e complexa subjaze junto às atividades quaternárias de criação e de controle no emaranhado metropolitano. A inserção desse território na divisão internacional e interna do trabalho se requalifica por meio dos fluxos imateriais e materiais portadores de um significativo valor agregado. Eis um dos componentes do perfil da metrópole de São Paulo na virada do século XX.

A convivência de uma multiplicidade de empresas exportadoras

A metrópole acolhe uma extensa gama de empresas, com níveis muito diferentes de capital, trabalho, organização e tecnologia. A segmentação do mercado autoriza a convivência dessa variedade de formas de realização econômica, que trabalham segundo diversas taxas de lucro (SANTOS, 1993; 1994). As empresas exportadoras fazem parte do circuito superior da economia urbana. As exigências do comércio exterior são um obstáculo para que esse tipo de empresas se desenvolva em outro circuito, mesmo no superior marginal (SANTOS, 1979)[6].

É interessante observar como a Região Metropolitana de São Paulo congrega, dentro do Estado, o maior número de empresas exportadoras (Tabela 3)[7], destacando-se nessa unidade territorial a Cidade Capital, que apresenta mais de 60% dessas firmas. Elas compõem um quadro bastante diversificado, coexistindo empresas cujo porte, permanência na atividade e disponibilidade de recursos financeiros e técnicos são os mais diversos.

No extremo inferior do universo em análise, encontram-se as empresas exportadoras de pequeno e médio porte, cujas vendas no exterior não ultrapassam 10 milhões de dólares ao ano. A presença de um número significativo destas empresas, desenvolvendo uma atividade fabril no município da capital,

| Tabela 3 | Empresas exportadoras por faixa de valor – Estado de São Paulo* (2000)

Faixa de valor de exportação (US$ milhões/ano)	Cidade de São Paulo	Demais municípios da RMSP	Região Metropolitana de São Paulo	Demais regiões do Estado	Total do Estado
> 50,0	44	17	61	25	86
> 10,0 até 50,0	61	38	99	76	175
> 1,0 até 10,0	244	139	383	249	632
Até 1,0	467	291	758	422	1180
Total de empresas	816	485	1301	772	2073

*Considera-se a localização das empresas em função do endereço postal registrado no *Catálogo* onde os dados cadastrais são referentes à matriz ou ao estabelecimento indicado pela própria empresa.
Fonte: Elaboração própria a partir do *Catálogo de Exportadores Brasileiros 2000-2001* da Confederação Nacional da Indústria.

confirma, outrossim, que a importância da Cidade de São Paulo como centro industrial ainda se mantém. No outro extremo, aparecem as empresas de grande porte, que embora apenas superem a centena, concentram uma alta proporção do valor das vendas externas brasileiras. A presença destas empresas na metrópole está representada apenas pela localização da matriz do grupo econômico ao qual pertencem, exercendo as operações de controle e gestão de uma atividade produtiva que se desenvolve muito além das fronteiras metropolitanas, inclusive estaduais. Analisamos, a seguir, cada um desses dois extremos.

Conforme uma pesquisa realizada pela Fundação Centro de Estudos do Comércio Exterior (Funcex) que analisa o desempenho exportador das micro e pequenas empresas do Estado de São Paulo[8] na década de 1990, a pauta de exportação dessas empresas é intensiva em produtos manufaturados, com destaque para máquinas e tratores, material elétrico, peças e outros veículos, refino de petróleo, químicos diversos, calçados e indústrias diversas. Juntos, estes sete setores responderam por quase 60% das vendas externas das micro e pequenas empresas de São Paulo, em 1996 (VEIGA et al., 1999).

Trata-se de um grupo de empresas que têm, em sua quase totalidade, exclusivamente capital nacional em sua composição acionária e apresentam, como característica marcante, o fato de que há claramente um *lag* temporal entre a fundação da firma e o início das exportações. A procura do mercado externo só ocorre, em média, vários anos depois da criação da empresa.

A permanência na atividade exportadora é uma outra característica que diferencia as micro e pequenas empresas de São Paulo. A pesquisa informa que há uma dualidade da oferta exportadora: de um lado, um grupo de firmas contínuas, que exporta regularmente e que já parece ter integrado as exportações às suas estratégias de crescimento, e de outro, um grupo de inserção instável, constituído por iniciantes, desistentes e esporádicas, com baixa disponibilidade de acesso aos recursos financeiros, técnicos e organizacionais necessários para a permanência na atividade de exportação. As exportadoras contínuas representavam, em 1996, 23% das empresas e respondiam por 52% das vendas externas das micro e pequenas empresas do Estado. As empresas iniciantes correspondiam, em 1996, a 35% do total das firmas e a 18% do valor exportado (VEIGA et al., 1999).

Apesar da incorporação de novas empresas, a base exportadora aumenta a um ritmo muito lento. Nem todas as empresas exportam continuadamente todos os anos; em conseqüência, o ingresso de novos exportadores é contrapesado pela existência de exportadores esporádicos ou desistentes. É justamente no universo de pequenas e médias empresas que acontece esse movimento; uma evidência de suas dificuldades para se tornar exportadores permanentes.

Distinta é a situação das grandes empresas que têm uma posição consolidada nos fluxos internacionais de mercadorias, fortemente concentrados em suas mãos. A cidade de São Paulo alberga a sede de várias das principais empresas exportadoras brasileiras (Tabela 4), tornando-se um ponto de confluência de diversos circuitos espaciais de produção vinculados ao mercado externo. Vejamos alguns exemplos das 44 empresas com sede na capital que exportam acima de 50 milhões de dólares ao ano.

Dois dos grupos econômicos mais antigos no circuito do alumínio têm sua sede na Cidade de São Paulo: o norte-americano Alcoa e a Companhia Brasileira do Alumínio (CBA), do grupo Votorantim. Ambos exportam uma ampla linha de produtos, sobressaindo Alcoa com 98 itens na sua pauta exportadora. Além da fase de extração e beneficiamento do minério nas minas do Pará e de Minas Gerais, essa empresa possui doze fábricas, com uma topologia que se estende em 6 Estados brasileiros: São Paulo (Alphavilhe, Sorocaba), Minas Gerais (Lajes, Poços de Caldas), Pernambuco (Itapissuma), Maranhão (São Luís), Rio de Janeiro (Rio de Janeiro), Espírito Santo (Tubarão). Entre seus diversos produtos, a Alcoa fabrica e exporta peças extrudadas, chapas, fios e cabos, pó de alumínio, produtos químicos, tampas plásticas, garrafas e preformas.

| Tabela 4 | Principais empresas exportadoras com sede na Cidade de São Paulo (2000)

Principais Empresas	Exportações	Importações
General Motors do Brasil Ltda.	572.617.141	479.484.005
Cargill Agrícola S.A.	531.168.703	40.408.379
A D M Exportadora e Importadora S.A.	482.820.617	95.897.711
Sadia S.A.	377.606.231	44.475.706
Companhia Siderúrgica Nacional	352.184.014	181.709.484
Comércio e Indústrias Brasileiras Coinbra S.A.	339.028.742	s/i
Alcoa Alumínio S.A.	269.629.783	92.138.050
Coop. Produção de Cana, Açúcar e Álcool Estado	232.614.309	s/i
Acesita S.A.	224.307.844	128.267.629
Goodyear do Brasil Produtos de Borracha	220.983.239	91.658.727
Perdigão Agroindustrial S.A.	196.160.501	47.511.427
Votorantim Celulose e Papel S.A.	195.113.543	s/i
Philips do Brasil Ltda.	185.632.837	129.303.240
Companhia Brasileira de Alumínio (CBA)	183.658.687	s/i
Compaq Computer Brasil Indústria e Comércio	181.128.839	284.081.189
Refinadora de Óleos Brasil Ltda.	155.749.745	s/i
Companhia Siderúrgica Paulista Cosipa	148.443.749	123.767.870
Mahle Metal Leve S.A.	139.254.027	s/i
Starexport Trading S.A.	121.342.836	s/i
Companhia Níquel Tocantins	116.545.416	s/i
Tupy Fundições	111.578.943	s/i
Gerdau S.A.	102.909.544	49.425.469
Cotia Trading S.A.	99.640.150	443.596.851
Aços Villares S.A.	61.907.081	s/i

s/i: sem informação sobre as importações realizadas pela empresa em 2000. A Secretaria de Comércio Exterior publica o detalhe das primeiras 250 empresas no *ranking* das importações desse ano.

Fonte: Elaboração própria com base em dados da Secretaria de Comércio Exterior (SECEX).

O circuito do aço está presente na Cidade de São Paulo com os escritórios de várias das principais empresas siderúrgicas: Companhia Siderúrgica Nacional (CSN), Companhia de Aços Especiais Itabira (Acesita), Companhia Siderúrgica Paulista (Cosipa), Gerdau e Aços Villares. Com o processo de privatização sofrido pelas usinas siderúrgicas no início da década de 1990, houve uma mudança patrimonial das grandes empresas estatais, sendo transferidos cerca de 70% da capacidade instalada para o setor privado. Foram privatizadas, entre outras, a Acesita, a Companhia Siderúrgica Nacional e a Companhia Siderúrgica Paulista Cosipa. O comando do circuito fica nas mãos de grandes investidores, reforçando o uso corporativo do território. Instituições financeiras, fundos de previdência, grupos industriais, grupos estrangeiros surgiram com expressivas participações nas operações de compra de controle acionário das siderúrgicas. Entre os grupos industriais, encontram-se Gerdau e Villares.

A rede de participações cruzadas criada com a privatização foi sendo modificada nos anos posteriores, tornando o circuito siderúrgico ainda mais concentrado. A topologia das empresas muda conforme avançam as operações de fusão, aquisição e associações entre as companhias siderúrgicas. As decisões de ativar ou desativar usinas, por exemplo, ficam subordinadas à nova composição societária, que desenha sua lógica territorial a partir de um maior poder de barganha no mercado. E continua até hoje o processo de reestruturação acionária. Salienta-se a saída de grandes bancos do controle de algumas das principais siderúrgicas brasileiras, como a Cosipa, e aparecem novas operações de fusão e aquisição entre os grupos industriais nacionais e estrangeiros. Por exemplo, o grupo francês Usinor assume, em 1998, o controle da Villares e a Usiminas, que desde sua privatização até 1994 comprou ações de onze companhias, estruturou uma operação de fusão com a Cosipa. Em suma, esse novo arranjo nas composições societárias das empresas elevou o poder de mercado dos maiores grupos privados do circuito siderúrgico.

O Gerdau – grupo industrial gaúcho de controle familiar – sempre desenvolveu uma lógica territorial que lhe permitiu manter sua presença nas diferentes regiões do país. Desde os anos 70, foi-se expandindo paulatinamente por intermédio da compra de empresas concorrentes. Aproveitando o programa de privatizações do antigo Sistema Siderbrás, iniciado em 1988, o grupo acelerou sua expansão e atualmente conta com dez usinas, situadas nas regiões Sul, Sudeste e Nordeste. Apresenta assim uma topologia que, na fase de produção, abrange vários Estados (Rio Grande do Sul, Paraná, Minas Gerais, Rio de Janeiro, Bahia, Pernambuco, Alagoas, Ceará e Maranhão). Na fase de distribuição, a repartição do trabalho se alarga ainda mais através de uma extensa rede de filiais espalhadas pelo território nacional. Com uma estrutura de produção nas regiões Nordeste, Sudeste e Sul do país e uma rede eficiente de distribuição, o grupo consegue atender uma demanda muito dispersa no território, composta pela construção civil e pela agropecuária, seus principais clientes. Embora sua sede se localize em Porto Alegre, o grupo possui um escritório na Cidade de São Paulo para conseguir administrar suas múltiplas redes tanto nacionais quanto internacionais.

No circuito de soja, são numerosas as empresas multinacionais que operam, liderando o *ranking* das exportadoras. É o caso da Cargill e da Archer Daniels Midland (ADM), com sede na cidade de São Paulo, de onde exercem influência na divisão interna (nacional) e internacional do trabalho. Por um lado, graças à complementaridade das safras, essas grandes companhias têm a vantagem de atender o mercado mundial ao longo do ano todo, com grandes volumes e diluição de custos fixos. Por outro, elas incidem no processo de alargamento do circuito que já está avançando sobre áreas de cerrados nos Estados de Roraima, Amazonas e Pará. Essa situação, inclusive, tende a reforçar-se a partir das operações de aquisição de empresas registradas nos últimos anos da década de 1990. Por exemplo, a ADM compra as operações de soja da Sadia, grupo que se desfaz de suas esmagadoras, transferindo-as para uma empresa especializada em comercialização de *commodities*.

A fase comercial do circuito automotivo desenvolve-se majoritariamente no território brasileiro; o mercado interno é o alvo principal das grandes montadoras, que operam sob condições políticas muito favoráveis. As vendas externas, todavia, experimentaram um crescimento constante durante a década de 1990, favorecido pelo contexto de abertura comercial reinante nos países da América Latina, o qual ao promover maior porosidade territorial, facilita a elaboração de uma política das corporações automobilísticas em termos continentais. Foram decisivos, nesse sentido, os acordos de integração comercial e produtiva com a Argentina, que definiram formas de intercâmbio de veículos, partes e peças visando à expansão e à racionalização da produção na escala do Cone Sul. As montadoras abandonam sua estratégia de operar nos diferentes países como entidades independentes e procuram uma complementaridade nas linhas de produção. Cria-se uma divisão territorial do trabalho além das fronteiras nacionais, reforçando a lógica de empresa-rede com a qual operam as corporações automobilísticas.

As montadoras têm uma posição de destaque na balança comercial dos Estados onde se localizam, ocupando os primeiros lugares no *ranking* tanto das exportações quanto das importações. É o caso da General Motors, da

Volkswagen e da Ford, com sede na região metropolitana de São Paulo. Além de automóveis elas geram fluxos de um amplo leque de produtos, que se estende de partes e peças de veículos até produtos como instrumentos e aparelhos de óptica, papel-diagrama para aparelhos registradores e fitas impressoras, dentre outros. A importância dessas empresas para a região metropolitana está no fato de que ela abriga o centro de comando nacional, tanto para a produção quanto para a troca.

As empresas especializadas na fabricação de partes e componentes são agentes centrais no circuito de produção de autoveículos. Essas empresas estão localizadas, sobretudo nos Estados produtores do circuito, com destaque para São Paulo, que hospeda o maior número de escritórios. As transformações de ordem técnica e organizacional experimentadas pelas corporações automobilísticas repercutem diretamente nas relações com as empresas fornecedoras. O *sub-circuito* das autopeças, que estava formado fundamentalmente de empresas de capital nacional e de controle familiar, sofreu nos anos 1990 uma forte redução, devido tanto à saída de empresas como às numerosas operações de fusão, aquisição ou associação com outras empresas, a maioria das vezes estrangeiras. Isso acarretou um aumento no grau de concentração e desnacionalização do circuito, processo que ainda está em andamento.

A concentração das exportações em algumas empresas tende a aumentar dado ao fato de que tais processos de mudança patrimonial atingiram a importantes exportadoras diretas de autopeças do Brasil. Estas empresas, além de apresentar um coeficiente exportador (exportação/receita operacional líquida) superior a 30%, bem acima da média setorial de 17%, já contam com uma rede consolidada de clientes no exterior. É o caso da Metal Leve que passou para as mãos da alemã Mahle, com sede na Cidade de São Paulo.

Na tendência ao fortalecimento dos fluxos mercantis colaboram, também, as empresas especializadas em comércio exterior – as chamadas *trading companies*. As *trading* são, muitas vezes, empresas independentes, mas, muitas outras, são parte de um grupo econômico. Parte das empresas multinacionais industriais, por exemplo, cria sua própria *trading* para suprimento de matérias-primas e para a comercialização de seus produtos. Dessa maneira, ao garantir sua presença no comércio internacional, elas podem conservar maior controle sobre o circuito de produção. A topologia que desenham essas empresas estende-se em todas as direções do globo, acusando permanentes transformações em função das oportunidades de negócio. Como empresas especializadas em promover a circulação de mercadorias, elas reforçam a porosidade dos territórios, produzindo suas próprias normas.

A Cotia é uma das maiores *trading* que gera fluxos tanto de exportações quanto de importações. Esta empresa, cuja sede se localiza na Cidade de São Paulo, começa suas atividades de comércio exterior em 1973 com a venda de carne bovina para Nigéria e nos anos 1980 já estava operando com uma linha diversificada de produtos (produtos químicos, siderúrgicos, madeiras, papel e cartão, veículos automóveis, autopeças, *commodities* agrícolas como soja, açúcar e café). Amplia sua atuação em outros mercados, instalando escritórios nos Estados Unidos e vários países da América Latina (Argentina, Chile, Bolívia, Colômbia, Venezuela) e Ásia (China, Japão, Índia, Malásia, Singapura).

Em 1998, há registro de 190 empresas *trading*, responsáveis por cerca de 17% das exportações brasileiras, segundo informações da Associação Brasileira de Empresas Trading (ABECE). Existe uma forte concentração nas regiões Sudeste e Sul (92%), sendo que a maior parte delas se encontra no Estado de São Paulo (80 empresas). A sede das *trading* localiza-se principalmente na metrópole de São Paulo já que sua densidade informacional contribui para a formação de uma produtividade espacial apta às operações de comércio exterior. A expansão dos escritórios que prestam consultoria jurídica e comercializam informações sobre controle cambial dos países, barreiras alfandegárias, carga tributária, legislação de patentes, fusões e aquisições e mercados supra-regionais, entre outros, tende a reforçar as relações de cooperação que as *trading* necessitam para operar. O denso tecido de atividades quaternárias da metrópole representa, sem dúvida, uma vantagem para o funcionamento das empresas especializadas em comércio exterior. Por sua vez, essas empresas colaboram para a tendência à internacionalização desse grande centro urbano brasileiro.

A espessura de uma região metropolitana

No período histórico atual, "na medida em que se multiplicam as interdependências e cresce o número de atores envolvidos no processo, podemos dizer que não apenas se alarga a dimensão dos contextos como aumenta sua espessura" (SANTOS, 1996:203). As regiões não desaparecem, apenas mudam de conteúdo.

A região metropolitana de São Paulo torna-se mais complexa, mais espessa. O número e a variedade de fluxos que apresentam a diversidade de circuitos espaciais de produção que nela convergem, a sua capacidade para influir na regulação do território nacional e a sua posição de intermediária da gestão internacional são todas as características que reforçam a primazia desta metrópole brasileira.

Os circuitos espaciais de produção, que abrangem uma multiplicidade de empresas e ramos nas fases do processo de produção, desenvolvem-se em frações diferentes do território de forma articulada, mantendo a unidade do movimento. Esse processo autoriza à região metropolitana a exercer sua influência na divisão territorial do trabalho, através das redes de relações que São Paulo centraliza e comanda.

A parcela política da produção que as grandes empresas gerenciam está relacionada com aspectos estratégicos, como as relações com o poder público, as alianças com outras empresas, as decisões de investimentos produtivos, de aplicações financeiras, de mudança patrimonial. Cabe ao grupo econômico a parcela política da produção. É o grupo, e não a firma ou a empresa individual, quem define as mudanças na topologia das empresas, quem define as alianças estratégicas, quem discute e faz *lobby* frente aos governos. Essa ação é o prelúdio da regulação. A metrópole paulistana, ao albergar a sede de numerosos grupos econômicos, tanto nacionais como estrangeiros, fortalece seu papel na regulação do território.

O processo de concentração e centralização do capital, que se aprofunda a passos largos, acarreta uma acentuação do uso hierárquico do território na medida em que as empresas mais concentradas dispõem de maiores vantagens para usufruir das virtualidades técnicas e políticas oferecidas pelos lugares.

É assim que o tempo da metrópole vai se transmitindo seletivamente a todo o território. Esta dinâmica encobre, muitas vezes, outros tempos que a Cidade abriga, aqueles dos homens lentos. Eles também explicam a espessura da região metropolitana, dando um outro sentido a sua complexidade.

Notas

[1] A denominação "Região Concentrada" foi introduzida por Milton Santos e Ana Clara Torres Ribeiro (1979).

[2] No período 2000-2001, dos aproximadamente 110.000 milhões de dólares mobilizados pelas exportações e importações brasileiras, 40.000 milhões correspondem ao Estado de São Paulo.

[3] A balança comercial de São Paulo tornou-se superavitária nos anos 1980, com equilíbrio entre importações e exportações nos anos iniciais da década de 1990.

[4] Dados da Pesquisa da Atividade Econômica Paulista (Paep) realizada pela Fundação Seade no ano de 1996 (PAULINO & MONTORO, 1999).

[5] Dados da Pesquisa da Atividade Econômica Paulista (Paep) realizada pela Fundação Seade no ano de 1996 (ARAÚJO, 1999).

[6] Em relação ao comércio moderno, Milton Santos (1979:80) comenta que "não se pode levantar a hipótese de um comércio marginal no circuito superior. O comércio moderno é prisioneiro de obrigações rígidas, que devem ser cumpridas em datas precisas e tem pagamento de empregados ou de impostos, predial ou de rendas". O conceito de empresa exportadora corresponde, no Catálogo utilizado para nossa análise, ao de firma com identificação do registro no Cadastro Nacional de Pessoa Jurídica (CNPJ) na base de dados do DECEX/SECEX.

[7] As empresas incluídas no Catálogo de Exportadores Brasileiros da Confederação Nacional das Indústrias respondem por mais de 90% do valor de exportação brasileira total: dos US$ 55.061.000 de exportação em 2000, US$ 50.350.000 são gerados pelas empresas registradas nesse Catálogo. Estão cadastradas 5.468 empresas exportadoras, número equivalente a cerca de 1/3 do total de empresas que exportaram, anualmente, no biênio 1999-2000. É preciso destacar, contudo, que os registros de exportação desse período mostram que 50% do universo das empresas exportadoras responde por menos de 0,5% da exportação total.

[8] Foram incluídas no universo das micro e pequenas empresas de São Paulo as firmas que atendessem simultaneamente a dois critérios: ter até 99 empregados, e haver exportado, em 1996, até US$ 3 milhões. Cabe observar que uma empresa que exporta US$ 3 milhões ao ano, exceto se for comercial exportadora exclusivamente, dificilmente teria faturamento anual inferior a US$ 10 milhões (VEIGA et al., 1999).

Bibliografia

ARAÚJO, M. F. I. "Mapa da Estrutura Industrial e Comercial do Estado de São Paulo". *São Paulo em Perspectiva*, 13 (1-2):40-52, 1999.

ARROYO, M. *Território Nacional e Mercado externo. Uma Leitura do Brasil na Virada do Século XX*, Tese de Doutorado, apresentada ao Departamento de Geografia da Faculdade de Filosofia, Letras e Ciências Humanas-FFLCH da Universidade de São Paulo-USP. São Paulo, fotocópia, 2001.

BERNARDES, A.. *A Contemporaneidade de São Paulo. Produção de Informações e Novo Uso do Território Brasileiro*, Tese de Doutorado, apresentada ao Departamento de Geografia da Faculdade de Filosofia, Letras e Ciências Humanas-FFLCH da Universidade de São Paulo-USP. São Paulo, fotocópia, 2001.

CORDEIRO, H. K.. "Os Principais Pontos de Controle da Economia Transnacional no Espaço Brasileiro". *Boletim de Geografia Teorética*, 16-17 (31-34):153-96, 1986/1987.

________________. "A 'Cidade Mundial' de São Paulo e o Complexo Corporativo do Seu Centro Metropolitano", in SANTOS, M., SOUZA, M.A., SCARLATO, F. & ARROYO, M.. *O Novo Mapa do Mundo. Fim de Século e Globalização*, São Paulo, Hucitec, 1993, pp. 318-331.

CORRÊA, R. L.. "Identificação dos Centros de Gestão do Território no Brasil", in *Revista Brasileira de Geografia*, 57(1):83-102, jan./mar. 1995a.

_____________. "Concentração Bancária e os Centros de Gestão do Território", in CHRISTOFOLETTI, A., BECKER, B., DAVIDOVICH, F. & GEIGER, P. (org.). *Geografia e Meio Ambiente no Brasil*, São Paulo, Hucitec, pp. 235-249, 1995b.

DIAS, L.. "Redes e Telecomunicações e Metrópole: Ordem e Desordem no Papel Hegemônico de São Paulo". In: *Anais do VI Encontro Nacional da Anpur*, Brasília, pp.1137-1143, 1995.

________. "Redes Eletrônicas e Novas Dinâmicas do Território Brasileiro". *Brasil: Questões Atuais da Reorganização do Território*, Rio de Janeiro: Bertrand Brasil, pp. 115-144, 1996.

LENCIONI, S.. *Reestruturação Urbano-Industrial: Centralização do Capital e Desconcentração da Metrópole de São Paulo. A Indústria Têxtil.* Tese de Doutorado apresentada ao Departamento de Geografia da Faculdade de Filosofia, Letras e Ciências Humanas-FFLCH da Universidade de São Paulo-USP. São Paulo, fotocópia, 1991.

___________. "Cisão Territorial da Indústria e Integração Regional no Estado de São Paulo". In: GONÇALVES, M. F., BRANDÃO, C.A. & GALVÃO, A.C.. *Regiões e Cidades, Cidades nas Regiões. O Desafio Urbano-Regional*, São Paulo, Unesp/Anpur, pp. 465-475, 2003.

PAULINO, L. e MONTORO, G.. "Desempenho Exportador da Indústria Paulista". *São Paulo em Perspectiva*, 13 (1-2):77-86, 1999.

SANTOS, M.. *O Espaço Dividido. Os Dois Circuitos da Economia Urbana dos Países Subdesenvolvidos*, Rio de Janeiro, Francisco Alves, 1979.

__________. *Metrópole Corporativa Fragmentada. O Caso de São Paulo.* São Paulo, Nobel, 1990.

__________. *A Urbanização Brasileira*, São Paulo, Hucitec, 1993.

__________. *Por uma Economia Política da Cidade. O Caso de São Paulo*, São Paulo, Hucitec, 1994.

__________. *A Natureza do Espaço. Técnica e Tempo, Razão e Emoção.* São Paulo, Hucitec, 1996.

VEIGA, P. M., MACHADO, J. B. & CARVALHO, M. "Proposta para o Desenvolvimento do Potencial Exportador das Pequenas e Médias Empresas em São Paulo". *Revista Brasileira de Comércio Exterior*, nº 59 abril/maio/junho pp. 50-63, 1999.

SÃO PAULO: METRÓPOLE FINANCEIRA DA AMÉRICA DO SUL

Amália Inês Geraiges de Lemos

Alguns conceitos introdutórios

Quando começamos a falar sobre metrópoles, temos em mente a imagem de uma extensa formação espacial das grandes cidades, com diversos territórios que ultrapassam as divisões políticos administrativas, e onde a sua estrutura apresenta a dinâmica funcional que lhes dá vitalidade. Varias definições a seu respeito foram arroladas nos últimos 50 anos, quando esta realidade espacial se fazia mais concreta no nosso país. Estamos nos referindo à formação sócio-espacial que, primeiramente, no Rio de Janeiro e, em segundo lugar, em São Paulo foram imprimindo-se no território brasileiro.

Porém, esse mesmo nome faz referência e menção a realidades totalmente diferentes, em todo o processo histórico da formação do Estado Nacional: metrópole foi Lisboa, foi Londres e atualmente são Nova York, Tókio, Londres e outras na corrente do mundo globalizado. Estas outras realidades representam conglomerados urbanos que são centros de decisões inquestionáveis, não só nos seus países, como no âmbito da economia mundial, em particular pelos fluxos financeiros, comerciais e de serviços que lhes conferem os rótulos de "comandos internacionais" (SASSEN, 1999).

O capital financeiro necessita de uma distribuição espacial, que se traduz em um processo muito intenso da relação centro-periferia. O crédito, atualmente, é muito importante para a dinamização da economia e dele depende em grande parte a acumulação e a dispersão do mercado mundial de capitais, incluindo-se nesta distribuição espacial os chamados "paraísos fiscais".

Para efetivação de suas ações estas metrópoles mundiais precisam de conexão com as chamadas "metrópoles do sul", entre as quais e em primeiro lugar, podemos arrolar São Paulo no contexto da América Latina e do Sul em especial, para desempenhar um papel subordinado e secundário. Na realidade, o que lhes é exigido é a função de metrópoles regionais de suas áreas de influência, que para São Paulo define-se como o Mercosul.

Nestas metrópoles regionais produz-se, em escala de grande intensidade, um precário e pobre mercado de trabalho, um crescimento acelerado do desemprego e do trabalho informal, as diferenças na pirâmide social tornam-se mais agudas, um maior empobrecimento de extensas camadas da população e níveis de miséria até agora não conhecidos. As conseqüências territoriais se expressam na segregação urbana, onde grandes áreas são ocupadas por moradias sem nenhuma classe de segurança, nem serviços básicos.

Todas as grandes cidades, que chamaremos de metrópoles, estão formadas pelo que se poderia denominar de "tendências históricas", que determinam os tipos de domínio que seus territórios sofrerão. Assim, o processo da formação de São Paulo pode ser analisado a partir da ocupação da área metropolitana; das transformações sofridas pelo sistema urbano que comanda as suas diversas centralidades e finalmente pela influência dos sistemas de telecomunicações.

Este trabalho será constituído com a concepção de território, de antiga tradição geográfica e procurar-se-á em territorializar as atividades de São Paulo, como metrópole financeira de América do Sul. Apropriamo-nos do conceito usado por Gomes (2002:12) quando define território como "(...) parte de uma extensão física do espaço, mobilizada como elemento decisivo no estabelecimento de um poder. Ele é assim uma parcela de um terreno utilizada como forma de expressão e exercício do controle sobre outrem." Esse controle exige normas de uso do espaço, regras de acesso, de circulação, de transformação, de técnicas, etc. É uma forma de geopolítica do espaço urbano e, neste estudo, das imposições nas formas e os conteúdos da globalização financeira.

Ascher, referindo-se às metrópoles, afirma que embora não haja uma "(...) definição precisa, a noção de metrópole é hoje abundantemente utilizada, geralmente para qualificar as principais aglomerações urbanas de um país, que contam algumas centenas de milhares de habitantes, que são multifuncionais e mantêm relações econômicas com várias outras aglomerações estrangeiras" (2001:60). Estas são as características que devem apresentar para se tornarem cidades competitivas na escala mundial. Mas, o autor continua demonstrando que, além dessas particularidades, é necessário também, observar a dinâmica do seu processo de metropolização, ou seja, a concentração crescente de cidades, populações, atividades econômicas e riquezas. No vocabulário geográfico paulista é o que denominamos "macroregião metropolitana". Algumas destas grandes aglomerações urbanas "agora são chamadas cidades globais, constituem os pontos-chave do sistema econômico internacional" (ASCHER, 2001:61).

A internacionalização da economia que se intensifica a partir da segunda metade da década de 1980, significa que, a partir do grande peso que as empresas transnacionais possuem na política econômica nacional, produzem também uma conexão de dependência intensa e generalizada, direta ou indiretamente, das atividades econômicas, sociais, políticas e culturais com o sistema econômico internacional. Estas relações exigem não só o espaço urbano metropolizado, mais ainda, determinam territórios onde se permita uma intensificação maior dessas relações, que possam privilegiar as conexões com as redes internacionais de comercio e de comunicação.

"Está assim", continua Ascher, "se desenhando um sistema urbano internacional que se parece com a arquitetura dos sistemas de transportes aéreos, à base de *hubs* e de *spokes* (eixos e raios). As metrópoles que conseguem se tornar *hubs* vão se desenvolvendo, relegando ao lugar de satélites as cidades que não se conectaram diretamente ao sistema internacional" (ASCHER, 2001:61).

Este novo paradigma da economia mundial necessita assim mesmo de uma mão de obra altamente qualificada e de alto nível, que só existe nas grandes cidades. Alem do mais, e dialeticamente, somente estas aglomerações possuem os tipos de trabalho e de consumo de mercadorias, serviços e de lazer, assim como de informações que essa população mais qualificada exige. As atividades estratégicas, comerciais e de conhecimento de informatização mais sofisticados, procuram concentrar-se nas áreas metropolitanas que formam novos tipos de aglomerações. Mudam-se os conteúdos funcionais: de cidade-centro de uma região para uma verdadeira cidade-região, fazendo agir no cotidiano de suas influências, áreas periféricas cada vez mais distantes.

O autor que estamos citando, denomina estas formas espaciais de "*metápoles*", "(...), pois elas vão verdadeiramente 'além' das cidades tradicionais: elas não têm limites visíveis, são formadas de territórios fragmentados, não necessariamente contíguos; têm formas variadas e irregulares, mono ou policêntricas; abrigam desde várias centenas de habitantes até vários milhões" (ASCHER, 2001:62).

A formação dessas novas realidades urbanas questiona todas as estruturas organizacionais preexistentes, e, ao criar novos tipos de problemas, há uma inadaptação das formas administrativas e de gestão política desses territórios que não são de menor valia. Como em geral se interpenetram por vários municípios e regiões diferentes, devem ser considerados os novos nós de relações e conflitos que evidentemente surgem dessa estrutura urbana.

Consideramos de maior importância nestas novas formas urbanas, o confronto que enfrentam de concorrência internacional para atrair investimentos financeiros, empresas e mão-de-obra qualificada para dar a estas metrópoles nacionais, a função de metrópole mundial ou global. Para conseguir ganhar esta corrida, as metrópoles precisam apresentar espaços pertinentes para participar dos centros bem conectados aos sistemas internacionais ou às verdadeiras cidades globais: Nova York, Tókio, Londres. No nosso caso, da América Latina, a metrópole paulista enseja cada vez mais, seu papel de satélite internacional de primeira magnitude, na ordem econômica mundial.

Discutimos também o conceito de centralidade e policentrismo pertinente às metrópoles. A centralidade não pode ser reduzida a uma simples relação com atividades terciárias ou comércio e escritórios em geral, como tampouco a uma dimensão simplesmente física, que os urbanistas denominam geográfica. Nuno Portas refere-se a esta questão, dizendo: "A centralidade supõe sempre, portanto, alguma geometria variável e denota um conjunto de eventos diversificados e complementares, além de um continuo processo de mudanças físicas e não físicas, nem sempre coincidentes no espaço e no tempo, mas de alguma forma relacionadas" (2001:122). Diríamos que são atividades urbanas que homogeinizam os territórios centrais e suas extensões para outras áreas urbanas, que "distinguem-se pela coesão dos usos dominantes e pela diferença das formas construídas em que expressam a singularidade ou a diferença do resto, de aquilo que chamamos centro" (PORTO, 2001:124).

Os espaços centrais tradicionais de São Paulo identificam-se com estas concepções, além de comportarem as funções econômicas estratégicas e atividades de alto nível de serviços e comércio. No entanto, as políticas públicas municipais, em conjunto com o dinâmico mercado imobiliário internacional, produziram novas centralidades para esses efeitos.

A centralidade paulistana pelas exigências da mundialização

Wallerstein, já em 1968, mostrava as transformações que sofreria o que ele denominava "a geocultura liberal do sistema-mundo", referia-se às mudanças que uma ruptura histórica, de uma crise sem precedentes, exigiria dos atores sociais novas formas de relações entre eles. Assim, o abismo existente entre as nações ricas e pobres tanto como entre as populações de um mesmo país, abrir-se-iam muito mais. Nas décadas seguintes, mais precisamente a partir dos anos de 1980, foram-se cumprindo com maior intensidade estes prognósticos, exigindo uma nova geografia das cidades e de São Paulo em especial.

As novas políticas internacionais, a formação de territórios transnacionais, geram outras centralidades. Como se citou anteriormente, há uma mudança no conceito de centralidade, do eixo da organização urbana ao redor de uma praça central para outros novos lugares aos quais se lhes outorgam características próprias. Estes grupos sociais ligados às grandes corporações internacionais constroem suas territorialidades às quais imprimem seus cotidianos. A própria arquitetura como linguagem, mostra valores e necessidades, através dos chamados "edifícios inteligentes", com os quais se pretende explicar as funções a que são destinados, e mais ainda, o valor simbólico, que seria a materialidade que Bourdieu denomina de "dominação simbólica". Esta forma de dominação dá uma maior vitalidade ao conceito de ideologia, já um tanto esgotado, pois essa dominação simbólica traz no seu conteúdo a capacidade da "potência simbólica", de produzir toda essa parafernália de expressões de dominação psicológica, além da econômica e da política.

São Paulo, que historicamente tem sua área central na Praça da Sé e no Pátio do Colégio, lugar do culto, do comércio e das finanças, vê erguer-se a Bolsa de Valores em 23 de agosto de 1890. Sua localização no largo de São Bento mostra a importância do seu papel nos negócios relacionados ao café e outras atividades pertinentes ao comercio. Até a década de 1960, junto ao edifício da Bolsa, ao longo da rua XV de Novembro, encontra-se a rede bancária que sustenta a economia da cidade, e do Estado. Esta rede ainda possuía uma capacidade local e pouca expressão nacional. Lobato Corrêa (1994:165) informa que nessa década, enquanto o Rio de Janeiro controlava 101 bancos, São Paulo só registrava 74. No mesmo período o capital industrial, já consolidado na metrópole, transfere-se para a Avenida Paulista e imediações, formando seu centro e os territórios determinados, construindo nessa área a sua identidade geopolítica. A edifição do prédio da Federação das Indústrias do Estado de São Paulo, a localização nesse das sedes do Sesi e do Sesc (Serviço Social da Industria e Serviço Social do Comércio), assim como os escritórios de grandes firmas industriais da cidade, imprimiram a estes territórios de São Paulo, o caráter de capital industrial da América do Sul. Simultaneamente, os mais importantes bancos nacionais e estrangeiros, também transferiram suas sedes para esse local. Cordeiro (1997:319) se expressa afirmando "No arranjo espacial do sistema, as grandes corporações localizaram suas subsidiárias principalmente nas metrópoles dos países periféricos, onde encontraram as mais favoráveis condições para a reprodução do seu capital. Ao mesmo tempo, aí implantaram as sedes de gestão dos seus negócios", e nesse papel São Paulo ocupa o primeiro lugar.

Durante o governo militar nos anos de 1964/65, realiza-se a Reforma do Sistema Financeiro Nacional e o sistema bancário foi reestruturado a partir do modelo dos chamados países desenvolvidos. Cordeiro informa que foi orientada "a formação de conglomerados, através de encampações e fusões em detrimento dos bancos regionais e o quase desaparecimento dos locais". Paralelamente, há uma introdução importante de redes de telecomunicações, impondo a rapidez das relações, a partir da implantação da telemática. Há uma "financeirização" do espaço brasileiro, comenta Cordeiro, e o centro nevrálgico encontra-se na Cidade de São Paulo, já que das "duas dezenas de redes que atingiram a escala nacional, 12 estão sediadas no seu centro", em 2003 são 17 contando também as caixas econômicas. Acompanhando esta concentração financeiro-bancária houve uma reestruturação e concomitante refuncionalização do território paulistano, concentrando os sistemas de gestão do setor transacional da economia (o denominado setor quaternário) no âmbito das áreas centrais (1997:321).

Em 1985, os bancos estavam organizados em redes de âmbito nacional, dos quais, os mais importantes eram de São Paulo: Bradesco, Itaú, Real e Unibanco. Corrêa menciona, em um estudo sobre a temática, que a ascensão de São Paulo, cidade com poderosa atividade "quaternária" e metrópole de uma próspera *hinterlândia* regional, verificou-se a partir de três modos que não são mutuamente excludentes: a incorporação de bancos menores (cita o exemplo do Itaú que cresceu dessa forma); a criação de novas agências (menciona o Bradesco) e a transferência das sedes para São Paulo, exemplificando com o Banco Real e o Unibanco este originário de várias incorporações (1994:167). Todos estes bancos possuem agências na rua XV de Novembro, na Avenida Paulista e arredores, assim como em quase todos os bairros da Capital.

Temos que pensar que, além do sistema financeiro nacional, a Cidade conta com uma extensa rede de bancos estrangeiros dos mais importantes do mundo e que apóiam 38% das 100 maiores empresas privadas de capital nacional. Assim como 63% dos grupos internacionais instalados no país, as 6 das 10 maiores empresas de cartão de crédito, os centros de gestão de 5 das 10 mais importantes empresas de seguros, em fim 3 dos 5 jornais nacionais, 7 das 10 maiores editoras de livros, 19 das 20 principais agências de propaganda do país, 6 das 10 maiores empresas de equipamentos de informática e o mesmo relativo a *software*. Enfim, todas essas atividades econômicas cujas sedes se localizam na cidade de São Paulo, assim como também as 7 das 10 empresas de *Internet* que trabalham no Brasil. Além, disso é sede de centros de reuniões, congressos e encontros tanto científicos como de todos outros temas, lembrando-se que, em São Paulo, realizam-se 74 mil eventos por ano (Informações obtidas na Prefeitura de São Paulo de janeiro de 2003).

Além de possuir a Bovespa, em 1986 inaugura-se a Bolsa de Mercadorias e Futuros de São Paulo, localizada na Praça Antonio Prado, em frente ao prédio que foi símbolo da Cidade, do Banespa (Banco do Estado de São Paulo, atualmente privatizado e comprado pelo Grupo espanhol Santander). Ocupa a área tradicional dos negócios de bolsas e de finanças e está entre os maiores mercados de derivativos organizados, em termos de volume anual de contratos negociados, situando-se em sexto lugar no mundo. Estes mercados entre os países emergentes, estão os primeiros lugares, logo depois de Hong Kong, Cingapura e Johanesburgo, embora na América Latina, os mais importantes sejam o de São Paulo, México e na cidade de Santiago no Chile. Segundo informações da própria BMF de São Paulo, os maiores problemas dos chamados mercados emergentes dos derivativos de títulos e ações e a capitalização de mercado dos ativos é justamente o grau de subdesenvolvimento dos instrumentos-objetos: infra-estrutura legal e de mercado fraca e inadequada, assim como restrições ao uso de derivativos por entidades locais e estrangeiras.

Na BMF de São Paulo, as negociações são feitas via sistema de pregão, que são operações a viva voz (94% do volume geral dos contratos) e as negociações realizadas com instrumentos eletrônicos.

Nos anos de 1980, uma nova centralidade é territorializada a partir de outros lugares construídos para os fins do mercado financeiro. Estes centros buscam suas identidades e *status* copiando arquétipos de consumo importados de outras formas culturais, onde se produzem mitos de prazer e de satisfação a partir do consumo indiscriminado de uma única classe social que pode ter acesso. Há uma fragmentação do espaço metropolitano que forma centralidades multifuncionais, para complementar as exigências de uma outra organização industrial, rotulada de flexível, integrada às redes de alta complexidade e comandadas por grupos internacionais poderosos. Embora a Bolsa de Valores, assim como a Bolsa de Mercadorias e Futuro da cidade de São Paulo estejam localizadas na área do centro tradicional, construída na época do auge do café a "São Paulo dos fazendeiros" segundo expressão de Pierre Monbeig, os territórios da terciarização produtiva, foram expandidos com a criação dos *shopping centers* Iguatemi, Morumbi e outros. Alem disso, outros serviços profissionais, financeiros e escritórios de consultorias e assessorias pertinentes às novas funções do papel da globalização da metrópole se transferiram para esses novos lugares. A atividade financeira está dando um novo e mais expressivo conteúdo à cidade, nos dias de hoje. Assim, corredores especializados ao redor da Avenida Faria Lima, Luis Carlos Berrini, Avenida das Nações Unidas entre outras, segundo vemos na fig. Nº 1 da planta da cidade, apresentam as diferentes centralidades descritas.

Na mesma década de 1980, a reestruturação do capital transnacional trouxe em seu bojo as mudanças nos sistemas produtivos, o incremento da importância do crédito e da fusão entre capitais, assim como a expansão das relações comerciais internacionais. A força matriz desses processos estava sustentada no capital financeiro globalizado, apoiado no que Milton Santos denomina de "período técnico-científico-informacional", que lhe permitiria a eliminação das fronteiras nacionais e estender as relações sociais, fomentando uma mercantilização e aculturação da vida social. Para a concretização de tais relações, incrementou-se uma nova regionalização do mundo para a qual fomentou-se a formação dos blocos regionais, afim de que se exercesse um protecionismo seletivo.

> A regionalização se conforma por três grandes blocos econômicos com firmes laços internos: a chamada Tríade, intersectada em parte pelos países da Bacia do Pacífico, a chamada semiperiferia, constituída pelos principais emergentes, industrializados tardiamente, mercados destes grandes blocos, e a periferia externa, menos urbanizada, sul-asiática, africana e latino-americana (MARTINEZ, 1999:168).

Nesta divisão feita pela OCDE (Organização para a Cooperação e Desenvolvimento Econômico), os países semiperiféricos são selecionados em duas categorias, sempre tendo em conta os ingressos médios *per capita*, entre os quais o Brasil se encontra bem considerado em termo de mercado, e aqueles que de tão pobres, nem sequer pertencem a essa associação.

As especificidades tecnológicas desenvolvidas nos centros que Martinez denomina da Tríade (Japão, Estados Unidos e Europa), para os processos industriais e a grande gama de serviços tradicionais e novos, fizeram com que as empresas se associassem e registrassem suas patentes a fim de penetrar em novos mercados. A transferência tecnológica é a mais recente forma de migração de capitais a nível mundial, o qual responsabiliza às corporações transnacionais da necessidade de eliminar as barreiras alfandegárias e de outros tipos.

Em escala internacional os fluxos de capitais giram ao redor de alguns países e de cidades em especial. No *mapa mundi* aqui apresentado (mapa nº 1) podemos observar entre os anos de 1992 e 1997 as quantidades, em bilhões de dólares, investidos nas cidades mundiais Nova York, Tókio e Londres (em primeiro lugar). Nos denominados mercados emergentes, ocupam os primeiros lugares Hong Kong, Taiwan e São Paulo. Na América Latina como um todo e na do Sul em especial, São Paulo realmente aparece sempre em primeiro lugar pelos investimentos realizados tanto seja em ações como em outras formas de circulação de capitais.

Milton Santos afirma que nas metrópoles mundiais os espaços são de funções globais, que incorporam tecnologias, capital e relações sociais de grupos hegemônicos em escala mundial. São territórios demarcados e escolhidos pelo capital hegemônico.

Segundo informações apresentadas pelo IFC Markets Factbook, entre 1992 e 1998 os mercados emergentes de capitais no mundo, dos quais destacamos os da América do Sul, receberam as seguintes quantidades:

Em 1992 o Brasil, nas Bolsas de São Paulo e Rio de Janeiro, 45.3 bilhões de dólares; a Argentina, na Bolsa de Buenos Aires, 29.6 bilhões de dólares e Santiago do Chile, 18.6 bilhões de dólares.

Em 1995, o Brasil se destaca e com São Paulo embora ainda funcionasse a Bolsa do Rio de Janeiro, com 147.6 bilhões de dólares; Buenos Aires 37.8 bilhões de dólares e Santiago, 73.8 bilhões de dólares. É evidente que já se prenuncia a crise Argentina, e o capital começa a retrair-se nesse país.

Em 1997, o Brasil, recebe 255.5 bilhões de dólares e é na Bolsa de São Paulo que está o seu apogeu; Buenos Aires na Argentina, 59.3 bilhões de dólares e Chile na Bolsa de Santiago 72.0 bilhões dólares.

Martinez cita consultorias internacionais como Salomon Brothers, J.P. Morgan, Baring Securities, entre outras para afirmar que os recursos que estavam sendo alocados em ações na América Latina e em especial nos países do Cone Sul, eram provenientes de fundos internacionais com excesso de liquidez e corria-se o risco de que fossem retirados abruptamente. As altas taxas de juros que se pagam nestes países atraiam esses capitais de grande flutuação compensando os riscos.

O boletim de informações da Unctad informava em 04/09/2003 que as entradas de investimentos estrangeiros diretos (IED) na América Latina e no Caribe, seriam neste ano, pelo terceiro consecutivo, inferiores em 28 das 40 economias da região, sendo a menor cifra desde 1996. Continua explicando que embora a diminuição seja geral, se fez sentir com maior intensidade no setor de serviços, aplicações que mais atraiam durante o período pós 1990. Os motivos para a diminuição dos investimentos eram, além das causas próprias da globalização, o fato de ter havido uma maior concentração do PIB, as crises financeiras e especialmente, pelas incertezas que acarretaram as mudanças políticas em alguns países da região, leia-se Brasil, Argentina, Venezuela, Colômbia, entre outros. Além dessas situações, as desvalorizações que afetaram os IED para poder entrar nos mercados internacionais.

A própria Unctad reconhece que melhoraram as condições políticas e econômicas, mais acreditava que a recuperação de alguns desses países em crise seria lenta, embora a atração pelos recursos naturais (leia-se petróleo), continue atraindo as grandes empresas multinacionais. "O investimento estrangeiro direto seguirá fluindo ao setor manufatureiro do Brasil e há possibilidades de que se reinicie na Argentina, já que sua economia começa a recuperar-se" (2003:91).

O documento continua mencionando que o principal país que recebeu os IED no ano de 2002 foi o Brasil e, claro, dirigem-se a São Paulo, com entradas de 17 bilhões de dólares, cifra inferior aos 22 bilhões aplicados no ano de 2001. Em relação à Argentina e ao Chile, também há uma análise que diz respeito à importância da América do Sul, como região de emergentes. Assim, informa que Argentina recebeu 1 bilhão de dólares dos Estados Unidos em conceito de IED, que somente significou 10% do que havia sido os investimentos na década de 1992 a 2001, mas além das crises econômicas e políticas que o país vivia, foram poucas as operações que o abandonaram. Ainda mais, o informe enfatiza que a crise Argentina permitiu às empresas estrangeiras adquirir ativos a baixo custo. Exemplifica falando da Petrobrás, que comprou as ações de participação majoritária da companhia petroleira Pérez Compac por 1.100 bilhões de dólares, em agosto de 2002, a mais importante negociação feita na região em todo o ano.

Com relação ao Chile, o relatório afirma que foi o terceiro país que teve os investimentos diminuídos de maneira muito considerável, embora o motor principal dos interesses sejam os recursos naturais.

Informações obtidas pela *Internet* contradizem as diversas instituições entre si. Nesse mesmo período, um artigo escrito por Michael R. Sesit no *The Wall Street Journal* em 02/09/2003, expressa sob o título de "Os mercados emergentes fazem as pazes com os investidores internacionais", mostram que as ações dos mercados dos países rotulados dessa maneira,são outra vez preferidas pelos que detém o capital que buscam alternativas de alto risco porém com elevada rentabilidade.

O artigo continua expondo que estes mercados estão saindo de uma queda estrepitosa embora dependam de como se recupere a Bolsa dos Estados Unidos. Citando a firma de investigação financeira Heckman Global Advisors com sede em Nova York diz que: "(...) os inversores deviam aumentar a proporção de suas inversões em mercados emergentes e diminuir as inversões nos E.E.U.U., no Reino Unido, na Europa Continental e no Japão". E continua o jornalista manifestando que "a firma analisou 36 países por valor, crescimento, risco, taxa de juros e fatores da fortaleza atual desses mercados. O resultado foi que os sete primeiros classificados foram Rússia, Brasil, Tailândia, Coréia do Sul, Turquia, Índia e Chile, todos considerados como mercados emergentes".

No parágrafo anterior vemos o destaque dado ao Brasil e ao Chile, e neste caso, as cidades nós do sistema são: São Paulo e Santiago.

Seguindo a análise do artigo do *The Wall Street Journal*, o autor cita a Morgan Stanley dizendo que a firma aumentou, à proporção que os países emergentes representam na sua carteira de ações globais, dado que houve um "melhor perfil de risco, um convincente valor e um melhor crescimento". A consultora classificou o Brasil em primeiro lugar dos seus mercados favoritos. Continuamos citando o mencionado artigo: "Do final de 2002, o padrão de referência, o índice de Morgan Stanley Capital International Emerging Markets Free (EMF), aumentou em 19%, medido em dólares". Alguns mercados nacionais como Venezuela (Caracas), Argentina (Buenos Aires) e outros não latino-americanos tiveram uma alta ainda superior entre 37% e 61%, o que contrasta com a alça de 8,6% da Dow Jones, 9,1% do índice europeu e 4,5% do japonês.

Na opinião do jornalista que cita um executivo do Citigroup inglês que diz que as companhias dos mercados emergentes são estruturalmente mais saudáveis do que eram e com melhores rendimentos em relação ao patrimônio, menor dívida e maiores níveis de transparência. Finaliza o artigo citando o mesmo executivo que diz: "Durante os últimos 10 anos, o tipo de investimento em mercados emergentes foi caracterizado por alguns grandes períodos de auge e de queda" e continua Paul da empresa Morley: "Mas agora os desequilíbrios econômicos no mundo se encontram principalmente nas economias desenvolvidas em lugar das dos mercados emergentes" (*Wall Street Jornal on Line*: www.wsj.comj/americas).

Seguindo a orientação das consultoras dos Estados Unidos, o jornal a *Folha de São Paulo,* de 04 de setembro de 2003, informa que a entrada de investimentos na Bolsa de São Paulo é a maior desde 1999. No interior do texto se lê: "De janeiro a agosto, as compras de ações na Bovespa feitas com recursos de estrangeiros superaram as vendas em R$3,4 bilhões. Em reais, é o melhor saldo já registrado na Bolsa. Somente em agosto o saldo foi positivo em R$ 1 bilhão". O risco-país, nova medida existente a fim de dar uma hierarquia de confiança para os investidores estrangeiros, nunca foi menor desde fevereiro de 2001. Continua o jornal informando a partir de uma entrevista realizada a um gestor de renda variável da Mellon Global Investiments: "A Bovespa tem sido beneficiada pela procura dos investidores estrangeiros por lugares que, apesar de apresentarem o maior risco, indicam melhores perspectivas de ganho. Isso tem acontecido com títulos privados e públicos do Brasil e de outros (países) emergentes". De todas as formas, a queda dos juros nos países do primeiro mundo, em especial dos Estados Unidos e da União Européia, está dando vitalidade às bolsas dos países emergentes, entre os que se destacam nesta jornada, além do Brasil, Argentina, Peru e México. O mesmo executivo da citada empresa Mellon Global Investiments continua seus comentários: "...os investidores passaram a aceitar mais riscos, o que tem sido importante para o mercado acionário dos países emergentes" (FOLHA DE SÃO PAULO, 04/09/2003).

O Estado de São Paulo, jornal com data de 05/09/2003, tinha como noticia importante no caderno de Economia que "Brasil recebeu US$ 236 bilhões em 20 anos" e analisa a noticia explicando que junto com a China foram os países que mais investimentos estrangeiros diretos (IED) receberam no conjunto dos países subdesenvolvidos, nas últimas duas décadas. O texto do jornal cita uma entrevista do diplomata Rubens Ricupero, que mostra que nos últimos anos o Brasil, assim como toda América Latina, tendo uma queda nos investimentos pela perda de dinamismo da economia destes países. "O Continente atravessa um período doloroso, segundo a Comissão Econômica para a América Latina (Cepal). A região cresceu menos que a África". O mencionado diplomata avalia que os investimentos externos chegarão em maior proporção dada a política econômica do atual governo e conclui a entrevista afirmando que "A estratégia repousa na busca pela redução da vulnerabilidade do País. Os investimentos, se conseguirem aumentar as exportações, podem contribuir para isso" (O ESTADO DE SÃO PAULO, 05/09/2003).

Os jornais argentinos, como *La Nación* do dia 07/09/2003, assim como *El Clarin* da mesma data, anunciam com grandes títulos os novos investimentos realizados na Bolsa portenha. "Os investidores acreditaram na Bolsa" apresenta *La Nación* e segue o relato no texto afirmando que há uma nova confiança dos investidores nacionais e estrangeiros "que decidiram nesta semana apostar agressivamente em ativos financeiros". O texto mostra também os pontos de elevação dos índices Merval. (equivalente a Bovespa) (LA NACIÓN, 2003:8). Posteriormente, analisa as ações mais procuradas e os níveis de elevação dos índices, assim como os títulos públicos do país e sua valorização.

No final da página, em grandes letras, o jornal informa que "Voltou a confiança na bolsa paulista" e analisa no texto que o Bovespa, principal indicador da região, finalizou a semana em 16.000 pontos, somando-se assim sua sexta sessão de ganhos, segundo dados da agencia brasileira de noticias. Continua o jornal dizendo:

> A Bolsa paulista, que já tinha um impulso importante pela crescente confiança dos investidores no Brasil, materializada no elevado giro financeiro da praça, recebeu um estimulo adicional na parte final da sessão de sexta feira, com o anuncio de que o organismo internacional (o FMI) aprovou a quarta revisão do acordo firmado o ano passado com o país.

Em quanto isto, *El Clarin* menciona também em letras muito grandes que "Acreditam que a bolsa pode levantar vôo", e em outra noticia diz: "Uma porta para O otimismo" quando em uma redação mais ou menos simples procura informar aos leitores quais foram as ações que tiveram maiores altas e como se comporta o dólar frente a estas novas situações das bolsas do Mercosul (EL CLARÍN, 2003:8). Os jornais informam também que o risco país, tanto no Brasil como na Argentina estão em seus índices mais baixos dos últimos anos.

A Bolsa de São Paulo, a Bovespa, realiza seus negócios a partir de seus pontos de apoio nas corretoras de valores, que pertencem a importantes bancos estrangeiros e nacionais. Em uma analise da localização destas corretoras de valores podemos destacar o seguinte: Do total das corretoras que agem na cidade, 18 estão situadas no Centro antigo da Cidade, ao redor do Largo de São Bento, da Praça Antonio Prado, da rua XV de Novembro; 21 delas, algumas das mais importantes, estão na Av. Paulista e ruas vizinhas; 20 também muito importantes, estão no que se denomina eixo da Av. Faria Lima e arredores, na "cidade mundial". As 7 restantes estão em diversos bairros da cidade.

Assim por exemplo, a Corretora Internacional Unibanco CVM S.A. está localizada na Rua da Quitanda, centro antigo de São Paulo.

Talarico Cctm Ltda – Corretora Nacional, fica na rua Boa Vista, também nas vizinhanças da Bolsa de Valores. Santander Brasil S. A. CCVM – Corretora Internacional está localizada também nos arredores das Bolsas de Valores e de Mercadorias e Futuros (ver fig.1).

Na Avenida Paulista, se localiza a Société GÉNÉRALE S.A.Cctvm-Corretora Internacional. No mesmo lugar se encontra a Merril Lynch S.A. Ctvm-Corretora Internacional assim como a Sudameris Ccvm S.A.-Corretora Internacional e a Safra CVC LTDA – Corretora Internacional. Todas estas pertencem a grandes e importantes bancos.

Nas avenidas que circundam a Av. Faria Lima e arredores encontram-se a Quality Cctvm S.A.-Corretora Especial, a Morgan Stanley Dean Witter Ctvm S.A. –Corretora Internacional, a J. P. Morgan CCVM S.A. Corretora Internacional, a CREDIT Suisse First Boston S.A. CTVM-Corretora Internacional e também a Deutsche Bank CV S.A.-Corretora internacional. Também se encontram várias corretoras de âmbito nacional.

Fora desta área concentrada, em alguns bairros mais distantes, há também algumas corretoras das mais importantes. Menciona-se aqui a do Banco Itaú CV. S.A. Corretora Internacional no bairro de Jabaquara e a Link S.A. CCTVM Corretora Especial no bairro de Itaim Bibi assim como a Fator Doria Atherino S.A. CV, Corretora Internacional, a mais antiga e de capitais nacionais.

A maioria destas corretoras possui sucursais também na Argentina e em outros países da América do Sul. O Banco Itaú, por exemplo, também tem seu assento em Buenos Aires assim como a J.P. Morgan, Merrill, Lynch. S.A. entre outras.

Num trabalho publicado no *Research Bulletin* de 1999 sobre Globalization and World Cities Study Group and Network rotulado "A Roster of World Cities", os autores realizam uma extensa e significativa lista das cidades segundo a importância de seu papel na economia mundial. Arrolam uma série de funções que lhes outorgam as definições de sua importância, para ocupar essa situação, consideraremos:

1- Características cosmopolitas e de corporações econômicas multinacionais;

2- As cidades mundiais e A Nova Divisão Internacional do Trabalho;

3- A Internacionalização, Concentração e Intensidade na produção dos serviços;

4- As Cidades Mundiais como Centros de Finanças Internacionais.

Além dessas condições, selecionam também suas importâncias como centros de serviços contábeis, de *marketing* e propaganda e bancários resultando numa lista de 79 cidades com 25 de grande destaque. São Paulo se encontra nesse *ranking* dos quais estão, em primeiro lugar, Nova York, Londres, Tókio e Paris com 15 pontos, Zurich 13, Los Angeles y Chicago 12, Sydney e Hong Kong com 11, Amsterdam, Toronto e São Paulo com 10 pontos, entre as principais. Na América Latina e em especial no Mercosul, São Paulo ocupa o primeiro lugar, posteriormente seguem Cidade de México com 9, Buenos Aires e Rio de Janeiro com 4, Caracas com 2 e finalmente Santiago com 1 ponto que significa um item das características antes arroladas. As outras cidades não aparecem nesta lista.

Concluímos afirmando que a metrópole paulistana territorializou as exigências das condições que o papel no circuito internacional da economia lhe obrigou a realizar, processo que aparece com clareza no *ranking* das cidades mundiais.

Também temos que acentuar que a dinâmica dos fluxos dessas atividades e a intensidade das técnicas utilizadas a partir da inserção na realidade informatizada, ultrapassa qualquer conceito de centralidade circunscrito a limites prefixados. A revolução científico-tecnológica teve e terá uma grande e significativa influência na delimitação ou não dos territórios urbanos. As economias nacionais cada vez mais internacionalizadas foram adaptando seus lugares pelas mudanças rápidas e profundas de processos produtivos e de transformação de atividades com novos conhecimentos.

A chamada globalização trouxe importantes transformações nos territórios das metrópoles, que deixaram de ser industriais para converter-se em espaços de serviços em todos os sentidos. Há transformações culturais que, a partir das condições econômicas, homogeneíza as identidades e, ao mesmo tempo, criam uma resistência aos avanços no modo de vida.

Enfim, não podemos negar que a metrópole paulistana, em especial esta cidade mundial, é uma realidade geopolítica de grande alcance que se revela na sua dinâmica territorial, não só em nível local, como particularmente no global. As forças hegemônicas que determinam estas relações permitem detectar uma estratégia de seleção, entre os territórios no interior das cidades e destas entre si.

Bibliografia

ASCHER, François. "Metropolização e transformação dos centros das cidades". In: ALMEIDA, Marco Antonio Ramos de (apresentação). *Os Centros das Metrópoles.* Reflexões e Propostas para a Cidade democrática do Século XXI. São Paulo, Terceiro Nome, Viva o Centro, Imprensa Oficial do Estado, pp.59-67, 2001.

BEAVERSTOCK, J.V., SMITH, R.G. e TAYLOR, P.J.: "A Roster of World Cities". In: Research Bulletim, Globalization and World Cities Study Group and Network, 16, 445-458, 1999. Disponível na *Internet*, no *site*: www.lboro.ac.uk/gawc/rb/rb5.htlm

BOLSA DE MERCADORIAS E FUTURO: Resenha n 152, São Paulo, 2003.

CORDEIRO, Helena Kohn. "A 'Cidade Mundial' de São Paulo e o Complexo Corporativo do seu Centro Metropolitano". In: SANTOS, Milton e outros: *Fim de Século e Globalização. O Novo Mapa do Mundo.* São Paulo, Hucitec/Anpur, pp.318-331, 1997.

CARLOS, Ana Fani A... *Espaço-Tempo da Vida Cotidiana na Metrópole.* Tese de Livre-Docência apresentada no Departamento de Geografia da Faculdade de Filosofia, Letras e Ciências Humanas-FFLCH da Universidade de São Paulo-USP. São Paulo, fotocópia, 2000.

CORRÊA, Roberto Lobato. "Dinâmica do Espaço Financeiro Brasileiro 1961-1985". In: SCARLATO, F. C. e outros: *Globalização e Espaço Latino-americano. O Novo Mapa do Mundo.* São Paulo, Hucitec-Anpur, 2. ed., 1994, p. 163-168.

GOMES, Paulo César da Costa. *A Condição Urbana. Ensaios de Geopolítica da Cidade.* Rio de Janeiro, Bertrand Brasil, 2002.

LEMOS, Amália Inês Geraiges de. División *Sócioespacial* del Trabajo: Nuevos Territórios em las Metrópolis de América Latina: São Paulo y Rio de Janeiro. Trabalho apresentado no Seminário Capes-Cofecub, Prolam-USP, fotocópia, out. 2002.

________________. Territórios Organizados Urbanos: sus Formas y Contenidos en América Latina. Trabalho apresentado nas *IX Jornadas Cuyanas de Geografia.* Univ. Nacional de Cuyo, Mendoza (ARG), set. 2002 (no prelo).

MARTINEZ, Patrícia Eugenia O.. La Formación de los Espacios Mundiales em la Ciudad de México. Tese de Doutorado apresentada na Universidad Autônoma de México (UNAM), México, janeiro de 1999.

PORTAS, Nuno. "As Políticas de Reforço das Centralidades". In: ALMEIDA, Marco Antonio Ramos de (apresentação): *Os Centros das Metrópoles. Reflexões e Propostas para a Cidade Democrática do século XXI*. São Paulo, Ed. Terceiro Nome, Viva o Centro, Imprensa Oficial do Estado, pp. 121-133, 2001.

PREFEITURA DE SÃO PAULO, SECRETARIA MUNICIPAL DE RELAÇÕES INTERNACIONAIS. *São Paulo Tem seu Lugar no Mundo e o Mundo Tem seu Lugar em São Paulo*, São Paulo, janeiro de 2003.

Fontes da Internet

Wall Street Journal on line. Disponível na *Internet* no *site* http: www.wsj.com/americas

São Paulo e a Primeira Bolsa da Cidade-1890. Disponível na *Internet* no *site* http: www.bovespa.com.br.

O Estado de São Paulo. Disponível na *Internet* no *site* http: www.estadao.com.br.

UNCTAD, World Investment Report 2003. Disponínel na *Internet* no *site* http: www.unctad.org/Templates/www. unctad.org/wir.

Jornais

Folha de São Paulo, São Paulo, 05/09/2003.

El Clarin, Cuaderno de Economia, Buenos Aires, 07/09/2003.

La Nación, La Nacíon Economico, Buenos Aires, 07/09/2003.

SÃO PAULO: DOS BAIRROS E SUBÚRBIOS RURAIS ÀS BOLSAS DE MERCADORIAS E DE FUTURO

Ariovaldo Umbelino de Oliveira

Escrever sobre a agricultura na metrópole mundial de São Paulo é escrever sobre o passado da agropecuária no interior da Cidade. É escrever sobre a história do desaparecimento dos bairros e subúrbios rurais e suas transformações espetaculares na metrópole de dez milhões de habitantes.

Em 1954, São Paulo tinha três milhões de pessoas. Em 50 anos a expansão urbana engoliu as muitas chácaras e sítios espalhados pela sua área territorial.

Na chácara do General Arouche nasceu uma de suas praças que se tornou largo. Na chácara da Dona Angélica de Barros nasceu uma de suas avenidas aristocratas. Na chácara do Bexiga surgiu seu bairro marcado pela história da colônia italiana. Na chácara do Bom Retiro apareceu o bairro da colônia judia. No sítio do Pacaembu nasceu o primeiro bairro moderno dos industriais. Sítios e chácaras formaram bairros importantes da metrópole. Aos sítios da Lapa, dos Remédios, Boassava, do Butantan, da Casa Verde, do Limão, do Mandaqui e do Aricanduva somavam-se as chácaras do Carrão, da Glória e do Padre Adelino (das duas últimas só restaram as ruas com seus nomes):

> A Chácara das Palmeiras, que ainda em 1872 tinha casa-grande, senzalas, armazéns, cocheiras, plantações de chá e grandes capinzais, velo a transformar-se no bairro de *Santa Cecília,* onde logo se abriram, entre outras, as atuais ruas Martim Francisco, Imaculada Conceição, Barão de Tatuí, São Vicente de

> Paulo, Alameda Barros, e boa parte da Avenida Angélica, cuja denominação recorda exatamente a antiga proprietária da chácara – Dona Angélica de Sousa Queiroz Barros. A antiga Chácara do Campo Redondo passou a ser o bairro dos *Campos Elísios.* A Chácara do Marechal Arouche, que se estendia da Rua Alegre (atual Rua Sebastião Pereira) até ao beco do Mata Fome (atual Rua Araújo) e que pertenceu posteriormente a Rego Freitas, foi loteada a partir de 1894, passando a substituí-la a atual *Vila Buarque.* A Chácara de Luís Antônio de Sousa Barros foi loteada também, nela se abrindo a antiga Rua de São João, o Largo de Paissandu, a Rua do Seminário e a Praça do Correio. A Chácara do Brigadeiro Tobias corresponde ao trecho onde hoje se encontram o Largo de Santa Ifigênia, a Avenida Cásper Libero e a Rua Brigadeiro Tobias. A antiga Chácara do Carvalho, que pertencera ao Barão de Iguape e que chegava até á várzea do Tietê, contribuiu para a formação de parte dos bairros da *Barra Funda e do Bom Retiro.* A Chácara do Conselheiro Antonio Prado veio a transformar-se nas atuais Praça Marechal Deodoro, Alameda Eduardo Prado e ruas Brigadeiro Galvão, Barra Funda e Vitorino Carmilo. Na antiga Chácara de Dona Ana Machado, abriram-se as ruas Sinimbu, Santa Luzia, Tomás de Lima e Conselheiro Furtado. Das chácaras do Fagundes e do Cônego Fidélis resultou o atual bairro da *Liberdade.* Na antiga Chácara do Barão de Limeira, abriu-se a Avenida Brigadeiro Luís Antonio, a fim de encurtar o caminho para Santo Amaro. Os campos do Bexiga transformaram-se no bairro da *Bela Vista,* ainda hoje conhecida por aquele nome, na linguagem do povo. Não tardou, por tudo isso, que os novos arruamentos atingissem o Espigão Central da Cidade, onde, em fins do século, se abriu *a Avenida Paulista,* em terrenos que constituíam, outrora, as Chácaras Paim e Pamplona e o Sitio do Caaguaçu (MATTOS, 1958:74-5).

Muitas chácaras estão gravadas nos nomes dos bairros da Cidade; quem não se lembra da Chácara Flora e da Chácara Santo Antonio. Mesmo que possa parecer estranho, os sítios também resistem como nomes de bairros, o Sítio da Casa Verde, o Sítio do Mandaqui são alguns deles. As fazendas também estão nos bairros da Cidade, a Fazenda da Juta e do Carmo são duas delas.

A cultura do chá está expressa em um de seus viadutos mais famosos:

> *A cultura do chá* constituía, sem nenhuma dúvida, uma das riquezas do Município, merecendo por isso mesmo a atenção de quase todos os viajantes que passaram por São Paulo, na primeira metade do século XIX. Seu núcleo original se localizou a margem esquerda do Anhangabaú, mais precisamente no lugar posteriormente denominado *Morro do Chá,* mais tarde propriedade do Barão de Itapetininga; trata-se da área limitada pelas atuais Ruas Xavier de

> Toledo e Sete de Abril, Praça da República e Avenida de São João, cuja chácara foi arruada na segunda metade do oitocentismo. O nome do *Viaduto do Chá* recorda essa velha chácara paulistana e, por sua vez, a importante cultura do Município (MATTOS, 1958:62).

Suas avenidas recém abertas gravam também nomes das frutas, cujas plantações cobriram um dia parte de suas terras. A Avenida Jacu-Pêssego é uma delas. Isto para não se falar da Rua Banana Branca, ou do Bananal ou mesmo da Travessa Bananeiras. As frutas e os produtos oriundos do campo estão pelas ruas e avenidas da Cidade de São Paulo: Manga Natal, Goiaba Natal, Goiabeiras, Laranja, Laranja Natal, Laranja-Cravo, Laranja-da-Bahia, Laranjal, Laranjeiras, Abacaxi Natal, Abacate, Abacateiros, Araçá, etc.. Mas há também as muitas ruas e avenidas com nomes de flores e plantas, e há também uma Rua Arroz, outra Arrozeira e uma das Ovelhas.

Na várzea do Tamanduateí formou-se a primeira área voltada para o abastecimento alimentar da Cidade. O entreposto da Cantareira e o Mercado Central concentraram o comércio atacadista e varejista de frutas, legumes, verduras, pescado, aves e suínos. A área da 25 de março, próximo a Avenida Rangel Pestana, teve comércio de aves e pequenos animais vivos até o final dos anos 1960. Isto para não citar os boxes que os comercializam até hoje em dia no Entreposto da Cantareira. Lá vende-se galinhas, galinhas d'Angola, patos e cabritos vivos.

Do outro lado do Tamanduateí está a região cerealista da Rua Santa Rosa. Ali vende-se de tudo, dos alimentos importados aos tradicionais fubá, farinha de mandioca e de milho, passando pelo arroz e pelo feijão. Com a massiva migração de nordestinos, os novos hábitos e costumes foram somando-se aos antigos. A região que já teve na Praça São Vito a "praça" onde os caminhões comercializavam batata inglesa, transformou o Largo do Pari no final da Rua Santa Rosa em um "entreposto atacadista clandestino" de coco verde. Nem a construção do Ceagesp na região oeste da cidade foi suficiente para acabar com a tradição da comercialização de alimentos desta região da Cidade. Por isso que a Bolsa de Cereais está nesta mesma região. Mas lá também está a "bolsinha" que, à margem da Bolsa oficial, comercializa e rege preços de vários produtos, dentre eles o feijão.

Assim, formaram-se duas áreas de concentração do abastecimento de alimentos na Cidade de São Paulo: a do Mercadão Central e a do Ceagesp. Mas, na São Paulo do quarto centenário havia somente a primeira, e ela era a responsável por suprir a Cidade:

> Algumas cifras bastam para dar uma pequena idéia da importância do *abastecimento alimentar* da Capital paulista: os três milhões de paulistanos consomem, diariamente, em média, 360.000 quilos de arroz, 315.000 quilos de carne, 120.000 quilos de feijão, 120.000 quilos de farinha de trigo, 6.000 quilos de manteiga, 30.000 dúzias de ovos! O Mercado Municipal pode ser considerado, sem nenhuma dúvida, o mais rico do país e um dos mais variados do Mundo. Juntamente com ele, "feiras livres" espalhadas pela Cidade, armazéns, empórios, mercearias, açougues, padarias, confeitarias, cooperativas leiteiras, etc., atendem as necessidades dessa vultosa freguesia. Mas nem sempre o consumidor paulistano tem presente, no espírito, que o Planalto Paulistano é pobre, vindo de longe, às vezes de muito longe, os produtos alimentares que lhe são vitais: de todo o interior do Estado, de Minas Gerais, Goiás, Mato Grosso, Paraná, Rio Grande do Sul, da própria Argentina (AZEVEDO,1958:21).

É por isso que está no Centro Velho da Cidade a Bolsa de Mercadorias e de Futuro. Ela representa o sistema de comercialização mais avançado e atua como reguladora das transações das *commodities*. Assim, tradição e modernidade fundem-se no Centro Velho, que teimosamente resiste aos muitos planos para sua revitalização. Do "treme-treme" do São Vito, ao aproveitamento dos velhos armazéns da ferrovia para retirar da rua a venda dos alimentos, nada remove dessa área da Cidade sua característica inicial: um estranho "entreposto" atacadista de alimentos com suas duas Bolsas oficiais e a "bolsinha" clandestina.

Primeira Cena: 1904 – São Paulo de antes e dos 350 anos

São Paulo desde suas origens conheceu no centro da Cidade a presença de uma série de pequenas quitandas e mercadinhos que vendiam verduras, legumes e frutas produzidos nas chácaras localizadas nas imediações do Vale do Anhangabaú.

> A vizinhança do comercio de quitanda fez com que o Largo da Misericórdia e seus arredores fossem, aos poucos, perdendo seu caráter residencial; o êxodo das famílias tornou-se mais sensível depois da instalação do chafariz do largo (1793), quando 'as cenas desagradáveis entre carregadores de água' (MARTINS, s./d.:03 apud: MÜLLER, 1958:130) passaram a constituir um novo motivo para esse afastamento.
>
> O comércio de gêneros alimentícios aparecia também fora dessa área: no *Largo de São Bento* e no do *Palácio* (Pátio do Colégio), onde existiam 'feiras para a venda dos produtos das chácaras e sítios' (SANT'ANNA, s./d.: 117 apud

MÜLLER, 1958:130), e na atual *Praça Antônio Prado,* onde alguns ex-escravos mercadejavam 'com doces, geléias, empadas, pastéis e gulodices em geral' (MILANO, s./d.:117 apud: MÜLLER, 1958:130).

Ao iniciar-se o século XIX, uma nova área comercial apareceu: concentrava-se na chamada *Rua das Casinhas* (atual Rua do Tesouro), em sete pequenas construções destinadas pela Câmara Municipal as quitandeiras e à venda de gêneros alimentícios, em geral.

Ao visitar São Paulo, Saint-Hilaire (1940:181 apud MÜLLER, 1958:130) impressionou-se com essas 'casinhas', referindo-se a falta de asseio e ordem que nelas reinava, sendo escuras e enfumaçadas e onde 'o toucinho, os grãos, a carne' se amontoavam em confusão; e deixou-nos uma descrição muito viva de seu permanente movimento (MÜLLER, 1958:130).

Na segunda metade do século XIX, foram construídos os primeiros mercados, também na área central:

> O desenvolvimento do comércio ocasionou importantes transformações na própria fisionomia do Centro da Cidade, pois os gêneros alimentícios foram paulatinamente cedendo lugar a outros produtos, fazendo aquela área aproximar-se cada vez mais dos características hoje nela dominantes. Lojas das mais variadas mercadorias, *"ateliers"* e pequenas oficinas, escritórios de diferentes tipos passaram, então, a predominar.
>
> Com a inauguração do *Mercado Municipal,* então localizado no fim da ladeira da atual Rua General Carneiro (1860), e do Mercado São João, na atual Praça do Correio (1890), a *Rua das Casinhas* foi, aos poucos, perdendo seus comerciantes; concomitantemente, a função residencial das velhas ruas do Centro foi desaparecendo, em benefício de novas atividades alí instaladas (MÜLLER, 1958: 130).

Mas, foi a partir de 1914 que se iniciaram os primeiros estudos para a centralização da comercialização destes alimentos em um grande mercado central. Construído a partir do projeto de Ramos de Azevedo, o Mercado Central foi inaugurado em 25 de janeiro de 1933.

Em 26 de outubro de 1917, um grupo de empresários paulistas, ligados à exportação, ao comércio e à agricultura, criaram a Bolsa de Mercadorias de São Paulo (BMSP). Ela foi a primeira bolsa de mercadorias no Brasil a introduzir operações a termo e foi alcançando, ao longo dos anos, importante tradição na negociação de contratos agropecuários, particularmente café, algodão e boi gordo.[1]

Segundo os registros históricos da Cidade, foi realizada em 1918 a primeira feira livre oficial em São Paulo e apenas em 1948, a Prefeitura do

Município de São Paulo determinou que cada bairro realizasse pelo menos uma feira livre por semana. Assim, elas se tornaram o principal equipamento de abastecimento alimentar da Cidade.

Em 1923, foi fundado o "Centro do Comércio do Pari", que mais tarde passou a ser chamado de Centro do Comércio de São Paulo e que deu origem à Bolsa de Cereais de São Paulo, igualmente instalada na zona cerealista da Cidade, ou seja, na área do Mercado Central.

No final da primeira metade do século XX, mais precisamente em 1947, teve início o funcionamento da primeira loja dotada do sistema de auto-serviço pertencente ao Frigorífico Wilson. Era o início de uma verdadeira revolução que o comércio começava a conhecer. Alguns anos antes da comemoração do IV Centenário de São Paulo foi iniciado pela Avon e Eletrolux o sistema de vendas porta a porta (1951). Em 1953, foram abertos em São Paulo, os primeiros supermercados no país, o Americano e o Sirva-se. E, um ano depois (1954), o primeiro supermercado Peg-Pag.

O ano do IV Centenário estava em meio um processo de transformação na Cidade quer do ponto de vista do seu extraordinário crescimento quer das mudanças e permanências no comércio de alimentos.

Segunda Cena: 1954 – São Paulo do IV Centenário

Na São Paulo do IV Centenário, a área comercial do Mercadão, como é carinhosamente denominado, embora fosse o principal centro comercial de alimentos da Cidade, já se notava sua insuficiência como centro abastecedor da metrópole:

> O comércio atacadista circunscreve-se especialmente à área em que se ergue o Mercado Municipal (com seus anexos), ao longo da Rua Cantareira e nas vizinhanças da Estação do Pari – isto é, ao contato com o Centro e com o bairro de Santa Ifigênia.
>
> O Mercado Municipal é digno de ser visitado, porque reflete perfeitamente a importância do aglomerado urbano, de que é o principal abastecedor. No edifício principal (hoje insuficiente), com suas belas linhas arquitetônicas, encontra-se de tudo: carnes e peixes, aves e ovos, frutas e hortaliças, queijos e farináceos, cereais e latarias de toda qualidade, pássaros, cabritos e coelhos, cestos e objetos de cerâmica, quinquilharias – expostos à venda em "boxes" bem arranjados, onde se misturam brasileiros, italianos, japoneses, portugueses e espanhóis. Num de seus anexos, cereais, frutas .e hortaliças são vendidos por

> atacado. Seu movimento e impressionante, intensificando-se às primeiras horas da madrugada, quando chegam os fornecedores e aqueles que ali compram para revender (MENDES, 1958:239).

Seu abastecimento de alimentos vinha de todo canto e lugar, da área rural do Município, dos subúrbios da grande São Paulo, do interior do Estado São Paulo, de Minas Gerais, Goiás, Mato Grosso, Paraná, Rio Grande do Sul, Argentina, Europa, etc..

Os subúrbios agrícolas e residenciais ocupavam quase todos

> (...) os quadrantes, ao redor da Capital de São Paulo: para o Norte, na região da Cantareira; para o Sul, *no "sertão" que se estende ate as bordas do Planalto Paulistano, olhando o mar;* para Leste, através da planície do alto Tietê até ás vizinhanças de Moji das Cruzes; e para Oeste, assentados na região acidentada que se ergue ao nível médio dos 750-850 metros, em direção a São Roque. Uma vasta área, de limites certamente imprecisos, que apresenta duas funções marcantes: a *agrícola e a residencial,* ora de maneira bastante homogênea, como e o caso da região de Cotia, onde a agricultura impera; ora um tanto complexa, graças à coexistência de ambas as funções, ao mesmo tempo destacando-se como zona residencial modesta e área agrícola sem grande expressão, como o que se constata na região servida pela "E. F. Central do Brasil", no extremo oposto; ora, enfim, predominantemente residencial, como acontece na região da Cantareira. Mas há um traço que lhe é comum: e a sensível dispersão do *"habitat"* rural, no meio da qual se registra a presença de modestos aglomerados urbanos, salvo na área setentrional, onde a região da Cantareíra, sob certos aspectos, nada mais e do que uma simples continuação da Cidade de São Paulo, e no prolongamento meridional de Santo Amaro (PENTEADO, 1958: 37-8).

O Censo Demográfico de 1950 do IBGE indicava que, exceto Francisco Morato, Caieiras, Carapicuiba e Ferraz de Vasconcelos, todos os demais distritos ainda possuiam uma população rural superior à urbana. Esses distritos compunham uma área mesclada de ocupação residencial já como expansão da metrópole e, simultaneamente, continuavam a se constituir em área de produção agropecuária para abastecimento metropolitano. Formava-se aquilo que muitos chamaram de "Cinturão Verde" de São Paulo. De fato, ele nunca se constituiu em um efetivo cinturão, ao contrário, eram manchas de produção agropecuária entre reservas florestais, áreas de silvicultura e áreas residenciais. A Tabela 01 procura mostrar a distribuição da população pelos distritos.

| Tabela 1 | População

Distritos Municipais	População Total	População Rural	População Urbana
I São Paulo			
1. Itaquera	14.886	12.172	2.714
2. Guaianases	10.057	8.017	2.040
3. Parelheiros	7.141	6.934	207
4. Perus	5.607	3.594	2.013
5. Jaraguá	2.543	1.842	701
II Poá			
6. Poá	8.508	4.344	4.164
7. Ferraz de Vasconcelos	3.189	1.460	1.729
III Suzano			
8. Suzano	11.157	7.070	4.087
IV Mogi das Cruzes			
9. Itaquaquecetuba	5.124	4.364	760
V Santo André			
10. Ribeirão Pires	10.955	7.405	3.550
11. Mauá	9.472	6.136	3.336
12. Paranapiacaba	2.267	1.860	404
VI São Bernando do Campo			
13. Diadema	3.023	2.592	431
14. Riacho Grande	1.373	1.173	200
VII Itapecerica da Serra			
15. Itapecerica da Serra	8.245	7.294	951
16. Jequitiba	5.836	5.597	239
17. Embu	4.028	3.699	329
18. Embu-Guaçu	3.815	3.182	633

| Tabela 1 | População (continuação)

Distritos Municipais	População Total	População Rural	População Urbana
VIII Cotia			
19. Cotia	10.250	9.494	756
20. Itapevi	4.794	4.034	760
21. Caucaia do Alto	1.968	1.903	65
22. Jandira	1.475	1.198	277
IX Barueri			
23. Carapicuiba	5.948	1.865	4.083
24. Barueri	3.521	1.899	1.622
25. Aldeia	978	832	146
X Franco da Rocha			
26. Franco da Rocha	24.158	21.073	3.085
27. Caieiras	1.573	157	1.416
28. Francisco Morato	324	0	324
XI Mairiporã			
29. Mairiporã	9.386	8.726	660

Fonte: Adaptado de Penteado, 1958: 39.

Antonio Rocha Penteado (1958:38-9) retratou assim na década de 1950, esta realidade:

> Numa área geográfica assim tão extensa, nada mais natural que encontremos diferenças substanciais no que concerne á composição da população: a par de brasileiros natos, aparecem com certo destaque muitos estrangeiros (sobretudo portugueses e japoneses). Cumpre notar que, no século atual, teve importância a imigração de trabalhadores nacionais, particularmente para Cotia e Mairiporã (ex-Juqueri).
>
> Todavia, o principal fator do crescimento da população da área em estudo foi a própria expansão da Capital paulista, que fez ali surgir zonas puramente residenciais (em que se localizaram os que não suportaram o alto custo de vida

da metrópole) e estimulou o estabelecimento de pequenos agricultores, que se dedicam a produzir para a população paulistana. Daí os sucessivos loteamentos e a extraordinariamente rápida humanização da paisagem, ao longo notadamente da linha-tronco da "E.F.Central do Brasil", a par do florescimento de zonas agrícolas, como a da região de Cotia.

A Zona Norte de São Paulo

Na porção norte do Município, mais precisamente na região da Cantareira, também na década de 1950, especial destaque devia ser dado às:

> (...) *residências de verão* e as *chácaras* de fins de semana destacam-se, em geral, pelo seu conforto, embora quase sempre tenham sido construídas e organizadas há já alguns anos, desde que a Cantareira foi, sem dúvida, um dos primeiros e mais procurados refúgios para a população da Capital. *As* chácaras merecem, realmente, este nome não apenas por sua extensão, como porque dispõem de belos pomares e hortas bem cuidadas; já as residências fazem lembrar, muitas vezes, as sedes de fazendas paulistas, como bem o demonstra a do "Sítio dos Coqueiros", no trecho asfaltado da rodovia São Paulo-Bragança Paulista.
>
> *Os núcleos residenciais* de classe média e de operários alinham-se notadamente ao longo dos trilhos do antigo "Tramway da Cantareira", hoje constituindo um dos ramais da "E.F.Sorocabana", que partem do bairro do Pari e atravessam a porção ocidental de Santana. São constituídos por habitações modestas, construídas em pequenos terrenos adquiridos em suaves prestações mensais, graças ao fornecimento de materiais também pagos a longo prazo, quando não recebidos, em parte, gratuitamente, das empresas loteadoras; resultaram, muitas vezes, do trabalho realizado nos domingos e feriados, em certos casos sob a forma de um verdadeiro "mutirão", em que parentes e amigos se associam para alcançar o mesmo objetivo – fatos que não são exclusivos da região em estudo, mas que são comuns em toda a vasta área residencial suburbana. Desta maneira se constituíram aos poucos, com suas ruas em ladeira e sem calçamento, os pequenos aglomerados de *Vila Galvão e* de *Tremembé,* mais concentrados, ou os de *Gopoúva e Vila Mazzei,* mais dispersos e semi-rurais, cuja fisionomia muito tem de semelhante aos aglomerados da área suburbana servida pela "E.F.Central do Brasil" e pela "E.F.Santos-Jundiaí", como também de certos bairros da periferia da metrópole paulista (...)
>
> (...) Sem falar nas linhas de ônibus (que nem sempre ligam diretamente essa área suburbana ao centro da Cidade de São Paulo), e o já mencionado ramal da "E.F.Sorocabana" o mais importante e preferido dos meios de transporte, por ser mais barato e por sua maior capacidade. Durante anos, o antigo "Tramway

da Cantareira" constituiu um elemento singular e algo excêntrico, dentro da vida paulistana; com sua bitola de 60cm e correspondente material rodante de proporções quase liliputianas, serviu uma extensa área, através de seus ramos bifurcados – um no rumo de Tremembé e da represa da Cantareira, outro na direção de Guarulhos. Hoje, porém, sua bitola de 1 metro e, através de suas linhas, correm composições idênticas as de outras da "Sorocabana".

Nem por isso, entretanto, se alterou o espetáculo bem conhecido ao tempo do "Tramway": os vagões continuam a trafegar superlotados, sobretudo pela manhã, em direção à cidade, e ao anoitecer, em direção à região da Cantareira.

Sob certos aspectos, parece haver-se registrado uma pequena melhoria nesse transporte ferroviário regional: não apenas os passageiros dispõem agora de maior espaço para se movimentar no interior dos vagões, como as fagulhas expelidas pela pequenina e resfolegante locomotiva, do passado, já não mais castigam e danificam tanto os que se vêem obrigados a utilizá-lo (PENTEADO, 1958:41;43-4).

E também, especial atenção devia ser dada à horticultura adaptada às adversas condições naturais, pois ela era desenvolvida particularmente por portugueses e espanhóis. E seu destino era sempre o Mercado Central:

A horticultura local encontra sérias dificuldades a vencer, em virtude da acidentada topografia, só podendo ser praticada em áreas muito restritas e disseminadas; dai o intenso aproveitamento dos fundos de vales mais abertos ou de planícies alveolares existentes ás margens dos pequenos tributários do Tietê e do Atibaia, obrigando algumas vezes a rotação das culturas e, até mesmo, a técnica do terraceamento. Por isso mesmo, as áreas hortícolas nem sempre se tornam visíveis para quem percorre as estradas e caminhos da região; localizam-se, multas vezes, a 50 ou mais metros abaixo do nível dessas vias, junto aos modestos cursos de água, em desenhos simétricos, através de tonalidades diversas, correspondentes as diferentes culturas, que não deixam de oferecer um certo encanto a paisagem; e, não raramente, sua existência é atestada apenas pela presença, a beira dos caminhos, de cestos e caixotes repletos de hortaliças, á espera do veículo que deve transportá-los, sem que se perceba, de pronto, de onde procede tal produção.

Via de regra, a casa de residência desses horticultores eleva-se na parte mais alta e íngreme dos vales, junto a estrada, sendo muitas vezes perceptível apenas porque seu telhado entra no campo de visão de quem por ali transita; construída com tijolos, oferece quase sempre um aspecto agradável e denuncia um relativo conforto.

A luta pela água para uso doméstico constitui outro sério problema, como também difícil é o problema de transportar o produto até a estrada; há os que utilizam, para tal fim, carroças puxadas por juntas de bois, embora mais freqüente seja o transporte dos caixotes nos próprios ombros do horticultor e nos de seus auxiliares. Atingida a estrada, a mercadoria é diretamente conduzida ao Mercado Central de São Paulo, em caminhões dos próprios produtores, ou vê-se apanhada por veículos de propriedade ou a serviço de intermediários.

Portugueses e espanhóis, em maioria, são os responsáveis por esses aspectos singulares da área suburbana de São Paulo e os que enfrentam os problemas que tal atividade tem de resolver.

A tranqüilidade do local, aliada ao clima saudável dessa região serrana, em contraste com a vida agitada e a atmosfera saturada da Cidade, acabou por eleger a Cantareira como uma pequena *estação de saúde,* com que podem contar os paulistanos. Daí a presença de sanatórios e casas de saúde, em geral especializados, em pontos vários da região (Mandaqui, Jaçanã, Tremembé) (PENTEADO, 1958:44-5).

Mais a noroeste do Município de São Paulo estava a região servida de E.F. Santos-Jundiaí, nesta área especial atenção devia ver dada à região de Caieiras:

Para além, sempre no rumo geral de NW e acompanhando os trilhos da "E.F.Santos-Jundiaí", localiza-se uma área bem diversa por suas funções. Sem falar em *Taipas,* lugarejo através do qual se pode atingir o maciço do Jaraguá (onde o Governo do Estado estabeleceu uma reserva florestal – o "Parque Estadual do Jaraguá" e no qual ainda se podem observar os vestígios de antigas lavras auríferas), e depois de se penetrar no vale do rio Juqueri, encontram-se dois núcleos suburbanos de certa importância: o de *Perus,* onde se erguem as imponentes instalações da "Companhia Brasileira de Cimento Portland", que aproveita o caulim e o xisto da própria localidade, além do calcário explorado a pouco menos de duas dezenas de km; e o de *Caieiras,* cuja vida continua a girar em torno da importante fábrica de papel ali instalada pela "Companhia Melhoramentos de São Paulo", responsável pela extensa plantação de pinheiros, que lhe fornece a necessária matéria-prima (PENTEADO, 1958:47).

A Zona Leste de São Paulo

Na chamada Zona Leste, ou como eram denominados pelos geógrafos da década de 1950, os subúrbios orientais, já tinham na São Paulo do IV Centenário, a característica de se constituírem na grande área de expansão urbana dos trabalhadores pobres da Cidade. Por isso, Itaquera devia ser destacada inicialmente, pois:

A principal função desses subúrbios orientais é a *função residencial*. Seus moradores residem, em geral, em pequenas casas de tijolos, cobertas com telhas (materiais de fácil obtenção no próprio local), com três ou quatro cômodos, que se elevam no meio de terrenos de dimensões restritas, tendo ao lado, invariavelmente, o poço que fornece água e, muitas vezes, uma pequenina área cultivada com legumes e milho.

Constituem exceções as grandes residências, com maior conforto, quase sempre de propriedade de moradores abastados que residem normalmente na Capital e as mantêm para os descansos do "*week-end*" (AZEVEDO, 1958:156).

Na década de 1950, a agricultura era a atividade principal em Itaquera:

A agricultura criou, por sua vez, uma paisagem particular, embora não generalizada. Numerosas são as chácaras e os pequenos sítios, onde se cultivam hortaliças, flores e frutas diversas, ou se criam galinhas destinadas a produção de ovos. Japoneses e portugueses são os que mais se dedicam a esse gênero de vida rural, que chega a ter inegável importância e deixa expressivas marcas na paisagem em determinadas áreas (Colônia de Itaquera e Bairro do Corredor, em Itaquaquecetuba, por exemplo).

Em sua área rural, merece uma referência o importante núcleo agrícola *da Colônia,* situado a menos de 5km do aglomerado de Itaquera, em terras que pertenceram a antiga Fazenda Caaguaçu e estendendo-se pela bacia do Jacu e alcançando o vale superior do rio Aricanduva. Trata-se de uma criação da "Companhia Comercial, Pastoril e Agrícola", que lhe deu tal nome para acentuar seu caráter rural e dividiu a grande gleba em mais de 600 lotes, por volta de 1920. Hoje acha-se quase inteiramente ocupada por pequenas propriedades agrícolas pertencentes sobretudo a japoneses, embora também ali trabalhem brasileiros, alemães, russos, húngaros, lituanos, poloneses, tcheco-eslovacos, etc..

Os primeiros japoneses ali se fixaram por volta de 1922, mas hoje se elevam a mais de 1000, vivendo em habitações modestas, de tijolos ou de barrote, que se erguem no meio de culturas as mais variadas ou ao lado de típicos galpões destinados a criação de galinhas Leghorn, produtoras de ovos. Trata-se de uma área de culturas intensivas de caráter comercial, em que se destacam as frutas (pêssegos, morangos, caquis, ameixas, cítricas, pêras, uvas, etc.), além de hortaliças, cujos produtos são encaminhados ao Mercado e às feiras da Capital, quer diretamente pela estrada de rodagem, quer pela ferrovia. Seus habitantes pertencem a organizações cooperativistas, particularmente à "Cooperativa Agrícola de Cotia"; o espetáculo que oferece a quem ali vai ter é o de um núcleo autônomo, como se fora uma aldeia de tipo europeu, com seu "*habitat*" aglomerado-disperso, onde palpitam o movimento e a vida (AZEVEDO, 1958:156).

Como conseqüência, desta intensa atividade agrícola, a feira de Itaquera sempre foi uma das mais tradicionais de São Paulo, e um dos lugares de escoamento da produção agropecuária da colônia:

> *A feira* de Itaquera, tem lugar aos domingos pela manhã e localiza-se no ponto de junção de duas ruas, próximo a Igreja, sendo freqüentada por um avultado número de pessoas, não só do lugar, mas das "vilas" próximas, de Guaianases e da própria região da Penha. Em barracas improvisadas são vendidos gêneros alimentícios, artigos de vestuário, utensílios domésticos, quinquilharias, animais vivos, talismãs, etc., como também se oferecem terrenos a prestações, num testemunho evidente de que até lá chegou a febre dos loteamentos. A esmagadora maioria dos vendedores é constituída por agricultores japoneses, procedentes da chamada "Colônia", como de outros núcleos da região paulistana (AZEVEDO, 1958:166-7).

Outras áreas na Zona Leste que mereceram destaque na produção agropecuária na São Paulo do VI Centenário foram: Guaianases, Poá e Ferraz de Vasconcelos. O primeiro, Guaianases, podia ser citado pela sua produção em pequenas chácaras de legumes e flores. Já Poá teve:

> No setor agrícola, destacam-se as chácaras e os sítios de japoneses e portugueses, localizados ao longo da estrada que vai ter a Itaquaquecetuba e nas vizinhanças da Fonte Áurea. Produzem hortaliças, frutas diversas (morangos, peras, uvas, caquis), batatas, feijão, milho, etc., que se destinam ao consumo local e, sobretudo, ao abastecimento da Capital (AZEVEDO, 1958:173).

Outra área que merecia ser destacada pela produção hortifrutícola na Zona Leste era Ferraz de Vasconcelos, durante muitos anos foi considerada a "Capital da uva Itália": "Trata-se de um núcleo *semi-rural,* em virtude das chácaras com culturas de morangos e uvas ou destinadas a criação de galinhas e à produção de ovos" (AZEVEDO, 1958:177).

A Zona Oeste de São Paulo

Na Zona Oeste da metrópole, Cotia tornou-se o principal município produtor de alimentos hortifrutícolas, abastecedor de São Paulo.

> Não são as matas, as capoeiras ou os carrascais que caracterizam a paisagem regional, mas sim as culturas mais ou menos extensas, as hortas, as granjas avícolas ou leiteiras, os eucaliptais, as olarias e os pequenos aglomerados urbanos. Olhada em seu conjunto, a região de Cotia mostra, a todo instante, a presença do homem.
>
> *E a paisagem agrária,* sem dúvida alguma, a predominante, não apenas pelas marcas ali presentes, como por constituir a verdadeira força econômica dessa extensa área suburbana. Já se chegou a considerá-la, até, um dos celeiros agrícolas da Capital paulista – expressão um tanto forte, se bem que até certo ponto exata, sobretudo em relação à área de Cotia...
>
> No Município de Cotia tem muito destaque a *horticultura* (que aparece geralmente nas várzeas, por necessitar de maior umidade e água em abundância), à qual se associa, muitas vezes, *a avicultura.* Nos topos arredondados e nas encostas das colinas, predominam as *culturas* maiores, como a da batata, a do milho e, mais raramente, a do feijão; ou, então, os *eucaliptais.* Próximos ao aglomerado urbano, aparecem algumas *granjas leiteiras,* com seus estábulos e suas pastagens artificiais; na direção de Embu, uns poucos *sítios de recreio,* e mais para o interior numerosos *haras* (COSTA, 1958:113).

Emilia Viotti Costa, abordando a agricultura praticada pelos orientais, denomina-os aparentemente de forma preconceituosa de "o elemento japonês": A mesma postura preconceituosa e discriminadora, típica de uma visão ideológica conservadora, é utilizada para se referir aos caipiras:

> Os primeiros japoneses fixaram-se na região em 1913. Em 1920, cerca de 50 famílias dedicavam-se a cultura da batata no bairro do Moinho Velho, em terras do Município de Cotia. Entretanto, foi na derradeira década (de 1940) que se deu o maior afluxo de tais imigrantes(...).
>
> Alguns vieram diretamente do Japão, premidos pelas dificuldades criadas pelo excesso demográfico e nem sempre tinham prática de agricultura. Muitos provieram de outras regiões do Estado de São Paulo, quer de áreas próximas (Ibiúna, Piedade), quer do litoral (região de Registro) e, mais raramente, do Planalto Ocidental (região de Marília e Lins). Embora possam ser encontrados em pontos vários da região, sua maior concentração verifica-se no vale do rio Cotia e no já citado bairro do Moinho Velho, junto ao ribeirão deste nome.
>
> Onde quer que se localizem, imprimem os japoneses sinais iniludíveis de sua presença. São as culturas intensivas. É o cuidadoso arranjo de suas propriedades, caracterizadas pelas linhas geométricas dos canteiros, pelo terraceamento das encostas, pelas canaletas abertas nas várzeas, para a drenagem ou para a irrigação. As técnicas que empregam, que muito têm de jardinagem, contrastam de

maneira evidente com as dos agricultores nacionais, *sobretudo os caipiras, que não sabem compor suas propriedades, tudo fazem de maneira empírica e só utilizam processos atrasados e deficitários* (COSTA, 1958: 115-6) (grifo meu).

No Município de Cotia havia, no início da década de 1950, o predomínio da pequena propriedade. Os dados estatísticos referentes ao ano de 1951 indicavam a existência de um total de 1.557 propriedades. Deste total havia 89% (1.383) com áreas inferiores a 50 hectares, e 8,6% (134) com área entre 50 e 120 hectares; e as demais 40 (2,4%) propriedades tinham área acima de 120 hectares. Dentre as pequenas a maioria delas concentravam-se na faixa até 35 hectares (VIOTTI, 1958:116). "Esse partilhamento da propriedade, na região de Cotia, representa um fenômeno recente (a exemplo do que se registrou noutras áreas da Região de São Paulo) e acha-se associado à presença dos agricultores estrangeiros (...)" (COSTA, 1958:116).

Os japoneses utilizavam-se também, da prática do arrendamento de terras como forma de ter acesso à mesma. A Cooperativa Agrícola de Cotia foi parte importante da sustentação da agricultura praticada pelos japoneses na região:

> No que se refere à adubação, além da prática herdada e trazida do Extremo Oriente, vê-se o agricultor japonês muito auxiliado pela 'Cooperativa Agrícola de Cotia', que oferece os conhecimentos de seus técnicos, como o próprio adubo a ser utilizado.
>
> *A irrigação ou* a *drenagem,* conforme o caso, vêem-se praticadas com freqüência, a par da *rotação de culturas.* Comum e o uso de *arados,* de bico ou de discos, de propriedade do agricultor ou tomados de empréstimo da 'Cooperativa Agrícola de Cotia'. Além disso, generalizado é o emprego de *medicamentos* destinados ao combate às pragas ou a proteção das plantas cultivadas, como também a utilização de *sementes* selecionadas (COSTA, 1958:117).

Fundada em 1928, a Cooperativa Agrícola de Cotia (CAC) tornou-se organização fundamental para o desenvolvimento de agricultura voltada para o abastecimento da metrópole paulistana, e para a fixação dos japoneses como produtores de hortifrutícolas:

> Coube a um grupo de agricultores Japoneses a iniciativa de fundá-la (...). Seus primeiros anos foram repletos de dificuldades, em face da escassez do capital, da incompreensão de muitos, da falta de confiança ou indiferença de outros, sem falar nos reflexos da crise econômica de *1929-30.* Todavia, os obstáculos foram superados e hoje (década de 1950) sua esfera de ação abarca larga porção do território do Estado.

> Alem do amparo técnico-científico dado aos seus associados (através de orientação e ensinamentos, do fornecimento de sementes selecionadas, de adubos e de maquinaria agrícola), essa notável organização facilita o transporte dos produtos e proporciona assistência médico-social. Possui ela, no bairro do Moinho Velho, caminho de Embu, uma Estação Experimental destinada a experiências com enxertias, seleção de sementes e de aves, piscicultura, etc.; mesmo de longe se pode perceber o vulto das construções alinhadas á meia-encosta, em que se alojam os aviários, além de extensas áreas cultivadas; e se nela penetrarmos vamos encontrar um grande número de pessoas em constante atividade (notadamente japoneses), entre os quais se destacam agrônomos e técnicos especializados.
>
> Durante a Segunda Guerra Mundial, a direção da "Cooperativa Agrícola de Cotia" deixou de caber aos japoneses e passou às mãos de técnicos e administradores nacionais. Mas o elemento nipônico contínua a ser a sua grande força e a razão de ser de sua própria existência (COSTA, 1958:128-9).

A variedade da produção de hortaliças pelos nipônicos foi sempre grande e dentre elas destacavam-se: abobrinha, alface, aspargos, alcachofra, brócolos, cebolinha, couve, couve-flor, ervilha, espinafre, pimentão, nabo, rabanete, salsa, e tomate; além do cultivo de morango e flores.

Também na abordagem daqueles que se dedicam a avicultura, a professora Emilia Viotti Costa reforça seu preconceito para com os caipiras:

> Não menores cuidados são reservados a *avicultura,* à criação de galinhas destinadas à produção de ovos. *Nas propriedades japonesas não se vêem galinhas soltas nos terreiros ou simplesmente fechadas em cercados de taquaras, como e comum nas propriedades caipiras.* O avicultor japonês concentra em pequenos espaços um número avultado de galinhas (numa propriedade, por nós visitada, havia 240 galinhas numa área de cerca de 120m^2), em galinheiros cobertos, ora rústicos (de taquara, recobertos com sapé), ora de alvenaria e com telhas, muitas vezes fechados com telas de arame, dispondo sempre de bebedouros e comedouros apropriados. Conservando-as assim, conseguem não apenas assegurar a produção de ovos, mas garantir o esterco, que vai ser empregado nas hortas ou e vendido. Sendo a principal finalidade da avicultura a produção de ovos, voltam suas preferências para a raça Leghorn; quando, porém, em caráter mais ou menos excepcional, dedicam-se à venda de aves, criam exemplares de outras raças, sobretudo Plymouth e Rhode-Island (COSTA, 1958:119).

Sobre as relações de trabalho a professora Emília Viotti Costa, também registrou a hegemonia do trabalho familiar e a pequena presença do trabalho assalariado como complemento do trabalho da família:

> A exemplo do que acontece nas propriedades hortícolas e avícolas, a família colabora de maneira mais absoluta nessas atividades. Mas é comum a presença de *agregados,* em geral caipiras das redondezas, que prestam serviços em caráter permanente ou como diaristas, dentro de horários predeterminados. O salário e fixado em geral 'a seco', isto é, sem direito as refeições (...) (COSTA, 1958: 120-1).

A produção da região era canalizada pela cooperativa para o mercado da metrópole paulistana:

> Toda sua produção se destina à Cidade de São Paulo, onde é vendida no Mercado de Pinheiros, no Mercado Central, nas feiras livres e nas quitandas. Para isso, recebem substancial auxílio da 'Cooperativa Agrícola de Cotia', a que muitos pertencem, sobretudo quando se trata de pequenos proprietários e de arrendatários; cabe aquela entidade transportar o produto dos centros de produção e encaminhá-los aos de consumo (COSTA, 1958:121).

A Zona Sudoeste de São Paulo

Já em Itapecerica da Serra, na zona sudoeste da metrópole, com menos de 10% das terras cultivadas, predominava, ainda segundo a professora Emilia Viotti Costa (1958:113), "os sítios de recreio, as culturas de tipo caipira e, principalmente, as atividades ligadas a exploração das matas e capoeirões (extração de madeiras e lenha, fabricação de carvão)."

A chamada agricultura caipira constituía-se na principal forma de uso da terra na área de Itapecerica da Serra. Lá os caipiras de São Paulo desenvolviam suas atividades e a professora Emília Viotti Costa os identificava de forma pejorativa e preconceituosa:

> *Chocante* é o contraste existente entre as propriedades cultivadas por japoneses e as que estão sob a *guarda de caipiras locais.* Apenas excepcionalmente se registra uma assimilação dos exemplos dados pelos nipões. Em regra, o caipira, mesmo possuindo terra própria, prefere trabalhar como 'agregado' dos japoneses, como 'diarista' ou 'caseiro' nos sítios de recreio, ou prestar serviços nas olarias e nas áreas de extração de madeiras ou fabrico do carvão.
>
> *É profundamente triste constatar que sua ignorância, seu fatalismo, sua inércia, falta de ambição e desconhecimento da técnica mais rudimentar refletem-se nas propriedades em que trabalham por conta própria. O caipira não sabe aproveitar convenientemente o solo, nem consegue auferir lucros com o que produz. Alega com freqüência que a terra*

não presta ou está cansada, mesmo quando, ao lado, exista uma bem organizada e próspera propriedade de japoneses. Via de regra, suas lavouras não chegam para atender as necessidades da própria subsistência; em canteiros assimétricos e desalinhados, plantam pequena roça de milho, exíguo mandiocal, umas poucas verduras e flores; no mais, apenas algumas laranjeiras, limoeiros e bananeiras (grifo meu).

A professora Emília Viotti Costa continuou sua crítica eivada de preconceitos para os caipiras da região de Itapecerica da Serra, assumindo uma posição quer ideológica quer assumidamente favorável aos japoneses. Não olhou a ilustre professora para a cultura que formava a origem destes caipiras:

(...) *sua técnica de cultivo e praticamente inexistente, pois, em regra, não emprega adubos, não utiliza o arado, desconhece remédios contra as pragas, não se preocupa em selecionar as sementes. Quando muito, pratica a rega. Por conseguinte, tudo quanto explica o sucesso de seus "miraculosos" vizinhos está ausente em suas propriedades. Ignora as vantagens do cooperativismo ou não consegue compreender seu mecanismo, quando não pensa que o sistema serve apenas para os grandes produtores. Não se preocupa com a rotação das culturas e manipula as plantações ou o solo dentro de tradições puramente empíricas. Não acredita em métodos que desconhece, desconfia de inovações. Por isso, mesmo quando resolve trabalhar efetivamente, despendendo inegável esforço, não vê resultados compensadores. Desanima, sente que não pode enfrentar seus concorrentes vizinhos, fica arrasado. Mas não procura saber quais as razões de seu insucesso. Prefere tornar-se um trabalhador assalariado.* (grifo meu).

As práticas adotadas na criação de aves e de pequenos animais, também é criticada rudemente pela professora:

(...) *não menos rudimentar e sua avicultura. Convencido de que as galinhas presas em recinto fechado não põem ovos, mantém-nas solta na propriedade ou, quando muito, no interior de amplos cercados. Julga desnecessário selecionar as raças, daí resultando um sem-número de cruzamentos, de que constitui um excelente testemunho o tipo bem conhecido da 'galinha caipira'. Dando-lhes reduzida alimentação (que, geralmente, não passa de grãos de milho), deixando-as ao léu, só consegue um produto de pequeno tamanho e de escassa produção de ovos. Não passa de exceção o caso em que galinheiros são construídos e alimentação racional é dada ás aves. Comum é a criação de porcos, destinados ao consumo da família e a venda, depois da necessária engorda. Também costuma ter alguns cabritos e aprecia a criação de patos* (grifo meu).

Às críticas preconceituosas da professora, nem mesmo a moradia e as crenças dos caipiras escaparam. Sua conclusão a respeito destes brasileiros típicos do interior paulista é digna de uma visão etnocêntrica que via no caipira sua proximidade com os índios, por isso ela ousou afirmar, equivocadamente a meu juízo, que os caipiras precisavam *"civilizar-se"*. Lamentavelmente esta visão foi muito marcante nas ciências humanas no início da Universidade de São Paulo:

> (...) sua modesta habitação, de pau-a-pique e mais raramente de tijolos, é coberta com sapé ou telhas. O interior e de terra batida. Usa a água do rio ou de poço, não conhece outra iluminação superior a do lampião de querosene. Com seu mobiliário pobre e extremamente parco, a casa caipira oferece, todavia, um ambiente agradável, sempre em ordem e bem varrida. Junto dela costuma erguer-se um mastro, em que balança ao vento uma estampa de Santo Antônio, de São João Batista ou de São Pedro – por menor que constitui um de seus poucos motivos de orgulho e um símbolo de sua devoção particular. *Seu padrão de vida está em perfeito acordo com todas essas características. Entretanto, neste particular, nota-se um desejo maior de melhorar, de aprender, de civilizar-se* (grifo meu).

Foi em meio a essa realidade que foi sendo forjada a cultura caipira. Suas manifestações foram estudadas de forma exemplarmente opostas a estas expostas pela professora Emília Viotti da Costa, pelo também professor da Faculdade de Filosofia, Ciências e Letras da Universidade de São Paulo, Antonio Cândido. Para ele, a cultura caipira era e é uma cultura rústica, portanto, tinha e tem que entendida em sua lógica interna e nas suas relações com a sociedade envolvente:

> Na situação de crise e transição (...) só podemos concluir que a emergência da vida familiar como unidade social representa uma regressão adaptativa, uma defesa dos padrões culturais pela redução às formas mais instáveis de convivência. Uma volta a estados que tradicionalmente se associam ao perigo de anomia.
>
> Finalmente, a urbanização veio propiciar ao caipira, no plano ecológico, novas manifestações da sua velha e já aqui muito comentada tendência para o nomadismo. Não se trata mais agora da agricultura itinerante, nem da busca de novas terras para substituir as que se tornam inóspitas por cansaço ou expulsão. Trata-se da mobilidade como fuga à sujeição econômica total – seja mudando de lugar na mesma área, seja buscando zonas pioneiras, seja rompendo com o passado e migrando para a cidade. A instabilidade de outrora se renova hoje por novos motivos, e no contexto da presente análise pode ser considerada (esta é a sua última encarnação num estudo em que foi invocada tantas vezes e sob tantos aspectos) como outra forma de regressão adaptativa.
>
> Vemos, portanto, que há na tradição cultural do caipira certas técnicas, hábitos, usos, normas, valores, que, por formarem um complexo de padrões que podem ser considerados mínimos sociais e vitais, tendem a ser superados

> à medida que se vão abrindo formas mais satisfatórias de ajustamento social e ecológico. Mas dada justamente esta sua qualidade de elementos duma situação construída em torno de mínimos, são verdadeiros *nec plus ultra,* a que os grupos recorrem, quando colocados em situação crítica. Trata-se de uma regressão, por meio da qual o grupo tenta preservar-se e adaptar-se melhor. Ela revela uma verdadeira latência social e cultural, que manifesta a vitalidade da tradição caipira, com toda a rusticidade elementar de um modo de vida formado pela perda de padrões europeus e a adoção de padrões das sociedades primitivas (CÂNDIDO, 1975:222).

Também através da música, o caipira foi cantado, e nem sempre interpretado de acordo com os parâmetros de sua cultura rústica, caipira. A dupla caipira Tonico e Tinoco cantaram os belos versos de Angelino de Oliveira:

> (...) Lá no mato tudo é triste/
> Desde o jeito de fala/
> Pois o Jeca quando canta/
> Tem vontade de chora/
> O choro que vai caindo/
> Devagar vai se sumindo/
> Como as águas vão pro mar (...)"[2]

José de Souza Martins em seu livro clássico *Capitalismo e Tradicionalismo,* deixou a chave para a compreensão da figura do Jeca Tatu que, certamente estava e ainda está, é bom deixar registrado, presente na visão sobre o caipira:

> O caipira preguiçoso estereotipado no Jeca Tatu de Monteiro Lobato contrasta radicalmente com a profunda valorização do trabalho entre populações caipiras do Alto Paraiba, nas vizinhanças da mesma região montanhosa em que Lobato trabalhou como promotor público e fixou as impressões que definiram esse personagem (...). As observações desse autor estão diretamente fundadas na valorização do modo de vida urbano contra o tradicionalismo agrário, o que constitui um dos núcleos da ideologia da modernização, que se estrutura no país ao menos desde o início do século e que veio a ser um dos componentes básicos do extensionismo rural no Brasil (...) No entanto, esse estereótipo do caipira tem procedência mais remota. Ele começa a surgir na documentação histórica, no que respeita a Capitania de São Paulo, quando a política mercantilista de intensificação das exportações de produtos tropicais de qualquer natureza encontra seus primeiros obstáculos na baixa proporção do excedente comercializável em relação ao montante da demanda pela metrópole. A economia colonial é o fundo de contraste sobre o qual o capitalismo

dependente esboça os contornos do caipira, estabelecendo os fundamentos modernos de sua estigmação (MARTINS, 1975:26-7).

Os estudos de José de Souza Martins tornaram-se referências para se compreender a dialética entre o modo de vida caipira estudado por Antonio Cândido e as suas manifestações culturais, por exemplo, na música caipira. Ela é assumida como manifestação de classe. Mais do isso foi distinguida daquela da classe operária e identificada como manifestação das classes subalternas. São, em minha modesta opinião, manifestações da classe camponesa. Acredito que para José de Souza Martins também.

> Procurei (...) demonstrar que há um reiterado fundamento de classe na música sertaneja. Não quero com isso remeter-me à concepção intoleravelmente simplista de que ou a música sertaneja é modalidade de expressão que diretamente reflete as condições de existência da classe operária ou das classes subalternas em geral ou de que não passa de expressão degradada ou popularizada da cultura erudita ou da cultura das classes dominantes. Antes, procurei verificar de que modo ela exprime as condições concretas de existência das classes subalternas, o que engloba necessariamente as suas relações tensas, as suas bases contraditórias, a relação de oposição histórica com as outras classes, a sua alienação (isto é, as concepções das outras classes permeando as suas próprias). Por esse meio é que posso apreender os fundamentos sociais e históricos da música sertaneja, de modo que nela própria possa descobrir evidências da história que se realiza, registrada no cantar das classes dominadas.
>
> Observei, portanto, que a música sertaneja caracteriza-se por um duplo fundamento: os seus elementos formais mais duradouros estão inscritos na experiência das classes sociais dominantes que vivenciaram e ainda vivenciam a crise da economia colonial, experiência que se traduziu na recusa conservadora do capitalismo configurado na cidade e na expansão urbana. A mobilização do caipira e seus costumes para empreender a crítica do mundo capitalista decorria imediatamente das necessidades e conveniências dessas classes e não das necessidades e conveniências daquilo que mais tarde se definiria como público da música sertaneja. Por outro lado, essa origem estranha a esse público não se constituiu em elemento de uma alienação absoluta. A música sertaneja funda-se também na experiência de vida das classes subalternas, na necessidade de interpretação e compreensão das condições sociais de existência a partir da perspectiva do subalterno. Está presente, pois, na música sertaneja essa tensão entre o querer do dominante e o querer do dominado. Não se trata, porém, de mero confronto entre diferentes concepções de classe. O que há é a concreta impossibilidade de superação dessa tensão no plano simplesmente cultural, pois ela diz respeito às condições historicamente tensas de existên-

> cia das diferentes classes sociais, de modo que uma é mediadora necessária da outra. A música sertaneja exprime, portanto, uma maneira necessária das classes subalternas verem-se a si próprias e verem a totalidade da sociedade (MARTINS, 1975:147).

Carlos Rodrigues Brandão foi outro antropólogo caipira, estudioso dos caipiras do Brasil. Em seus livro sobre *Os caipiras de São Paulo*, deixa sua posição clara, objetiva e afirmativa na direção da compreensão dos caipiras como camponeses, ou como ele próprio prefere *"camponês caipira"*:

> Como as condições de trabalho que sucessivas gerações de caipiras atravessaram em São Paulo explicam um modo de vida que estivemos desfiando até aqui em diferentes momentos de avaliação? Vamos inverter a direção do olhar e deixar que a descrição das relações de poder e trabalho entre a política mercantilista dos senhores de terra e o tradicionalismo agrário das populações caipiras explique as razões do ser e da vida do camponês subalterno de São Paulo. Porque, ali onde viajantes e cronistas encontraram o isolamento das influências da civilização senhorial, os efeitos maléficos do cruzamento entre 'raças' ou, ainda, uma espécie de estupidez natural em certos tipos de homens, pesquisadores do mundo rural brasileiro preferiram ver causas econômicas e políticas que, com variações não muito grandes ao longo da história, geraram e reproduziram situações de expropriação e dependência que fizeram do lavrador camponês do estado o seu camponês caipira (BRANDÃO, s./d.:33-4).

Itapecerica da Serra foi e é um dos bolsões de resitência dos caipiras de São Paulo. Carlos Rodrigues Brandão revelou este caminho que a modernidade teima em destruir e ou transformar para sua lógica mundana:

> Hoje em dia não há no Estado de São Paulo mais do que alguns bolsões de vida e de cultura de caipiras. Trabalhadores de enxada dos sertões de São Paulo, poderiam ter sido sucedidos por outros sujeitos da 'roça', agora verdadeiramente livres. Sitiantes donos familiares ou coletivos de suas terras de trabalho. Donos também de seu próprio destino, assistidos pela lei e pelos 'recursos' que aprenderam através do tempo a imaginar como coisas criadas e desejadas um dia por um Deus para todos, mas depois tornados direitos e propriedades dos homens ricos do campo e da cidade (BRANDÃO, s./d.:92).

Assim, na década de 1950, a região de Itapecerica da Serra era, e hoje ainda é, lugar por excelência da prática da agricultura caipira. De lá ainda hoje saem as romarias para Bom Jesus da Pirapora. Elas são compostas por pessoas que vão a cavalo, de charrete, de bicicleta ou de veículos automotores, percorrendo o trajeto de forma festiva. Esta prática religiosa está imortalizada nos belos versos da canção do também caipira Renato Teixeira:

> "É de sonho e de pó/
> O destino de um só/
> Feito eu perdido em pensamentos/
> Sobre o meu cavalo/
> É de laço e de nó,/
> De gibeira o giló/
> Dessa vida, cumprida a só/
> Sou caipira, Pirapora/
> Nossa Senhora de Aparecida/
> Ilumina a mina escura e funda/
> O trem da minha vida (...). [3]

A Zona Sul de São Paulo

Na zona sul de São Paulo está localizado a área denominada de o "sertão de Santo Amaro". Esta região, sobretudo em decorrência da construção do reservatório do Rio Grande como foi inicialmente denominada a represa Billings, e em função dos problemas ligados às vias de comunicação, tão próxima à metrópole, praticamente ficou distante, o que levou Antonio Rocha Penteado a escrever que ela estava mais para o litoral, onde era parte do sertão, do que para a capital:

> Todavia, basta penetrar uns poucos quilômetros (...) em direção as escarpas da Serra do Mar, para que outra paisagem se abra aos olhos do observador. É o chamado 'sertão' de Santo Amaro – um 'sertão' que se encontra mais próximo do litoral do que a cidade de São Paulo (...) mas que, na verdade, faz lembrar bastante esses recantos esquecidos, perdidos no anonimato, em tão grande número ainda existentes no imenso interior do país.
>
> Trata-se de uma área que ficou inteiramente a margem das vias de comunicação entre São Paulo e o litoral atlântico; suas ligações se fizeram, durante muito tempo, através de péssimos caminhos, apenas com São Bernardo do Campo, com Itapecerica da Serra e, menos freqüentemente, com Itanhaem, no litoral.
>
> De inicio, sua escassa população dedicou-se a extração de madeiras da Mata Atlântica e à produção do *carvão vegetal*. Proibida a primeira na região de Santo Amaro, continua a existir apenas a segunda dessas atividades eco-

nômicas, em franco desenvolvimento sobretudo no "sertão" de Itapecerica da Serra, onde se encontra, com freqüência, a paisagem que lhe corresponde – os modestos carvoeiros, os rústicos fornos a soltar fumaça, a mata devastada de maneira irregular, os toscos ranchos de moradia. De quando em vez, o ronco de um caminhão vem em busca do carvão ali preparado, quebra a tranqüilidade sertaneja, resfolegando com dificuldade pelas estradas mal cuidadas e cheias de rampas fortes. E na pequena Cidade de Itapecerica da Serra que se dá a reunião dos caminhões carvoeiros, cuja presença constitui, também, um dos poucos motivos de animação e movimento dessa localidade suburbana.

No 'Sertão' de Santo Amaro propriamente dito, existem algumas *serrarias,* que trabalham para abastecer parte do mercado paulistano (PENTEADO, 1958:52-3).

Neste chamado 'sertão de Santo Amaro', no século XIX durante o Primeiro Império, foi realizada a implantação de uma colônia alemã, visando a colonização daquelas terras. O professor Antonio Rocha Penteado assim registrou na década de 1950, este fato:

No reinado de D. Pedro I, registrou-se uma tentativa de *colonização alemã,* na área que vimos focalizando; a instalação do núcleo colonial teve lugar em junho de 1829, contando, inicialmente, com 62 famílias e um total de 299 pessoas (ZENHA, s./d.:47-142). Entretanto, os fados não lhe foram favoráveis e, certamente pelo isolamento em que se encontrava, entrou logo em lamentável decadência. A este fracasso fez referência o Marechal Daniel P. Müller, ao publicar seu *Quadro Estatístico* em 1838, informando que ainda restavam ali 157 colonos. Em 1847, não existiriam mais do que 9 famílias.

De acordo com as informações do delegado de policia de Santo Amaro, em oficio dirigido ao delegado de São Paulo, datado de 1850, a colônia em questão, que se localizava a 4 léguas da vila, estava "quase abandonada, tendo unicamente quatro ou cinco famílias, porque a mor parte delas se tem mudado para diferentes lugares, ignorando-se qual a razão de seu atraso (PENTEADO, 1958:103-4).

Hoje, quem quer que, dirigindo-se para Parelheiros, alcance a localidade denominada *Colônia,* terá oportunidade de encontrar umas poucas famílias de caipiras típicos, vivendo pobremente. Seus componentes têm cabelos alourados, seus olhos são azuis, sua pele requeimada pelo Sol denuncia sua ascendência européia, seus sobrenomes são legitimamente germânicos. É o que resta do antigo núcleo colonial instalado em 1829.

Nesse pequenino e tranqüilo lugarejo, não existem mais do que umas poucas habitações mal arruadas e um modesto cemitério. Um espetáculo constrangedor.

> Todavia, muitos desses colonos e seus descendentes fixaram-se, como artífices, no aglomerado urbano de Santo Amaro. Outros montaram serrarias ou passaram a dedicar-se a agricultura, fora do núcleo colonial. Numerosas famílias, de longa data radicadas na região de Santo Amaro, denotam sua origem alemã: Klein, Schmidt, Foster, Schunck, Cottefritz, Underweger, etc. (PENTEADO, 1958:53-57).

Certamente o olhar do professor Antonio Rocha Penteado não foi suficientemente meticuloso para junto com a professora Emília Viotti Costa, identificarem na área rural de Itapecerica da Serra ou do "sertão" de Santo Amaro como era conhecida a região de Parelheiros, os povos Guarani que ali viviam. Eles são os ausentes da obra *A Cidade de São Paulo.* Aliás, eles apenas estão presentes em rápidas passagens da história de São Paulo. Ou então, nas chamadas epopéias que tornaram os caçadores de índios os homens ilustres desta terra: os bandeirantes. Jagunços predadores de índios e caçadores de escravos que fugiam, os bandeirantes foram transformados nos idolatrados representantes da força e da coragem do povo paulista. Certamente para as elites foi isso que eles foram. Mas, para o povo trabalhador desta Cidade e deste Estado, não foi bem assim a sua história. Aliás, este é um capítulo que deverá ainda ser escrito sobre a história de São Paulo: quem de fato foram os bandeirantes e qual seu real valor para o povo de São Paulo. É possível que sendo servis às elites, puderam fazer o que elas desejam, mas não tinham coragem: escravizar índios, caçar escravos negros que fugiam enfim, tomar as terras das nações indígenas.

Foi por isso que os índios Guarani Mbya não foram sequer identificados pelos professores Antonio Rocha Penteado e pela professora Emília Viotti Costa em seus textos presentes na obra *A Cidade de São Paulo*, feita por ocasião do IV Centenário de São Paulo. Mas é bom que fique registrado que eles estavam no "sertão" de Santo Amaro (em Parelheiros) e no "sertão" de Itapecerica da Serra, no litoral sul e no litoral norte. Provavelmente foram confundidos com os caipiras do "sertão". O professor Pasquale Petrone vai resgatá-los na Geografia em seu importante trabalho *Aldeamentos Paulistas*, em 1964. Este trabalho, oriundo da sua tese de livre-docência defendida na FFLCH-USP, é marco para os estudos da história de São Paulo, pois trata de resgatar a importância dos indígenas e dos caipiras na história da Cidade.

Dessa forma, o "sertão" de Santo Amaro constituía-se no último refúgio dos Guarani, e foi lá que, mais de 30 anos depois, conseguiram demarcar uma pequena parte de suas terras.

Para concluir as análises sobre os chamados subúrbios rurais de São Paulo na década de 1950, o professor Antonio Rocha Penteado encerrou seu texto destacando a insuficiência da produção agrícola do Município para abastecer com alimentos a metrópole que se consolidava: "(...) as zonas hortícolas e avícolas, localizadas nos subúrbios, já são insuficientes para atender ás necessidades dos 3 milhões de habitantes da Capital, do que decorrem sérios problemas no que se refere ao seu abastecimento alimentar (1958:57)."

A São Paulo do IV Centenário já começava a viver os dramas e dilemas da sua condição metropolitana. O abastecimento de gêneros alimentares passava a se tornar um entre os muitos problemas que a metrópole iria conhecer nos próximos 50 anos.

Terceira Cena: 2004 – São Paulo dos 450 anos

O rápido crescimento urbano que vai marcar os últimos 50 anos da metrópole paulista vai ser responsável pela transformação gradativa da terra rural em terra urbana. Os loteamentos em parte legais e na maior parte clandestinos tomaram conta da periferia da cidade e foram moldando sua forma. Muitos chamaram esta voraz expansão de "caos urbano". Em um artigo publicado inicialmente no Boletim Paulista de Geografia nº 55 (1978) e posteriormente no livro *Geografia: teoria e crítica*, fiz comentários críticos a esta concepção:

> (...) se atentarmos para o crescimento da região metropolitana de São Paulo, veremos que dois processos, na aparência,. comandaram a violenta expansão da área urbanizada: os "loteamentos periféricos" e a produção maciça de moradias através da "autoconstrução", entendida como processo de produção de moradias, geralmente em fins de semana ou feriados, pelos proprietários dos lotes, família e/ou amigos (OLIVEIRA, 1982:139).

O rápido crescimento crescimento urbano de São Paulo transformou a Cidade em metrópole e as áreas rurais dos chamados subúrbios rurais em loteamentos urbanos. Assim, foram poucos os bairros que resitiram até a década de 1990, a várzea do Tietê no Parque Novo Mundo foi uma delas. Está área marcada pela presença da produção de couve e de cheiro verde resistiu enquanto pode, inclusive com uma criação de suínos muito criticada, pois era feita sobre um lixão. Outras áreas também resistiram enquanto puderam, a criação de suínos ou a produção de chuchu, nas bordas da Cantareira próximo à rodovia Fernão Dias foi mais uma delas.

Na porção norte da metrópole continua intata silvicultura explorada pela Indústria Melhoramentos em Caieiras. Mudanças apenas ocorreram na diminuição da área plantada de coníferas e mesmo araucárias, e na expansão da cultura de eucalíptos. Apenas a expansão urbana se dá particularmente próxima à ferrovia Santos-Jundiaí e à rodovia Anhanguera. Próximo a esta última têm ocorrido alterações com a presença de indústrias.

Em direção à zona leste, as chácaras produtoras de frutas de Itaquera e Guiaianases deram lugar aos maiores conjuntos habitacionais na cidade. A produção hortifrutícola foi empurrada para além de Mogi das Cruzes, alcançando Biritiba Mirim e Salesópolis.

Na zona sul do Município de São Paulo, Parelheiros e Marsilac constituem-se atualmente nas duas únicas áreas onde a atividade hortícola e de produção de flores resistem. Mesmo assim, estas áreas estão já sofrendo a pressença da expansão urbana dos loteamentos clandestinos. Nesta área, desde a década de 1980, finalmente foram demarcadas duas Terras Indígenas: do Krukutu e da Barragem dos povos Guarani.

Em direção à zona oeste, não só Cotia perdeu sua importância na produção de hortifrutícola, ressaltada no trabalho de Manoel Seabra (1971), como sua importante cooperativa foi a falência. Seabra estudando Vargem Grande explicava todo processo de transformação por passava esta área:

> Mas a metrópole paulistana não repercute sobre a organização do espaço econômico em Vargem Grande apenas como principal mercado consumidor dos produtos de sua atividade hortifrutigranjeira. Se este nos parece, dentro do tempo, o primeiro elemento de importância desta capacidade da Cidade, no decorrer do seu processo de metropolização, em organizar o espaço imediato ao seu redor, muitos outros elementos, inclusive com dinamismo atual mais evidente, se somam hoje às atividades horti-fruti-granjeiras, disputando o espaço nesta parcela do 'cinturão-verde', apagando praticamente os vertígios organizados daquilo que Pasquale Petrone (1964), denominou de 'cinturão-caipira' de São Paulo.
>
> Este autor e outros (LANGENBUCH, 197?) que têm estudado recentemente a metropolização de São Paulo têm procurado mostrar que os aglomerados e agricultores caipiras dispersos pelos arredores de São Paulo mantinham relações até certo ponto significativas com a Cidade, desempenhando papel de certo modo importante no seu abastecimento em gêneros alimentícios, lenha e carvão, principalmente (SEABRA, 1971:07).

Seabra também lembrou oportunamente, que Petrone (1964 [1995]) ressaltava a importância dos caipiras para a formação da Cidade e da região:

> Durante um século *caipiras* marcaram a paisagem cultural dos arredores de São Paulo, seus contactos com a metrópole sendo feitos à custa de uma atividade comercial modesta: utilizando cargueiros isolados, tropas pequenas, ou carros de boi, levaram suas mercadorias para a cidade (PETRONE, 1995: 294).

O papel das atividades hortifrutigranjeiras na região de Cotia também é ressaltado por Sebra, com destaques para as contradições já presentes no processo de expansão metropolitana:

> De resto, se não foram os japoneses os criadores do "cinturão-verde", ou melhor, se não foram eles os primeiros a se aproveitarem da expansão do mercado urbano de São Paulo, por outro lado, responsabilizaram-se por grande parte da sua expansão e diversificação e, atualmente, eles e seus descendentes predominam, de longe, nestas atividades (...).
>
> Realmente, as atividades hortifrutigranjeiras não estão, nem espacialmente, estagnadas no seu todo, visto que ainda se expandem sobre os restos da organização agrária tradicional, 'mordendo', por exemplo, as terras de algumas fazendas ainda remanescentes da área, ou de outros tipos de grandes propriedades com características mais ou menos especulativas. Mas, os elementos mais atuais e mais dinâmicos da ação de São Paulo sobre a área estão relacionados de modo cada vez mais significativo com a presença de chácaras e clubes de fim-de-semana de moradores de São Paulo, da indústria e, de certo modo, da própria cidade de São Paulo, visto que o núcleo do Distrito de Vargem Grande (...) é habitado por uma população que, em parte, trabalha na própria Cidade e, em parte, nas indústrias que aparecem ao longo da estrada (...).
>
> Na verdade, temos que acrescentar a eles um outro elemento, espacialmente mais significativo. Trata-se das terras às quais a 'especulação imobiliária', que preside toda esta nova fase de organização do espaço pela cidade, ainda não deu um destino mais concreto. Estas terras, que não são poucas, pois tivemos oportunidade de encontrá-las com freqüência em todas as áreas que percorremos, estão como que a espera de maior valorização para se definirem no seu uso. Representam uma primeira etapa dentro de um processo (SEABRA, 1971:09).

O papel da colônia nipônica também foi ressaltado:

> O número de japoneses à frente das unidades de exploração é ainda muito grande, sendo mesmo a primeira geração que ainda se encontrava na direção delas no começo da década de 1960.
>
> Verdade que, a partir de 1957 e até 1962, aproximadamente, a Cooperativa Agrícola de Cotia fez entrar no país um contingente razoável de jovens imigran-

> tes japoneses, na maioria do sexo masculino, tendo um bom número deles se deslocado para Vargem Grande onde, em 1961, parte deles já se encontrava à frente de unidades de exploração, geralmente arrendadas. Mas parte deles ainda trabalhava como empregado nas propriedades de japoneses cooperados (...).
>
> Recentemente, na década de 1960, penetraram em Vargem Grande muitos outros brasileiros, geralmente nordestinos ou mineiros, reforçando o estoque de mão-de-obra das propriedades agrícolas de japoneses ou não (SEABRA, 1971:12-3).

O papel da Cooperativa Agrícola de Cotia foi fundamental para se estruturar a produção desta área da metrópole:

> A penetração e o desenvolvimento das atividades hortifrutigranjeiras em Vargem Grande, além de intimamente vinculadas à presença dos imigrantes japoneses e, mais tarde, aos seus descendentes também, liga-se, ainda, à presença nela da Cooperativa Agrícola de Cotia (...).
>
> Na zona de Cotia-Vargem Grande esta influência se revestiu de caráter mais marcante (...). Desde os bairros rurais existentes entre São Paulo e Cotia até Piedade, particularmente, mas também para diante, ao longo da antiga estrada do Paraná, a sua presença entre as grandes Cooperativas do Estado voltadas ao abastecimento interno de produtos hortifrutigranjeiros é significativa, monopolizando para os seus quadros, em certas áreas, aqueles que se associam a tais organizações: caso de Morro Grande, Caucaia do Alto, Vargem Grande, Ibiúna, etc. (...).
>
> A base espacial de implantação da Cooperativa Agrícola de Cotia na zona rural é a que se denomina internamente de "bairro" que costuma abrigar de 1 a 3 centenas, pouco mais pouco menos, de cooperados num espaço relativamente restrito. Cada "bairro" elege entre os seus membros um "representante" que participa de um "conselho de representantes" que funciona como órgão consultivo da direção da organização.
>
> Os "bairros" são divididos em "distritos" agrupando de 10 a pouco mais de 25 cooperados, 'distritos' estes que elegem entre seus membros (há casos de rodízio também) um representante que participa de um "conselho de bairro", órgão de ligação dos cooperados do "bairro", via "representante dos distritos", com a direção da Cooperativa.
>
> Na maioria dos "bairros" a Cooperativa mantém um depósito com um responsável (encarregado do depósito) nomeado pela direção da organização e cuja área de ação se estende ao mesmo "bairro", quando não ultrapassa os seus limites, no sentido de que o "bairro" tem um caráter comunitário amarrado à colônia japonesa, enquanto que o depósito tem um sentido mais econômico, interessando a cooperados que podem, inclusive, estar situados fora dos seus limites (SEABRA, 1971:13-15).

A Cooperativa Agrícola de Cotia-CAC também foi estudada por Seabra na década de 1970, em sua tese de doutorado. Esta cooperativa chegou a quase monopolizar a comercialização da produção hortícola que chegava a São Paulo, tendo poder para determinação de seus preços. Sua falência foi atribuída a impossibilidade de saldar sua crescente dívida. Na sua direção estiveram vários secretários do abastecimento da Cidade e da agricultura do Estado.

A pressão sobre a terra exercida pela expansão metropolitana, levou a produção hortifrutigranjeira para mais distante da metrópole: Ibiúna, Piedade, São Miguel Arcangelo, Guapiara etc.. Levou mesmo esta produção para o interior do Estado e para os estados vizinhos.

Pasquale Petrone em sua obra *Aldeamentos Paulistas* foi épico ao compreender e revelar sua tendência futura no início dos anos 1960:

> *O mundo caipira* dos arredores de São Paulo praticamente já está se tornando um fato do passado. Com seu incomum crescimento nos últimos 25 anos, a Cidade de São Paulo incorporou núcleos mais próximos, inclusive antigos aldeamentos, a exemplo de *Pinheiros e São Miguel*, ou então estimulou o desenvolvimento dos demais, de forma a transformá-los, não raro radicalmente. O *cinturão caipira*, inclusive os seus *sertões*, tornou-se rápido área pioneira do espaço urbano paulistano. Rapidamente muitas de suas áreas perderam também esse caráter, urbanizando-se por inteiro. Na condição de área pioneira, tornou-se um *cinturão de especulação imobiliária, o* loteamento sendo seu principal negócio.
>
> O processo de urbanização se verificou por intermédio do surgimento das *vilas residenciais operárias*, dos *subúrbios residenciais de* luxo (subúrbios do automóvel), das *zonas industriais*, das *áreas de recreio;* multiplicaram-se, ao mesmo tempo, as zonas de *chácaras de fim de semana*. Paralelamente, primeiro por iniciativa de portugueses e italianos, em seguida, e em grande escala, de japoneses, definiu-se um *cinturão verde* abastecedor da metrópole em produtos perecíveis, organizado em função de atividades basicamente hortigranjeiras, empregando técnicas e sistemas de valorização dos solos cansados da área, possibilitadas pela aplicação de capitais relativamente elevados, compensados pela rentabilidade da atividade em face da vizinhança de importante mercado representado pelo aglomerado paulistano.
>
> Modificaram-se as paisagens culturais. O caminhão e o automóvel substituíram cargueiros e carros de boi; velhos e modorrentos núcleos tornaram-se centros de desenvolvimento próprio a um *subúrbio*, uma *cidade-dormitório* ou uma *cidade-satélite* de São Paulo; a horta, a granja ou a chácara de flores substituíram a roça, ao mesmo tempo em que o adubo, a irrigação e a drenagem, o arado e o trator, substituíram a queimada, o chuço e a enxada; *o caipira* tornou-se sempre mais raro, submerso pela massa da população cosmopolita que do aglomerado transbordou para todas as direções; recuou quando possível, buscando uma

> sobrevivência de si e de seu modo de vida nos ângulos mais isolados. Porém, também estes começaram a ser devassados pela expansão da metrópole, e os próprios sertões foram violados. O sertão de Santo Amaro é atualmente uma das frentes mais vivas da expansão do espaço urbano, que se esgueira pelas áreas deixadas livres pelas águas das represas; o sertão de Itapecerica foi recentemente cortado pela rodovia BR2, responsável por mais um processo de expulsão de posseiros (PETRONE, 1995:378).

Os estudos de Seabra (1971 e 1977) foram prova cabal desta visão de Petrone. O doutorado de Judith de La Corte (1985) também pode comprovar a tese de seu orientador professor Pasquale Petrone, assim como os mestrados de seus orientandos: Amália Inês Geraiges de Lemos (1972), Maria Niedja Leite de Oliveira (1972), Lenyra Rique da Silva (1972), Tércia Correia Cavalcante (1979) e Cleonice Alexandre Le Bourlegat (s./d.).

Do Mercado Central ao Ceagesp

A partir dos anos 1960, o Mercado Central e a área cerealista passaram a apresentar estrangulamento quer no volume da comercialização, quer no congestionamento do trânsito naquela parte da Cidade. No governo Carvalho Pinto foi iniciada a construção do entreposto atacadista Ceasa localizado na Vila Leopoldina, zona oeste da Cidade. Mesmo assim, o Mercado Central que possui mais de 300 boxes de venda, continua operando no atacado e varejo.

O Mercado Central foi várias vezes reformado, e passa agora em 2004, por mais uma reforma, que será entregue a cidade como parte das comemorações dos 450 anos de São Paulo. Possui 2.600 m² de área construída, tem 1.600 funcionários, comercializa 350 toneladas de alimentos por dia, recebe uma média diária de 14 mil visitantes, e finalmente, receberá um mezanino com restaurantes. [4]

Da rua da Cantareira cada vez mais, ficou registrada apenas a lembrança de onde partia o "Tramway da Cantareira" (MENDES, 1958:215) (depois transformado em um dos ramais da E.F.Sorocabana) (PENTEADO, 1958:41) que virou hino popular da Cidade nos versos de Adoniran Barbosa o "Trem das onze":

> Não posso ficar/
> Nem mais um minuto com você/
> Sinto muito, amor/
> Mas não pode ser/

Moro em Jaçanã/
Se eu perder este trem/
Que sai agora as onze horas.../
Só amanhã de manhã ...[5]

O Ceasa-Centro Estadual de Abastecimento S.A. teve que ser inaugurado as pressas em 1966, quando uma enchente inundou a região dos mercados Central e o da Cantareira. Coube ao então governador Adhemar de Barros, o ato de transferência da comercialização do atacado de alimentos para a Vila Leopoldina. A resistência à mudança fez com que até hoje permanece no Mercado Central um setor de atacado. Em maio de 1969, foi criada a Ceagesp-Companhia de Entrepostos e Armazéns Gerais de São Paulo, resultado da fusão do Ceasa (Centro Estadual de Abastecimento S.A.) e da Cagesp (Companhia de Armazéns Gerais do Estado de São Paulo). Superado apenas pelos mercados de Paris e Nova York, tornou-se o terceiro centro de comercialização de perecíveis do mundo e o maior da América Latina.

A Ceagesp é uma empresa vinculada desde 1997 ao Ministério da Agricultura. Com uma área de 700 mil m² na Vila Leopoldina concentra

> (...) a comercialização de mais de 10 mil toneladas de alimentos por dia – que abastece 60% da Grande São Paulo e parte do País –, além de 40 mil toneladas de flores por ano. Os negócios realizados por quatro mil permissionários somam R$ 6 milhões/dia. Em 1970, a Ceagesp desenvolveu os primeiros silos horizontais do País, cuja construção era 40% mais barata que os convencionais. Depois do primeiro frigorífico, a empresa construiu silos horizontais de grande capacidade acoplados a graneleiros. Em geral, a rede abrigava os estoques reguladores do governo federal, comprados em vários Estados e armazenados perto de São Paulo. Em 1979, a Ceagesp partiu para a descentralização. Em julho, inaugurou em São José do Rio Preto a primeira Ceasa no Interior. Até 1983, construiu dez Ceasas no Estado perto dos pólos de produção e consumo. Nos anos 1980, a empresa investiu no atendimento ao consumidor. No final de 1979, criou o primeiro varejão com produtos frescos a preços controlados. Em 1983 vieram os sacolões para vender legumes e verduras por quilo a preço único. Em 1984, surgiram os comboios, os mini-varejões. Em 2004 são 32 varejões, dois sacolões e 14 comboios na Grande São Paulo, que comercializam 4.500 toneladas/mês. A partir de 1986, os armazéns passaram a abrigar açúcar ensacado, por conta da expansão da cultura de cana-de-açúcar que, ao lado da laranja, assumiu a liderança da agricultura paulista. De 1993 a 1994, a Ceagesp de modo pioneiro adaptou graneleiros para armazenar açúcar a granel e *pellets* cítricos.[6]

Dessa forma, pelo volume que comercializa a Ceagesp tornou-se centro formador de preços do setor hortifrutigranjeiro do país. Suas cotações são publicadas diariamente nos cadernos econômicos dos principais jornais da Cidade de São Paulo. Entre elas estão as cotações em suas diferentes classificações das frutas, legumes, verduras, diversos (alho, batata, cebola, milho pipoca e ovos) e pescado.

A última grande inovação no mercado brasileiro foi a entrada em funcionamento do principal centro de comercialização de flores e plantas do Brasil, o Veiling Holambra. Ele se constitui em um leilão de baixa eletrônico e por *Internet*, que é responsável pela comercialização de aproximadamente 35% do mercado nacional de flores e plantas. Concentrando a produção de cerca de 260 fornecedores da macro região de Holambra e outras regiões produtoras, que distribuem seus produtos através de 225 empresas de pequeno, médio e grande porte, para todo o território nacional e Mercosul. [7]

Da Bolsa de Cereais à Bolsa de Mercadorias e de Futuro

A origem da Bolsa de Cereais de São Paulo está na fundação em 1923 do "Centro do Comércio do Pari". Depois sua denominação passou para "Centro do Comércio de São Paulo" e, só posteriormente, para Bolsa de Cereais de São Paulo. Em seus Pregões, reunem-se diariamente os interessados no comércio atacadista de cereais e demais gêneros alimentícios para efetuarem transações no no mercado disponível. Possui corretores de vendas e também dispõe de serviços de classificação.

È uma Bolsa que, mesmo conhecendo no passado períodos de muita atividade, tem se mantido de forma discreta no comércio atacadista de São Paulo. Em seus pregões diários também divulgados pelos principais jornais da Cidade, comercializa arroz, batata, café, cebola, milho, cangica, fubá, quirera, farelo de milho, soja, óleo e farelo de soja, feijão, farinha de mandioca, milho pipoca, alpiste, canela, cravo da Índia, erva-doce, ervilha, feijão branco, girassol, grão de bico, lentilha, orégano, painso, pimenta do reino, trigo em grão, farinha de trigo, produtos suinos (carcaça, *carret*, lombo, paleta, pernil, toucinho) defumados (*bacon*, banha, salame) embutidos (linguiça, mortadela) frios (presuntada, presunto) e salgados (barriga, carne, costela, orelha, pé).

A Bolsa de Mercadorias de São Paulo (BMSP) foi criada em 26 de outubro de 1917 por um grupo de empresários paulistas, ligados à exportação, ao comércio e à agricultura. Foi a primeira bolsa de mercadorias no Brasil que introduziu operações a termo, e alcançou tradição na negociação de contratos agropecuários (café, algodão e boi gordo). [8]

Já em julho de 1985, foi fundada a Bolsa Mercantil & de Futuros, a BM&F. Em 31 de janeiro de 1986, seus pregões passaram operar e conquistou posição de destaque em relação as demais, porque passou a oferecer à negociação produtos financeiros em diversas modalidades operacionais. Entretanto, em 9 de maio de 1991, a Bolsa Mercantil & de Futuros-BM&F e a Bolsa de Mercadorias de São Paulo-BMSP unificaram as suas atividades operacionais fazendo nascer a Bolsa de Mercadorias & Futuros-BM&F. Em 30 de junho de 1997, a BM&F uniu-se a Bolsa Brasileira de Futuros (BBF), que havia sido consituida em 1983 no Rio de Janeiro. O objetivo principal da fusão foi o fortalecimento do mercado nacional de *commodities* e a consolidação da BM&F como o principal centro de negociação de derivativos do Mercosul. [9]

Desde 22 de outubro de 2002, organizou a Bolsa Brasileira de Mercadorias (BM&F mais e as bolsas de mercadorias dos estados de Goiás, Mato Grosso do Sul, Minas Gerais, Paraná e Rio Grande do Sul e da Cidade de Urberlândia-MG). O objetivo foi aquele de formar um grande mercado nacional para as commodities agropecuárias, com mecanismos modernos de formação de preços e sistema organizado de comercialização. [10]

A Bolsa de Mercadorias e Futuros opera com os seguintes sistemas:

• Futuro: em que as partes assumem compromisso de compra e/ou venda para liquidação (física e/ou financeira) em data futura, contando com o ajuste diário do valor dos contratos, que é o mecanismo que possibilita a liquidação financeira diária de lucros e prejuízos das posições;

• Termo: semelhante ao mercado futuro, em que é assumido compromisso de compra e/ou venda para liquidação em data futura. No mercado a termo, porém, não há ajuste diário nem intercambialidade de posições, ficando as partes vinculadas uma à outra até a liquidação do contrato;

• Opções sobre Disponível: em que uma parte adquire de outra o direito de comprar – opção de compra – ou vender – opção de venda – o instrumento-objeto de negociação, até ou em determinada data, por preço previamente estipulado;

• Opções sobre Futuro: em que uma parte adquire de outra o direito de comprar – opção de comprar – ou vender – opção de venda – contratos futuros de um ativo ou *commodity*, até ou em determinada data, por preço previamente estipulado;

• *Swaps* com Ajustes Diários: esses instrumentos, que foram criados especialmente pela BM&F para permitir a negociação da taxa de cupom cambial para datas específicas, são utilizados pelo Banco Central do Brasil na rolagem do *hedge* cambial oferecido ao mercado. As ofertas do Banco Central ocorrem via leilão e podem ter a posição criada em data futura, quando ocorre o início de sua valorização. Isso possibilita melhor administração dos vencimentos pela autoridade monetária e programação pelo mercado. Por ter ajuste diário, esses *swaps* exigem margem inferior à dos *swaps* de balcão e admitem consolidação com outros contratos financeiros de risco simétrico e que sejam ajustados diariamente;

• Opções Flexíveis: semelhantes às opções de pregão (sobre disponível e sobre futuro), com a diferença de que são as partes que definem alguns de seus termos, como preço de exercício, vencimento e tamanho do contrato. São negociadas em balcão e registradas na Bolsa via sistema eletrônico, com as partes também determinando se o contrato de opção de compra ou de venda terá ou não a garantia da BM&F;

• *Swaps:* como as opções flexíveis, são contratos negociados em balcão e registrados na BM&F via sistema eletrônico. Nesse caso, as partes trocam um índice de rentabilidade por outro, com o intuito de fazer *hedge*, casar posições ativas com posições passivas, equalizar preços, arbitrar mercados ou até alavancar posições. Para tanto, devem escolher a combinação de variáveis apropriada a sua operação e definir preço, prazo e tamanho, optando igualmente pela garantia ou não da Bolsa;

• Disponível (a vista ou *spot*): modalidade reservada apenas a alguns ativos ou commodities, cujos contratos têm liquidação imediata. Com isso, a Bolsa pretende, ao mesmo tempo, fomentar os mercados futuros e de opções, por meio da formação transparente de preços que resulta da negociação a vista, e colaborar para o desenvolvimento dos mercados físicos dos produtos-objeto de seus contratos;

• Operações estruturadas, que permitem a negociação de estratégias que incluem dois ou mais contratos – futuros e opções – ou uma combinação entre eles. Trata-se de estratégias cuja execução se torna bastante complexa caso se opte por negociá-las contrato por contrato, o que se traduz em alto risco operacional. Ao se negociar a estratégia completa por intermédio de uma única apregoação – com os procedimentos de quebra entre os contratos envolvidos realizados automaticamente pela BM&F –, elimina-se esse risco e aumentam-se a liquidez e a eficiência das operações de *hedge*. Dentre as operações estruturadas estão as de volatilidade de índice de ações, de taxa de câmbio e de taxa de juro, *os forward rate agreements* e os *forward points* (por exemplo, a negociação do futuro de taxa de câmbio com diferencial em relação à cotação *spot*). [11]

Entre as commodities oriundas da agropecuária comercializadas na Bolsa de Mercadorias e Futuros estão o álcool anidro, boi gordo, bezerro, milho, café, açúcar e soja. Localizada no centro velho de São Paulo, a Praça Antonio Prado comanda parte do processo de comercialização de alimentos do Brasil. Responsável pela introdução do mercado futuro na comercialização das *commodities* agropecuárias, alinha São Paulo e o país às bolsas de mercadorias do mundo.

Dessa forma, São Paulo ganha mais esta característica de metrópole mundial. É, portanto, por este processo moderno de comercialização de alimentos que o Brasil ingressa na lógica mundial da circulação das mercadorias do capitalismo igualmente mundial. Assim, São Paulo torna-se mundial e o mundo passa a pulsar em São Paulo.

Da Cidade dos bairros e subúrbios rurais, pouco sobrou lá nos confins do "sertão" de Santo Amaro, Parelheiros e Marsilac são seus últimos redutos. As Terras Indígenas Guarani demarcadas pela Funai, o Parque da Serra do Mar, são a garantia de que o sertão agora de São Paulo está finalmente preservado para as gerações futuras. Às gerações que aqui cresceram nestes últimos 50 anos, resta a declaração de amor a este "mundão" de Cidade como a denomina o povo pobre que aqui vive, pelos versos deste imortal Tom Zé, único ausente nas comemorações dos 450 anos de São Paulo:

> São, São Paulo quanta dor/
> São, São Paulo meu amor/
> São oito milhões de habitantes/
> De todo canto e nação/
> Que agridem cortesmente/
> Correndo a todo vapor/
> Se abraçam com tanto ódio/
> Se odeiam com tanto amor/
> São oito milhões habitantes/
> Aglomerada solidão/
> Com mil chaminés e carros/
> Gazeados a prestação/
> Porém com todo defeito/
> Te carrego no meu peito/
> São, São Paulo quanta dor/
> São, São Paulo meu amor...[12]
> (São Paulo 2004, ano de seus 450 anos)

Notas

[1] Informações consultadas na *Internet*, no *site* http://www.bmsp.gov.br.

[2] Angelino Oliveira, "Tristeza do Jeca" ,in: Na beira da Tuia de Tonico e Tinoco, CD Chantecler Warner Music Brasil, São Paulo, 1994.

[3] Renato TEIXEIRA, "Romaria", Kuarup Discos, São Paulo, CD gravado em 1997.

[4] Informações disponíveis na *Internet* no *site* www.semab.gov.br

[5] Adoniran Barbosa, "Trem das Onze", in: História da Música Popular Brasileira, vol. 45, Abril Cultural, São Paulo, 1972.

[6] Informações disponíveis na *Internet*, no *site* http://www.ceagesp.gov.br.

[7] Informações disponíveis na *Internet*, no *site* http://www.veilingholambra.com.br.

[8] Informações disponíveis na *Internet*, no *site* http://www.bmsp.com.br.

[9] Informações disponíveis na *Internet*, no *site* http://www.bmf.com.br.

[10] Informações disponíveis na *Internet*, no *site* http://www.bmf.com.br.

[11] Informações disponíveis na *Internet*, no *site* http://www.bm&f.org.br.

[12] Tom Zé, "São, São Paulo", Artistas Unidos- Rozemblit, Recife-PE, 1968.

Bibliografia

AZEVEDO, Aroldo. "São Paulo, Cidade Trimilionária". In: *A Cidade de São Paulo*, volume I. São Paulo, Ed. Nacional, 1958.

_______________. "Itaquera e Poá, Subúrbios Residenciais". In: *A Cidade de São Paulo*, volume IV. São Paulo, Ed. Nacional, 1958.

BRANDÃO, Carlos Rodrigues. *Os Caipiras de São Paulo*. São Paulo, Brasiliense, s./d.. (Coleção Tudo é História).

CANDIDO, Antonio. *Os Parceiros do Rio Bonito*. São Paulo, Livraria Duas Cidades, 1975.

CAVALCANTE, Tércia Correia. *Barueri e sua Participação no Conjunto Da Faixa Periférica Da Metrópole Paulistana*. Dissertação de Mestrado, apresentada ao Departamento de Geografia da Faculdade de Filosofia, Letras e Ciências Humanas-FFLCH da Universidade de São Paulo-USP. São Paulo, fotocópia, 1979.

COSTA, Emília VIOTTI. "Cotia e Itapecerica da Serra, Subúrbios Agrícolas". In: *A Cidade de São Paulo*, volume III. São Paulo, Ed. Nacional, 1958.

LA CORTE, Judith. *Contribuição ao Estudo do Abastecimento da Cidade de São Paulo em Produtos Hortifrutícolas*. São Paulo, IGEOG-USP, 1985. (Série Teses e Monografias nº 31).

LANGENBUCH, Juergen R.. *A Estruturação da Grande São Paulo*. Rio de Janeiro, IBGE, 197?.

LE BOURLEGAT, Cleonice Alexandre. *A Cidade de Salesópolis e Suas Relações com a Metrópole*. Dissertação de Mestrado, apresentada ao Departamento de Geografia da Faculdade de Filosofia, Letras e Ciências Humanas-FFLCH da Universidade de São Paulo-USP. São Paulo, fotocópia, s./d..

LEMOS, Amália, G.. *Cotia e sua participação no conjunto da faixa periférica da metrópole paulista*. Dissertação de Mestrado, apresentada ao Departamento de Geografia da Faculdade de Filosofia, Letras e Ciências Humanas-FFLCH da Universidade de São Paulo-USP. São Paulo, fotocópia, 1972.

MARTINS, A. Egídio. *São Paulo Antigo*, volume 1. Apud: MÜLLER, Nice Lecoq. "A Área Central da Cidade". In: *A Cidade de São Paulo*, volume III. *São* Paulo, Ed. Nacional, 1958.

MARTINS, José de Souza. *Capitalismo e Tradicionalismo*. São Paulo, Livraria Pioneira Editora, 1975.

MATTOS, Odilon Nogueira de. "São Paulo no Século XIX". In: *A Cidade de São Paulo*, volume II. São Paulo, Ed. Nacional, 1958.

MENDES Renato Silveira. "Os Bairros da Zona Norte e os Bairros Orientais". in: *A Cidade de São Paulo*, volume III. São Paulo, Ed. Nacional, 1958.

MILANO, Miguel. *Os Fantasmas da São Paulo Antiga*, . Apud: MÜLLER, Nice Lecoq. "A Área Central da Cidade". In: *A Cidade de São Paulo*. São Paulo, Ed. Nacional, 1958.

MÜLLER, Nice Lecoq. "A Área Central da Cidade". In: *A Cidade de São Paulo*, volume III. São Paulo, Ed. Nacional, 1958.

OLIVEIRA, Maria Niedja Leite de. *Embú e Sua Participação no Conjunto de Faixa Periférica da Metrópole Paulistana*. Dissertação de Mestrado, apresentada ao Departamento de Geografia da Faculdade de Filosofia, Letras e Ciências Humanas-FFLCH da Universidade de São Paulo-USP. São Paulo, fotocópia, 1972.

PENTEADO, Antonio Rocha. "Os Subúrbios de São Paulo e Suas Funções". In: *A Cidade de São Paulo*, volume IV. São Paulo, Ed. Nacional, 1958.

PETRONE, Pasquale. *Aldeamentos Paulistas*. São Paulo, Edusp, 1995.

SAINT-HILAIRE Auguste de. *Viagem à Província de São Paulo*, tradução brasileira de Rubens Borba de Morais. São Paulo, Livraria Martins, 1940. Apud: MÜLLER, Nice Lecoq. "A Área Central da Cidade". In: *A Cidade de São Paulo*, volume III. São Paulo, Ed. Nacional, 1958.

SANT'ANNA, Muto. *São Paulo Histórico*. S./l., s./e., s./d.. Apud: MÜLLER, Nice Lecoq. "A Área Central da Cidade". In: *A Cidade de São Paulo*, volume III. São Paulo, Ed. Nacional, 1958.

SEABRA, Manoel F. G. *Vargem-Grande: Organização e Transformações de Um Setor do Cinturão Verde Paulistano*. São Paulo, IGEOG-USP, 1971. (Série Teses e Monografias nº 4).

________________. As Cooperativas Mistas do Estado de São Paulo. São Paulo, IGEOG-USP, 1977. (Série Teses e Monografias nº 30).

SILVA, Lenyra Rique da. *A Cultura da Batata no Estado de São Paulo e Seus Problemas*. Dissertação de Mestrado, apresentada ao Departamento de Geografia da Faculdade de Filosofia, Letras e Ciências Humanas-FFLCH da Universidade de São Paulo-USP. São Paulo, fotocópia, 1972.

ZENHA, Edmundo, "A Colônia Alemã de Santo Amaro". *Revista do Arquivo Municipal*, São Paulo, vol. CXXXII, pp. 47-142, s./d.. Apud: PENTEADO, Antonio Rocha. "Os Subúrbios de São Paulo e Suas Funções". In: *A Cidade de São Paulo, volume IV. São Paulo, Ed. Nacional, 1958.*

CAPÍTULO 2

A PERSPECTIVA AMBIENTAL

GESTÃO DAS ÁGUAS METROPOLITANAS

Wagner Costa Ribeiro

Buscar qualidade de vida nos grandes centros urbanos é um dos desafios contemporâneos. O crescente aumento das áreas metropolitanas no mundo tem sido maior em países de renda média e baixa, onde a concentração da riqueza produz ambientes sofisticados, dotados de toda infra-estrutura e, também, os mais insalubres e desumanos das cidades da Terra.

Temas como o destino final de resíduos sólidos, abastecimento hídrico, saneamento básico, fornecimento de energia e a poluição, em suas diversas formas de manifestação, exigem a reflexão integrada de pesquisadores, de políticos, de movimentos sociais e de cidadãos. Do contrário, será difícil encontrar soluções viáveis pela melhoria da qualidade de vida da população de baixa renda, a ampla maioria que vive em grandes aglomerações humanas de países de industrialização tardia e que apresentam índices de urbanização extremamente elevados, como é o caso das metrópoles brasileiras.

Entender políticas públicas implementadas nessas áreas é uma necessidade imperiosa. Financiadas com recursos nacionais e externos, infelizmente, parte delas não conseguiu atingir seus objetivos.

A Região Metropolitana de São Paulo – RMSP – enfrenta dificuldades quanto ao uso e à gestão dos recursos hídricos, além dos outros problemas citados acima. Este trabalho tem como meta analisar políticas destinadas ao abastecimento hídrico da RMSP apresentando o funcionamento dos organismos de gestão territorial criados na última década.

Será exposto um quadro da distribuição e consumo dos recursos hídricos, o funcionamento do Comitê de Bacia do Alto Tietê e da Fundação Agência de Bacia do Alto Tietê, criados para a gestão dos recursos hídricos na maior metrópole da América do Sul.

Distribuição e consumo da água

Como em todo o mundo, a água entra em diversas etapas da vida na Grande São Paulo. Ela passa por dutos industriais, tornando-se um importante insumo para a produção. Apesar da elevada urbanização na RMSP, a água é usada por irrigantes que cultivam e transportam hortaliças e frutas do cinturão verde para o Centro da metrópole. A geração de energia também demanda água por meio de usinas hidrelétricas. Por fim, a água é usada para lazer, por um pequeno contingente populacional.

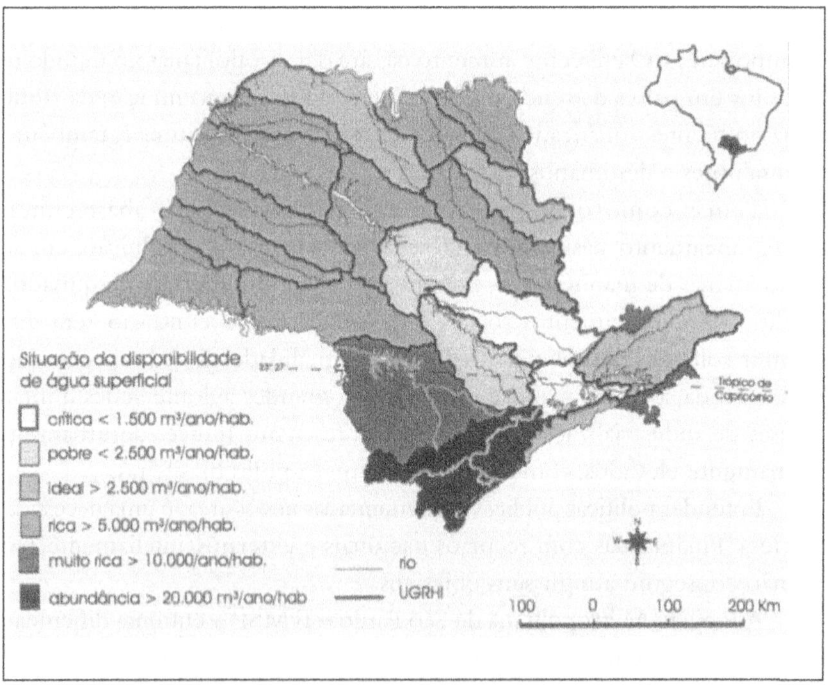

| Figura 1 | Disponibilidade de água superficial. *Fonte:* COMITÊ DE BACIA HIDROGRÁFICA DO ALTO TIETÊ, 2002.

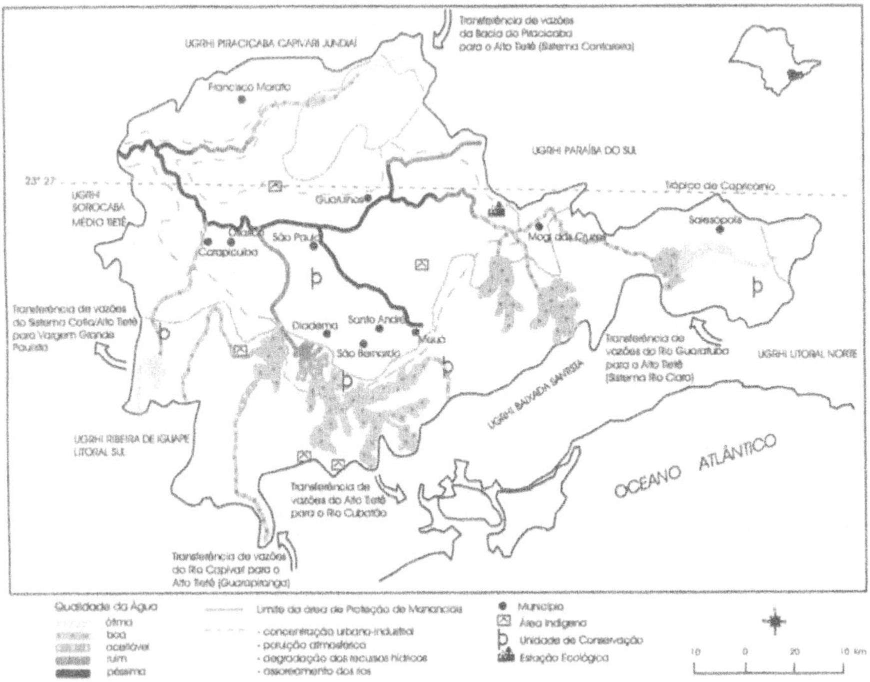

|Figura 2| Qualidade da água na Região Metropolitana de São Paulo. *Fonte:* SECRETARIA DO MEIO AMBIENTE, SECRETARIA DE RECURSOS HÍDRICOS, SANEAMENTO E OBRAS, 1997.

Mas o principal uso da água é o abastecimento humano, para higiene pessoal, para saciar a sede e para preparar alimento. A população da RMSP, cerca de 17 milhões de habitantes em 2003, distribui-se por uma área de 5985 km^2. O volume de água usado na região metropolitana era de aproximadamente 66 m^3/s em 2003. Esse montante torna a situação crítica, conforme indicam os mapas 1 e 2.

Esse cenário não decorre da pluviosidade nem do clima. Os valores médios de chuva na RMSP chegam a 1400 mm anuais. Porém, a distribuição das chuvas não é uniforme pelas diversas sub-bacias (mapa 3), como indica o quadro 1.

Observa-se que as áreas dos subcomitês Billings/Guarapiranga são as que apresentam maiores incidências de chuvas (média de 2500 e 1528 mm/ano, respectivamente). Entretanto, essas sub-bacias integradas a outros sistemas de captação de água são responsáveis por cerca de 14m^3/s, ou seja, cerca de 21% do volume total de água disponível na RMSP (quadro 2).

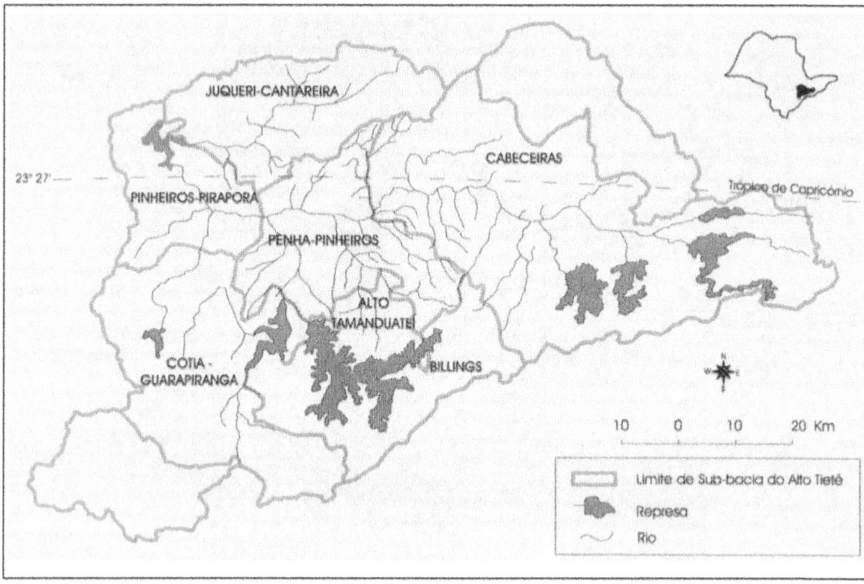

| Figura 3 | Distribuição das chuvas na RMSP. *Fonte:* COMITÊ DE BACIA HIDROGRÁFICA DO ALTO TIETÊ, 2002.

| Quadro 1 | Chuvas médias nas sub-bacias

Sub-bacia	Precipitação média (mm/ano)	Área de drenagem (km²)
Cabeceiras	1411	1694
Billings	2500	695
Tamanduateí	1415	330
Penha-Pinheiros	1438	1019
Cotia	1415	263
Guarapiranga	1528	702
Juqueri-Cantareira	1440	713
Pinheiros-Pirapora	1333	569

Fonte: COMITÊ DE BACIA HIDROGRÁFICA DO ALTO TIETÊ, 2002.

| Quadro 2 | Disponibilidade de água (2000)

Manancial	Disponibilidade (m^3)
Cantareira	31,3
Guarapiranga/Billings	14,3
Alto Tietê	8,0
Rio Grande	4,2
Rio Claro	3,6
Alto Cotia	0,9
Baixo Cotia	0,6
Ribeirão da Estiva	0,1
Total	63,0

Fonte: COMITÊ DE BACIA HIDROGRÁFICA DO ALTO TIETÊ, 2002.

Esse paradoxo decorre da concepção original dos reservatórios da Guarapiranga e Billings, que foram criados em 1907 e 1924, respectivamente, para viabilizar a produção energética. O represamento do rio Guarapiranga objetivava regular a vazão do rio Tietê para abastecer a Usina Hidrelétrica Edgar de Souza, que fica em Santana do Parnaíba. A retenção de água do Rio Grande originou a Billings, cuja água destinava-se a mover as turbinas da Usina Hidrelétrica de Henri Borden, localizada em Cubatão, no litoral.

Esses dois reservatórios ocupam parte expressiva do território da RMSP: 33,9 km^2 – Guarapiranga, e 130 km^2, Billings. Porém, os imensos corpos d'água encontrados na Grande São Paulo não podem ser plenamente utilizados para abastecimento humano. Durante décadas receberam elevada carga poluidora de indústrias e esgoto doméstico sem tratamento, o que degradou as águas reservadas.

Os sistemas coletores de água na RMSP

O grave quadro de disponibilidade dos recursos hídricos na metrópole de São Paulo desperta preocupação. Presume-se o agravamento de focos de tensão que já aparecem, por exemplo, entre os municípios da bacia do rio Piracicaba com os da RMSP, da onde, em 2003, era retirado cerca de 30 m^3/s de água para o Sistema Cantareira.

Esse sistema é responsável por pouco mais da metade da água da RMSP, atendendo à zona Norte da RMSP integralmente e às zonas Central, Leste e Oeste, parcialmente. Uma série de rios tem seu curso revertido para que a água chegue até a Estação de Tratamento do Guaraú, de onde ela segue, por gravidade, aos pontos de abastecimento. São eles: Atibaia, Cachoeirinha, Jacareí, Jaguari e Juqueri. A água desses rios concentra-se no Reservatório Águas Claras, sendo elevada por um sistema de bombeamento que fica na Usina Elevatória de Santa Inês de onde a água parte para o Guaraú.

O Sistema Cantareira é o maior exemplo de que é preciso uma análise regional mais ampla para se propor uma gestão das águas metropolitanas em São Paulo. Ao retirar água da Bacia do rio Piracicaba, acaba deixando em situação difícil os municípios à jusante da captação. Resultado: falta água para a população desses municípios. Além disso, parte dos rios citados tem nascentes em área que pertence ao Estado de Minas Gerais, indicando que é preciso analisar a gestão dos recursos hídricos na RMSP em escala federal. As constantes reclamações da população que vive em municípios abaixo da captação geram pressão sobre a Companhia de Saneamento Básico do Estado de São Paulo-Sabesp, responsável pelo abastecimento na Grande São Paulo e em parte dos municípios à jusante.

Outro sistema que integra a rede de coleta e distribuição de água na RMSP é o Guarapiranga. Ele fornece cerca de 12m3/s de água para as zonas Oeste, Central e Sul, que passam pela Estação de Tratamento de Água do Alto da Boa Vista. Além das águas do rio Guarapiranga, que fornece $10m^3/s$, recebe cerca de $1m^3/s$ de água do rio Capivari, que tem seu curso desviado para o reservatório.

Desde 2000, com muita polêmica, a represa de Guarapiranga passou a contar também com $2m^3/s$ de água do braço Taquacetuba da Billings, volume que pode chegar a $4m^3/s$, caso seja necessário. A discórdia surgiu por parte de ambientalistas que questionaram a qualidade da água da Billings, que durante décadas recebeu água poluída do rio Tietê pelo rio Pinheiros, que teve seu curso revertido até 1992, para manter a demanda de água da Usina Henry Borden. Atualmente a reversão do Pinheiros só é realizada para regular cheias, conforme prevê a Constituição Paulista.

O sistema Rio Grande é formado pelo braço rio Grande da represa Billings e abastece os municípios de Santo André, São Caetano do Sul, Diadema e, principalmente, São Bernardo do Campo. A água é tratada na Estação de Tratamento de Água do Rio Grande. O volume de água fornecido pelo sistema Rio Grande é de pouco mais de 4m³/s.

O sistema Cotia apresenta a pior capacidade de fornecimento de água entre todos da RMSP. Ele é composto pelas barragens Pedro Beicht e Graça, que desviam água para a Estação de Tratamento de Água do Alto Cotia, e pela represa Isolina, que a transfere para a Estação de Tratamento de Água do Baixo Cotia. Cada sub-sistema do Cotia fornece, respectivamente, 1,4 e 1,1m³/s de água. Para tentar regularizar o fornecimento foi construída a Usina Elevatória Butantã, que desde 2000 aduz cerca de 800l/s da represa do Guarapiranga ao sistema Cotia.

O baixo Cotia distribui água para os municípios de Barueri, Carapicuíba (parcialmente), Itapevi e Jandira. Já os municípios de Cotia, Embu, Embu-Guaçu, Itapecerica da Serra e Vargem Grande Paulista (que não integra a RMSP), abastecidos pelo Alto Cotia, enfrentam escassez de água com muita freqüência. É comum a adoção do "rodízio", proposto pela Sabesp, que consiste em manter a distribuição de água em determinado período e parar o fornecimento por igual período para conter o uso da água. Em 2003 essa alternativa foi aplicada com intervalos de 36 horas, ou seja, a cada 36 horas a água não chegava aos pontos de distribuição. A população de baixa renda, que não dispõe de reservatórios, acaba sendo a mais prejudicada. Além de ficar sem água, tem que buscá-la em pontos afastados de sua moradia. Essa alternativa também é usada em outros sistemas de abastecimento de água da RMSP.

O sistema Rio Claro fornece cerca de 3,3m³/s para os municípios de Mauá, Ribeirão Pires, Santo André (parcialmente) e São Paulo (também parcialmente). Ele recebe água do reservatório Rio Claro e a que é transposta de outros reservatórios, como o Poço Preto e Guaratuva.

O sistema Alto Tietê é formado por uma complexa rede de distribuição de água. Ele integra os reservatórios Ponte Nova, Paraitinga, Biritiba, Jundiaí e Taiaçupeba. As águas do Ponte Nova e do Paraitinga chegam ao leito do rio Tietê onde são recalcadas para o reservatório Biritiba. Desse ponto, seguem por gravidade, passando pelo Jundiaí até chegarem ao Taiaçupeba. Esse conjunto de canais e reservatórios disponibiliza no Taiaçupeba 4,4m³/s, que fornece água para Arujá, Ferraz de Vasconcelos, Itaquaquecetuba, Mogi das Cruzes, Poá, São Paulo (parcialmente) e Suzano. O destaque desse sistema é que parte da água é usada por irrigantes da região de Mogi, que produzem hortaliças para a RMSP.

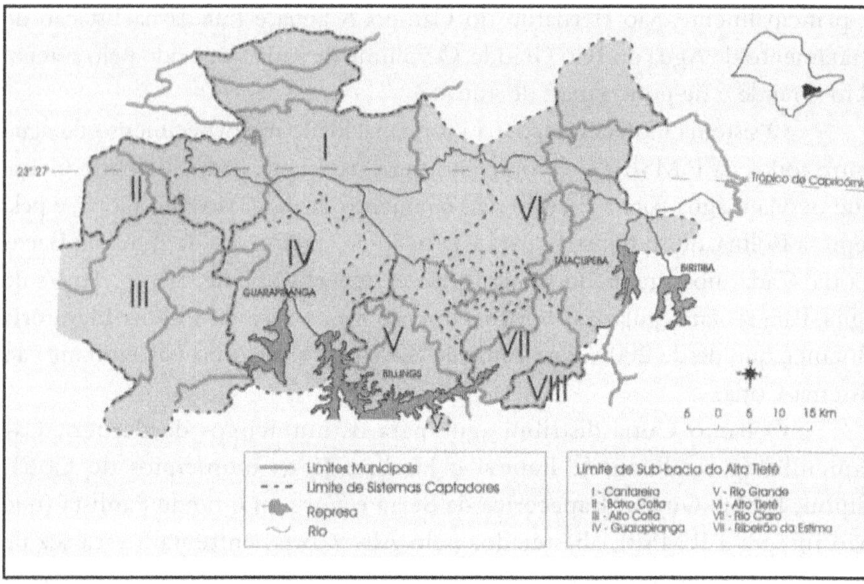

| Figura 4 | Situação atual do sistema integrado. *Fonte:* COMITÊ DE BACIA HIDROGRÁFICA DO ALTO TIETÊ, 2002.

Por fim, cabe citar o sistema Ribeirão da Estiva, que atende ao Município de Ribeirão Pires a uma vazão de cerca de 0,1m³/s.

O mapa 4 sintetiza a distribuição da água na RMSP por sistema captador.

Esse conjunto de sistemas de captação de água é operado pela Sabesp, uma empresa de economia mista mas com comando do governo estadual. Porém, a gestão da água ficou a cargo do Comitê da Bacia Hidrográfica do Alto Tietê-Cbhat, desde 1994 o gerente da escassez da água doce na RMSP.

O Comitê

O Cbhat integra uma rede de instâncias gestoras regionais que compõem o Sistema Integrado de Gerenciamento dos Recursos Hídricos do Estado de São Paulo - SIGRH, criado pela lei 7663/91. O caráter inovador desse sistema influenciou a estrutura federal e a diversas outras unidades da federação.

Os propositores do SIGRH inspiraram-se no modelo francês, adotando a bacia hidrográfica como unidade de planejamento e gestão[1]. Se essa unidade de planejamento atende bem à gestão das águas superficiais o mesmo não pode ser escrito em relação às águas subterrâneas. Muitos aqüíferos têm sua extensão superior à dos limites de uma bacia, o que dificulta o entendimento para a definição de políticas que possibilitem sua utilização e conservação.

O SIGRH prevê a constituição de colegiados com representantes dos governos estadual e municipais, que integram a bacia, e da sociedade civil. A distribuição dos membros dos Comitês deve ser paritária, o que nem sempre é verificado. A água é considerada escassa e passível de ser cobrada, embora seja considerada um bem público.

Além dos Comitês de bacia, existe o Conselho Estadual dos Recursos Hídricos-CRH, instância máxima para deliberação de políticas públicas concernentes à gestão da água. Cada comitê reúne uma ou mais Unidades de Gerenciamento de Recursos Hídricos-Ugrhi. Foram definidas 22 dessas unidades para o estado de São Paulo. [2]

Cabe ao CRH definir políticas públicas por meio da elaboração do Plano Estadual dos Recursos Hídricos, resultado da contribuição dos relatórios oriundos dos Comitês de bacia. Mas a implementação das políticas ficou a cargo de órgãos estaduais, como a Secretaria Estadual do Meio Ambiente-SMA e o Departamento de Águas e Energia Elétrica de São Paulo-DAEE. Essas e outras organizações do estado de São Paulo orientam o Comitê Coordenador do Plano Estadual dos Recursos Hídricos-Corhi, instância técnica do Sigrh.

Entre os objetivos do Cbhat estão a discussão do plano de bacia, que deve coordenar os trabalhos de conservação, proteção e recuperação dos recursos hídricos e apresentar um relatório anual da situação da água na bacia.

Integram o Cbhat 48 membros, sendo 16 de órgãos estaduais, 16 de diversos segmentos organizados da sociedade civil e 36 municípios, divididos em 5 subcomitês:

I – Sub-comitê Cotia-Guarapiranga:

- Município de Cotia;
- Município de Embu;
- Município de Taboão da Serra;
- Município de Itapecerica da Serra;

- Município de Embu-Guaçu;
- Município de São Paulo;
- Município de São Lourenço da Serra;
- Município de Juquitiba.

II – Sub-comitê Billings-Tamanduateí:
- Município de Santo André;
- Município de São Bernardo do Campo;
- Município de São Caetano do Sul;
- Município de Diadema;
- Município de Mauá;
- Município de Ribeirão Pires;
- Município de Rio Grande da Serra;
- Município de São Paulo.

III – Sub-comitê Tietê-Cabeceiras:
- Município de Mogi das Cruzes;
- Município de Ferraz de Vasconcelos;
- Município de Itaquaquecetuba;
- Município de Poá;
- Município de Suzano;
- Município de Biritiba Mirim;
- Município de Salesópolis;
- Município de Guarulhos;
- Município de Arujá;
- Município de São Paulo.

IV – Sub-comitê Juquerí-Cantareira:
- Município de Cajamar;
- Município de Francisco Morato;
- Município de Franco da Rocha;
- Município de Caieiras;
- Município de Mairiporã;
- Município de São Paulo.

V – Sub-comitê Pinheiros-Pirapora:
- Município de Pirapora do Bom Jesus;
- Município de Santana do Parnaíba;

- Município de Itapevi;
- Município de Barueri;
- Município de Osasco;
- Município de Carapicuíba;
- Município de Jandira;
- Município de São Paulo.

Cada sub-comitê deve elaborar seu plano de ação que vai orientar o Plano de Bacia do Alto Tietê. Além disso, eles podem criar Câmaras Técnicas que visam discutir propostas de ação e prioridades dos investimentos captados junto ao Fundo Estadual dos Recursos Hídricos-Fehidro, que coordena a distribuição dos recursos financeiros do Sigrh. Outro elemento que integra a gestão das águas metropolitanas é a Fundação Agência de Bacia Hidrográfica do Alto Tietê. Criada em 1998, ela deve atuar para implementar ações definidas pelo Plano de Bacia.

A principal atribuição da Agência será gerir os recursos arrecadados pela cobrança da água, cuja lei está em tramitação na Assembléia Legislativa do Estado de São Paulo, desde meados da década passada. O princípio do usuário-pagador, que define que todos devem pagar pela água e o princípio do poluidor-pagador, que restringe o pagamento aos poluidores dos recursos hídricos, são os modelos em discussão referentes à cobrança da água no Estado de São Paulo. Em meio a eles surgem propostas como a da função social da água (NEDER, 2002), que isentaria a população de baixa renda do pagamento.

Mas, há também aqueles que entendem que a cobrança não funciona como maneira de coibir o desperdício. Esse grupo defende uma ação educativa de massa, apontando para a grave situação hídrica na RMSP, estimulando a mudança de atitude em relação à água.

Dificuldades ou má gestão?

Ao contrário do que se afirma com freqüência, água não se produz. Essa substância ocorre na natureza em uma quantidade fixa e conhecida da humanidade há muito tempo.

A maior dificuldade para conciliar o abastecimento da água consiste no seguinte: a expansão capitalista utiliza recursos naturais de modo contínuo, além de degradar o ambiente. Ora, o tempo de reposição da natureza, o chamado ciclo da água, é maior que o tempo da reprodução ampliada do capital, que atende às decisões de acionistas e investidores. A cada passagem da água no ciclo do capital são agregados outros elementos químicos a ela, poluindo-a, caso não sejam separados, antes de devolvê-la ao ambiente. Esse descompasso também é encontrado na RMSP.

Outro fator que agrava a dificuldade para prover com água de qualidade a maior metrópole brasileira é a geração de lixo, média de 12 mil toneladas diárias em 2000. Parte desse volume é disposta de maneira irregular e sem tratamento, o que permite que o chorume, líquido denso e altamente poluidor que se forma a partir da decomposição da matéria orgânica, penetre em reservatórios de água subterrânea e no lençol freático. Entre as implicações está o agravamento das condições de saúde da população e o uso desigual entre o espaço de uso público e o de uso privado (RIBEIRO & GÜNTHER, 2003).

Isso torna a previsão da necessidade de captar 78,56 m³/s de água em 2010 ainda mais sombria (Plano de Bacia do Alto Tietê, 2002). [3] Para prover água doce nessa quantidade será preciso aumentar a coleta de água ou reduzir as perdas, resultando em conflitos de interesses entre usuários de água de municípios do entorno da Região Metropolitana que se servem das mesmas fontes para abastecimento.

Além disso, os mananciais, embora, protegidos por legislação, continuaram sendo devastados, em especial pela ocupação habitacional de população de elevada e de baixa renda (essa, em maior número). A Lei 898 de 18 de dezembro de 1975 estabeleceu as áreas de proteção e disciplinou o uso do solo. Em seguida veio a Lei 1172, de 17 de novembro de 1976, que delimitou áreas de proteção e estabeleceu normas de restrição ao uso do solo. O Decreto 9714 de 19 de abril de 1977 regulamentou as leis anteriores. Esse conjunto legislativo foi alterado em 28 de novembro de 1997, por ocasião da promulgação da Lei 9866, que passou a regulamentar a proteção dos mananciais da RMSP.

Apesar da lei de 1975 preservar mais da metade da área da RMSP com fins de proteção ao manancial, não houve fiscalização efetiva pelas autoridades dos poderes estaduais e municipais, resultando no desmatamento e na degradação de nascentes.[4]

O que é pior: a revisão promovida pela lei de 1997 não alterou significativamente a forte pressão habitacional que se encontra na área de mananciais, em especial junto ao reservatório do Guarapiranga, onde se registram os maiores índices de crescimento populacional da RMSP.

|Quadro 3| Capacidade das ETEs

Capacidade das ETEs	
Estação de Tratamento	Capacidade Nominal (m^3/s)
ABC	3,0
Barueri	9,5
Pq. Novo Mundo	2,5
São Miguel	1,5
Suzano	1,5
Total	18,0

Vazão Atual nas ETEs	
Estação de Tratamento	Vazão Atual Tratada (m^3/s)
ABC	1,5
Barueri	7,4
Pq. Novo Mundo	1,3
São Miguel	0,6
Suzano	0,8
Total	11,6

Fonte: COMITÊ DE BACIA HIDROGRÁFICA DO ALTO TIETÊ, 2002.

Além disso, grande parte do esgoto coletado não é tratada. O destino acaba sendo os principais rios da bacia, como o Pinheiros, o Tamanduateí e o Tietê. Os quadros 3 e 4 são reveladores.

A capacidade máxima do sistema de tratamento é de 18 m^3/s (quadro 3). Porém, a vazão tratada somava 11,7 m^3/s (quadro 4) em 2002. A diferença, 6,4 m^3/s, chega a ser maior que a capacidade instalada nas estações de tratamento de esgoto do ABC, de São Miguel e de Suzano! Ou seja, é como se elas não estivessem em operação! Isso ocorre por falta de coleta de esgoto! Certamente essa é uma das grandes fontes de perda de água doce na RMSP porque existe tecnologia para retirar água do esgoto e destiná-la ao consumo novamente. O reuso de água servida, aquela que já foi utilizada e que volta ao sistema para novo consumo, deve ser estimulado quando o destino da água é, por exemplo, lavagem de áreas comuns de edifícios, vias públicas ou mesmo acionar vasos sanitários.

O desperdício de água pela população também precisa ser lembrado. São comuns cenas de lavagem de calçadas e automóveis com mangueiras abertas por muitos minutos. A irrigação de jardins em horários inadequados também é verificada com freqüência. Regar uma planta no período das 9h00 às 16h00 é desperdiçar água, em especial em dias de temperatura elevada porque parte dela se evaporará rapidamente antes de penetrar no solo.

E a vida cotidiana também deve ser repensada. O maior volume de água usado em uma residência ocorre no banheiro. Deve-se evitar banhos demorados e fechar a torneira ao fazer higiene bucal. Enfim, em uma palavra, é preciso ter um uso responsável da água.

Por fim, a principal fonte de perda de água decorre de vazamentos ou roubo diretamente dos dutos. Aqui os números nunca são consensuais. Alguns pesquisadores apontam cerca de 40%, enquanto que a Sabesp indica cerca de 15% de perda de água.

De todo modo é muito! Essa água se perde após a coleta, tratamento e distribuição por falta de manutenção no sistema, gerando vazamentos ou pelo roubo de água, que ocorre pela introdução de dutos no sistema de distribuição de maneira ilícita antes dos medidores de consumo.

Palavras finais

Como garantir o abastecimento de água da população paulistana sem evitar conflitos com as regiões vizinhas que também sofrem com escassez hídrica? É preciso analisar os interesses em jogo, em parte conhecidos: os grandes usuários de água como empresas de saneamento e comercialização da água, as geradoras de energia e grandes produtores agrícolas. Seus interesses seriam afetados por uma gestão social das águas em São Paulo?

Certamente que sim. O desafio teórico que se apresenta consiste em entender os diferentes pontos de vista, para propor alternativas que levem a um arranjo político e institucional, que permita a reprodução da vida humana com qualidade em São Paulo. Trata-se de buscar a cidadania ambiental (RIBEIRO, 2003).

O conceito de cidade saudável surgiu na reunião de Toronto no final dos anos 1990 e foi aplicado no Brasil. Analisado, entre outros, por Philippe Jr e Focesi (2000), traz em sua essência a idéia da higienização urbana, promovida em São Paulo no início do século XX. A idéia de cidade saudável permite refletir como a população de uma cidade vai conseguir obter ar limpo, água de qualidade, saneamento básico e gestão controlada dos resíduos sólidos. Mas ele vai além, ao propor a promoção de saúde buscando atingir a população por meio da alteração da obra contemporânea.

Os estudos de Santos (1990, 1993 e 1994), Andrade (1980), Carlos (1987, 1992, 1994, 1999, 2001 e 2003), Custódio (1994), Damiani (1999), Jacobi (1999), Lemos (1980), Seabra (1988), Souza (1989), Silva, (1991), Abreu (2001), Souza

(2001), Forato e Ribeiro (2003), entre outros, indicam que uma intervenção na escala da RMSP exige muito esforço, além de ser cara. As metrópoles latino-americanas, como indica Santos (1993), são próprias em seu desenvolvimento. Seria oportuno importar padrões externos à nossa realidade?

A vida cotidiana estabelece vínculos com a cultura e com a estética, como mostrou Carlos (2001), mesmo em moradias populares (DAMIANI, 1999). Ela não pode permanecer sem perspectiva da realização plena para a maior parte dos indivíduos, que vivem em meio à insegurança e às habitações subnormais.

É possível pensar que colocar em ordem o aparente caos urbano atrai a consciência do cidadão, permitindo uma mobilização de forças para mudanças mais agudas, necessárias em tempos de escassez, como ilustram inúmeras passagens da história. Barcelona, com seus diversos planos de intervenção urbana aplicados já no século XIX e que tiveram na construção da Vila Olímpica em 1992 um novo marco, pode ser lembrada como um caso de sucesso. Mas, lá tivemos uma outra escala de análise e de intervenção, além de uma "obra" que exigiu menos esforço para reformar a cidade. A população da cidade espanhola é menor que a que habita a área de proteção de mananciais da Grande São Paulo.

A importação de um modelo externo de gestão urbana já nos custou várias experiências frustrantes. O modelo de gestão dos recursos hídricos por bacia hidrográfica, originário na França, seria o mais indicado para o caso paulistano? Importar modelos não resolve problemas (RIBEIRO, 2003a), mas ajuda a entendê-los.

Ao combinar diversos atores, como uma empresa de economia mista e colegiados por meio do Cbhat e seu braço executor, a Agência de Bacia, encontra-se uma mistura de interesses nem sempre explícitos. A principal captadora de água é uma das maiores usuárias da água, indo buscá-la muito além dos limites da RMSP. Como conciliar os cerca de 70 m^3/s exigidos para abastecer a população, indústrias e o setor comercial com a água usada para geração de energia e pelos irrigantes?

Apesar do arranjo institucional montado há quase 10 anos, ainda não é possível perceber mudanças qualitativas no trato com os recursos hídricos na RMSP. Mas já existem diversos novos cargos, muito deles bem remunerados, entre os "gestores da água".

Por outro lado, a participação da sociedade civil em Comitês, incluindo o Cbhat, merece ser destacada. No início, as intervenções eram por princípios e usando a intuição. Porém, houve uma notória qualificação das lideranças nesse período. Os argumentos são mais qualificados, muitas vezes apresentados junto com alternativas técnicas. Além disso, técnicos de governos estadual e municipal passaram a respeitar mais as observações da sociedade civil, iniciando um diálogo que pode prosperar bastante.

Mas as questões centrais permanecem como há 10 anos atrás. Perde-se água por vazamentos em dutos, não se coleta esgoto para tratar na capacidade plena instalada (que é insuficiente, diga-se de passagem) e perdem-se as maiores médias pluviométricas porque as chuvas caem em maior volume em corpos d'água poluídos há décadas. Os mananciais continuam em franca degradação...

Qual o cenário para os próximos 10 anos? Não ousaria apontar nada, a não ser o desejo de continuar a viver nessa metrópole, que, se nada for feito, terá muita dificuldade em conseguir água boa para o consumo humano. Para evitar esse quadro, é fundamental o engajamento na busca de uma convivência mais humana e menos devastadora do patrimônio natural.

Notas

[1] Para discutir o modelo de bacia hidrográfica como unidade de gestão ver Ross e Prette (1998) e Rebouças (2002).

[2] Para aprofundar a reflexão sobre políticas públicas ver Spósito (2001a) e Pintaudi (2001).

[3] O volume de 78,56 m^3/s representa a demanda média projetada. O lano de Bacia do Alto Tietê indica 84,06 m^3/s como demanda máxima para 2010, podendo cair para 69,76 e 74,64 m^3/s, respectivamente, caso sejam adotadas medidas que reduzam o uso da água.

[4] Para aprofundar a leitura sobre os mananciais na RMSP ver Custódio (1994); Moroz, Canil & Ross (1994); Prette (2000) e Spörl (2002).

Bibliografia

ABREU, Maurício. "Cidade Brasileira: 1870-1930". In: SPÓSITO, Maria E. (org.). *Urbanização e Cidades: Perspectivas Geográficas*. Presidente Prudente, Gasperr/Unesp, 2001.

ANDRADE, Margarida Maria de. *Diadema: uma Área de Expansão da Indústria na Metrópole Paulistana*. Dissertação de Mestrado, apresentada ao Departamento de Geografia da Faculdade de Filosofia, Letras e Ciências Humanas-FFLCH da Universidade de São Paulo-USP. São Paulo, fotocópia, 1980.

CARLOS, Ana Fani. *Espaço-Tempo na Metrópole*. São Paulo, Contexto, 2001.

______. *Novos Caminhos da Geografia*. São Paulo, Contexto, 1999.

______. A Cidade. São Paulo, Contexto, 1992.

______. *A (re) Produção do Espaço Urbano: o Caso de Cotia*. Tese de Doutorado apresentado ao Departamento de Geografia da Faculdade de Filosofia, Letras e Ciências Humanas-FFLCH da Universidade de São Paulo-USP. São Paulo, fotocópia, 1987.

______ (org.). *Dilemas Urbanos: Novas Abordagens sobre a Cidade*. São Paulo, Contexto, 2003.

______ (org.). *Os Caminhos da Reflexão sobre a Cidade e o Urbano*. São Paulo, Edusp, 1994.

COMITÊ DE BACIA HIDROGRÁFICA DO ALTO TIETÊ. Plano de Bacia do Alto Tietê. São Paulo, Comitê da Bacia Hidrográfica do Alto Tietê, 2002.

CUSTÓDIO, Vanderli. Apropriação dos Recursos Hídricos e Abastecimento de Água na Região Metropolitana de São Paulo. Dissertação de Mestrado, apresentada ao Departamento de Geografia da Faculdade de Filosofia, Letras e Ciências Humanas-FFLCH da Universidade de São Paulo-USP. São Paulo, fotocópia, 1994.

DAMIANI, Amélia. "O Lugar e a Produção do Cotidiano". In: CARLOS, Ana Fani. *Novos caminhos da Geografia*. São Paulo, Contexto, 1999.

FORATO, Sylvia & RIBEIRO, Wagner Costa. "Vivienda en São Paulo y Financiación Externa". *Scripta Nova – Revista electrónica de geografía y ciencias sociales*. Barcelona, Universidad de Barcelona, 1 de agosto de 2003, vol. VII, 146(097). Disponível na *internet* no endereço http://www.ub.es/geocrit/sn/sn-146(097).htm.

JACOBI, Pedro. *Cidade e Meio Ambiente: Percepções e Práticas em São Paulo*. São Paulo, Annablume, 1999.

LEMOS, Amália Inês. *Um Exemplo de Processo de Metropolização Recente na Periferia da Grande São Paulo. O município de Itaquera*. Tese de Doutorado apresentada ao Departamento de Geografia da Faculdade de Filosofia, Letras e Ciências Humanas-FFLCH da Universidade de São Paulo-USP. São Paulo, fotocópia, 1980.

MOROZ, Isabel Cristina, CANIL, Kátia & ROSS, Jurandyr Luciano Sanches. "Problemas Ambientais nas Áreas de Proteção aos Mananciais da Região Metropolitana de São Paulo". *Revista do Departamento de Geografia*. São Paulo, n. 7, 1994.

NEDER, Ricardo Toledo. *Crise Socioambiental: Estado e Sociedade Civil no Brasil, 1982-1998*. São Paulo, Annablume/ Fapesp, 2002.

PHILIPPI Jr., Arlindo & FOCESI, Maria Cecília. *Educação Ambiental: Desenvolvimento de Cursos e Projetos*. São Paulo, Signus, 2000.

PINTAUDI, Silvana. "Políticas Públicas Municipais: entre o Local e o Mundial". In: SPÓSITO, Maria E. (org.). *Urbanização e Cidades: Perspectivas Geográficas*. Presidente Prudente, Gasperr/Unesp, 2001.

PRETTE, Marcos Estevan Del. *Apropriação de Recursos Hídricos e Conflitos Sociais: a Gestão das Áreas de Proteção aos Mananciais da Região Metropolitana de São Paulo*. Tese de Doutorado apresentada ao Departamento de Geografia da Faculdade de Filosofia, Letras e Ciências Humanas-FFLCH da Universidade de São Paulo-USP. São Paulo, fotocópia, 2000.

REBOUÇAS, Aldo da Cunha; BRAGA, Benedito & TUNDISI, José Galizia (orgs.). *Águas Doces no Brasil*. São Paulo, Instituto de Estudos Avançados da USP/Academia Brasiliense de Ciências e Escrituras Editora, 2ª edição, 2003.

RIBEIRO, Helena & GÜNTHER, Wanda. "Urbanização, Modelo de Desenvolvimento e a Problemática dos Resíduos Sólidos Urbanos". In: RIBEIRO, Wagner Costa (org.). *Patrimônio ambiental brasileiro*. São Paulo : Edusp/Impresp, 2003.

RIBEIRO, Wagner Costa. "Em Busca da Qualidade de Vida". In: Pinsky, Jaime e Pinsky, Carla (Orgs.). *História da cidadania*. São Paulo, Contexto, 2003.

_______ (org.). *Patrimônio Ambiental Brasileiro*. São Paulo, Edusp/Impresp, 2003.

_______. "Entre Prometeu e Pandora: Sociedade e Natureza no Início do Século XXI". In: CARLOS, Ana Fani (org.). *Dilemas Urbanos: Novas Abordagens sobre a Cidade*. São Paulo, Contexto, 2003a.

ROSS, Jurandyr Luciano Sanches & PRETTE, Marcos Estevan Del. "Recursos Hídricos e as Bacias Hidrográficas: Âncoras do Planejamento e Gestão Ambiental". *Revista do Departamento de Geografia*, São Paulo, (12): 89-121, 1998.

SANTOS, Milton. *Por uma Economia Política da Cidade*. São Paulo, HUCITEC, 1994.

_____. *A Urbanização Brasileira*. São Paulo : HUCITEC, 1993.

_____. *São Paulo: Metrópole Fragmentada Corporativa*. São Paulo, Nobel, 1990.

SEABRA, Odette. *Os Meandros dos Rios nos Meandros do Poder. Tietê e Pinheiros: Valorização dos Rios e das Várzeas na Cidade de São Paulo*. Tese de Doutorado apresentada ao Departamento de Geografia da Faculdade de Filosofia, Letras e Ciências Humanas-FFLCH da Universidade de São Paulo-USP. São Paulo, fotocópia, 1988.

SECRETARIA DO MEIO AMBIENTE, SECRETARIA DE RECURSOS HÍDRICOS, SANEAMENTO E OBRAS. *Gestão das Águas: 6 Anos de Percurso*. São Paulo, Secretaria do Meio Ambiente, 1997.

SILVA, Armando Correa da. *Geografia e Lugar Social*. São Paulo, Contexto, 1991.

SOUZA, Maria Adélia de. *A Identidade da Metrópole: a Verticalização em São Paulo*. Tese de Livre-Docência apresentada ao Departamento de Geografia da Faculdade de Filosofia, Letras e Ciências Humanas-FFLCH da Universidade de São Paulo-USP. São Paulo, fotocópia, 1989

SOUZA, Marcelo. "Da 'Fragmentação do Tecido Sociopolítico-Espacial' da Metrópole à 'Desmetropolização' Relativa: Algumas Facetas da Urbanização Brasileira". In: SPÓSITO, Maria E. (org.). *Urbanização e Cidades: Perspectivas Geográficas*. Presidente Prudente, Gasperr/Unesp, 2001.

SPÖRL, Andréa. *Planejamento e Gestão dos Recursos Hídricos na Região Metropolitana de São Paulo: Diagnóstico Crítico*. Dissertação de Mestrado apresentada ao Departamento de Geografia da Faculdade de Filosofia, Letras e Ciências Humanas-FFLCH da Universidade de São Paulo-USP. São Paulo, fotocópia, 2002.

SPÓSITO, Eliseu. "Políticas Públicas: Teoria, Prática e Ideologia". In: SPÓSITO, Maria E. (org.). *Urbanização e Cidades: Perspectivas geográficas*. Presidente Prudente: Gasperr/ Unesp, 2001 a.

SPÓSITO, Maria E. (org.). *Urbanização e Cidades: Perspectivas Geográficas*. Presidente Prudente, Gasperr/Unesp, 2001.

SÃO PAULO: A CIDADE E AS ÁGUAS

Prof. Dr. Jurandyr Luciano Sanches Ross

Características Gerais do Ambiente Geográfico

A Região Metropolitana de São Paulo, localizada a leste do Estado de São Paulo, compreende uma extensão de 8500Km², abrangendo 39 municípios, incluindo a Capital, que tem extensão de 1500Km². Essa região apresenta uma população de 18 milhões de habitantes, o que equivale a aproximadamente 10% da população brasileira, e em torno de 20% do PIB nacional, ocupando 1% do território nacional.

Nos aspectos naturais, sem dúvida, destaca-se o fator climático com a tropicalidade e a sazonalidade pluvial, de um lado e de outro os aspectos geomorfológicos e geológicos, que prevalecem na área onde a capital paulista e as demais cidades da Região Metropolitana foram edificadas. Já, no âmbito sócio-econômico, é preciso entender porque houve tão grande e acelerado processo de urbanização dessa área, sobretudo nos últimos 50 anos, e que urbanização é essa, que se prolifera indistintamente pelos mais diferentes ambientes naturais, independente dos riscos previsíveis que os seres humanos poderão correr pela inobservância de critérios técnicos para instalarem as moradias e, para o poder público implantar obras do sistema viário.

A Capital e as cidades da Região Metropolitana vêm sendo construídas incessantemente sobre terrenos da Bacia Sedimentar Cenozóica de São Paulo, bem como nos relevos esculpidos em rochas do embasamento cristalino do entorno. Nos sedimentos argilosos, argilo-arenosos e conglomeráticos do Terciário Superior desenvolveram-se relevos em patamares amplos, terraços e espigões divisores d'água com topos aplainados ou convexos, com setores em patamares pouco inclinados, encontrando-se vertentes fortemente inclinadas preferencialmente nas cabeceiras de drenagens dos córregos tributários dos rios principais, hoje totalmente impermeabilizadas pelas ruas, avenidas e pelos edifícios.

Ao longo das margens dos rios principais, tais como: Tietê, Pinheiros, Tamanduateí, e de seus afluentes mais significativos, como os Córregos Aricanduva, Pirajuçara, Águas Espraiadas, Cabuçu de Cima, Cabuçu de Baixo, Vermelho e um grande número de outros pouco menores, desenvolveram planícies fluviais do Holoceno, que são, pelas suas gêneses, anualmente submetidas às inundações sazonais, associadas, portanto, às chuvas intensas de verão. Esses terrenos que representam uma parcela muito pequena (menos de 5%) da superfície que delimita a Região Metropolitana, foram poupados em grande parte pela urbanização até a década de 1960/1970. Nessas terras, anualmente alagáveis, extraia-se areia, cascalho e argila para as construções da cidade. O crescimento urbano estendia-se preferencialmente nos terraços, patamares e colinas dos espigões principais e secundários esculpidos nos terrenos sedimentares.

O crescimento acelerado e o vigoroso processo de industrialização, que o país passou a ter a partir da década de 1950 e 1960, com a entrada maciça de capital e tecnologia estrangeiros, a urbanização intensificou-se e o país progressivamente e muito rapidamente deslocou o eixo econômico da agricultura e pecuária para as indústrias e as cidades. A transferência intensa de populações rurais e inter-regionais para as cidades grandes e médias, à procura de melhores condições de vida, fez as cidades crescerem desordenadamente, e São Paulo é um bom exemplo desse processo nacional. Com isso, as planícies fluviais pequenas e grandes, e os morros esculpidos nas rochas do embasamento cristalino, passaram a ser progressiva e intensamente urbanizados, através de loteamentos novos regularizados, mas também clandestinos e no bojo dessa dinâmica, a ocupação das áreas de riscos eminentes como os fundos de vales estreitos, as planícies e as vertentes muito inclinadas dos morros, inclusive cabeceiras de drenagem.

Os aqüíferos Subterrâneos de São Paulo

A região metropolitana está assentada basicamente sobre duas estruturas: a sedimentar e a cristalina. Disso resulta que as águas subterrâneas comportam, portanto, dois tipos de aqüíferos, os localizados nas áreas de rochas sedimentares e os encontrados nas litologias cristalinas.

Os aqüíferos das rochas cristalinas em geral apresentam águas menos puras e menores reservas, em comparação com as sedimentares. Isto é devido à baixa permeabilidade das rochas cristalinas, que impossibilita a infiltração d'água para profundidades maiores, diminuindo assim, sua capacidade de filtragem natural. No cristalino as águas acumulam-se, sobretudo, nas fissuras e falhas que ocorrem na estrutura, mas também podem ser encontradas em partes mais profundas quando a rocha mostra-se mais alterada pela decomposição química.

O aqüífero sedimentar encontra-se nas aluviões e nos sedimentos Terciários da Formação São Paulo. É este aqüífero o de maior importância tanto pelo volume armazenado como também pela qualidade que suas águas apresentam. Cabe ressaltar que nestes existe a alternância de camadas argilosas e arenosas,e que se algumas camadas de areia são pouco espessas, outras entretanto, ultrapassam os 20 metros. Assim, além da maior permeabilidade dos sedimentos em relação ao cristalino, as camadas arenosas são excelentes armazenadoras d'água.

Pode-se definir em função da profundidade e do tipo de reservatório subterrâneo, basicamente dois tipos de aqüíferos: a água subterrânea superior e a água subterrânea inferior. A água subterrânea superior é a que se aloja e circula através dos interstícios do solo e que permanece durante muito pouco tempo no solo escoando-se para saídas naturais mais próximas. São os lençóis d'água de menor profundidade. Já, a água subterrânea inferior encontra-se em aqüíferos profundos e permanecem aí por longo período. Normalmente drenam para saídas naturais muito distantes. Enquanto as águas subterrâneas superiores normalmente se relacionam ao nível do denominado "Lençol Freático", onde as águas encontram-se sob a influência da pressão atmosférica. As águas profundas são normalmente de "lençóis confinados", encontrados até mesmo abaixo de camadas sedimentares impermeáveis, encontrando-se quase sempre sob o efeito de pressão do solo e subsolo.

A recarga desses aqüíferos não é constante e depende das chuvas. Assim, o volume de precipitação, sua distribuição no espaço geográfico, a intensidade da precipitação, e sua freqüência, além dos fatores topográficos e geológicos são fundamentais na reposição d'água nos aqüíferos.

Por outro lado, a interferência humana excessiva na natureza, gera desequilíbrios, até mesmo na dinâmica natural dos aqüíferos, quer sejam eles, de menor ou maior profundidade. Os efeitos são mais agressivos nas áreas de intensa urbanização, onde a interferência do homem, através da construção de edifícios, calçamento das ruas e, conseqüentemente, a eliminação das áreas verdes, gera extensas áreas impermeabilizadas, traz grandes modificações ao ambiente, alterando toda a dinâmica hídrica e climática. Segundo Conti (1980), essas interferências em São Paulo têm causado modificações no comportamento do clima da região metropolitana. Entre as alterações está o desaparecimento da tão popularmente conhecida "garoa", ao mesmo tempo em que aumentaram os índices pluviométricos. Estes passaram de 1.395mm/a para o período de 1947/1956 a 1.459mm/a para o período de 1967/1976. Essas variações são decorrentes da mudança de temperatura cuja media anual saltou de 17°C para 19°C, onde resíduos sólidos no ar deram significativa contribuição. O aumento da temperatura gerou o desaparecimento dos nevoeiros, bem como contribuiu para uma concentração das chuvas no verão. O aumento das precipitações e sua maior concentração em determinados períodos do ano têm causado, mais freqüentemente, inundações e ao mesmo tempo, com a impermeabilização menor infiltração d'água no solo.

O problema da recarga do aqüífero acentua-se com a variação pluviométrica ao longo do ano, principalmente para os lençóis freáticos (aqüífero superior). Além de que, estes tipos de aqüíferos se escoam com maior rapidez e também são mais explorados pelo homem. Em função destes fatos, nos períodos de menor precipitação (abril a setembro) observa-se grande diminuição na sua capacidade de fornecimento d'água.

Por outro lado, os aqüíferos inferiores (lençóis confinados), cuja renovação ou recarga d'água é naturalmente mais lenta em função da profundidade e da presença de camadas de diferentes graus de permeabilidade, tendem a se exaurir com a intensificação de seu uso. Constata-se algumas áreas da região metropolitana em que a intensidade de uso, associado à baixa taxa de recarga, levou a um rebaixamento do aqüífero de até 70m. Entre as áreas em que a exploração dos aqüíferos de profundidade está com índice de exploração elevada, com sugestão para reduzir o bombeamento são as zonas da Lapa, Santo Amaro e Jardins, zonas centrais e áreas da Paulista, Tatuapé, Diadema e Santo André, em função da grande densidade de poços perfurados.

Admite-se inclusive a hipótese de que alguns aqüíferos, ao invés de estarem fornecendo água aos rios, estão ao contrário, alimentando-se destes.

A Dinâmica das Chuvas

No quadro natural desta área o Clima é também um fator importante a ser considerado, devendo destacar a importância da dinâmica da pluviosidade que é o elemento básico no processo de recarga dos aqüíferos.

Esta área se caracteriza por apresentar índices pluviométricos elevados em torno de 1.400mm/a. Esse total, entretanto, é distribuído de forma irregular ao longo do ano.

Enquanto de abril a setembro os totais acusam valores não superiores a 30 mm (caracterizando-se como um período seco), entre os meses de outubro e março os mesmos atingem valores próximos dos 1.100mm, definindo-se como um período chuvoso. Esta variação torna-se mais evidente, ao observar-se que de abril a setembro ocorrem de 25 a 50 dias de chuvas, sendo que esses meses apresentam no máximo 80 mm/mes, mas que também podem acusar valores inferiores 40mm/mês para meses mais secos como julho e agosto. Porém, de outubro a março ocorrem de 75 a 100 dias de chuvas. Neste período os índices pluviométricos normalmente ultrapassam os 100mm/mês, mas pode atingir até próximo de 300 mm/mes nos meses de dezembro e janeiro, que normalmente se caracterizam como os meses mais chuvosos.

Examinando-se os dados apresentados por Monteiro (1973), pode-se perceber que a quantidade e o total de dias de chuvas apresentam nítidas diferenças entre a área metropolitana de São Paulo e o interior do Estado. Assim, com exceção do período do Verão, quando se verifica uma certa homogeneidade na distribuição das chuvas por todo o território paulista, as demais estações do ano mostram sempre valores, mais altos de quantidade e dias de chuvas para o leste do Estado. Enquanto na Primavera no centro e oeste paulista têm-se de 10 a 20 dias de chuvas, no leste os valores estão entre 20 e 50 dias chuvosos. O fato se repete para o Outono, com o leste apresentando em torno de 20 dias chuvosos e o centro e oeste, com valores entre 10 e 20 dias de chuvas. No Inverno quando os dias chuvosos ficam muito diminuídos, mesmo assim, pode-se perceber nítida dominância do leste como área mais chuvosa, observando-se de 10 a 15 dias chuva contra 10 ou até menos dias chuvosos no centro e oeste do Estado.

A maior freqüência e intensidade das chuvas na área da bacia de São Paulo estão relacionadas a diversos fatores, de ordem geográfica, tais como: a proximidade do oceano, a altitude do relevo, mas principalmente pela dinâmica das massas de ar procedentes principalmente do sul e leste.

As massas de ar que mais exercem influência no clima paulistano são a massa Polar Atlântica (mPa) e a massa Tropical atlântica (mTa). Os avanços e recuos destas massas de ar comandam as variações térmicas, barométricas, pluviométricas, higrométricas, enfim determinam os diferentes tipos de tempo que ocorrem na área.

As Leis das Águas

A gestão ambiental, ao tomar como referência geográfica a bacia hidrográfica, passa a utilizá-la como unidade de planejamento. Neste sentido, cabe lembrar que a primeira lei sobre as águas refere-se ao Código de Águas promulgado no país na década de 1930, em uma época de grandes transformações no Estado brasileiro.

No âmbito da União, o código das águas foi regulamentado pelo decreto nº 24.643 de 10/07/1934. Esse Código teve, desde os seus primórdios, um enfoque basicamente voltado para os recursos hídricos, trabalhando com duas perspectivas, a saber, o abastecimento das comunidades e a irrigação, e a geração de energia elétrica. O artigo 29, parágrafo 1° daquele documento afirma que "(...) fica limitado o domínio dos Estados e Municípios sobre quaisquer correntes, pela servidão que à união se confere para o aproveitamento industrial das águas e da energia hidráulica, e para navegação". E o parágrafo 2º: "Fica ainda limitado o domínio dos Estados e Municípios pela competência que se confere à União para legislar de acordo com os Estados em socorro das zonas periodicamente assoladas pelas secas" (DNAEE, 1980:I, 85).

O Código das Águas é contemporâneo do DNPM-Departamento Nacional de Produção Mineral, ambos ligados ao Ministério da Agricultura até 1961, quando passaram ao Ministério de Minas e Energia. O DNPM foi responsável pelos recursos hídricos no Brasil até 1965, quando surgiu o DNAE-Departamento Nacional de Águas e Energia, transformado, em 1968, para DNAEE-Departamento Nacional de Águas e Energia Elétrica. O DNAEE absorveu todas as atribuições do CNAEE-Conselho Nacional de Águas e Energia Elétrica, existente desde 1939 e extinto em 1969. Este órgão, segundo portaria nº 234/77, relativa a seu Regimento Interno, tornou-se responsável pelo "(...) planejamento, coordenação e execução dos estudos hidrológicos em todo o território nacional; pela supervisão, fiscalização e controle dos aproveitamentos das águas que alteram seu regime; bem como pela supervisão, fiscalização e controle dos serviços de eletricidade(...)" (DNAEE, 1989:II, 72).

A Constituição Federal de 1988, instituída com o objetivo de reorganizar o Estado brasileiro, propõe em seu Artigo 21, inciso XIX, a competência da União para instituir um "(...) sistema nacional de gerenciamento de recursos hídricos e definir critérios de outorga de direitos de seu uso (...)". Define, ainda, no Artigo 22, inciso IV, a competência privativa da união para legislar sobre "águas, energia", indicando no parágrafo único do mesmo artigo que "Lei complementar poderá autorizar os Estados a legislar sobre questões específicas das matérias relacionadas neste artigo" (IMESP, 1988).

A Presidência da República encaminhou ao Congresso um projeto de lei nº 2.249/91 para a instituição do Sistema Nacional de Gerenciamento de Recursos Hídricos, que somente foi aprovado e sancionado em janeiro de 1997.

> Lei Nº 9.433, de 8 de janeiro de 1997, institui a Política Nacional de Recursos Hídricos, cria o Sistema Nacional de Gerenciamento de Recursos Hídricos, regulamenta o inciso XIX do art. 21 da Constituição Federal e altera o art. Iº da Lei nº 8.00 I, de 13 de março de 1990, que modificou a Lei nº 7.990, de 28 de dezembro de 1989.
>
> Art. Iº A Política Nacional de Recursos Hídricos baseia-se nos seguintes fundamentos:
>
> I - a água é um bem de domínio público;
>
> II - a água é um recurso natural limitado, dotado de valor econômico;
>
> III - em situações de escassez, o uso prioritário dos recursos hídricos é o consumo humano e a dessedentação de animais;
>
> IV - a gestão dos recursos hídricos deve sempre proporcionar o uso múltiplo das águas;
>
> V - a bacia hidrográfica é a unidade territorial para implementação da Política Nacional de Recursos Hídricos e atuação do Sistema Nacional de Gerenciamento de Recursos Hídricos;
>
> VI - a gestão dos recursos hídricos deve ser descentralizada e contar com a participação do Poder Público, dos usuários e das comunidades.
>
> Art. 20 São objetivos da Política Nacional de Recursos Hídricos:
>
> I - assegurar à atual e às futuras gerações a necessária disponibilidade de água, em padrões de qualidade adequados aos respectivos usos;
>
> II - a utilização racional e integrada dos recursos hídricos, incluindo o transporte aquaviário, com vistas ao desenvolvimento sustentável;
>
> III - a prevenção e a defesa contra eventos hidrológicos críticos de origem natural ou decorrente do uso inadequado dos recursos naturais.

Esta lei define outras diretrizes inclusive para o uso do solo, que não estão citadas aqui.

No Estado de São Paulo, o Decreto nº 27.576 de 11/11/87, antes, porém da promulgação das constituições Federal e Estadual, já instituía a criação do Conselho Estadual de Recursos Hídricos. Assim, ao se elaborar a Constituinte Estadual, foi inserida uma seção exclusiva para tratar dos recursos hídricos: Seção II, artigos de nº 205 a 213. Deve-se ressaltar, em particular, o artigo nº 05, afirmando que "(...) o Estado institui, por lei, sistema integrado de gerenciamento de recursos hídricos, congregando órgãos estaduais e municipais e a sociedade civil, e assegurando meios financeiros e institucionais para: (...) VI - a gestão descentralizada, participativa e integrada em relação aos demais recursos naturais e às peculiaridades da respectiva bacia hidrográfica; (...)" (IMESP, 1989). Estabelece, ainda, nos demais artigos, cobrança pelo uso e rateio de custo das obras de aproveitamento múltiplo entre os beneficiados, compatibilização entre o gerenciamento dos recursos hídricos e o desenvolvimento regional, além da proteção ambiental. Há, também, um reforço no tom participativo da constituição federal.

Em dezembro de 1991, foi aprovada a Lei nº 7.663, instituindo a PERH-Política Estadual dos Recursos Hídricos e o SIGRH-Sistema Integrado de Gerenciamento dos Recursos Hídricos, tomando como referência a Bacia Hidrográfica como unidade territorial de gerenciamento. A Lei nº 7.663/91 tem como pontos principais:

• A definição da PERH e dos planos de bacias hidrográficas, nos quais estão estabelecidas as prioridades e programas, inclusive a compensação financeira aos municípios que possuem restrições ao seu desenvolvimento por se situarem em áreas de proteção aos mananciais;

• Criação do FEHIDRO-Fundo Estadual dos Recursos Hídricos, o caixa para financiamento das obras e áreas. O dinheiro desse caixa virá de recursos a fundo perdido, empréstimos e da cobrança pelo uso das águas, onde todos que captam água e devolvem esgotos vão pagar pelo volume que tiram e pela qualidade de água que devolvem;

• criação do SIGRH, através do CERH-Conselho Estadual de Recursos Hídricos, dos Comitês de Bacias e de suas equipes que dão suporte técnico (CORHI).

O Regimento Interno do CERH São Paulo, em deliberação nº 01/93 de 25/11/993, estabelece seus participantes, titulares ou representantes. Incluem-se, ali, além das Secretarias Estaduais e das Prefeituras Municipais de cada grupo de bacias hidrográficas, os seguintes segmentos da sociedade civil, com direito a indicação de um representante cada:

I - usuários industriais de recursos hídricos;

II - usuários agrícolas de recursos hídricos;

III - associações de entidades autônomas de água e esgoto;

IV - entidades associativas dos engenheiros do Estado de São Paulo;

V - associações técnicas especializadas em recursos hídricos, águas subterrâneas, irrigação, drenagem, saneamento e meio ambiente;

VI - organização sindical dos engenheiros do Estado de São Paulo;

VII - órgão ou entidade de classe representativa de engenheiros, arquitetos, geólogos e tecnólogos;

VIII - organização sindical de trabalhadores de recursos hídricos, saneamento e meio ambiente;

IX - entidades associativas dos arquitetos do Estado de São Paulo;

X - entidades ambientalistas integrantes do Consema-Conselho Estadual do Meio Ambiente.

Entretanto, o parágrafo único do artigo 3° estabelece que

(...) nas deliberações do CERH, a sociedade civil, pelas entidades que a representam, ter direito a 1 (um) voto, decorrente do consenso de seus representantes, apurado através do voto da maioria desses representantes presentes à reunião, sendo que no caso de empate, considerar-se-á abstenção.

Por deliberação do CERH, nº 02/93 de 25/11/93, estabeleceram-se as Normas Gerais para composição, organização, competência e funcionamento dos Comitês de Bacias Hidrográficas. Tais comitês foram definidos como órgãos colegiados, de caráter consultivo e deliberativo de nível regional, atendendo ao princípio de gestão tripartite e paritária entre estado, municípios e sociedade civil. Esta participação deve observar as seguintes diretrizes para definir aqueles com direito a voz e voto:

I - os representantes dos Municípios serão escolhidos em reunião plenária de Prefeitos ou de seus representantes;

II - os representantes do Estado serão indicados por órgãos ou entidades da administração centralizada e descentralizada, cujas atividades se relacionem com o gerenciamento ou uso dos recursos hídricos, proteção ao meio ambiente, planejamento estratégico e gestão financeira do Estado, com atuação na bacia hidrográfica correspondente;

III - os representantes da sociedade civil serão indicados por entidades sediadas na bacia hidrográfica, cuja participação será definida nos estatutos de cada Comitê, considerando os seguintes segmentos:

a) universidades, institutos de ensino superior e entidades de pesquisa e desenvolvimento tecnológico;

b) usuários das águas agrícolas, industriais e outros, representados por entidades associativas;

c) associações especializadas em recursos hídricos, entidades de classe e associações comunitárias e outras associações não governamentais;

IV - terão direito à voz os representantes credenciados pelos Poderes Executivo e Legislativo dos Municípios que compõem a bacia hidrográfica

> V - os estatutos de cada Comitê de Bacia poderão prever o convite à participação de outros representantes de órgãos ou entidades, públicos ou privados, com atuação em assuntos de relevância para a região, concedendo-lhes direito à voz.

Além, disso, a Lei 7.663/91 afirma que, em situações especiais, poderá ser criada a Agência de Bacia, assim descrita:

> Art.28 - nas bacias hidrográficas, onde os problemas relacionados aos recursos hídricos assim o justificarem, por decisão do respectivo Comitê de Bacia Hidrográfica e aprovação do Conselho de Recursos Hídricos, poderá ser criada uma entidade jurídica, com estrutura administrativa e financeira própria, denominada Agência de Bacia".
>
> § 1º. A Agência de Bacia exercerá as funções de Secretaria Executiva do Comitê de Bacia Hidrográfica e terá as seguintes atribuições:
>
> I - elaborar periodicamente o plano de bacia hidrográfica submetendo-o ao Comitê de Bacia, encaminhando-o posteriormente, como proposta ao Corhi para integrar o Plano Estadual de Recursos Hídricos;
>
> II - elaborar os relatórios anuais sobre a "Situação dos Recursos Hídricos", submetendo-o ao Comitê de Bacia, encaminhando-o posteriormente ao Corhi;
>
> III - gerenciar os recursos financeiros do Fehidro pertinentes à Bacia Hidrográfica, gerados pela cobrança do uso da água e outros definidos no art. 34, em conformidade com diretrizes do CRH e ouvido o Corhi;
>
> IV - promover, na bacia hidrográfica, a articulação entre os componentes do Sigrh e outros sistemas do Estado, com o setor produtivo e com a sociedade civil;
>
> § 2º. As Agências de Bacias somente serão criadas a partir do início da cobrança pelo uso dos recursos hídricos e terão sua vinculação ao Estado e organização administrativa, além de sua personalidade jurídica, disciplina o Estado e organização administrativa, (...).

Assim, esta Lei abre a possibilidade da descentralização político-administrativa sobre o recurso, reforçada pela congregação de organismos estaduais, municipais e da sociedade civil, organizado através de Comitês de Bacias Hidrográficas. O grande desafio que se tem pela frente consiste em propiciar uma coordenação efetiva e eficaz à ação de todas essas instituições de diferentes matizes, técnicas, políticas, administrativas, multisetoriais, multidisciplinares, de direito público e de direito privado, deliberativas, consultivas etc.

Água no meio Urbano

A Resolução nº 20, de 18/06/86, do Conselho Nacional de Meio Ambiente (Conama), classifica as águas doces, salobras e salinas do País. A classificação se fundamenta no uso da água. Na tabela 1 são apresentadas as classes de usos.

A lei nº 8935, de 07/03/89, dispõe sobre requisitos mínimos para águas provenientes de bacias de mananciais, destinadas ao abastecimento público. Estabelece que os requisitos mínimos devem estar enquadrados na Classe 2 e estabelece como atividades proibidas da bacia:

- industriais: fecularia de mandioca ou álcool, indústrias metalúrgicas que trabalhem com metais tóxicos, galvanoplástica, indústrias químicas em geral, matadouros, artefatos de amianto, processadoras de material radiativo;
- hospitalares: hospitais, sanatórios e leprosários;
- depósitos de lixo;
- parcelamento de solo de alta densidade: lotes, desmembramento, conjuntos habitacionais.

Na área metropolitana de São Paulo desde 1974 foi promulgada a Lei de proteção aos Mananciais que, entre as principais diretrizes, estabelece regras de utilização do solo cuja função é indicar as áreas da bacia que não deverão ser ocupadas e aquelas que serão potencialmente ocupáveis, impondo restrições para as atividades de acordo com a localização.

Comitê da Bacia do Alto Tietê

O CBH-AT, segundo seu estatuto aprovado em 09/11/94, foi dividido em 5 sub-regiões, agrupando municípios em sub-bacias, a saber, sub-região Juqueri-Cantareira, sub-região do Alto Tiete-Cabeceiras, sub-região Cotia-Guarapiranga, sub-região Billings-Tamanduateí e sub-região Pinheiros-Pirapora. Cada uma dessas sub-regiões deu origem a um sub-comitê de bacias, com organização similar aos comitês, com gestão descentralizada e submetida ao CBH-AT.

A plenária do Comitê é constituída por 48 representantes, com voto individual, distribuído entre 16 representantes do Estado, 16 representantes das prefeituras municipais e 16 representantes da sociedade civil. Dentre os representantes do Estado, há um membro designado pelos seguintes órgãos, formalmente indicados desde a elaboração do Estatuto: Secretaria de Recursos Hídricos;

| Tabela 1 | Classificação segundo normas do Conama

Classe	*Uso*
Especial	• abastecimento doméstico sem prévia ou com simples desinfecção; • preservação do equilíbrio natural das comunidades aquáticas.
Classe 1	• abastecimento doméstico após tratamento simplificado; • proteção das comunidades aquáticas; • recreação de contato primário (natação, esqui aquático e mergulho); • irrigação de hortaliças, que são consumidas cruas, ou de frutas que se desenvolvem rente ao solo ou que sejam ingeridas cruas, sem remoção de películas; • criação natural e/ou intensiva (aqüicultura de espécimes destinadas à alimentação humana).
Classe 2	• abastecimento doméstico após tratamento convencional; • proteção das comunidades aquáticas; • recreação de contato primário (natação, esqui aquático e mergulho); • irrigação de hortaliças e plantas frutíferas • criação natural e/ou intensiva (aqüicultura de espécimes destinadas à alimentação humana).
Classe 3	• abastecimento doméstico após tratamento convencional; • irrigação de culturas arbóreas, cerealíferas e forrageiras; • dessedentação de animais; • navegação; • harmonia paisagística; • usos menos exigentes.

DAEE-Departamento de Água e Energia Elétrica; Sabesp-Cia. de Saneamento Básico do Estado de São Paulo; Secretaria do Meio Ambiente; Fundação Florestal; Cetesb-Cia. Estadual de Tecnologia; Secretaria de Planejamento e Gestão; Emplasa-Empresa Metropolitana de Planejamento S/A; Secretaria da Agricultura; Secretaria da Saúde; Secretaria de Ciência e Tecnologia; Secretaria da Habitação; Secretaria de Esportes e Turismo; Cedec-Coordenadoria Estadual de Defesa Civil; Eletropaulo. Dentre os representantes das Prefeituras Municipais, as prefeituras dos municípios que integram a bacia hidrográfica indicam 16 representantes dos usuários das águas para consumo doméstico, dois representantes de usuários das águas para atividades agrícolas, dois representantes de associações de defesa do meio ambiente, três representantes de associações de defesa do meio ambiente, três representantes de associações técnicas, um representante de organizações sindicais e um representante de associações científicas.

A Secretaria Executiva do Comitê deverá ser exercida pela Agencia de Bacia, ainda não constituída. A Lei Estadual nº 10.020 de 03/07/98 autorizou o Poder Executivo a participar da constituição de Fundações Agencias de Bacias Hidrográficas, instituições públicas de direito privado a serem criadas nas bacias onde os problemas relacionados aos recursos hídricos assim as justificarem. Tais instituições deverão ser criadas a partir de deliberação do Comitê de sua área de abrangência, com adesão de, pelo menos, 35% dos municípios ou daqueles que possuam, pelo menos, 50% da população da bacia hidrográfica, devidamente aprovadas pelo Conselho Estadual de Recursos Hídricos. Entretanto, as Agencias de Bacias somente podem ser criadas a partir do início da cobrança pelo uso da água e, enquanto isso, suas atribuições vão sendo exercidas por meio de Grupos Executivos, ligados às respectivas Secretarias Executivas, formadas, sobretudo a partir da estrutura disponível nos órgãos públicos estaduais e municipais.

Há, ainda, as unidades especializadas ou câmaras técnicas, criadas por deliberação do Plenário, a fim de tratar temas específicos relativos a recursos hídricos. Foram criadas, em 1997, as seguintes Câmaras Técnicas, cada qual com cerca de 12 integrantes:

- drenagem e controle de inundações;
- qualidade da água e proteção aos mananciais e quantidade de água racionalização dos usos.

Mais recentemente foram instaladas a Câmara Técnica de Planejamento, com a missão de preparar o termo de referencia do Plano de Bacia para o período 2000-2003, e a Câmara Técnica de Saneamento.

Os sub-comitês da bacia hidrográfica do Alto Tietê encontram-se instalados, cada qual com o seu regimento interno, reproduzindo, em cada estrutura específica, o sistema geral de gerenciamento dos Comitês.

Em agosto de 1997, foi instalado o sub-comitê da Região Cotia-Guarapiranga, o primeiro dos cinco sub-comitês da bacia hidrográfica do Alto Tietê a ser organizado formalmente. Congregando representantes de oito municípios, Cotia, Embu, Taboão da Serra, Embu-Guaçu, Juquitiba, São Lourenço da Serra e São Paulo, é formado por 33 representantes do Estado, dos Municípios e da Sociedade Civil.

Em outubro de 1997, foi instalado o sub-comitê Juqueri-Cantareira, congregando os municípios de Cajamar, Francisco Morato, Franco da Rocha, Caieiras, Mairiporã e São Paulo/Norte, constituindo 21 representantes. Em dezembro de 1997, foi instalado o sub-comitê Billings Tamanduateí, com 24 representantes totais e congregando os municípios de Santo André, são Bernardo do Campo, São Caetano do Sul, Mauá, Ribeirão Pires, Diadema, Rio

Grande da Serra e São Paulo. Em setembro de 1998, foi instalado o Sub-comitê Pinheiros-Pirapora, congregando os municípios de Osasco, Barueri, Itapevi, Santana do Parnaíba, Pirapora do Bom Jesus, Carapicuíba, Jandira e São Paulo. O Sub-Comitê Alto Tietê-Cabeceiras congrega os municípios de Mogi das Cruzes, Ferraz de Vasconcelos, Itaquaquecetuba, Poá, Suzano, Biritiba-Mirim, Salesópolis, Guarulhos, Arujá e São Paulo.

Cumpre observar que o Município de São Paulo participa em todos os sub-comitês e, a fim de manter a paridade na participação dos municípios com os demais membros, o § 3° do artigo 9° do Estatuto do Comitê, determina que cada Sub-comitê indique 3 representantes de sua sub-região para integrar a plenária, ficando com o Município de São Paulo opinar na indicação dos demais membros, porém, veta a sua própria indicação.

Instrumento de Gestão para os Mananciais

Dos vários instrumentos disponíveis para o gerenciamento dos recursos hídricos, cabe, aqui, uma referencia aos específicos de gestão dos mananciais.

São instrumentos de planejamento e gestão dos mananciais, conforme artigo n°11 da Lei n°9.866/97: a) a delimitação das áreas e elaboração das diretrizes e normas ambientais e urbanísticas de interesse regional; b) as normas para implantação de infra-estrutura sanitária; c) os mecanismos de compensação financeira aos municípios; d) o PDPA-Plano de Desenvolvimento e Proteção Ambiental; e) o controle das atividades potencialmente degradadoras capazes de afetar os mananciais; f) o sistema gerencial de informações; g) a imposição de penalidades por infrações.

O Plano Emergencial de Recuperação Ambiental dos Mananciais da RMSP, coordenado pela Secretaria do Meio Ambiente e pela Secretaria de Recursos Hídricos foi aprovado pelo Consema-Conselho Estadual do Meio Ambiente e pelo CRH-Conselho Estadual de Recursos Hídricos, com exigências e recomendações do CBH-AT que prevêem a realização de obras de prevenção e de controle de poluição das águas, revegetação de áreas, controle de erosão, nas situações em que as condições ambientais e sanitárias apresentem riscos à vida e à saúde da população ou comprometam a utilização dos mananciais para fins de abastecimento.

O plano emergencial foi elaborado com base nas 383 propostas de intervenção apresentadas por 26 prefeituras da RMSP, com territórios total ou parcialmente inseridos em áreas de mananciais, pelos serviços municipais de saneamento, pela Sabesp e pela CDHU-Companhia de Desenvolvimento Habitacional Urbano de São Paulo. As propostas de intervenção foram apresentadas e discutidas com as comunidades envolvidas, durante a realização de quatro audiências publicas (PREFEITURA MUNICIPAL DE SÃO PAULO, 1999).

Dentre as exigências feitas pelo CBT-AT para aprovação do Plano Emergencial, devem ser consideradas a necessidade de campanhas de esclarecimento sobre as ações a serem executadas, bem como a harmonização e compatibilização técnica das propostas de saneamento, principalmente de esgotamento sanitário, com Plano Diretor de Esgotos da Região Metropolitana, além do devido acompanhamento das câmaras técnicas dos sub-comitês. Em todas as propostas, deverá ser garantido o efetivo afastamento ou tratamento local dos efluentes sanitários, conforme a viabilidade técnica mais adequada.

Problemas com as águas de superfície na região Metropolitana

Qualidade das águas de superfície

Em virtude da intensa e desordenada expansão urbana da área metropolitana, inclusive para áreas não permitidas, tornam-se cada vez mais graves as alterações no quadro ambiental. Desta forma, a lei de proteção aos mananciais criada em 1974 foi promulgada para gerir a relação entre o uso do solo e a garantia da qualidade das águas para o abastecimento público, além de exercer funções modeladoras do crescimento metropolitano.

A lei impunha uma série de restrições no intuito de preservar o ambiente do entorno das represas e garantir a qualidade das águas destas, no entanto, não considerava dados da realidade sobre os quais se aplica. É preciso compreender a dinâmica do processo de desenvolvimento urbano, sem o qual se torna dificil submeter aos princípios legislativos, toda e qualquer implantação de construções, sejam residenciais, industriais ou comerciais.

Contrapõe-se aos preceitos preservacionistas, a pressão exercida pela expansão urbana, através do aumento da população e da especulação imobiliária. No caso dos loteamentos para população de baixa renda, presente tanto no sistema Guarapiranga quanto no Sistema Cantareira, os loteadores sempre desrespeitam a legislação, parcelando o solo sem levar em conta a declividade do terreno e o tamanho de cada lote, burlando a lei. Normalmente a área de cada lote não ultrapassa 150 m^2, assim, mais lotes serão vendidos e mais lucros o empreendedor poderá obter – atitude típica da economia de mercado. É assim que surgem os loteamentos clandestinos, que desprovidos de infra-estrutura, tal qual rede de esgotos, entre outros, despejam diariamente detritos sólidos e líquidos em estado bruto nas águas dos mananciais.

Como se vê, existem grandes dificuldades para cumprir as medidas impostas pela legislação, para manter a qualidade da água das represas e da qualidade de vida da população.

As áreas de proteção são muito extensas. Isso dificulta uma fiscalização mais atuante, pois depende exclusivamente dos esforços dos governos.

Além da dificuldade de fiscalização destas áreas, a ação dos comerciantes imobiliários é muito intensa e disseminada. Por meio de títulos de imóveis, escrituras e todo tipo de documentação forjada, consegue-se vender os lotes sem maiores problemas. Assim, por ingenuidade ou falta de opção, os compradores fazem os negócios, muitas vezes até sabendo que está irregular, mas como a ação governamental é sempre muito efêmera e, progressivamente, estes espaços vão sendo urbanizados irregularmente.

Ações processuais sobre loteamentos irregulares são abundantes e continuarão a existir, enquanto não for estabelecida uma política habitacional socialmente mais justa, condizente com as necessidades da população, e não forem aplicadas penalidades rígidas contra os infratores especuladores.

A lei por si só, normalmente não traz os resultados esperados, é necessário a criação de mecanismos implementadores e estimuladores que extrapolam a mera existência da lei. Os ideais de preservação ambiental com justiça social devem ser compatíveis com o desenvolvimento urbano. Neste sentido, o planejamento (regional/local) baseado na potencialidade do ambiente natural, social e econômico assume importância fundamental na ordenação do espaço territorial, no aproveitamento dos recursos hídricos, e sua exeqüibilidade será maior e melhor, desde que os planos sejam frutos da integração de conhecimentos e interesses de todas as forças atuantes na sociedade.

Os problemas ambientais existentes em áreas urbanizadas são de tamanha ordem de grandeza, que comprometem o uso dos recursos naturais e refletem uma intensa diminuição da qualidade de vida, tanto da população que reside nas áreas de proteção, quanto aquela que se utiliza das águas cada vez mais contaminadas pelos esgotos, lixos e sedimentos.

O processo de expansão urbana tem desconsiderado as características dos fatores naturais e impõem o mais severo e complexo conjunto de modificações diretas e indiretas ao meio físico e biótico, ultrapassando, desta forma, seus limites de tolerância.

Neste sentido, a natureza é agredida pela ação humana que procura adaptá-la de acordo com suas necessidades. Contudo, o meio físico é o componente ambiental que, mesmo modificado em suas características e mecanismos naturais, persiste interagindo e condicionando grande parte das alterações ambientais. Não é um sujeito passivo e responde freqüentemente de modo agressivo aos abusos sofridos pela degradação de seus componentes.

Deste modo, a pressão exercida pela expansão urbana desencadeou forte processo de ocupação em áreas restritivas, sem que nenhuma providencia de caráter protecionista fosse tomada.

Em síntese, os problemas ambientais e sociais existentes nas áreas de proteção aos mananciais refletem, de um lado, a incapacidade do poder público de fazer cumprir a lei, e de outro, o fato de que onde prevalece um elevado estado de miséria, as questões de moradia e da sobrevivência são prioritárias. Não resolve absolutamente nada a existência de magníficas leis e normas de uso do solo urbano, quando além de problemas ambientais, uma grande parte da população enfrenta o grande problema de conseguir um lugar para morar e um modo qualquer para continuar a existir.

Assim sendo, a questão da qualidade dos recursos hídricos para abastecer aproximadamente 18 milhões de habitantes da região metropolitana de São Paulo, também passa pela problemática de se encontrar uma solução que contemple mais de 700 mil habitantes que residem legal ou ilegalmente nas áreas definidas como de proteção aos mananciais.

Qualidade das águas subterrâneas

As águas subterrâneas, normalmente consideradas de melhor qualidade na região metropolitana, apresentam vários problemas, sobretudo nas áreas mais adensadas pela urbanização. Neste sentido, o resultado parcial de pesquisa efetuada por Ross (1981) mostra por meio de tabela síntese que a somatória e as porcentagens dos elementos que participam da análise de uma amostra d'água que ultrapassaram o padrão de potabilidade, tanto para os poços comuns e nascentes como para os poços artesianos e semi-artesianos, no período de 1971 a 1975, para a região metropolitana.

Essas porcentagens foram calculadas a partir do número total de amostras desse período e o número de vezes que cada elemento analisado, em cada amostra d'água, apareceu ultrapassando os limites estabelecidos por lei, contribuindo assim para tornar a amostra não potável. Para poços comuns e nascentes foram utilizados os valores de 1.184 amostras que foram aproveitadas no período de 1971 a 1975, incluindo-se todas as zonas. Foram feitas as contagens de cada elemento, ou seja de quantas vezes cada elemento apareceu ultrapassando o limite padronizado e a partir daí, fez-se os cálculos das porcentagens, avaliando-se assim o índice de participação de cada elemento na condenação d'água. Encontraram-se para poços comuns e nascentes os seguintes resultados: Aspecto 17%; Odor 2%; Cor 7%-; Turbidez 7%-; Resíduo Seco 1%; pH 3%; Dureza de Carbonatos 8%; Alcalinidade de Bicarbonatos menos de 1%; Oxigênio Consumido 3%; Nitrogênio Amoniacal 14%; Nitrogênio Nítrico 60%; Ferro 12%; Cloretos 10% e o número mais provável de Coliformes 58%. Portanto, os quatro índices mais elevados e de maior significado são os de Aspecto, Nitrogênio Amoniacal; Nitrogênio Nítrico e os Coliformes. Como o Aspecto é um elemento de análise representativo dos dados f'ísicos das amostras d'água, na representação cartográfica preferiu-se optar apenas pelos outros elementos que se referem à análise química e bacteriológica, que são de maior interesse em função da saúde humana.

Para os dados de poços artesianos e semi-artesianos os resultados são mais modestos, tanto para os valores absolutos quanto para os relativos. Assim, para o período de 1971 a 1975 há apenas 546 amostras deste tipo de manancial, que puderam ser aproveitadas para este fim. Em exame imediato da tabela pode-se perceber que os índices porcentuais dos elementos de análise que passaram o padrão estabelecido, são bem menores, comparando-se com os poços comuns e nascentes. O índice mais elevado atingido pelos poços artesianos foi relativo ao Aspecto, com 20% das amostras condenadas por apresentarem aspecto insatisfatório. Os demais mostram índices menores, tal como segue: Odor, zero por cento; Cor 8%; Turbidez 13%; pH zero por cento; Dureza total 3%; Oxigênio consumido 1%; Nitrogênio Amoniacal 1%; Nitrogênio Albuminóide, 1%; Nitrogênio Nítrico 13%, Ferro 19%; e o Número Mais Provável de Coliformes 10%. Deve-se lembrar, entretanto, que os poços artesianos apresentam índice porcentual elevado de caráter físico quanto ao aspecto é muito parecido com o índice do ferro, ou seja, respectivamente 20 e 19%. Isto se explica pelo fato de que todas as amostras d'água de poços artesianos que apresentam excessiva dosagem de ferro são águas que se mostram com o aspecto amarelado, daí ter-se o índice do ferro e o Aspecto com valores muito próximos. Portanto, os valores mais expressivos são o do aspecto, o da turbidez (que também está muito relacionada com o aspecto); o nitrogênio nítrico, o ferro e o número mais provável de Coliformes.

Levando em conta que os dados de análise d'água que podem oferecer maior preocupação à saúde, são os químicos e os bacteriológicos, fez-se uma avaliação das amostras de poços artesianos e semi-artesianos e separadamente de poços comuns e nascentes significativos quanto à freqüência na condenação da água de cada um destes mananciais (parte química e bacteriológica). Assim, para os poços e nascentes foram considerados os três elementos mais importantes: o nitrogênio nítrico, o nitrogênio amoníacal e os coliformes. Para os poços artesianos semi-artesianos foram considerados os elementos: nitrogênio nítrico, ferro e coliformes.

|Tabela 2| Índices de Participação dos Elementos de Análise na Condenação das Amostras para o Período de 1971 a 1975

Elementos	Poços comuns e nascentes		Poços artesianos e semi-artesianos	
	Total	Porcent.	Total	Porcent.
Aspecto	198	17	111	20
Odor	13	2	1	0
Cor	85	7	46	8
Turbidez	go	7	69	13
Resíduo Seco	16	1	0	0
pH	29	3'	1	0
Alcalin.Bicarb.	6	0	0	0
Dureza Carbonato	84	8	0	0
Dureza Total	0	0	18	3
Gás Carbônico	0	0	0	0
Oxigênio Consumido	37	3	5	1
Nitr. Amoniacal	165	14	17	3
Nitr.Albuminóide	118	10	5	1
Nitr.Nitroso	2	0	0	0
Nitr.Nítrico	708	60	72	13
Ferro	150	12	106	19
Cloretos	126	10	13	2
N.M.P.Coliformes	682	58	56	10
Total de Amostras (1971 a 1975) de poços comuns e nascentes= 1.184				
Total de Amostras (1971 a 1975) poços artesianos. e semi-artesianos = 546				

Nas amostras dos poços comuns e nascentes, o nitrogênio nítrico sempre se mostrou muito freqüente na condenação das amostras. Desde o ano de 1959 até 1975 os índices porcentuais sempre foram superiores a 42% e, em 1961 e 64% em 1975. Já o nitrogênio amoniacal sempre apresentou uma participação bem inferior. Em 1959 e 1960 apresentou valor de 17%, chegando a 23% em 1970 e 1972. Por outro lado, tanto os coliformes, como o nitrogênio nítrico, também sempre mostrou participação elevada, na condenação das amostras. O menor valor ocorreu em 1970 com apenas 19%, entretanto, normalmente os valores estiveram acima de 59%, chegando a atingir 65% em 1972 e 64% em 1974.

Para os poços artesianos, os valores são baixos. Então, estabeleceu-se maior interesse para o nitrogênio nítrico, ferro e coliformes. Esses elementos, entretanto, em 1959 tiveram 100% de participação na não-potabilidade, mas isto para um total de apenas duas amostras, o que realmente não tem significado estatístico. Assim, estes elementos só apresentam resultados mais significativos a partir de 1970. Isto porque no período de 1959 à 1970 o número de amostras de poços artesianos analisados pelo Instituto Adolpho Lutz é muito pequena e portanto de baixo valor estatístico. A partir de 1971, o nitrogênio nítrico apresenta um índice de participação normalmente acima de 10%, atingindo até 17% em 1975. Esses valores, comparados com os dos poços comuns e nascentes, são realmente bastante baixos, no caso do ferro, o índice de participação sempre esteve acima de 10%, a parti de 1971. Este elemento tem grande participação na não-potabilidade dos poços artesianos, principalmente em função da presença de encanamentos oxidados, por se encontrarem envelhecidos. Assim, tem-se o ano de 1971 com 11% e 1972 com 12% e atingindo um máximo de 27% em 1975.

Os coliformes também tiveram uma participação semelhante ao do nitrogênio nítrico. Quase sempre os valores foram baixos comparando-os com os dos poços comuns. Assim, em 1971 com 1%, 1973 com 9% e atingiu o valor máximo de 13% em 1975.

Esta pesquisa revelou uma série de outros resultados que confirmam ser a forma de urbanização a causa fundamental da má qualidade d'água subterrânea da Grande São Paulo. Entre esses resultados estão os dos poços comuns e nascentes que apresentam índices de não-potabilidade quase sempre superiores a 60%, mas que chegam a atingir em algumas zonas a 90%. Outro resultado é de que os elementos de análise que mais freqüentemente interferem na qualidade da água dos poços comuns e nascentes são o nitrogênio nítrico, e os coliformes, secundariamente o nitrogênio amoniacal. Isto demonstra claramente a interferência das fossas sépticas, e dos esgotos a céu aberto na contaminação do lençol freático. Já os elementos de análise que com maior freqüência condenam a qualidade da água dos poços artesianos e semi-artesianos é o ferro, seguido a distância pelo nitrogênio nítricos e coliformes, que mantêm índices muito semelhantes. Enquanto o ferro pode atingir em algumas zonas índices superiores a 40%, o nitrogênio, nítrico e os coliformes geralmente mostram valores inferiores a 20%. Estes resultados são indicadores de que as águas profundas são menos atingíveis pelos resíduos e bactérias existentes nos esgotos e fossas sépticas. Evidentemente que a forte presença do ferro em muitas das amostras não está diretamente vinculada ao problema da forma de urbanização, mas sim com a idade dos encanamentos.

Conforme pode-se constatar, as águas subterrâneas não só tem problemas de quantidade, mas sérios problemas de qualidade, devido à grande carga de poluição que os solos e sub-solos recebem dos esgotos e lixos da cidade

Excedentes das Águas no Verão e as Inundações e Deslizamentos de Terras em São Paulo

Área Metropolitana, as águas e os riscos naturais

Dois problemas graves relacionados aos riscos naturais se manifestam em todo período de verão com as chuvas intensas e concentradas, quais sejam: as inundações e os deslizamentos de terra. Esses eventos causam grandes prejuízos econômicos, muitos transtornos e sofrimentos à sociedade como um todo, mas, sobretudo às populações de baixa renda que residem nas já muito bem conhecidas "áreas de riscos". Esses problemas, entretanto, não podem ser atribuídos somente aos responsáveis pela administração pública, ou ao clima ou ainda à sociedade que acaba por habitar essas áreas. Na realidade é uma questão complexa, que envolve tanto aspectos da natureza como aspectos da sociedade em diferentes níveis.

As condições climáticas, típicas de climas tropicais úmidos com distribuição anual dominantemente concentrada nos meses quentes de verão, completam o estado geral dos riscos naturais acentuados pelas inserções dos seres humanos, que são as principais vítimas delas mesmas. Cabral (1997), ao pesquisar as alterações climáticas na Cidade de São Paulo, demonstrou com as análises exaustivas sobre o comportamento das chuvas nos últimos 100 anos que estas, vêm progressivamente aumentando seu total anual. Enquanto os totais anuais em geral atingiam um valor mediano de 1300mm/a no primeiro quartel do século XX com picos de no máximo 1500mm/a, na segunda metade desse mesmo século os valores médios anuais estão ao redor de 1500mm/a com picos que alcançam mais de 2000mm/a. Essa mesma pesquisa, coloca em evidência, que mesmo no período de estiagem (meses mais secos), que se estendem de abril a setembro, observa-se uma pequena tendência de aumento de volume de chuvas, variando de 300mm/ (abril a setembro), no início do século e chegando a valores próximos de 400mm mais no final do século. Fato semelhante observa-se para os meses chuvosos que se estendem de outubro a março, quando os valores oscilavam para totais abaixo de 1000mm e que mais recentemente atingem totais entre 1000-1100mm/(outubro-março).

Uma outra pesquisa, desenvolvida por Alves Filho (1996), a respeito dos Episódios Pluviais Intensos na Região Metropolitana de São Paulo, que, ao pesquisar o período de 1982 a 1991, revela informações importantíssimas para entender o porquê da impetuosidade das inundações. Ao espacializar dados de episódios de chuvas ou de dias chuvosos máximos na Região Metropolitana, mostra, que ocorrem células pluviométricas, que atingem de 60 a 220mm/dia, sendo que em um único episódio pode ocorrer chuva de 30 a 50mm. Para ilustrar, toma-se como exemplo dia 02 de fevereiro de 1983, em que o volume de chuvas na região oscilou entre 120 e 220mm/dia, apresentando concentrações maiores no Centro da Cidade de São Paulo e nas bordas mais altas do relevo que rodeia a cidade, onde estão as nascentes de grande parte dos córregos tributários dos rios Tietê, Pinheiros e Tamanduateí. Exemplos, semelhantes a este, são inúmeros ao longo do período pesquisado, e que se repetem várias vezes no período de verão de cada ano. A cada episódio dessas chuvas, o caos se instala na Cidade, em função dos mais de 400 pontos de inundações cadastrados, sem contar que grande parte das vias expressas foram construídas nas margens dos rios e córregos e que, ao sofrerem transbordamento interrompem o fluxo dos veículos e o transporte praticamente pára por algumas horas. Em algumas áreas, onde o refluxo das inundações é mais lento, nos episódios mais intensos chega-se a uma dezena de horas de interrupção de tráfego e freqüentemente o isolamento ou como se costuma dizer "pessoas e veículos ilhados no trânsito".

Crescimento Populacional Urbano Intenso: mais problemas para a Cidade

A "mancha urbana" que as imagens de satélite revelam para a Região Metropolitana é surpreendente, pois se estende por mais de 70 km no sentido leste-oeste e em torno de 40 km de norte a sul. Considerando as irregularidades espaciais do território urbanizado, dos 8500km² que compreende os 39 municípios da região, 1500km², correspondem as áreas urbanizadas contínuas. Assim sendo, 20 dos 39 municípios têm suas áreas urbanas conurbadas, ou seja, constituem um continuum urbano quase que totalmente impermeabilizado na alta bacia do rio Tietê e de seus maiores afluentes de alto curso, os rios Pinheiros e Tamanduateí. Somente a Capital, cujo Município tem extensão de 1500km², apresenta 1000km² de área urbana. Dados estatísticos do IBGE e da Prefeitura Municipal de São Paulo revelam que a capital paulista passou de 100.000 habitantes em 1900 para 10 milhões de habitantes no ano de 2000, com um crescimento acentuado a partir da década de 1970, quando tinha em 1973 um total populacional de 6,6 milhões. Nos últimos dez anos do século XX, a Cidade diminuiu seu ritmo de crescimento, em compensação a Região Metropolitana, passou de 15,2 milhões de habitantes em 1991, para 17,8 milhões em 2000. A redução da taxa de crescimento populacional da cidade de São Paulo tem várias explicações, mas uma delas é, certamente, o fato de que nas cidades periféricas à capital, o custo das moradias, tanto para aquisição como para aluguel são mais acessíveis, o que atrai a população de renda mais baixa.

Há duas alternativas principais para as famílias/pessoas de baixa renda residirem na Região Metropolitana, ou optam por morarem muito afastadas do Centro da Cidade (entenda-se a Cidade como sendo a Capital), e nas periferias constroem suas pequenas casas de alvenaria, que levam anos para concluírem (são as moradias de autoconstrução), ou se instalam mais próximo do Centro e de bairros de maior poder aquisitivo em barracos de madeira, metal, plásticos, (conhecidos como favelas), construídos sob viadutos, pontes, margens de rios entre as vias expressas e o leito fluvial, ou ainda em terrenos extremamente inclinados, que foram impedidos de serem legalmente ocupados, por oferecerem altos riscos aos deslizamentos de terra. Há ainda uma terceira alternativa, que são as habitações coletivas, que ocorrem nos casarios velhos, que por serem grandes, transformam-se nos cortiços, onde vivem várias famílias amontoadas e compartilhando de forma insatisfatória os cômodos das residências centenárias, da época de ouro do café.

A Cidade de São Paulo tem aproximadamente 30% de sua população, ou seja mais de 2,7 milhões de pessoas, vivendo em favelas, cortiços e habitações de periferia que oferecem altos riscos à vida e a saúde em geral, e ocupam quase que generalizadamente áreas ilegais. Calcula-se em aproximadamente 1,6 milhão de pessoas que residem nas favelas, e esse número têm crescido assustadoramente, veja-se o quadro que se segue:

|Tabela 3| Crescimento Populacional da Cidade de São Paulo

Ano	Número de habitantes
1900	100.000
1973	6.600.000
1990	9.500.000
2000	11.000.000

|Tabela 4| Crescimento Populacional da Região Metropolitana

Ano	Número de habitantes
1991	15.199.423
1996	16.583.234
2000	17.800.000

Fonte: PREFEITURA MUNICIPAL DE SÃO PAULO/SECRETARIA MUNICIPAL DO VERDE E MEIO AMBIENTE, 1993 e IBGE, 2000.

|Tabela 5| Taxas de crescimento populacional da Cidade de São Paulo

Anos	Na Cidade	Nas Favelas
1973/75	4,44%	22,75%
1975/79	3,15%	22,79%
1979/85	3,14%	12,42%
1985/87	2,55%	13,64%

Fonte: PREFEITURA MUNICIPAL DE SÃO PAULO/SECRETARIA MUNICIPAL DO VERDE E MEIO AMBIENTE.

|Tabela 6| Sitios de localização das favelas

Localização	Numero Absoluto	% do Total
Margens de rios e córregos	783	49,3%
Altas declividades (acima de 30%)	466	29,3%
Sobre lixões e aterros sanitários	30	0,9%
Áreas verdes institucionais		0,9%
Não Identificados		20,06%

Fonte: PREFEITURA MUNICIPAL DE SÃO PAULO/SECRETARIA MUNICIPAL DO VERDE E MEIO AMBIENTE.

Diante dos dados expostos é, portanto, de se esperar que as inundações e os escorregamentos/deslizamentos de terra atingem generalizadamente toda a população metropolitana, mas afeta com maior intensidade e com maior gravidade as pessoas/famílias, que vivem nos ambientes de maior risco, com destaque para a população favelada, as quais, conforme indica a tabela abaixo, pelo menos 1/3 é anualmente atingidos várias vezes pelos episódios de chuvas intensas e as conseqüentes inundações.

|Tabela 7| Favelas e as inundações

Favelas que sofrem inundações mais freqüentes	512 ou 32,2% do total
Favelas que sofrem com deslizamentos	385 ou 24,2% do total

Fonte: PREFEITURA MUNICIPAL DE SÃO PAULO/SECRETARIA MUNICIPAL DO VERDE E MEIO AMBIENTE.

Chama também a atenção a carência por moradias decentes, decorrentes da valorização das terras urbanas frente ao acentuado processo de transferência induzida de populações rurais e, sobretudo de regiões menos desenvolvidas do país, para os grandes e médios centros urbano-industriais. Neste processo, crescem as favelas, que se instalam preferencialmente nas terras públicas urbanas e secundariamente nas terras privadas que apresentam problemas de legalização de documentação, sobretudo por herança, e nos loteamentos novos, que ao obedecerem às normas legais deixam áreas verdes institucionais, que acabam por se transformarem em terrenos baldios e, progressivamente, vão sendo ocupados por barracos, conforme ilustra a tabela que se segue:

| Tabela 8 | Favelas e as propriedades das terras urbanas

Terras públicas (federais, estaduais,municipais)	65%
Terras particulares	18%
Áreas verdes institucionais-loteamentos	9%
Não Identificados	8%

Fonte: PREFEITURA MUNICIPAL DE SÃO PAULO/SECRETARIA MUNICIPAL DO VERDE E MEIO AMBIENTE.

Outra variável importante: a alta impermeabilização do solo

A "mancha urbana" de 1500km² apresenta uma alta densidade demográfica média, que ultrapassa 11.800hab/km², e que conseqüentemente deixa muito pouco espaço para áreas verdes não impermeabilizadas e ainda disputa espaço com aproximadamente 5 milhões de veículos. Esta elevada densidade demográfica, obviamente, reflete-se em todos os segmentos e equipamentos urbanos de interesse coletivo/público, que estão permanentemente saturados e incapacitados de oferecer bom atendimento à população. Para completar o caos social, em que vive parcela significativa da população metropolitana, o adensamento urbano e a alta taxa de impermeabilização dos solos, agravam os problemas já pré-existentes com o escoamento das águas pluviais.

Se em condições naturais, as planícies e fundos de vales estreitos, já apresentavam problemas de escoamento superficial das águas das chuvas, na medida em que a urbanização/impermeabilização foi se ampliando as dificuldades de escoamento foram-se acentuando, apesar de todas as medidas de engenharia civil adotadas. A expansão das áreas de inundações, que têm crescido rapidamente, registrando-se em 1979, 125 locais com inundações temporárias de ocorrências freqüentes no período chuvoso, chegando-se a mais de 400 locais identificados em 1992, apesar das retificações dos canais dos rios Tietê, ou seja, Pinheiros, e canalização do rio Tamanduateí e dos córregos Pirajuçara, Aricanduva, Águas Espraiadas, Cabuçu de Cima, Cabuçu de Baixo, entre inúmeros outros menores. Outro fato, que desperta a atenção, é com relação à vazão fluvial no ponto mais ocidental da bacia do alto Tietê na Região Metropolitana de São Paulo, na localidade da barragem Edgard de Souza no Município de Santana de Parnaíba. Nos picos de chuvas, que também coincidem com os picos de inundações nas cidades, a vazão do rio Tietê aumentou de 175m³/s registrado em 1899, para 1209m³/s ocorrido em 1988.

A tabela 10 ilustra bem o crescimento da vazão ao longo destes quase 100 anos, demonstrando que apesar de todo o esforço de melhorar a capacidade de vazão, o processo de impermeabilização tem ganhado a corrida. Enquanto a ONU - Organização das Nações Unidas, recomenda uma taxa de área verde por habitante da ordem de 12m²/hab. A área urbanizada da Cidade de São Paulo apresenta um índice da ordem de 3,59m²/hab de áreas verdes públicas, e de 5,52m²/hab, tomando-se tanto as áreas verdes públicas quanto as particulares (incluindo os gramados e a arborização de quintais e calçadas). As tabelas, que se seguem ilustram esses fatos.

| Tabela 9 | Pontos de inundações/alagamentos na Cidade de São Paulo

1979	125 locais
1982	246 locais
1992	400 locais

Fonte: PREFEITURA MUNICIPAL DE SÃO PAULO, 1993.

| Tabela 10 | Vazões do Tietê em episódios de enchentes - Santana de Parnaíba, Barragem Edgard de Souza

1899	175m³/s	1900	462m³/s
1923	358m³/s	1929	521m³/s
1982	755m³/s	1983	832m³/s
		1988	1.209m³/s

Fonte: DAEE-Departamento de Águas e Esgotos do Estado de São Paulo, 1988.

| Tabela 11 | Indices de áreas verdes Cidade de São Paulo

Praças,Jardins,Canteiros	10.617.309m²	0,99m²/hab.
Parques Municipais	14.873.383m²	1,30m²/hab.
Parques Estaduais	14.756.556m²	1,30m²/hab.
Total das áreas verdes públicas	40.847.278m²	3,59m²/hab.

Fonte: PREFEITURA MUNICIPAL DE SÃO PAULO SECRETARIA MUNICIPAL DE PLANEJAMENTO, 1990.

| Tabela 12 | Dados do Mapeamento por Satélite – Áreas Públicas e Privadas Cidade de São Paulo.

População	11.380.300 hab.
Área urbana	91.024 há ou 91.024.000 m²
Área arborizada-cidade	6.279 há ou 6.279.392 m²
Índice de arborização	5,52m²/hab.
Índice de área verde por habitante/m²: ONU-12m²/hab.	

Inundações: problema urbano de baixa freqüência e grandes efeitos

Conforme apresentação dos dados acima pode-se afirmar que as inundações têm causas naturais e antropogênicas:

Causas Naturais:

• Relevos de planícies marginais aos rios e córregos e vales estreitos em relevos de morros ocupados pelas cidades da região metropolitana;

• Índices pluviométricos elevados com episódios de chuvas concentradas no verão: índices anuais em torno de 1500mm/a; 70% concentradas entre 5 a 6 meses outubro a abril, podendo ocorrer mais de 120mm/dia ou 8% do total anual; mais de 30mm/ em um único episódio de chuva (de 30 a 60 minutos); mais de 110mm/ por 4 horas seguidas de chuva.

Causas Humanas:

• Ocupação urbana das planícies e fundos de vales planos e estreitos;

• Remoção total da cobertura vegetal natural e baixa taxa de áreas verdes;

• Impermeabilização excessiva da superfície das terras ocupadas/urbanizadas;

• Estrangulamento do leito menor e maior dos rios e córregos por aterros para construção de plataformas de ruas e avenidas;

• Estrangulamento do leito menor com construção de pontes de vão subdimensionado ou ainda com instalação de tubulações de diâmetro inadequado;

• Diminuição do espaço de vazão do leito menor por intenso processo de assoreamento;

• Estrangulamento do fluxo de vazão pelo acúmulo de lixo, sobretudo, doméstico atirados aos rios e córregos ou não recolhido adequadamente pelo serviço público municipal de coleta de lixo.

• Galerias de águas pluviais entupidas por acúmulo de lixo;

• Construções impróprias de ruas, avenidas e passagens sob pontes nos fundos de vales e avenidas marginais;

• Sistema de utilização das águas do alto Tietê, desde 1901 com aprimoramento em 1927, com construção de barragens, estações elevatórias, reversão do fluxo do Rio Pinheiros e geração de energia elétrica na baixada Santista.

Escorregamentos de terra: problema de ocorrência pontual e disseminados pela periferia da Cidade

Os escorregamentos ou movimentos de massa são muito freqüentes nas áreas tropicais úmidas que apresentam relevos montanhosos ou em formas de morros com vertentes muito inclinadas e que tenham, sobretudo, passado por algum tipo de intervenção humana. De qualquer modo, lista-se as situações naturais em que os escorregamentos ou deslizamentos mais freqüentemente ocorrem:

• A desestabilização das vertentes com escorregamentos é precedida de vários dias chuvosos (4 a 7 dias seguidos), acompanhados de episódios de chuvas de alta intensidade e volume. (acumulado de mais de 100mm/dia e culminando com episódios de 20, 30 ou 40mm/hora).

• Relevos com vertentes muito inclinadas no intervalo de 15° até 35/40° (acima de 40° há menos cobertura pedológica e menor freqüência de escorregamentos, muito embora possa ocorrer deslocamento de blocos rochosos);

• Nos setores muito inclinados de vertentes onde aflora o lençol freático;

• Nas vertentes com produtos de alteração localizadas em áreas com rochas com forte cisalhamento estrutural (falhas/fraturas/milonitização).

• Nas vertentes com produtos de alteração desenvolvidos sobre rochas fortemente bandeadas, como micaxistos, filitos, migmatitos bandados e gnaisses bandados;

• Nas vertentes muito inclinadas em que há certa coincidência ("paralelismo") entre a morfologia do terreno e o plano de mergulho das lito-estruturas

• Nas vertentes muito inclinadas com solos rasos assentados diretamente sobre superfície rochosa maciça (granitos, gnaisses pouco alterados com tênue cobertura parcial de solos rasos) a água gera superfície de lubrificação e facilita o escorregamento.

• Nas vertentes muito inclinadas onde os produtos de alteração (sobretudo horizonte C) apresentam significativa participação do silte (15 a 20%)

• Nas vertentes muito inclinadas onde a cobertura florestal pereceu (Mata Atlântica em Cubatão-SP) e as raízes apodrecidas funcionam como dutos que favorecem a infiltração das águas de chuvas saturando o solo. Isto também ocorre nas áreas de cultivo de bananas na Serra do Mar.

Deslizamentos induzidos pela ação humana

Os deslizamentos induzidos são freqüentes:

• Nas vertentes muito inclinadas com cortes geralmente superiores a 1,50m que ultrapassam o horizonte B (mais argiloso e ferruginizado) e atingem o horizonte C (mais siltoso e arenoso com materiais de baixa coesão e muito friável).

• Nos cortes em baixas vertentes com solos saturados pelas águas do freático, cujo fluxo subterrâneo é interrompido, por exemplo, por muros de arrimo, gabiões ou paredes de concreto atirantado.

• Nos cortes em vertentes com solos profundos (latossolos) argilosos de alta porosidade com fluxo subterrâneo interrompido / dificultado por camadas impermeabilizadas / muros / paredes / mantas de concreto.

• Nas seqüências de cortes e aterros conjugados em vertentes muito inclinadas para construção de plataformas, para edificação de residências (tipo autoconstrução nas periferias) em terrenos do embasamento cristalino com relevos em forma de morros.

• Cortes e aterros artesanais e de arranjo espacial caótico em vertentes de altas declividades (morros, cabeceiras de drenagens), geralmente ocupadas por alta densidade de barracos construídos de materiais diversos- compondo os bairros favelas, onde não há nenhuma prevenção com as águas servidas que potencializam o problema dos escorregamentos.

• Em áreas ocupadas caoticamente por barracos construídos em aterros lançados e constituídas por materiais heterogêneos (lixos orgânicos, plásticos, entulhos, madeiras, restos de vegetais-árvores, galhos, folhas).

Os escorregamentos/deslizamentos que ocorrem na Região Metropolitana de São Paulo, podem ser classificados em dois ambientes distintos: os que ocorrem nas favelas, e os que acontecem nos bairros periféricos, onde prevalecem as autoconstruções:

Nas favelas, os escorregamentos estão associados sobretudo, ao fato de que as precárias habitações estão em áreas de uso transgressivo às legislações urbanas e ambientais, freqüentemente estando:

• Instaladas em terrenos de altas declividades, geralmente áreas públicas ou áreas verdes institucionais que não foram devidamente utilizadas;

• Instaladas em cabeceiras de drenagem em terrenos muito inclinados e úmidos;

• Instaladas sobre aterros lançados constituídos de material heterogêneo (lixo, entulho, madeira usada, resíduos vegetais) mal compactado e mal drenados.

Os escorregamentos nos bairros de periferia ocorrem geralmente em relevo de morros com vertentes muito inclinadas e edificações de tipo autoconstrução. Isto acontece porque a Cidade cresceu descontroladamente para além das áreas da bacia sedimentar de São Paulo (relevo de colinas e patamares planos) para áreas de morros com vertentes muito inclinadas esculpidos em rochas cristalinas de diferentes formações, onde as características naturais são:

• Apresentar rochas cristalinas e cristalofilianas (migmatitos, gnaisses, micaxistos, filitos, e granitos);

• Constituir solos espessos até 20 metros profundidade com as seguintes características gerais:

- Horizonte B—espessura de 0,50 a 2,00m; material argilo-arenoso com alta coesão das partículas fornecida pelos precipitados do óxido de ferro que cimentam os grãos de argila e areia fina.

- Horizonte C: espessura de 2,0 a 20 metros constituindo-se nos alteritos da rocha matriz; que tende a conservar a mesma estrutura da rocha matriz; minerais primários em processo de transformação para minerais secundários (feldspatos, micas, quartzo, entre outros, transformando-se nas areias, siltes e argilas). Dependendo da rocha matriz e do estado de alteração, apresenta maior ou menor presença de silte, areias e argilas; características mecânicas dos materiais com baixa coesão entre as partículas e alta fragilidade a ação mecânica das águas, quando exposto a céu aberto, o material é muito permeável e poroso face à desmineralização e perda dos minerais solúveis e ainda baixa agregação do ferro residual (perda por dissolução do Cálcio, Magnésio, Potássio, Fósforo, entre outros). Nessas condições naturais, os fatores indutores dos escorregamentos são:

- Modificações geométricas das vertentes por cortes e aterros conjugados;
- Sobrecargas de depósitos detríticos lançados sobre as vertentes criando superfícies de descontinuidade entre o aterro e a superfície anterior do terreno;
- Lançamento inadequado das águas servidas;
- Infiltrações laterais a partir de fossas sanitárias;
- Saturação dos solos com infiltrações a partir de vários dias de chuvas intensas e constantes ao longo do dia;
- saturação dos solos por infiltrações a partir de vazamentos da rede de água e esgoto. Exemplo:

Para ilustrar o problema dos escorregamentos/deslizamentos na Cidade de São Paulo, tem-se para o período de setembro de 1994 a março de 1995 o registro de 473 ocorrências, sendo que somente na Regional do Campo Limpo (um dos bairros grandes e novos da Cidade), correspondeu a 31% do total. Desse total de ocorrências, 45% são associados a acidentes com escorregamentos de terra.

Como diminuir os efeitos catastróficos

É evidente que os problemas ambientais urbanos da Região Metropolitana de São Paulo, no que se refere especificamente às inundações e escorregamentos/deslizamentos de terra, são no aspecto humano e econômico, catastróficos, pois além de causarem grandes prejuízos econômicos tanto ao poder público, quanto à sociedade como um todo, ainda todos os anos perdem-se muitas vidas humanas, vítimas dos soterramentos e afogamentos por águas e lamas, além de muitas famílias ficarem sem suas precárias habitações. Para tentar resolver esses problemas, que são gigantescos, o governo estadual, em parceria com a Prefeitura de São Paulo, desenvolve também com muitas dificuldades, o Projeto Alto Tietê, cuja premissa básica é a recuperação ambiental da região, onde se destacam as obras contra as inundações e implantação da rede de esgotos e estações de tratamento, estando previsto investimento de alguns bilhões de dólares. Entre as ações que lentamente vão sendo desenvolvidas, estão:

Ações Estruturais:

1 - Primeira Fase: aprofundamento do leito e alargamento do rio Tietê da foz do rio Pinheiros até a barragem Edgard de Souza, aumentando a capacidade de vazão de 700 para 1400m³/seg, já concluído;

2 - Segunda Fase: alargamento e aprofundamento do leito do rio Tietê – da foz do rio Pinheiros para montante até o bairro da Penha – aumento da capacidade de vazão para 1200m³/seg, em execução;

- Canalização e construção de galerias de águas pluviais em 51 Km de córregos parcialmente executado;
- Nas 22 sub-bacias do alto Tietê 330km de córregos que precisam receber obras de canalização estrutural;

3 - Investimentos com despesas anuais com limpeza/desassoreamento dos leitos dos rios Tietê e Pinheiros:

- volume de resíduos retirados 4.500.000m³/ano;
- tipos de resíduos – 95%-materiais detríticos (lamas e areias);
- 3% resíduos de material de construção;
- 2% plásticos, pneus, metais e madeiras;

4 - Despesas anuais gerais para limpeza dos córregos do Município de São Paulo;

5 - Despesas para limpeza/desassoreamento do alto Tietê – U$106 milhões de dólares/ano;

6 - Obras e Serviços Complementares;

- limpeza e redimensionamento das galerias pluviais,
- limpeza e desassoreamento das galerias e córregos.
- Obras para retardamento dos fluxos de águas pluviais nas vertentes e cabeceiras:

  A) Contenção dos fluxos das águas pluviais na origem:
  - indução a infiltração/percolação-revegetação;
  - contenção temporária com micro-reservatórios reguladores;

B) Reservatórios de Grande Capacidade de Retenção Temporária:
- Primeiro - Reservatório do Pacaembu – concluído;
- Segundo - Reservatório das Águas Espraiadas – concluído;
- Terceiro - Complexo da Bacia do Aricanduva – Projeto iniciado.

|Tabela 13| Reservatórios de Contenção Temporária na bacia do Aricanduva

Localização	Capacidade
Aricanduva I	298.545m^3
Aricanduva II	206.000m^3
Aricanduva III	341.480m^3
Limoeiro	426.430m^3
Caguaçu	489.155m^3
Total para a bacia	1.762.210m^3
Vazão máxima estimada com toda bacia urbanizada-1.870.000m^3/seg.	

C) Construção de diques marginais ao longo do rio Tietê nos pontos críticos:
Ex: ponte das Bandeiras e Ponte do Anhanguera, já executados.
D) Construção conjugada de diques com pontos de fuga e reservatórios laterais:
Ex: ponte da Casa Verde, já executados.

Como se pode ver, pelos números e pelas intenções dos programas e projetos, há necessidade e interesse em se resolver grande parte dos problemas sócio-ambientais, que afetam os residentes da região metropolitana, mas o tempo, os custos e as descontinuidades político-administrativas que se refletem nos projetos são os grandes inimigos dos cidadãos metropolitanos.

Considerações finais

As águas da cidade obedecem rigorosamente às imposições das ações humanas de alto impacto. Elas indicam a qualidade ambiental de uma determinada região. A concentração demográfica elevada em áreas de cabeceiras de drenagem, ainda que seja de um grande rio como o Tietê, acaba por trazer complicações para grande extensão da bacia hidrográfica.

Pode-se sintetizar que não falta água na Grande São Paulo, mas que é necessário melhor administrá-la. Os volumes de águas precipitadas sobre a cidade nos meses de verão, escoam-se na superfície do solo quase que totalmente, face à alta impermeabilização. Por essa razão, ainda causam fortíssimas inundações, promovem escorregamentos de terra e grandes transtornos e prejuízos aos habitantes da Cidade.

A qualidade das águas é péssima. As águas de superfície dos rios Tietê e de seus tributários de alto curso são totalmente poluídas pelos resíduos líquidos e sólidos nelas descartados e que transformaram estes rios em verdadeiros canais de esgoto a céu aberto. As águas dos reservatórios Guarapiranga e Billings ou Rio Grande, estão totalmente eutrofizadas por poluentes diversos mas, sobretudo, de origem doméstica devido à ocupação desordenada, irregular e até clandestina das áreas de proteção aos mananciais.

No período de inverno a baixa renovação das águas facilita o desenvolvimento de algas, que as tornam de coloração verde, indicando altas taxas de eutrofização. A deficiência de água de boa qualidade e quantidade na alta bacia do Tiete, obriga a importação de águas das altas bacias vizinhas.

Por outro lado, as águas subterrâneas além de não estarem sendo repostas com a mesma intensidade com que são exploradas, também dá sinais claros de perda de qualidade e quantidade. Assim, as águas do alto Tietê, estarão cada vez mais raras e caras. A sociedade como um todo, paga o preço de uma exploração de alto impacto, tanto à qualidade quanto à quantidade dessas águas. É a resposta dura, que a natureza dá para quem a utiliza de forma incorreta.

Bibliografia

AB´SABER, A. N.. *Geomorfologia do Sitio Urbano da Cidade de São Paulo.* Tese de Doutorado apresentada ao Departamento de Geografia da Faculdade de Filosofia, Letras e Ciências Humanas-FFCH da Universidade de São Paulo-USP. São Paulo, fotocópia, 1954.

ALVES FILHO, A. P.. *Episódios Pluviais Intensos na Região Metropolitana de São Paulo: Uma Avaliação no Decênio 1982-1991.* Dissertação de Mestrado apresentada Departamento de Geografia da Faculdade de Filosofia, Letras e Ciências Humanas-FFCH da Universidade de São Paulo-USP. São Paulo, fotocópia, 1996.

BLANES, L.. *Os Problemas de Inundações no Vale do Córrego Águas Espraiadas* (título provisório). Trabalho de Graduação Individual, apresentada ao Departamento de Geografia da Faculdade de Filosofia, Letras e Ciências Humanas-FFCH da Universidade de São Paulo-USP. São Paulo, 2000. (Inédito).

CABRAL, E.. *Alterações Climáticas da Cidade de São Paulo.* Dissertação de Mestrado apresentada ao Departamento de Geografia da Faculdade de Filosofia, Letras e Ciências Humanas-FFCH da Universidade de São Paulo-USP. São Paulo, fotocópia, 1997.

CÂMARA MUNICIPAL DE SÃO PAULO. *Comissão Especial de Estudos sobre Enchentes na Cidade de São Paulo, Relatório Final.* São Paulo, s./e., 1995.

CETESB (COMPANHIA DE TECNOLOGIA DE SANEAMENTO AMBIENTAL). *Carta Morfodinâmica da Serra do Mar na Região de Cubatão-SP.* São Paulo, Secretaria de Estado do Meio Ambiente de São Paulo, Relatório Interno, 1991.

CONTI, J. B. "O Clima da Grandes Cidades". In: *O Estado de São Paulo*, Suplemento Cultural. São Paulo, ano III, n° 149, 09/09/1979.

CRUZ, 0.. *A Serra do Mar e o Litoral na Área de Caraguatatuba-SP-IGEO-USP.* São Paulo, s./e., 1974.

DEL Prette, M. E.. *Apropriação de Recursos Hídricos e Conflitos Sociais: A Gestão das Áreas de Proteção aos Mananciais da Região Metropolitana de São Paulo.* Tese de doutorado apresentada ao Departamento de Geografia da Faculdade de Filosofia, Letras e Ciências Humanas-FFCH da Universidade de São Paulo-USP. São Paulo, fotocópia, 2000.

EMPLASA (EMPRESA METROPOLITANA DE PLANEJAMENTO DE SÃO PAULO). *Mapa Geológico da Região Metropolitana-escala 1:100.000.* São Paulo, Secretaria de Estado dos Negócios Metropolitanos, 1988.

ESTADO DE SÃO PAULO (SECRETARIA DE OBRAS E DO MEIO AMBIENTE)/DEPARTAMENTO DE ÁGUAS E ENERGIA ELÉTRICA. *Estudos de Águas Subterrâneas; Região Administrativa 1 – Grande São Paulo, vol. 1 e 3.* São Paulo, 1975.

GUIDICINI, G. & NIEBLE, C. M.. *Estabilidade de Taludes Naturais e de Escavação.* São Paulo, Edgard Blücher Ltda, 1976.

IPT (INSTITUTO DE PESQUISAS TECNOLÓGICAS DE SÃO PAULO). *Mapa Geológico do Estado de São Paulo.* São Paulo, Secretaria de Estado de Ciência e Tecnologia, 1981.

MONTEIRO, C. A. F.. "A Dinâmica Climática e as Chuvas no Estado de São Paulo". In: *Atlas do Instituto de Geografia da Universidade São Paulo.* São Paulo, 1973.

MOROZ, I.; CANIL, K. & ROSS J. L. S.. "Problemas ambientais nas áreas de proteção aos mananciais da região metropolitana de São Paulo". *Revista do Departamento de Geografia- n° 7.* São Paulo, pp. 35-48, 1994.

PELOGGIA, A.. *O Homem e o Ambiente Geológico: Geologia, Sociedade e Ocupação Urbana no Município de São Paulo*. São Paulo, Xamã, 1998.

PREFEITURA MUNICIPAL SÃO PAULO. *A Questão Ambiental Urbana – Cidade de São Paulo*. São Paulo, Secretaria Municipal do Verde e do Meio Ambiente, 1993.

______________________. *Atlas Ambiental da Cidade de São Paulo*. São Paulo, Secretaria Municipal do verde e do Meio Ambiente, 1999.

ROSS, J. L. S.. *Análise da Qualidade da Água Subterrânea na Região da Grande São Paulo*. Dissertação de Mestrado apresentada ao Departamento de Geografia da Faculdade de Filosofia, Letras e Ciências Humanas-FFCH da Universidade de São Paulo-USP. São Paulo, fotocópia, 1981.

____________. "Inundações e deslizamentos em São Paulo. Riscos da relação inadequada sociedade-natureza". *Revista Territorium*. Coimbra, Portugal, pp.15-23, 2001.

ROSS, J. L. S. & DEL PRETTE. "Recursos hídricos e as bacias hidrográficas: âncoras do planejamento e gestão ambiental". *Revista do Departamento de Geografia 12*. pp. 89-121, 1998.

VILLELA, F. N. J.. *Estudo Empírico da Fragilidade de um Ambiente Natural Antropizado: O Bairro Parque Novo Santo Amaro e seu Entorno Próximo*. Trabalho de Graduação Individual, apresentada ao Departamento de Geografia da Faculdade de Filosofia, Letras e Ciências Humanas-FFCH da Universidade de São Paulo-USP. São Paulo, 2000. (Inédito).

CONSIDERAÇÕES ACERCA DOS ESTUDOS BIOCLIMÁTICOS

Emerson Galvani

A Ciência Bioclimatológica

A Bioclimatologia, de forma simplista, aplica os conhecimentos do Clima (Climatologia) às relações com os *seres vivos*. Salienta-se que a Bioclimatologia pode se distinguir como Bioclimatologia Humana, Animal e Vegetal, quando enfoca, respectivamente, os seres humanos, os animais e os vegetais. Percebe-se que a Bioclimatologia, portanto, envolve uma gama de profissionais das mais diversas áreas a citar, sem estabelecer ordem de importância: Geografia, Agronomia, Meteorologia, Zootecnia, Engenharia Civil, Arquitetura, Biologia e outras ciências que, de forma direta ou indireta, se utilizam dos produtos da Bioclimatologia no equacionamento de seus problemas específicos.

No Brasil, a formação da Sociedade Brasileira de Biometeorologia em 1996, com a realização do I Congresso Brasileiro de Biometeorologia em Jaboticabal-SP, foi um grande marco na sistematização e ordenamento dos estudos Bioclimáticos. Embora, conceitualmente se diferenciem Biometeorologia e Bioclimatologia, ou seja, a primeira voltada para os efeitos mais imediatos do tempo nos *seres vivos* e a segunda aos aspectos em uma escala maior de tempo (cronológico), uma rápida consulta nos anais permite-nos afirmar, sem querer polemizar, que esta sociedade poderia se chamar Sociedade Brasileira de Bioclimatologia. Na seqüência, dois anos depois ocorre o II Congresso Brasileiro de Biometeorologia realizado em Goiânia-GO que consolida em definitivo o papel desta sociedade. Em 2001, em Maringá-PR, ocorre o III Congresso Brasileiro de Biometeorologia, onde o evento é dividido em três eixos temáticos: a Biometeorologia Humana, Animal e Vegetal.

Esse breve histórico visa evidenciar a importância da Bioclimatologia/ Biometeorologia e os avanços que essa nova área (Ciência?) vem apresentando nos últimos anos no Brasil. Cabe aqui, salientar, que a Geografia não pode ficar alheia a esta evolução, principalmente àqueles profissionais voltados para a Climatologia Geográfica e Biogeografia.

O Climograma de Gaussen

Os estudos voltados à caracterização de períodos denominados de "secos" ou "úmidos" ganharam importância a partir da proposta de F. Bagnouls & H. Gaussen em 1953 na qual foi proposto um índice que indica, em função da variação média anual da temperatura e da precipitação, os meses secos e úmidos. A proposta inicial estabeleceu alguns critérios para determinação dos meses secos: sendo mês seco aquele no qual: a) registram-se menos de 10 mm de chuva, a uma temperatura média inferior a 10 °C, b) registram-se menos de 25 mm de chuva, a uma temperatura média compreendida entre 10 a 20 °C, c) registram-se menos de 50 mm de chuva, a uma temperatura média compreendida entre 20 a 30 °C e; d) registram-se menos de 75 mm de chuva, a uma temperatura média superior a 30 °C. Esta definição descontínua exprime-se, no entanto de forma contínua, por meio de uma curva indicando que mês seco é considerado aquele em que o total mensal das precipitações (quantificada em mm) é igual ou menor que o dobro da temperatura média (expressa em Celsius), ou seja, matematicamente expressamos como sendo: $Mês\,\mathrm{sec}o \Rightarrow P \leq 2.T$, onde P é a precipitação e T a temperatura do ar. Os climogramas ombrotérmicos, como passaram a ser chamados, são concebidos da seguinte forma: nas abscissas (eixo do *x*), colocam-se os meses do ano e nas ordenadas (eixo do *y*), à esquerda os valores de temperatura do ar e, à direita os valores das precipitações. O valor das precipitações deverá ser o dobro do atribuído a temperatura respeitando-se as devidas proporções. Traçadas as curvas (T em linha pontilhada e P em linha sólida) quando a ômbrica (chuva) passar abaixo da térmica (temperatura), issoindicará o período seco.

Essa metodologia de classificação do período seco/úmido serviu de base para uma vasta bibliografia acerca dos domínios bioclimáticos do globo e fornece de maneira simplificada a relação entre os elementos temperatura e precipitação e as exigências climáticas do local. Importante ressaltar que o climograma ombrotérmico de Gaussen, como se tornou conhecido, apresenta uma caracterização mais ecológica/bioclimatológica do que do ponto de vista agronômico/agrometeorológico, uma vez que não quantifica numericamente o *quanto* seco/úmido é o clima da região. Este método permite ainda avaliar a duração da estação seca daquela região em número de meses secos.

Observa-se pela análise da figura 1 que a Cidade de São Paulo, SP, dentro da terceira média climatológica (1961-1990) apresenta os meses de julho e agosto como meses secos, portanto, a duração da estação seca para São Paulo, SP, é de dois meses, não sendo possível quantificar o *quanto seco* é a região.

O que se pretende neste esboço é demonstrar que dependendo da finalidade do seu trabalho o diagrama de Gaussen pode fornecer de maneira simplificada uma caracterização do regime hídrico/térmico da região, dispensando o uso de metodologias mais complicadas, como a que trataremos a seguir.

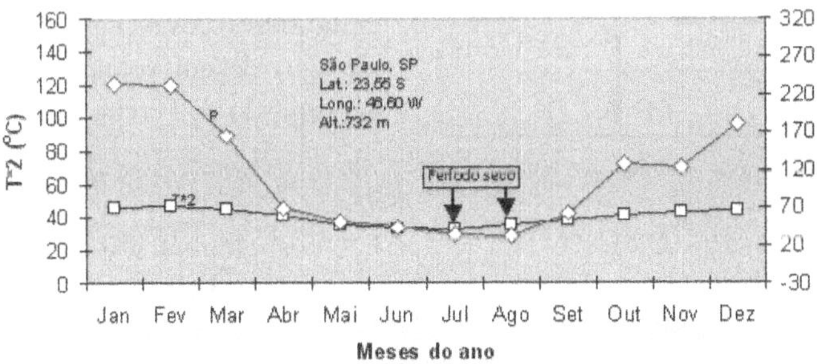

| Figura 1 | Representação dos elementos do clima temperatura (T*2, °C) e precipitação (P, mm) segundo a proposta de Gaussen indicando os meses considerados *secos* (São Paulo, SP, 1961-1990).

O Balanço de Água no Solo

O balanço de água no solo, conhecido e reconhecido, nacional e internacionalmente, como balanço hídrico é a contabilização da água do solo, resultante da aplicação do princípio de conservação de massa num volume de solo vegetado. A variação de armazenamento de água no volume considerado

(ΔARM), por intervalo de tempo, representa o balanço entre o que *entrou* e o que *saiu* de água do sistema.

Como a chuva é expressa em milímetros, isto é, em litros de água por metro quadrado de superfície, para facilitar a contabilização do balanço hídrico, adota-se também uma área superficial de 1 m^2 para o volume de controle. Portanto, o volume de controle torna-se uma função apenas da profundidade do sistema radicular das plantas. Admite-se que esse volume de controle seja representativo de toda a área em estudo. Genericamente o balanço hídrico de uma área vegetada pode ser representado pela Figura 2:

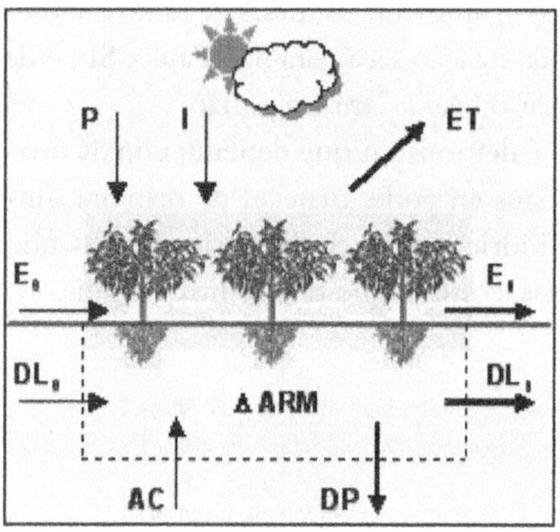

| Figura 2 | Representação esquemática dos fluxos do balanço hídrico indicando as possíveis entradas e saídas de água de um volume de controle (compilado de Pereira et al., 2002).

Entradas:
P = Precipitação (+ Orvalho)
I = Irrigação
Ee = Escoamento Superficial
DLe = Drenagem Lateral
AC = Ascensão Capilar

Saídas:
ET = Evapotranspiração
Es = Escoamento Superficial
DLs = Drenagem Lateral
DP = Drenagem profunda

A chuva e o orvalho dependem do clima da região, enquanto que as demais entradas dependem do tipo de solo e de relevo. O orvalho representa uma contribuição com ordem de magnitude muito pequena (no máximo 0,5mm/dia), muito menor que o consumo diário de uma vegetação em pleno crescimento ativo. Nessas condições, sua contribuição é mais importante no aspecto ecológico, sendo desconsiderado para o cálculo do balanço hídrico. As entradas e saídas por escoamento superficial (Ri e Ro) e drenagem lateral (DLi e DLo) tendem a se compensar pois o volume de controle adotado é pequeno

($1m^2$x profundidade efetiva do sistema radicular), nessas condições o balanço hídrico pode, então, ser expresso da seguinte forma:

$$\pm\Delta ARM = P + I - ET + AC - DP \quad (1)$$

A precipitação (P) e a irrigação (I) podem ser medidas facilmente. A ascensão capilar (AC), que ocorre em períodos secos, e a drenagem profunda (DP), que ocorre em períodos chuvosos, podem ser determinadas utilizando-se conhecimentos de física de solos. E por fim, a evapotranspiração (ET) pode ser determinada pelos diversos Métodos ou modelos matemáticos presentes na literatura. O volume de controle é, portanto, determinado pelo conjunto *Solo-Planta-Clima*. Em solos profundos sob alta demanda atmosférica, as raízes das plantas desenvolvem-se explorando um volume maior de solo, na procura por mais água, visando atender a demanda. Nessa situação, as plantas investem na formação do sistema radicular como modo de garantir sua sobrevivência. Por outro lado, se a demanda atmosférica for baixa, um volume menor de solo será suficiente para atendê-la. De modo geral, nos solos argilosos, com maior capacidade de retenção de água, as raízes não necessitam aprofundar-se tanto quanto em solos arenosos, que retêm menor quantidade de água (PEREIRA et al., 2002).

Balanço Hídrico Climatológico

O balanço hídrico climatológico, desenvolvido por Thornthwaite & Mather (1955) é uma das várias maneiras de estimar o armazenamento médio de água do solo ao longo do tempo. Partindo-se do suprimento natural de água ao solo, simbolizado pelas chuvas (P), e da demanda atmosférica, simbolizada pela evapotranspiração potencial (ETP), e com uma capacidade de água disponível (CAD) apropriado[1], o balanço hídrico climatológico fornece estimativas da evapotranspiração real (ETR), da deficiência hídrica (DEF), do excedente hídrico (EXC) e do armazenamento da água no solo (ARM). Para que não haja nem excesso nem deficiência hídrica, a chuva (P) deve ser igual a ETP. Portanto a ETP representa a chuva ideal (que deveria entrar no volume de controle). Essa situação só acontece esporadicamente em alguns períodos. Em algumas regiões há excesso praticamente o ano todo, enquanto que em regiões áridas e semi-áridas isso nunca ocorre. Em regiões tropicais, é mais comum haver excesso numa época, e deficiência em outra.

Aplicações do Balanço Hídrico Climatológico em estudos Bioclimáticos

O balanço hídrico climatológico apresenta uma série de aplicações que as diferenciam do climograma ombrotérmico de Gaussen, a destacar: a) Comparação da disponibilidade hídrica regional com outras áreas, o que não é possível com os diagramas de Gaussen; b) Caracterização de períodos secos e seus efeitos na agricultura, como redução da produção e impactos sociais; c) Zoneamento Agroclimático classificando as regiões em função dos elementos do balanço hídrico como sendo *apta, marginal ou inapta* em função das exigências térmicas e hídricas de um determinado cultivo; d) Determinação das melhores épocas de semeadura indicando qual época é menos sujeita as restrições hídricas para a cultura em questão, e) Comparação entre os anos padrões denominados *normais* com aqueles denominados *secos* e/ou *úmidos* e; f) avaliação quantitativa das deficiências e excedentes hídricos permitindo uma comparação da *intensidade* da estação seca.

Balanço Hídrico Climatológico x Diagrama de Gaussen

Após a contabilização de todos os elementos do balanço hídrico, conforme metodologia descrita inicialmente por Thornthwaite & Mather (1955) e que se encontra disponível na grande maioria nos manuais de Climatologia e Meteorologia, especialmente aqueles voltados para a área agrícola e bioclimática, é possível obter os valores mês a mês (ou em períodos menores de cinco a dez dias) das condições reais de água no solo. Lembrando que o balanço hídrico pode ser efetuado com os valores médios normais da localidade, ou para um ano específico, ou apenas um determinado período do ano (verão, inverno, etc.).

O balanço hídrico climatológico resulta em quadro com as seguintes informações: T é a temperatura média do mês; P é a precipitação média do mês, ETP é a evapotranspiração potencial, P-ETP é a diferença entre a coluna precipitação e a evapotranspiração, NEG. AC é o negativo acumulado de água no solo, ARM é o armazenamento de água no solo, ALT é a alteração entre o ARM do mês atual e o ARM do mês anterior, ETR é a evapotranspiração real, DEF é a deficiência e EXC é o excedente hídrico.

| Tabela 1 | Resultado da elaboração do Balanço Hídrico Climatológico para São Paulo, SP, conforme metodologia proposta por Thornthwaite & Mather, (1955). São Paulo, SP, 1961-1990.

Meses	T (°C)	P (mm)	ETP (mm)	P-ETP (mm)	NEG-AC	ARM (mm)	ALT (mm)	ETR (mm)	DEF (mm)	EXC (mm)
Jan.	23,0	234,0	111,8	122,2	0,0	100,0	0,0	111,8	0,0	122,2
Fev.	23,2	231,0	103,6	127,4	0,0	100,0	0,0	103,6	0,0	127,4
Mar.	22,5	165,0	102,7	62,3	0,0	100,0	0,0	102,7	0,0	62,3
Abr.	20,5	69,0	76,6	-7,6	-7,6	92,7	-7,3	76,3	0,3	0,0
Mai.	17,8	51,0	55,1	-4,1	-11,6	89,0	-3,7	54,7	0,4	0,0
Jun.	16,4	44,0	42,7	1,3	-10,2	90,3	1,3	42,7	0,0	0,0
Jul.	16,2	35,0	42,6	-7,6	-17,8	83,7	-6,6	41,6	1,0	0,0
Ago.	17,7	32,0	53,3	-21,3	-39,1	67,6	-16,0	48,0	5,2	0,0
Set.	19,1	63,0	64,3	-1,3	-40,4	66,8	-0,8	63,8	0,4	0,0
Out.	20,4	128,0	81,2	46,8	0,0	100,0	33,2	81,2	0,0	13,6
Nov.	21,3	123,0	91,0	32,0	0,0	100,0	0,0	91,0	0,0	32,0
Dez.	22,1	180,0	105,4	74,6	0,0	100,0	0,0	105,4	0,0	74,6
Totais	240,2	1355,0	930,3	424,7		1090,0	0,0	922,9	7,3	432,1
Médias	20,0	112,9	77,5	35,4		90,8		76,9	0,6	36,0

A análise da tabela 1 e da figura 3 (esquerda) nos permite avaliar o período denominado seco em São Paulo, SP, iniciando-se em abril e se prolongando de forma moderada até setembro. Enquanto a proposta de Gaussen apresenta apenas dois meses secos (figura 1) é possível identificar no mínimo cinco meses com deficiência hídrica (meses secos) com uso da proposta de Thornthwaite & Mather (1955). Podemos dizer que a proposta de Thornthwaite & Mather apresenta-se mais sensível às variações do regime térmico e hídrico, uma vez que considera, não somente as entradas e saídas de água no sistema, mas também àquela armazenada no perfil do solo e passível de ser utilizada nos diversos processos que ocorrem na interface solo-atmosfera. Importante ressaltar que logo após o término do período de chuvas a água armazenada no solo (ARM) será utilizada por um determinado período, somente ocorrendo deficiências hídricas após uma redução da água do solo. Da mesma forma, logo após o período com ausência de chuvas, as primeiras chuvas servirão para repor àquela água retirada do solo e somente após atingir a capacidade máxima de retenção de água e que começaram a ocorrer os excedentes hídricos. Não restam dúvidas que o solo é um importante *equilibrador* das entradas e saídas de água no solo, sendo assim, importante fator na determinação dos meses secos e úmidos.

A título de comparação, a figura 3 (direita) apresenta o balanço hídrico climatológico para a localidade de Piracicaba, interior do Estado de São Paulo. O que se observa é um período seco se estendendo de abril a outubro/novembro com uma deficiência anual de 70 mm. As duas localidades (apesar da proximidade geográfica, 140 km) apresentam regimes hídricos distintos e o *extrato* do balanço hídrico permite identificar e quantificar esses regimes. Os estudos Bioclimáticos devem, portanto, considerar em suas análises as especificidades do clima de cada região apresentando assim um quadro mais real das relações entre os seres vivos e os elementos do Clima.

Onde obter o Balanço Hídrico Climatológico

Em princípio, a proposta de Thornthwaite & Mather (1955) parece ser mais complicada, principalmente para aqueles não muito afeitos a área de exatas, contudo, já existe na *internet* programas que realizam os procedimentos do balanço hídrico climatológico, bastando, apenas, conhecer a temperatura e as chuvas do local (também necessários para elaboração do Climograma de Gaussen). No sítio http://ce.esalq.usp.br/bhbrasil encontra-se disponível o balanço hídrico para 500 localidades do Brasil, desse total 268 localidades representam municípios do Estado de São Paulo. Caso queria obter o balanço hídrico climatológico para uma localidade não disponível no sítio acima, basta substituir os valores de temperatura, precipitação e latitude do local que será automaticamente realizado todos os cálculos e gráficos, possibilitando a análise dos períodos *secos e úmidos*.

A título de exemplificação do uso da metodologia do Balanço Hídrico Climatológico, a figura 4 apresenta o balanço hídrico para diversas localidades brasileiras, representando tipos climáticos de norte a sul do Brasil. Percebe-se que em uma mesma região geográfica ocorre uma distribuição desigual das deficiências e excedentes hídricos no decorrer do ano. O que se espera após a discussão não é o abandono dos diagramas de Gaussen em estudos Bioclimáticos, que tanto nos auxiliaram na caracterização dos períodos secos/úmidos de diversas localidades do Brasil e do mundo, e sim um uso mais racional de novas metodologias que podem fornecer informações mais fidedignas das reais condições climáticas (Bioclimáticas) da região em estudo.

Nota

[1] A Capacidade de Água Disponível é considerada como sendo aquela água retida no solo entre as umidades na capacidade de campo e no ponto de murcha permanente.

Bibliografia

BOGNOULS, F., GAUSSEN, H.. "Os Climas Biológicos e Sua Classificação". *Boletim Geográfico*, ano XXII, n. 176, 1963. (Tradução de Ruth Simões Bezerra dos Santos).

______________________________. "Estação Seca e Índice Xerotérmico". *Boletim Geográfico*, ano XX, n. 169, 1962. (Tradução de Ruth Simões Bezerra dos Santos).

OMETTO, J.C. *Bioclimatologia Vegetal*. São Paulo, Ceres, 1981.

PEREIRA, A.R., ANGELOCCI, L.R., SENTELHAS, P.C.. *Agrometeorologia: Fundamentos e Práticas*. Guaíba, Agropecuária, 2002.

THORNTHWAITE, C.W. & MATHER, J.R.. The Water Balance. *Publications in Climatology*, New Jersey, Drexel Institute of Technology, 1955.

REFLEXÕES SOBRE O SOLO URBANO

Sidneide Manfredini, Rosely Pacheco Dias Ferreira & José Pereira de Queiroz Neto

O solo pode ser considerado como um sistema aberto em equilíbrio dinâmico, cuja evolução, que se dá no sentido da diferenciação das partes e das funções, é determinada pelos ajustes às condições ambientais.

O homem que, modestamente, se inclui como organismo vivo dentre os fatores que concorrem para a formação dos solos, é na realidade o único a conseguir manipular todos os outros fatores.

O homem é o único organismo vivo a usar conscientemente os recursos naturais para atender a suas necessidades, a ter autodeterminação e o que é mais importante: capaz de desenvolver tecnologias que potencializam as intervenções necessárias ao cumprimento de seus objetivos.

No que tange a produção de alimentos, o uso de tecnologias pelo homem tem se dado, ao longo da história, no sentido de melhorar ou pelo menos conservar as propriedades do solo. Pode-se considerar que os efeitos desastrosos de acidificação, salinização, contaminação com pesticidas, compactação e o desencadeamento de processos erosivos espetaculares, sejam considerados como "acidentes de percurso" inerentes ao próprio desenvolvimento de técnicas de manejo.

Conhecer profundamente a natureza dos constituintes, as formas de organização e os mecanismos de funcionamento, que determinam a fertilidade potencial dos solos era fundamental para a definição de técnicas de manejo que assegurassem a continuidade do processo produtivo e se constituiu no foco de desenvolvimento de uma das vertentes da pedologia. A outra vertente dedicou-se ao estudo da gênese dos solos ligada à própria dinâmica da paisagem.

A ocupação dos solos no processo de urbanização praticamente prescindia destes conhecimentos. Bastava uma certa intuição sobre estabilidade do terreno e uma certa noção da dinâmica global da paisagem onde pretendia-se construir uma casa, onde encontrar água.

O fato de cidades terem se desenvolvido nos perímetros de influência de vulcões ativos, várzeas sujeitas a inundações periódicas ou em sítios sujeitos a terremotos, áreas naturais de risco, servem antes para que se questione se a humanidade é realmente dotada de livre arbítrio ou autodeterminação, que para se questionar a validade deste conhecimento intuitivo.

A revolução industrial, a invenção do automóvel e o adensamento populacional nas áreas urbanas, provocado em grande parte pelo desenvolvimento tecnológico da agricultura que gerou um excedente de mão-de-obra, tornaram aquele conhecimento intuitivo insuficiente.

As vias precisavam ser pavimentadas para facilitar o tráfego dos veículos, a água e o esgoto precisavam ser canalizados, a energia demandava uma rede de distribuição, isto sem falar na demanda por escolas, hospitais, postos de bombeiros, policia, comércio, etc..

O altíssimo custo desta infraestrutura agregou-se ao valor do chão – a cidade precisava se verticalizar para otimizar a relação custo-benefício.

Crescia a demanda por especialistas que assegurassem as bases técnicas para todo este desenvolvimento. A engenharia que originalmente surgiu para atender às necessidades de desenvolvimento tecnológico dos artefatos bélicos, começou a se ramificar para atender a estas novas demandas.

O solo, na visão destes novos especialistas, continuava a ser enfocado do ponto de vista restrito da estabilidade, de sua capacidade de suportar o peso das instalações que se pretendia implantar, só que a partir de parâmetros quantitativos, definidos cientificamente: pressões de pré-adensamento, coesão efetiva, ângulos de resistência ao cisalhamento, resistência à penetração, pressão de expansão, dentre outros (VARGAS, 1977).

Somente aqueles atributos do solo que apresentassem uma estreita correlação com estas propriedades eram levados em conta: porcentagem de argila, natureza mineralógica da argila.

O termo solo não é empregado por estes especialistas no sentido pedológico, mas sim no sentido de "terra". É comum nos trabalhos de engenharia o termo solo ser empregado para designar um pacote sedimentar ou um simples horizonte (OLIVEIRA & BRITO, 1998; VARGAS, 2002).

O mais grave, entretanto, é a negação do caráter dinâmico do solo, quer do ponto de vista genético como funcional. A água é o principal agente desta dinâmica. As intervenções urbanas resultam em impermeabilização parcial da superfície e alteram as condições de circulação da água no interior do solo, provocando soerguimento ou rebaixamento do lençol freático. Interfere também na relação água/atmosfera do solo que regula o potencial de oxi-redução da solução do solo, redirecionando os processos de alteração química dos minerais.

A intensificação dos processos de solubilização e lixiviação e a destruição das estruturas do solo, decorrentes da mudança do regime hídrico, podem resultar em abatimentos da superfície. Este fenômeno, de larga ocorrência no Município de São Paulo, tem onerado sobremaneira a manutenção da rede viária. As marginais do Tietê, Avenida Nove de Julho, Avenida dos Bandeirantes, são alguns exemplos. Podem também comprometer estruturas, chegando a provocar o desabamento de edificações.

Do ponto de vista funcional, o solo exerce um importante papel atenuador das condições climáticas. Em condições naturais, uma parcela significativa da chuva que incide sobre a superfície do solo é por ele absorvida. Parte desta água é retida e o excedente percola lentamente no interior do solo até atingir a rede de drenagem. A água retida pelo solo durante os episódios chuvosos, é devolvida para a atmosfera na forma de vapor durante os períodos de estiagem. Este mecanismo é responsável por uma menor amplitude de variação nos teores de umidade relativa do ar e na temperatura próxima à superfície. A impermeabilização da superfície vai obviamente neutralizar este papel do solo.

As bolhas de calor que ocorrem em diversos pontos da Cidade, tanto quanto o desconforto, causado pelas condições climáticas extremas, vivenciado pelos paulistanos no inverno de 2003, com umidade relativa do ar chegando a 15% e variações diárias de temperatura que superaram 12°C, são grandemente influenciados pelo alto índice de impermeabilização do solo.

Por outro lado, a impermeabilização concorre para o aumento tanto do volume de água que escoa superficialmente durante o período chuvoso, quanto da velocidade de escoamento, concorrendo para a saturação do sistema de drenagem e a multiplicação das áreas de inundação.

O outro uso do solo, especialmente importante nas áreas urbanas e periurbanas, é o de destinatário dos resíduos sólidos. Importante tanto pelo volume quanto pela natureza dos resíduos produzidos.

Até poucos anos atrás, a Cidade de São Paulo não contava com um único aterro destinado aos resíduos industriais. Ainda hoje, os aterros, destinados aos resíduos domésticos e industriais existentes na Cidade, são insuficientes para receber todo o lixo produzido, em virtude do que, observa-se a proliferação de pontos de descarga clandestina de lixo em terrenos baldios e nas vertentes que ladeiam as estradas vicinais, na periferia. Qual o impacto da deposição destes resíduos diretamente sobre o solo?

Mesmo considerando os aterros sanitários implantados dentro das normas técnicas vigentes, para evitar a percolação do chorume, como avaliar o impacto da difusão lateral de metano e do próprio chorume sobre os solos que lhes são circunvizinhos?

Os pedólogos têm relutado em se dedicar ao estudo da problemática dos solos urbanos sob o pretexto de que as pedoperturbações induzidas pelas intervenções decorrentes da urbanização desnaturam o solo. Em realidade, esta relutância tem a ver com a dificuldade em se promover a necessária ruptura com os modelos pedogenéticos já estabelecidos, o que envolve mudanças radicais até na escala de tempo envolvida nestes processos (da geológica para a decenal).

Inspirados pelo bem sucedido sistema taxonômico desenvolvido pelos biólogos, os pedólogos buscaram desenvolver um sistema de classificação de solos universal baseado em atributos suficientemente estáveis no tempo.

Por outro lado, a pedologia sempre se valeu de abordagens descritivas e quantitativas, em caráter complementar, para seu desenvolvimento. A pavimentação e as edificações tornam o solo inacessível, inviabilizando uma abordagem descritiva.

A intensificação das atividades agrícolas no pós-guerra, marcada por grande avanço tecnológico, resultou na degradação generalizada dos solos nas áreas cultivadas, tornando inadiável a discussão sobre a relevância da ação antrópica sobre os solos.

De forma bastante conservadora, mas refletindo esta preocupação, a 7ª aproximação da classificação de solos do Departamento de Agricultura dos EUA, publicada em 1960, incluiu três horizontes resultantes de ações antrópicas (*anthropic*, *plaggen* e *agric*) no rol dos horizontes diagnósticos de superfície.

Paralelamente, entretanto, outros pesquisadores procuravam superar o impasse proposto pelas questões conceituais e metodológicas da pedologia, por meio de novas perspectivas de análise das relações entre o homem e o solo.

Bidwell e Hole (1964) interpretaram a relação homem e solo sob a perspectiva da teoria da organização, anteriormente utilizada por Boulding (1956) na análise das relações entre animais de comportamento associativo e o meio ambiente. A apresentação de um quadro elencando as formas tradicionais de manipulação, pelo homem, dos demais fatores de formação do solo e o recurso a exemplos práticos na análise dos resultados destas intervenções, propiciou uma grande repercussão a este trabalho.

Os sistemas de classificação da Alemanha Oriental (ARBEITSKREIS DBC, 1985) e FAO/Unesco (1988) já refletem todo este processo de reflexão, ao propor critérios pedogenéticos para a classificação dos solos urbanos.

Blume (1989) faz uma análise dos critérios utilizados para a classificação dos solos urbanos, face à natureza das intervenções a que os mesmos são submetidos. Apesar de defender enfaticamente a utilização de critérios pedogenéticos e ecológicos, no seu empenho em demonstrar que os solos urbanos podem ser encaixados nas mesmas classes que os solos naturais e que o problema se restringe a um ajuste na nomenclatura, ele vai sistematicamente descartando as diferenças pedogenéticas existentes entre estes solos, além de desconsiderar o papel funcional do solo na paisagem (os tais critérios ecológicos).

Ele propõe, por exemplo, que solos Tiomorficos formados sobre dejetos de minas são morfologicamente idênticos àqueles formados em condições naturais sob influência de águas subterrâneas e, portanto, podem ser incluídos numa mesma classe. O fato que os solos Tiomórficos naturais se desenvolvem em várzeas e que os dejetos de minas normalmente são depositados em lagoas de decantação, que podem estar implantadas no topo de uma colina, parece ser irrelevante para o autor. O que vai acontecer com este solo quando a lagoa de decantação for abandonada e naturalmente secar?

Da mesma forma, ele sugere que, sendo morfologicamente idênticos, um gleyssolo, formado em um ambiente redutor induzido, não pela água, mas pela presença de metano, que exala lateralmente dos aterros sanitários, poderia ser alinhado aos gleyssolos naturais, que se formam também em ambiente redutor, mas devido a saturação por água. Qual o impacto deste processo de "*gleização* à seco" que pode se desenvolver rapidamente, ao cabo de poucos anos, ao longo de toda uma vertente?

Os solos urbanos deverão sim ser classificados de acordo com critérios pedogenéticos e ecológicos, no dia em que conseguirmos decifrar estes novos processos.

A Cidade de São Paulo foi fundada em 1554, ao passo que as bases da pedologia só foram delineadas por Dokuchaiev em 1877. Uma década depois (1887), com a criação do Instituto Agronômico de Campinas, iniciavam-se as primeiras analises de solos no Brasil.

Nesta época, a cidade de São Paulo contava com 47.697 habitantes, 7012 prédios e 24.512 metros de trilhos. A água canalizada abastecia 49% destes prédios e 63% deles estavam ligados à rede de esgoto.

Somente no século XX, a partir da década de 1930, a geologia da Cidade começa a ser efetivamente estudada, como uma espécie de subproduto dos programas desenvolvidos pela Comissão Geográfica e Geológica do Estado de São Paulo e do Serviço Geológico e Mineralógico do Brasil, com o intuito de investigar a ocorrência de petróleo, mas que concorreram para estimular pesquisas mais específicas sobre as formações geológicas do sítio urbano.

A Tese de Doutorado apresentada por Ab'Saber– *Geomorfologia do Sítio Urbano de São Paulo* (1957) – sobrepondo-se ao conhecimento já acumulado sobre as formações geológicas, representava uma base bastante sólida, que deveria ter estimulado pesquisas com os solos da região.

Isto não ocorreu. Em parte, por conta das já mencionadas dificuldades da própria pedologia. De outra parte, a precária estrutura de pesquisa pedológica de que dispunha o País, estava completamente comprometida com o esforço nacional, em promover o aumento da produtividade e da produção agrícola, que envolvia a incorporação de solos menos férteis como os do cerrado, ao processo produtivo

O Laboratório de Pedologia e a pesquisa de solos em áreas urbanas

O Laboratório de Geomorfologia e Pedologia integrado ao Instituto de Geografia da USP, foi criado em 1964. Desmembrado da geomorfologia em 1969, o Laboratório de Pedologia só foi incorporado ao Departamento de Geografia em 1987.

A falta de referenciais do que seriam os solos naturais, atualmente ocupados pela mancha urbana e frente a complexidade decorrente das sobreposições de intervenções, no tempo e no espaço, muitas delas, em caráter corretivo de intervenções anteriores, representam um enorme desafio ainda a ser enfrentado.

Uma meta, sem dúvida ambiciosa, mas que vem sendo lenta, mas consistentemente construída, pelo Laboratório de Pedologia.

O primeiro passo a ser dado significava a ruptura com os modelos pedogenéticos estabelecidos e a superação da abordagem tipológica, calcada no conceito de "pedon".

Neste sentido, o Laboratório de Pedologia, no âmbito do convênio Capes/Cofecub, iniciou em 1980 um amplo programa, que se estendeu até 1995, sobre o tema "Análise Estrutural da Cobertura Pedológica e Suas Aplicações no Ambiente Tropical", valendo-se dos procedimentos estabelecidos por Boulet (1978), para a análise tridimensional da cobertura pedológica.

O levantamento e cartografia de coberturas pedológicas em diferentes áreas de São Paulo, Paraná, Santa Catarina e Minas Gerais, permitiu comprovar a eficiência dessa abordagem, no que concerne à compreensão do funcionamento e, conseqüentemente, da dinâmica pedogenética atual do solo.

Além disto, o programa priorizou a formação de pesquisadores, o que resultou na elaboração de sete Dissertações de Mestrado e 18 Teses de Doutorado (QUEIROZ NETO, no prelo), era fundamental formar uma "massa crítica".

O segundo passo representa a caracterização dos solos naturais remanescentes, o que permitirá estabelecer referenciais que possibilitem avaliar o impacto das intervenções urbanas. O trabalho "Observações sobre os solos da região de Parelheiros: contribuição ao estudo da pedogenêse regional" (QUEIROZ NETO e NAKASHIMA, 1973), bem como o projeto "Análise das relações entre as características morfológicas da cobertura pedológica e a dinâmica da água na área do Parque da Previdência, município de São Paulo", em fase de implantação pela equipe do Laboratório, vão nesta direção. É importante ressaltar os trabalhos de pesquisadores de outras instituições, com os quais o Laboratório tem, desde sempre, mantido estreita colaboração: *Levantamento de solos do Núcleo Águas Claras, Parque Estadual da Cantareira* (ROSSI et al., 1997), dos solos de Vila Amália (PFEIFER et al., 1977) e do Parque Estadual da Capital (PFEIFER et al., 1981).

O terceiro passo seria trabalhar diretamente sobre os solos alterados pelo impacto da urbanização. A estratégia adotada pelo Laboratório de Pedologia tem sido, até o momento, a de se dedicar ao estudo de situações mais simples, em municípios de menores portes, valendo-se da Análise Estrutural: Salomão (1995), Cunha (1996), Martins (2000), Nakashima (2000), Lopes (2001) e Cunha (2002), como forma de obter subsídios para que situações mais complexas, como as verificadas no nosso Município, face a intensidade e sobreposição das intervenções, possam finalmente ser analisadas.

Todos os trabalhos acima mencionados se restringem à questão da erosão em áreas urbanas. Paralelamente, a equipe da Professora Dra. Nádia Regina do Nascimento, do IGCE/Unesp de Rio Claro, vem desenvolvendo um interessante programa de pesquisas abrangendo as relações solo-poluentes, que desde já representa uma grande contribuição, seja pelos resultados apresentados, seja pela questão da metodologia aplicada, que envolve a Análise Estrutural e procedimentos de análise das interações químicas e físicas entre os poluentes e o solo: Nascimento et al. (1995), Nascimento et al. (1998), Nascimento et al. (2002), Nicola et al. (1995), Zuin et al. (1999).

O laboratório de Pedologia, com a experiência acumulada neste percurso, contando com a colaboração desses pesquisadores e com o crescente interesse manifestado pelos nossos alunos de graduação, poderá finalmente dar início a um programa de pesquisas mais abrangente, sobre os solos da Cidade de São Paulo.

Bibliografia

AB'SABER, A. N.. *Geomorfologia do Sitio Urbano de São Paulo*: Boletim 219 - Geografia 12 - São Paulo, Departamento de Geografia/FFLCH/USP, 1957.

ARBEITSREIS BODENSYSTEMATIK DER DBG. Systematik der Böden der BRD. Alemanha Oriental: Mitteing. Dtsch. Bodenkdl. Gesellsch. 44, pp. 1-91, 1985.

BIDWELL, O. W. & HOLE, F. D.. "Man as a Factor of Soil Formation". *Soil Science* (99):65-72, 1965.

BOULDING, K. E. The Image, Knowledge in Life and Society. Ann Arbor paper-backs. The University of Michigan Press. 1956.

BOULET, R.. *Toposéquences de sols tropicaux en Haute Volta. Equilibres et desequilibres pédoclimatiques*. Paris: Orstom, Memoires 85, 1978.

BLUME, H. P.. *Classifications of Soil in Urban Agglomeration*. Cremling: Catena vol.16, pp. 269-275, 1989.

CUNHA, J. E de. *Caracterização Morfológica (macro e micro) e Comportamento Físico-Hídrico de Duas Topossequências de Umuarama, PR – Subsídios para a Avaliação dos Processos Erosivos*. Dissertação de Mestrado, apresentada ao Departamento de Geografia da Faculdade de Filosofia, Letras e Ciências Humanas-FFLCH da Universidade de São Paulo-USP. São Paulo, fotocópia, 1996.

CUNHA, J. E. da. *Funcionamento Hídrico e Suscetibilidade Erosiva de um Sistema Pedológico Constituído por Latossolo e Argissolo no Município de Cidade Gaúcha, PR*. Tese de Doutorado, apresentada ao Departamento de Geografia da Faculdade de Filosofia, Letras e Ciências Humanas-FFLCH da Universidade de São Paulo-USP. São Paulo, fotocópia, 2002.

FAO/UNESCO. *Soil Map of the World, Revised Legend; World Soil, Resources Report 60* - FAO-rom., 1988.

LOPES, L. M.. *Caracterização Morfopedológica e Suscetibilidade Erosiva dos Solos de Sub-Bacias Hidrográficas em Áreas de Expansão Urbana de Goiânia, GO*. Tese de Doutorado, apresentada ao Departamento de Geografia da Faculdade de Filosofia, Letras e Ciências Humanas-FFLCH da Universidade de São Paulo-USP. São Paulo, fotocópia, 2001.

MARTINS,V. M. *Caracterização Morfológica e da Circulação Hídrica dos Solos da Cabeceira de Drenagem do Córrego do Bom Jesus do Município de Cidade Gaúcha,PR.* Dissertação de Mestrado, apresentada ao Departamento de Geografia da Faculdade de Filosofia, Letras e Ciências Humanas-FFLCH da Universidade de São Paulo-USP. São Paulo, fotocópia, 2000.

NAKASHIMA, P.. *Sistemas Pedológicos da Região Noroeste do Estado do Paraná. São Paulo: Distribuição e subsídios para o controle da erosão.* Tese de Doutorado, apresentada ao Departamento de Geografia da Faculdade de Filosofia, Letras e Ciências Humanas-FFLCH da Universidade de São Paulo-USP. São Paulo, fotocópia, 2000.

NASCIMENTO, N. R. do; OLIVEIRA,T.A. de & PEREZ, D. H.. Distribuição Espacial de Hexaclorobenzeno em Solos do Quaternário e sua Relação com o Escoamento Subsuperficial. In: *XI Congresso Brasileiro de Geologia – Geologia e Desenvolvimento.* Belo Horizonte, Sociedade Brasileira de Geologia, 1998.

NASCIMENTO, N. R. do; NICOLA, S. M. C.; REZENDE, M. O.; OLIVEIRA,T. A. de & OBERG, G.. "Podzols Pollution by Hexachlorobenzene and Pentachlorophenol". In: *Coast Plain of the State of São Paulo.* Brasil. Geoderma submetido, 2002.

NASCIMENTO, N. R. do; NICOLA, S. M. C. & POLESE, L.. "Organização Bidimensional de uma Cobertura Pedológica Podzolozada e Suas Relações com a Dispersão de Hexaclorobenzeno". In: V Congresso Brasileiro de Geoquímica. São Vicente, SP, 1995.

NICOLA, S. M. C. & NASCIMENTO, N. R.. Do Sistema Pedológico Latossolo/ Podzol: Gênese e Transformações. São Vicente,SP. In: XXV Congresso Brasileiro de Ciência do Solo, Viçosa, 1995.

OLIVEIRA, A. M. dos S. & BRITO, S. N. A. de. *Geologia de Engenharia.* São Paulo, ABGE/Cnpq/Fapesp, 1997.

PFEIFER, R. M., CARVALHO, W. A.; ESPÍNDOLA, C. R. & PIEDADE, G. C. R. "Características Morfológicas, Físicas e Químicas dos Solos da Vila Amália". Rev. Inst. Flor., São Paulo, (11/12):1-168, 1977/78.

PFEIFER, R. M.; ESPÍNDOLA, C. R. & CARVALHO, W. A.. "Levantamento de Solos do Parque Estadual da Capital-SP". *Rev. Inst. Flor.*, São Paulo, (15/16):49-59, 1981-1982.

QUEIROZ Neto, J. P.. "Análise Estrutural da Cobertura Pedolígica: uma Experiência de ensino e Pesquisa". *Revista do Departamento de Geografia.* São Paulo, FFLCH/ USP (no prelo).

QUEIROZ NETO, J. P.; NAKASHIMA, P. Observações sobre os Solos da Região de Parelheiros: Contribuição ao Estudo da Pedogênese Regional. Boletim Paulista de Geografia nº 48, pp. 17-44. 1973.

ROSSI, M.; MATTOS, I. F. de A. & DÉSCIO, F.. "Levantamento de Solos do Núcleo de Águas Claras, Parque Estadual da Cantereira,SP". *Rev. Inst. Flor.,* São Paulo, 9(1):87-101, 1997.

SALOMÃO, F. X. de T.. *Processos Erosivos Lineares em Bauru, S.P: Regionalização Cartográfica Aplicada ao Controle Preventivo Urbano e Rural*. Tese de Doutoramento, apresentada ao Departamento de Geografia da Faculdade de Filosofia, Letras e Ciências Humanas-FFLCH da Universidade de São Paulo-USP. São Paulo, fotocópia, 1995.

SOIL SURVEY STAFF. Soil Classifications: a Comprehensive System, 7th Approximation. Washington, DC. Departament of Agriculture Soil Conservation Service. 1960.

VARGAS, M.. *Introdução à Mecânica dos Solos*. São Paulo, MacGraw-Hill, 1977.

__________. "Os Solos da Cidade de São Paulo". *Artigo Técnico nº 17*, ABGE, São Paulo, 2002.

ZUIN, V. G.; AIROLD, F. P. S.; NASCIMENTO, N. R. do; LANDGRAF, M. D. & REZENDE, M. O. O.. *Determination of Pentachlorophenol and Hexachlorobenzene in Natural Waters Affected by Chemical Residues*. Brasil, J.Braz. Chem. Soc.V10, pp. 25-30, 1999

CAPÍTULO 3

PAISAGENS METROPOLITANAS

TRISTES MANANCIAIS

Luis Antonio Bittar Venturi

Ao longo da história de São Paulo, as questões relacionadas à qualidade ambiental alteraram-se de acordo com diferentes contextos socioeconômicos que o Município conheceu. Enquanto a Cidade se concentrava na colina do interflúvio entre o riacho Anhangabaú e o rio Tamanduateí (no chamado "triângulo para dentro das pontes"), as condições do ambiente urbano mantinham-se boas, segundo os relatos de ilustres visitantes no início do século XIX.[1] A partir de meados do século XIX, as constantes intervenções no rio Tamanduateí para a retificação de seu curso, aterramento e ocupação de suas várzeas agravaram os problemas ambientais da São Paulo de então. Essas áreas de várzea tornaram-se ainda mais suscetíveis às constantes inundações e esse fato, associado à ausência generalizada de saneamento, gerou um contexto de acentuada insalubridade. Esta precária qualidade ambiental foi um fator que impulsionou a ocupação, especialmente pelas elites, dos terraços livres das inundações, como os Campos Elísios e, posteriormente, os patamares, a exemplo de Higienópolis, até os topos e divisores de água como a Avenida Paulista.

Do mesmo modo, as posteriores intervenções nos cursos dos rios Tietê e Pinheiros, a impermeabilização de suas várzeas e os tipos de uso ali impostos iriam agravar os problemas das inundações. As tendências urbanísticas européias que privilegiavam a funcionalidade e a circulação inspiraram as intervenções no traçado urbano de São Paulo, a exemplo do Plano de Avenidas, idealizado já desde os anos 1920 por Ulhôa Cintra e Prestes Maia e empreendido por este último nas décadas seguintes. Mas ao se negligenciarem as características físico-territoriais do sítio urbano de São Paulo, caracterizado por colinas e planícies de inundação, essa importação do urbanismo funcionalista acabou resultando em um gradativo agravamento de problemas ambientais relacionados às inundações do sítio urbano, que persistem até nossos dias [2].

A partir dos anos 1930, um outro contexto econômico iniciou um novo processo de degradação ambiental, sem que isso tenha significado a solução dos quadros anteriormente descritos. A crescente demanda de combustíveis, muito acentuada por ocasião da Segunda Guerra Mundial, estimulou a produção de carvão vegetal em alguns municípios do entorno de São Paulo, a exemplo de Itapecerica da Serra, São Lourenço da Serra, Juquitiba, entre outros. Essa atividade teve como conseqüência uma aceleração dos desmatamentos dessas áreas, cujas marcas ainda hoje podem ser observadas, especialmente ao longo das rodovias de acesso à capital, como vastos eucaliptais, pastos e algumas antigas serrarias remanescentes. Contudo, a gradativa e acelerada eletrificação de São Paulo teria levado muitas dessas carvoarias à falência e, conseqüentemente, diminuído o ritmo do desmatamento para esse fim.

Da mesma forma, um outro recurso natural, agora não energético, também passava a ser demandado na medida e na velocidade do desenvolvimento econômico-industrial de São Paulo. Trata-se da matéria bruta, como areia, brita, etc., cuja gigantesca demanda para a construção civil impulsionou a atividade mineradora no entorno de São Paulo, gerando, até os dias de hoje, fortes impactos ambientais. Esse tipo de material, devido aos grandes volumes que envolve, possui apenas valor local, o que faz com que sua exploração se localize sempre próximo à demanda, como condição para sua viabilidade econômica. Triste coincidência! Mais uma vez as áreas serranas florestadas do entorno de São Paulo que abrigam os mananciais sofrem pressão por outros interesses.

É interessante notar como muitas dessas mineradoras mantêm até hoje suas atividades em funcionamento, mesmo em áreas de mananciais, conseguindo sempre, de uma forma ou de outra, atender ao mercado, a despeito da legislação ambiental.

Atualmente, o contexto socioeconômico de São Paulo parece acumular, historicamente, todos os problemas ambientais conhecidos até então, especialmente nas áreas dos mananciais da RMSP [3], em que insalubridade pela ausência de saneamento, os desmatamentos e deslizamentos de encosta, a crise de abastecimento de água e o agravamento da violência compõem um quadro socioambiental complexo. Porém, parece não haver mais nada sobre os mananciais metropolitanos de São Paulo que já não tenha sido pronunciado. Nas últimas décadas, essa temática gerou um grande número de questionamentos e de trabalhos de pesquisa sob os mais diversos enfoques: falhas na legislação ambiental, ineficiência do poder público como agente gestor, fortalecimento da especulação imobiliária, exclusão social, fragilidade ambiental e falta de conscientização figuram entre as muitas variáveis escolhidas para as análises que buscam razões explicativas da degradação dos mananciais e da deterioração do nível de vida a ela associada. [4] No entanto, as análises quase sempre caracterizam ou até mesmo concluem por um contexto *caótico*, dado o grande número de forças em jogo e os múltiplos aspectos que podem ser considerados. Caos e complexidade contextual poderiam ser entendidos da mesma forma? Uma situação caótica sugere que um determinado sistema ou contexto evoluiu para direções ou situações não previstas anteriormente, o que não foi uma característica da ocupação das áreas de mananciais. Da mesma forma, o tipo de ocupação e uso do território que os municípios "*manancialenses*" têm conhecido é, não raro, classificado de forma quase automática como *desordenado*, especialmente pela mídia. Mas existe desordem urbana? [5] Na sua *aparência*, e sob uma visão funcionalista e organicista de cidade, a ocupação de algumas áreas poderia mesmo ser considerada como *desordenada* ou *caótica*. Os arruamentos não seguem uma ordenação e não possuem nenhuma estruturação que pareça ter sido organizada e, mais importante ainda, não há, pelo menos no início das ocupações, sinais de urbanização traduzidos pela implantação de infra-estrutura física como água encanada, luz, asfalto, etc. Eventualmente, tudo isso pode vir depois, assim como o estabelecimento de instituições sociais, como escolas, postos de saúde, entre outras, que são instaladas sob maior ou menor pressão da demanda social e das comunidades organizadas.

No entanto, deve-se evitar considerar tais ocupações como caóticas ou desordenadas, pois esses adjetivos não explicam a essência do processo. A atual ocupação das áreas dos mananciais metropolitanos poderia ser considerada como a expressão espacial da falência do poder público como gestor do território e gerador de políticas sociais; como a expressão espacial das relações conflitantes e assimétricas entre os segmentos de representação da sociedade civil, governo e iniciativa privada.

Na lógica do mercado, regida por leis como oferta e demanda, por exemplo, nada é surpreendente ou desordenado. O adensamento desprovido de infra-estrutura gerado em vastas áreas ao sul da RMSP já estava traçado pela especulação imobiliária e poderia ter sido prevista pelo poder público. Muitas áreas com importantes mananciais de abastecimento poderiam ter sido poupadas. Por que não o foram, já que se dispõem de instrumentos legais? As forças que atuam em território metropolitano são muito diversas quanto à sua abrangência e poder. Quase que invariavelmente, as leis que regem o mercado e as atividades especulativas imprimem suas marcas no território de forma muito mais incisiva do que as leis que protegem os mananciais, ou as leis orgânicas e planos diretores municipais, por mais fatalista que essa constatação possa parecer. [6]

Seria a participação popular preconizada na nova Lei de Proteção aos Mananciais (Lei Estadual n. 9.866/97) e no Estatuto da Cidade (Lei nº. 10.257, de 10 de julho de 2001) suficientemente forte para se sobrepor às leis de mercado e à lógica da especulação imobiliária, uma vez que é a própria população que está envolvida com as ocupações irregulares e muitas vezes, ocupar clandestina ou irregularmente um lote representa a única chance de adquirir uma moradia? Estariam os segmentos de representação da sociedade civil suficientemente preparados para enfrentar *tecno-burocratas*, políticos e representantes do setor privado nas reuniões dos comitês de bacia previstos nessa nova Lei? O que poderia assegurar a *preservação*, a *recuperação* de áreas degradadas e a *ocupação* planejada, metas estabelecidas nessa nova legislação ambiental? E finalmente, como tratar, na esfera da política tradicional, de questões cuja complexidade reside tanto em aspectos administrativos, pois são intermunicipais e *multi-setoriais*, quanto no que se refere à dinâmica natural dos sítios em questão?

As especificidades do contexto paisagístico das áreas de mananciais devem ser consideradas e compreendidas, fornecendo subsídios ao processo decisório. Trata-se de uma complexa e delicada combinação entre altas declividades, concentração pluviométrica, calor e densa cobertura vegetal original; a umidade e o calor geram solos profundos que, associados a vertentes acentuadas e desmatamentos formam um quadro de risco de movimentos de massa como deslizamentos de encostas, por exemplo. As ocupações dessas áreas exigiriam, portanto, muito mais cuidados do que em outras em contextos paisagísticos diferentes. Porém, são essas áreas que, historicamente, restaram para as comunidades excluídas e desassistidas e as ocupações irregulares e clandestinas continuam ocorrendo, a despeito de todos os trabalhos já publicados, de toda a legislação existente, de todas as ações ensaiadas até então.

Os aspectos analisados que compunham o contexto da década de 1970 ainda estão presentes, sob forma arrojada e certamente muito mais agressiva. Assistimos hoje a construção do rodoanel metropolitano cujo traçado passa, em grande parte, pelas áreas de mananciais, especialmente em seus trechos sul e norte. Seu traçado atravessa mais de sessenta cursos de água, além da Área de Proteção Ambiental (APA) da Cantareira. Apenas se tangenciasse essas áreas, o rodoanel, o mal necessário como é designado pela mídia, já configuraria um risco dadas às inúmeras atividades que atrai, especialmente imobiliárias. [7]

Se já foi aceita a idéia de que a duplicação da antiga Estrada de Parelheiros (atual Avenida Teotônio Vilela) e da Estrada M'boi Mirim foram fatores decisivos na orientação da expansão urbana de São Paulo no vetor sul, essa obra deve exercer a mesma influência, ou até maior, ainda que disponha de diversos volumes de Estudos e Relatórios de Impacto Ambiental (EIA/RIMA). As variáveis permanecem, ainda que de formas diferenciadas, no geral, mais acentuadas. De acordo com a Secretaria de Meio Ambiente de São Paulo (*apud* MARCONDES, 1999:154), dos 858,4 km^2 de mata que restavam na RMSP em 1990, 129 km^2, ou seja, 15% foram desmatados até 1995, demonstrando a continuidade do processo de ocupação, avançando especialmente sobre a zona sul do Município de São Paulo e para as sub-regiões sudoeste e sudeste da RMSP.[8] Segundo essa mesma fonte, dos 1.100 hectares ocupados ilegalmente apenas em 1991, 1.000 o foram na zona sul do município de São Paulo, em áreas de mananciais.

Em relação à nova Lei de Proteção aos Mananciais, trata-se de um instrumento tão ou mais complexo do que as primeiras leis que delimitavam e disciplinavam a ocupação das áreas de mananciais nos anos de 1970.[9] A complexidade do sistema proposto pela política de recursos hídricos pautada nos Sigrh (Sistema Integrado de Gerenciamento de Recursos Hídricos) nos conduz a um questionamento sobre sua viabilidade em um contexto social, político e econômico muito diferenciado daquele em que foi criado. Inspirada em modelos europeus (veja como a história se repete), a nova legislação tenta imprimir-se na realidade da RMSP em que a sociedade civil, a iniciativa privada e o poder público apresentam um precário grau de organização e integração, característica esta que seria essencialmente necessária para o funcionamento de tal instrumento legal. Este fato tem retardado eventuais soluções urgentes no que se refere à proteção e recuperação dos mananciais. Um claro reflexo da inadequação desse sistema legal para a nossa realidade já pôde ser verificado logo após a publicação da referida Lei. Em seu artigo 46, estabelece um prazo de sessenta dias, a partir da publicação da Lei, para a elaboração e encaminhamento de propostas de Áreas de Proteção e Recuperação de Mananciais (APRM) em cada bacia ou Unidade de Gerenciamento de Recursos Hídricos (UGRH), na forma como o Estado foi dividido. Seria o primeiro passo. O desenvolvimento do projeto propondo a APRM do Guarapiranga foi desenvolvido entre agosto e setembro de 1999, portanto, quase dois anos depois do prazo previsto. E como o projeto deveria ainda ser submetido ao Consema (Conselho Estadual de Meio Ambiente) e ao CDR (Conselho de Desenvolvimento Regional) para então ser deliberado pelo CRH (Conselho de Recursos Hídricos), a última etapa acabou sendo postergada para o ano seguinte. Para que funcione, esse sistema exige uma espécie de pacto social entre todos os agentes envolvidos que, se não estiverem integrados e não forem ágeis poderão postergar indefinidamente os resultados esperados. Enquanto isso não ocorre, prevalecem os interesses imobiliários e amplia-se o tempo para que muitas outras ocupações irregulares e clandestinas sejam estabelecidas.

Anos já se passaram sem que nenhum agente social fosse capaz de, por exemplo, impedir a deposição de resíduos sólidos e líquidos nos principais rios e córregos que fluem para o reservatório do Guarapiranga. Comunidades numerosas continuam, sem outra opção, despejando seus esgotos *in natura* nos cursos fluviais sem que qualquer esfera do poder público ou qualquer outro agente social esboce algum êxito no sentido de reverter o quadro. Resíduos sólidos são depositados em córregos, mesmo em áreas urbanas com serviço regular de coleta de lixo. Dentro de um contexto regional complexo, fatos localizados parecem ser negligenciados, o que não significa que a fragmentação e setorização sejam alternativas de gestão territorial.

Enquanto isso, seguem as extenuantes reuniões de comitês e subcomitês de bacia discutindo formas de gerar ações, pactos, responsabilidades... Sempre em atraso em relação aos fatos reais.

Não se trata de incrementar o instrumental legal, mas de torná-lo viável à realidade que se impõe. Tampouco há a necessidade de se fiscalizar o que já é notório, sem que haja mecanismos efetivos de punição, inclusive e, sobretudo, ao próprio poder público. Urge estabelecer efetivamente a compensação financeira aos municípios situados em áreas de mananciais por meio do ICMS ecológico. Uma contrapartida financeira certamente contribuiria para alterar a visão dos poderes públicos municipais que, não raro, enxergam, localmente, os mananciais como um obstáculo ao desenvolvimento econômico, mas que nas reuniões de comitês torna-se conveniente adotar um discurso de caráter conciliatório. Esta é, aliás, uma das principais características do discurso ambientalista no País: o caráter político-conciliatório sobre o planejamento que, no geral, quando muito, traduz-se em ações inócuas.

Legalmente, existe um conjunto considerável de instrumentos elaborados que dispõem sobre o ordenamento territorial, a começar pelas próprias leis orgânicas dos municípios situados em áreas de mananciais. Além das leis específicas já citadas sobre essas áreas, existe, em nível federal, a Lei Lehman n.6.766/79 (São Paulo, 1985) que dispõe sobre o parcelamento do solo urbano, o Zoneamento Industrial Metropolitano (São Paulo, 1989a), além da Lei de Crimes Ambientais, entre outras, sugerindo sobreposição, duplicidade ou redundância de disciplinamentos em que, no seio de uma complexidade gerada, abrem-se caminhos para inúmeras interpretações e atribuições de responsabilidades; caminhos meândricos [10] que desfavorecem a objetividade e a agilidade necessárias na busca de soluções.

O Estatuto da Cidade, sancionado em setembro de 2001, regulamenta o capítulo sobre política urbana da Constituição Federal de 1988. Este Estatuto disponibiliza instrumentos para o poder público municipal controlar o uso do solo urbano, além de introduzir novas estratégias de gestão municipal. Um dos instrumentos refere-se ao IPTU progressivo para áreas desocupadas; a cobrança de valores gradativamente mais altos desse imposto em tais áreas seria uma forma de evitar ou dificultar sua retenção para a especulação imobiliária. Além disso, as cidades tenderiam a concentrar-se em áreas que já dispõem de infra-estrutura urbana, o que seria uma forma de otimizá-la (para quem?) e de reduzir os investimentos com a extensão de redes de esgoto, luz elétrica, asfalto, etc.

A despeito da indubitável conquista social que representou a aprovação do Estatuto da Cidade, seja pelos instrumentos de regulação que dispõe, seja simplesmente por retomar e fortalecer a questão urbana no País, ele ainda pode e deve ser questionado. O Estatuto disponibiliza, por exemplo, um instrumento que se refere à possibilidade de regularização de áreas ocupadas irregularmente, por meio da usucapião coletiva, o que poderia dignificar as comunidades que ali habitam, mas que, por outro lado, deve ter sido muito festejado pelos especuladores imobiliários das áreas de mananciais. Favelas e loteamentos irregulares, ao serem regularizados pela usucapião, poderiam ser legalmente urbanizados. Indaga-se, porém, se a regularização dessas áreas não representaria um estímulo para ocupações ilícitas de novas áreas; se a possibilidade de regularização não constituiria um argumento positivo para a aquisição de lotes irregulares ou clandestinos; se, dessa forma, a solução urgente de um contexto atual não agravaria o problema nas próximas décadas.

Um outro ponto a ser destacado refere-se à outorga onerosa do direito de construir e de alteração de uso. Esse mecanismo flexibiliza os planos diretores municipais possibilitando que se altere, por exemplo, o tipo de uso ou o coeficiente de construção de determinadas áreas. A alteração do uso e o direito à construção excedente seriam adquiridos de forma onerosa. Em outras palavras, sob pagamento, a regulamentação pode ser alterada.

Finalmente, a transferência do direito de construir, também prevista no Estatuto, permite, por um lado, regularizar áreas de ocupação irregular, ao transferir para elas o direito de construção de uma outra área; por outro, pode permitir que se construa onde inicialmente não havia esse direito previsto. Este instrumento, associado àquele da outorga onerosa do direito de construir e de alteração de uso, flexibilizam o plano diretor a tal ponto que abrem muitos caminhos, tanto para a recuperação da dignidade e cidadania das comunidades que habitam as áreas precárias, como para uma total desregulamentação da ocupação e uso do território urbano. Tais caminhos poderão estar, obviamente, mais abertos àqueles segmentos sociais que dispuserem de maior poder de barganha com o poder público. Os resultados do uso desse instrumento legal estarão sempre subordinados às características políticas, técnicas e éticas dos gestores públicos. Se o Estatuto da Cidade trará resultados positivos ou não; se vai, de fato, representar um instrumento capaz de melhorar a qualidade de vida dos cidadãos incorporando a qualidade ambiental; ou se vai apenas aumentar o rol dos instrumentos legais, isto dependerá, mais do que do seu texto, da postura política e da qualificação dos gestores municipais.

Há muitos exemplos de zoneamentos transgredidos; de planos diretores elaborados para cumprir uma obrigatoriedade legal, entregues à população em fim de mandato e que em nada influenciam a gestão municipal. O que não faltam, aliás, são instrumentos legais, pois, pelo exposto, parece haver mais disposição para a elaboração de textos do que para fazê-los cumprir.

Haveria como preservar os mananciais e melhorar a qualidade de vida (se é esse o objetivo posto) pela via legal, sem reduzir os contrastes sociais e as iniqüidades na distribuição de renda? Viu-se que a criminalidade, por exemplo, é uma das variáveis que podem influenciar a especulação e ocupações clandestinas (VENTURI, 2001), uma vez que força a entrada de muitas propriedades no mercado imobiliário, reduzindo drasticamente seu valor. [11]

Existe em curso alguma mudança significativa em relação às variáveis normalmente escolhidas para essa análise, apontadas no início deste texto, que nos conduza a uma interpretação mais otimista, ou que nos permita vislumbrar um destino diferente aos mananciais remanescentes e uma história mais humana aos seus habitantes?

Notas

[1] Em 1807, o Inglês John Mawe descreveu as ruas de São Paulo como "extremamente limpas"; o francês Auguste de Saint-Hilaire, que aqui chegou em 1819, observou "lindas casas espalhadas por todos os lados [...]. O Hinhangabahu, simples fio de água,

verte abaixo do convento dos beneditinos, no Tamanduatahy e este, serpenteando através das paisagens úmidas, dá maior variedade e maior encanto à paisagem. [...] Vi moradias dos principais moradores tão limpas por dentro quanto por fora" (TOLEDO, 1983).

[2] Para um aprofundamento desse aspecto, consultar o artigo de Jurandyr Ross. As cidades e as águas, incluído nesta edição, além de Custódio (2002).

[3] Região Metropolitana de São Paulo, criada em 1973, composta por 39 municípios, incluindo São Paulo.

[4] Alguns municípios do entorno da capital paulista apresentam os mais baixos IDHs (Índice de Desenvolvimento Humano) do Estado.

[5] Choay (2000:06) discute a questão do "mito da desordem urbana" a partir da análise da realidade das cidades industriais do séc. XIX. Ela afirma que o que se viu foi a substituição de uma ordem urbana por outra, a ordem capitalista, e que se traduziu nos estudos como desordem (doenças, trânsito, poluição etc.). Mas essa desordem é a ordem típica e própria do modo de produção capitalista. Assim, não existiria desordem urbana e sim, sempre, um tipo de ordem, concordemos com ela ou não. Nas palavras da autora, "Em resumo, não é feita a distinção entre ordem determinista e ordem normativa", ou seja, entre a ordem determinada pelo modo de produção capitalista em sua constante destruição criadora, e a ordem normativa (das ruas retas, Leis, planos, etc.). Sobre os estudiosos, ela diz: "Recusam-se a considerar essa tara como o inverso de uma ordem nova, de uma nova organização do espaço urbano promovida pela revolução industrial e pelo desenvolvimento da economia capitalista. Eles não imaginam que o desaparecimento de uma ordem urbana determinada implica o surgimento de uma ordem outra. É assim que foi levado avante com uma estranha inconseqüência o conceito de desordem. (...)".

Ainda a esse respeito, Léfèbvre (1969:24) escreve: "Deste modo, a ordem urbana se decompõe em dois tempos: os pavilhões, os conjuntos. Mas não existe sociedade sem ordem, significado, perceptível, legível de imediato. A desordem suburbana oculta uma ordem: a oposição entre os setores pavilhonistas e dos conjuntos, que salta aos olhos".

[6] Considerando que, por vezes, tratam-se dos mesmos sujeitos: políticos do legislativo podem ser também os incorporadores imobiliários; os especuladores podem ser os empreiteiros, etc.

[7] O traçado do rodoanel pode ser visualizado no site www.dersa.com.br/rodoanel.

[8] Taboão da Serra, Embu, Itapecerica da Serra, São Lourenço da Serra, Embu Guaçu, Juquitiba e ABC, Diadema, Mauá, Ribeirão Pires e Ribeirão da Serra, respectivamente.

[9] Lei Estadual 1.172/76 e Lei Estadual 898/75 (ESTADO DE SÃO PAULO/ SECRETARIA DO MEIO AMBIENTE, 1989b).

[10] Alusão à expressão "meandros do poder" criada pela profa. Odette C. L. Seabra.

[11] Atualmente, é possível adquirir áreas recobertas com mata Atlântica nativa a menos de R$ 1,00 o metro quadrado, nos municípios de Embu Guaçu e Itapecerica da Serra, ambos, totalmente inseridos na área de proteção aos mananciais.

Bibliografia

AZEVEDO, Aroldo. *A Cidade de São Paulo: Estudos de Geografia Urbana.* Vol. 4. São Paulo, Cia. Ed. Nacional, 1958.

BRASIL / FIBGE. *Censo de 2000.* Consultado na *Internet*, disponível no endereço http: www.ibge.gov.br, em 2001.

CARLOS, A. F. A. & LEMOS, A. I. G. (orgs.). *Dilemas Urbanos – Novas Abordagens Sobre a Cidade.* São Paulo, Contexto, 2003.

CAVALHEIRO, F. "Urbanização e Alterações Ambientais". In: TAUK, S. M.. *Análise ambiental.* São Paulo, Unesp, pp.88-99, 1991.

CDHU & TERRA HIDROBRASILEIRA. "Programa de Saneamento Ambiental da Bacia do Guarapiranga". In: *Diagnóstico Geral das Áreas de Intervenção.* São Paulo, 1996.

CHOAY, Françoise. *O Urbanismo,* 5ª ed. São Paulo: Perspectiva, 2000.

CORDEIRO, A. J. et al.. *Guia Prático de Direito Penal Ambiental.* Rio de Janeiro, Forense, 1992.

CUSTÓDIO, V.. *A Persistência das Inundações na Grande São Paulo.* Tese de doutorado apresentada ao Departamento de Geografia da Faculdade de Filosofia, Letras e Ciências Humanas-FFLCH da Universidade de São Paulo-USP. São Paulo, fotocópia, 2002.

DEMAJOROVIC, J. et al.. "Fiscalização em Meio Ambiente no Estado de São Paulo". *Cadernos FUNDAP, 20 (São Paulo),* pp.35-36, 1996.

ESTADO DE SÃO PAULO / SECRETARIA DE ESTADO DE MEIO AMBIENTE. *Parcelamento, Desmatamento, Normas Sanitárias e Ambientais.* São Paulo, Cetesb, pp. 35-46, 1985.

ESTADO DE SÃO PAULO / SECRETARIA DE ESTADO DE MEIO AMBIENTE. *Regiões Metropolitanas, Proteção dos Mananciais, Zoneamento Industrial.* São Paulo, Cetesb, 1989a. (Série Documentos)

______________________________. *Legislação Estadual, Controle de Poluição Ambiental, Estado de São Paulo.* São Paulo, Cetesb, 1989b. (Série Documentos).

______________________________. *Lei Estadual n. 9.866/97 de Proteção aos Mananciais do Estado de São Paulo.* São Paulo, Gráfica Fotolito, dez.1997a.

ESTADO DE SÃO PAULO / SECRETARIA DO MEIO AMBIENTE / SECRETARIA DE RECURSOS HÍDRICOS, SANEAMENTO E OBRAS-CETESB. *Gestão das Águas: Seis Anos de Percurso,* V 2. São Paulo, Imprensa Oficial, 1998.

ESTADO DE SÃO PAULO / SECRETARIA DOS NEGÓCIOS METROPOLITANOS / EMPRESA METROPOLITANA DE PLANEJAMENTO DA GRANDE SÃO PAULO. *Sumário de Dados da Grande São Paulo.* Emplasa, *CD-ROM,* 1997b.

FRANÇA, E.. *Guarapiranga: Recuperação Urbana e Ambiental no Município de São Paulo.* São Paulo, Editora SPM, 2000.

GONDOLO, G. C.F.. *Desafios de um Sistema Complexo à Gestão Ambiental: Bacia do Guarapiranga, Região Metropolitana de São Paulo.* São Paulo, Annablume, 1999. 162p.

LEFÈBVRE, Henri. *O Direito à Cidade.* São Paulo, Ed. Documentos Ltda., 1969.

MACHADO, P. A. L.. *Direito Ambiental Brasileiro*, 3ª. ed. São Paulo, Ed. Revista dos Tribunais. 1991.

MAGYAR, A. L. et al. "Modelo Paulista de Gestão das Águas: Momento Atual e Desafios". *Cadernos FUNDAP, 20 (São Paulo)*, 1996. p.76-92.

MARCONDES, M. J. A.. *Cidade e Natureza:* Proteção dos Mananciais e Exclusão Social. São Paulo, Studio Nobel, 1999.

MORAES, A. C. R. & COSTA, W. M. da. *Geografia Crítica:* a Valorização do Espaço. 2 ed. São Paulo, Hucitec, 1999.

NEDER, R. T.. *Avaliação da Capacidade Governativa de Comitê de Bacia Hidrográfica Metropolitana.* São Paulo, Fapesp, 2000.

ROSS, J. L. S.. *Geomorfologia, Ambiente e Planejamento.* São Paulo, Contexto, 1990.

SEABRA, O. C. L. & SPÖRL, A.. "A Lei de Proteção aos Mananciais *Versus* a Prática Social de Ocupação na Bacia do Guarapiranga". *Revista do Departamento de Geografia, 11.* São Paulo, Humanitas, 1997.

SECRETARIA DE ESTADO DO MEIO AMBIENTE DO PARANÁ *et al. ICMS Ecológico: o Presente do Paraná Para o Futuro do Brasil.* Curitiba, Ed. da Coordenadoria de Educação Ambiental e Comunicação, 1996.

TOLEDO, B. L. *São Paulo: Três Cidades em um Século.* 2ed. São Paulo, Duas Cidades, 1983.

VENTURI, L.A.B. *Itapecerica da Serra – Ocupação e Uso do Território.* São Paulo, Tese de Doutorado apresentada ao Departamento de Geografia da Faculdade de Filosofia, Letras e Ciências Humanas-FFLCH da Universidade de São Paulo-USP. São Paulo, fotocópia, 2001.

VESENTINI, J. W. *Geografia, Natureza e Sociedade.* São Paulo, Contexto, 1989.

PAISAGENS SUSTENTÁVEIS: SÃO PAULO E SUA COBERTURA VEGETAL

Profa. Dra. Sueli Ângelo Furlan

A cidade de São Paulo se expandiu transformando significativamente as características geoecológicas do seu sitio urbano. Vários estudos sobre a expansão urbana demonstram o espalhamento da cidade por todos os tipos de terrenos: as várzeas dos seus rios, as encostas das colinas, os divisores de águas, as serras que limitam a bacia sedimentar. São Paulo se implantou originalmente em colinas e várzeas extensas recobertas por um mosaico de matas e campos (Ab Saber, 1958 apud Azevedo, 1958). Para que todos os espaços pudessem ser capitalizados para a cidade foi preciso implantar todo tipo de estrutura urbana que de certo modo serviu para sujeitar seus atributos naturais. Desconsiderando seus importantes suportes naturais a cidade foi se estruturando a partir de tecnologias cada vez mais sofisticadas para verticalizar, adensar, implantar sistema viário complexo, aterrando e drenando áreas úmidas, mudando cursos dos rios, canalizando e retificando meandros, drenando e rebaixando lençol freático, removendo a vegetação nativa, eliminando o solo, desmontando o relevo, entre outros.

Muitos dos problemas socioambientais que ocorrem na cidade da atualidade demonstram que a cidade cresceu acima de suas condições de absorver impactos decorrentes de sua estruturação urbana. Essa estruturação foi moldando paisagens da megacidade contemporânea. São 450 anos de sua fundação produzindo uma cidade cada vez mais "árida" cada vez mais dependente deste suporte tecnológico sofisticado para superar e solucionar problemas sociais decorrentes da expansão urbana. Isto tem sido apontado como uma decorrência comum das megacidades (MARCUS & DETWYLER, 1972).

São Paulo cresceu e se espalhou e em troca desenhou paisagens urbanas cuja tipologia não esconde suas carências socioambientais. O crescimento urbano resultou num conjunto de processos sistematicamente interligados: desmatamento integrado a expansão da ocupação, as grandes correntes migratórias do campo e das cidades menores que se instalam onde podem e via de regra aglomeram-se nas regiões mais desprovidas de serviços e onde os atributos naturais da paisagem se desorganizaram sem políticas públicas preventivas e de planejamento.

Dentre os atributos que foram negligenciados gostaria de analisar neste artigo a supressão da cobertura vegetal e sua importância ambiental para a cidade. A supressão das diferentes tipologias de vegetação arbórea e de campos colaborou para a desorganização do relevo original do sitio urbano, contribuiu para intensa erosão do solo, mudou o microclima e dinâmica das bacias hidrográficas da cidade. Cortes, aterros, cavas de areia, e reorganização da drenagem para o sistema viário são eventos que também colaboraram para supressão da vegetação.

Em 2000, com o auxílio de técnicas de geoprocessamento a prefeitura da cidade pode obter informações precisas sobre a expansão do desmatamento na cidade de São Paulo[1] na última década do século XX (Figura 01). Neste estudo foram mapeadas as maiores tendências de ocupação-expansão da cidade e a perda de sua cobertura vegetal recente, em particular a cobertura arbórea. O que isto representa do ponto de vista das funções ambientais que a vegetação exerce na paisagem?

Cobertura vegetal: suporte e sustentabilidade da paisagem

Sabemos que os diferentes ambientes urbanos podem acolher diferentes usos da terra e que justamente a combinação entre potencial de uso e a qualidade do uso são fatores primordiais quando se quer focar a sustentabilidade das paisagens. Quando nos referimos a sustentabilidade estamos considerando que as paisagens representam arranjos espaciais caracterizados por diversidade *epsilon*, ou seja onde a riqueza está representada pelo arranjo dos diferentes ambientes e ecossistemas que caracterizam a paisagem. Quanto maior a riqueza de arranjos ambientais maior a diversidade. As megacidades devoraram os atributos naturais de suas paisagens resultando em conseqüências indesejáveis para a própria "saúde" urbana. A sustentabilidade de paisagens depende fundamentalmente dos demais níveis de diversidade. Depende de considerarmos a representatividade de cada ambiente num determinado arranjo. Neste arranjo é importante considerar a necessidade de conservar a funcionalidade dos atributos de suporte das paisagens, tais como o relevo e a cobertura vegetal.

Estudos de ecologia de paisagens urbanas tem apontado que é fundamental pensar a cidade a partir de um urbanismo que considere os atributos do ambiente como um partido importante para a qualidade ambiental. Alguns autores propõem soluções a curto e médio prazo a partir da contribuição ecológica e de *design* para ecoplanejamento, "*onde se procura uma regulamentação de usos da terra e dos recursos ambientais, partindo-se da capacidade dos sistemas naturais e dos potenciais socioambientais das paisagens, retirando-se o máximo proveito de seus fatores*" (MC HARG, 1992). Neste sentido cidades que perderam significativamente sua cobertura vegetal, como São Paulo poderiam re-orientar suas políticas básicas (moradia, sistema viários, meios de transporte, áreas de lazer, etc) incorporando os inúmeros benefícios que a cobertura vegetal desempenha no ambiente urbano, requalificando seu ordenamento territorial. Vejamos uma pequena lista dos benefícios que a vegetação urbana pode trazer:

Importância ecológica	Importância socioambiental
Função estabilizadora do relevo	Função estabilizadora do relevo, controle de risco ambiental, controle de enchentes, ação restauradora em áreas degradadas
Proteção da qualidade e da capacidade de reservação de água	Qualidade e quantidade de água disponível
Filtragem do ar e efeitos indiretos na redução de poluentes, tais como resgate de CO_2.	Efeitos sobre a saúde
Influência na evapotranspiração e portanto no balanço hídrico	Conforto ambiental, efeitos sobre a saúde
Efeitos no microclima, principalmente na Umidade relativa do ar	Conforto ambiental, efeitos sobre a saúde, segurança nas calçadas e no sistema viário
Diminuição de material particulado do ar	Qualidade do ar, efeito estufa, conforto
Fonte de alimento	Qualidade do ambiente
Proteção das nascentes e áreas de mananciais	Qualidade e quantidade de água disponível
Corredor de fauna e suporte para vida silvestre	Qualidade do ambiente, efeito estético na paisagem pela valorização da composição de estruturas e cores
Obstáculo contra ventos e efeitos sobre a temperatura	Sinalização de espaços, redução de ruídos, barreira de segurança, efeito ornamental
Proteção da biodiversidade	Qualidade do ambiente, sustentabilidade da paisagem, efeito ornamental

Por essa primeira consideração podemos dizer que a cobertura vegetal sintetiza uma gama ampla de benefícios para o ambiente urbano e que é condição fundamental para o bem estar social (CAVALHEIRO & DEL PICCHIA, 1992).

Outro aspecto importante a se considerar no ecoplanejamento é a relação com o desenvolvimento espacial da paisagem procurando integrar questões estéticas e as inte-relações ecológicas entre os componentes do ambiente. Segundo Nucci, 2001:25 em meados da década de 60 passou-se a definir o planejamento da paisagem como contribuição ecológica e de *design* para o ordenamento territorial.

A visão da sustentabilidade no ecodesenvolvimento espacial da paisagem tem como fundamento o conjunto de processos inter-relacionados podendo partir da:

• Proteção da biodiversidade através de uma rede que envolva áreas protegidas, restauradas, re-vegetadas, reflorestadas, etc. Para isso pode-se partir de incentivo a usos que permitam a maior biodiversidade ou que incentivem sucessão natural, corredores, conectividade entre sistemas, e suportes.

• Proteção e criação de espaços livres de construção em áreas urbanas para fornecer oportunidade de contato contemplativo e recreativo na natureza em contraste com atividades recreativas comerciais. Neste item considerar os espaços já legitimados pelo uso local que os moradores já criaram espontaneamente.

• Proteção do impacto visual, ruídos e poluição. A qualidade estética neste aspecto pode ser um importante para criar ambiência e uma empatia positiva.

• Proteção natural dos solos, da água, do clima em diferentes escalas. Controle do escoamento superficial, da permeabilidade dos solos, da poluição dos aqüíferos, contra a remoção da cobertura vegetal. *"Utilização da vegetação como forma de controle dessas interrelações"* (NUCCI, 1996:212)

• Proteção à saúde, criando nos arranjos da cobertura vegetal condições ambientais que favoreçam uma melhoria dos efeitos de poluentes sobre a saúde.

Para isso é necessário re-qualificar os espaços para que a vegetação cumpra as múltiplas funções que potencialmente tem. A cobertura vegetal em sua dimensão ampla (NUCCI & CAVALHEIRO, 1998-29-30) é composta pelos espaços construídos, livres de construção, áreas verdes, e Unidades de Conservação. Uma cidade como São Paulo poderia direcionar estratégias de urbanização da cidade buscando nestas tipologias uma forma de atender as funções e princípios de um ecoplanejamento.

Expansão da cidade e desmantamento

"A cidade fica situada, como já disse, à altura dos 23º 33'10" de Lat. Sul, numa elevação que constitui a parte final do planalto que se atravessa quando se vem das montanhas de Jaraguá. A seus pés se estendem vastas terras planas (terrenos de várzea). Seu contorno é bastante irregular e de forma ligeiramente alongada, situando-se ela no delta formado pelos córregos Anhangabaú e Tamandataí, os quais após se juntarem no sopé da elevação onde fica a cidade, vão desaguar no Tietê (...)

(...) A região apresenta ora encantadores grupos de árvores, ora pastos de capim rasteiro. Por todo lado se vêem bonitas casas espalhadas pelo campo. Araucárias e algumas palmeiras ressaltam acima do arvoredo, e de todo esse conjunto resulta uma paisagem das mais agradáveis. O Anhangabaú, um simples filete de água vai desaguar, abaixo do convento dos beneditinos, no Tamandataí, que em seguida sai serpeando no meio dos pastos brejosos, contribuindo para quebrar a monotonia da paisagem...

Não somente é encantadora a localização de São Paulo, como ai se respira um ar muito puro (127)

(...) Existem em São Paulo várias praças públicas, como por exemplo a do Palácio, a da Catedral e da Câmara, mas são todas pequenas e nenhuma tem um traçado regular. Há, porém na periferia da cidade uma praça muito ampla, a do Corro, cujo nome significa a arena onde se realizam as touradas, indica claramente a sua finalidade. Essa praça é rodeada de muros, e a sua volta toda foi plantada uma fileira de cedros, árvore que cresce com extrema rapidez e dá boa sombra. (128)

(...) Abaixo da cidade vê-se Tamandataí, que vai coleando por uma campina semi-alagada (novembro), no fim da qual se estendem os pastos pontilhados de tufos de árvores baixas. A esquerda, do lado do noroeste, o horizonte é limitado pelas serras de Jaraguá, que descrevem um semicírculo. À direita a planície se estende a perder de vista, sendo cortada pela estrada do Rio de Janeiro, que é margeada de chácaras. Animais pastam espalhados pela campina, e a paisagem ainda se torna mais animada com as tropas de burros que chegam e saem da cidade e com a presença de numerosas mulheres lavando roupa a beira do córrego. A direita da estrada algumas velhas Araucárias chama a nossa atenção. Admiramos seu talhe gigantesco e principalmente os seus galhos que, nascendo em planos diferentes, se elevam a semelhança de castiçais e terminam todos no mesmo ponto, formando uma copa perfeitamente regular. Grupos de esguias palmeiras contrastam com a rigidez dessas coníferas por suas longas folhas flexíveis que pendem de sues troncos e são agitadas pelo vento. O verde é talvez mais belo, mas matizado que os dos campos da Europa no come;co da primavera e, segundo me afirmaram conserva o seu viço praticamente todo... (130)

(SAINT HILAIRE, A., 1976)

Estudos realizados a partir de imagens de satélite feitos pela prefeitura São Paulo demonstram que a cidade perdeu 5.357 hectares de cobertura vegetal na última década do século XX. "Área equivalente a 34 Parques do Ibirapuera que possui na atualidade XX ha. "(LOPES, 2003).

Analisando os dados fornecidos pelo estudo da prefeitura temos que:

> "São Paulo passou por um processo de expansão urbana, que principalmente nos últimos 50 anos, deu-se de modo indiferente às limitações e potencialidades. Com área de 1509 Km 2 , o Município apresenta 870 Km 2 de área urbanizada, onde vivem cerca de 65% da população brasileira, estimada em 10 milhões de habitantes.
>
> Segundo Ancona (1993), no início da década de 90, cerca de um milhão de pessoas moravam em aproximadamente 200 mil moradias sub-normais, instaladas nas 1800 favelas cadastradas. Deste total, 65% ocupavam áreas municipais originalmente destinadas à implantação de áreas verdes, notadamente as áreas de reservas de mananciais. Nos parcelamentos clandestinos, com estimativamente 340 Km^2 (22% do território), morariam cerca de 2,5 milhões de habitantes.
>
> Este processo de ocupação da cidade gera situações de difícil reversão, tais como a supressão de áreas com cobertura vegetal natural, comprometendo os refúgios de fauna e flora; a impermeabilização excessiva (LOPES, op.cit).

São Paulo possui poucos registros científicos de como era sua cobertura vegetal no passado. Viajantes naturalistas que por aqui passaram relatam com pouco detalhe como era a vegetação que se distribuía pelo sítio urbano pretérito da cidade. Pode-se encontrar registros escritos em Saint Hilaire, Spix e Martius, Usteri entre outros. Um dos trabalhos importantes que contém descrições da vegetação paulistana foi a descrição feita por Usteri, 1911.

Segundo este autor São Paulo apresentava-se originalmente recoberta basicamente por um mosaico de vegetação de campos úmidos de várzeas, campos sazonais de vegetação hebácea, campos sujos e florestas (Figura 02)

As várzeas eram formadas por uma vegetação herbácea típica de áreas úmidas frias, com a presença de *Paepalanthus* e *Spagnum*. Temos nos arriscado a dizer a partir das informações florísticas dos trabalhos de Usteri que as várzeas dos rios Tiete, Pinheiros e Tamanduateí formavam um "mini-pantanal frio". Nas colinas e áreas altas predominavam florestas ombrófilas densas e semidesciduais. Algumas áreas poderiam também representar contato entre a floresta ombrófila densa e mista, dada à ocorrência de Araucárias em fragmentos florestais no setor norte da cidade e também no setor sul (observações pessoais).

Estudos florísticos mais aprofundados nas Matas frias do Parque Estadual da Cantareira poderiam esclarecer esta questão. Por estar numa transição climática a flora original de São Paulo apresentava elementos de florestas muito úmidas e semi-deciduais (HUECK, 1956). Joly (1950) ao estudar a fazenda Butantã refere-se também a ocorrência de plantas típicas de cerrados. Poderíamos supor que o antigo sitio estivesse representado por um encontro de floras formando um mosaico.

Até a segunda metade do século XIX o mosaico vegetacional foi alterado inicialmente pelos usos indígenas e posteriormente pelas atividades agrícolas esparsas "Nos seus três primeiros séculos e até 1870, o raio do círculo que continha a área construída não ultrapassava 1 Km. Em 1954, alcançaria 15 km" (SANTOS, 1990:17). A partir do século XIX São Paulo a expansão da agricultura e posteriormente o processo construtivo impulsiona a cidade para os seus 1.539 Km^2 atuais.

Os dados sobre a área urbanizada (Tabela 1) foram pesquisados em várias fontes oficiais e percebe-se uma discrepância nas estimativas da década de 80 e 90 do século passado. Os dados foram superestimados para 1980 e 1983. Interpretamos essa diferença como um erro cometido pela falta de precisão dos recursos técnicos utilizados para os cálculos da área urbanizada.

Os cálculos de desmatamento foram feitos considerando a área total da cidade e sua subdivisão distrital. A partir de 1992, conforme a Lei 11220 de 20 de maio, o Município de São Paulo passa a ser composto de 96 distritos.

Segundo (MANTOVANI, 2000) a maior parte da cobertura florestal foi devastada, desde a Serra da Cantareira até os limites da Serra do Mar. Ou seja uma progressão mais intensa no eixo norte e sul. As florestas do *Caaguaçu*[2] recobriam os relevos ondulados de colinas e outros que margeiam as várzeas.

Importante lembrar que uma mancha significativa dessa vegetação florestal foi suprimida em 1901 a partir das obras de engenharia que deram origem a Represa Guarapiranga e posteriormente da Represa Billings, pois inundaram terrenos também ocupados por vegetação arbórea.

Os remanescentes florestais ocorrem ao Sul do município, onde se encontram manchas e contínuos de Florestas Ombrófila Densa e Mata Nebular, além dos campos naturais e formações de várzea. Estes remanescentes localizam-se hoje principalmente na Área de Proteção Ambiental (APA) do Capivari-Monos, na península do Bororé e na margem direita da Represa Guarapiranga (*Mantovani, op. cit*).

| Tabela 1 | Expansão da mancha urbana

	Área urbanizada (Km²)	População aproximada
1880	2	40.000
1900	...	239.820
1930	130	1.000.000
1954	420	3.000.000
1965	550	6.500.000
1980	899*	8.475.380
1983	962	8.794.544
1990	S/d	9.512.545
1996	826**	10.022.865
2000	S/d	10.398.576
2003	870**	10.305.049

Fontes: www.seade.gov.br/ 500 anos; Seade, 1981, Souza, 1982, Emplasa, São Paulo, 1983, Scarlato, 1987 apud Santos, 1990. IBGE, 1996, 2000, (*) Plano Diretor do Município 1985 (**) Sempla - Prefeitura São Paulo, 2003

Ao Norte, os Parques Estaduais do Jaraguá e da Cantareira, além do Parque Municipal do Anhanguera, abrangem os remanescentes de Floresta Ombrófila Densa Montana. Cabe ressaltar, que nesta região ocorrem ainda extensos reflorestamentos, originários de antigas fazendas de quarentena de gado, como é o caso do distrito de Pirituba e Jaraguá. Na Zona Leste remanescentes, de pequena extensão regional ocorrem nas APA do Carmo e Iguatemi, e no extremo leste do município. Áreas de antigas fazendas e Chácaras do antigo cinturão verde de São Paulo estão representadas também por fragmentos florestais. O antigo Parque do Estado, hoje denominado Parque Estadual das Fontes do Ipiranga está totalmente na área urbana, como uma "ilha" de cobertura florestal significativa para a cidade (MANTOVANI, op. cit.).

Espalhamento radial e periferização

O processo de expansão urbana associado a uma intensa capitalização da terra se deu em diferentes fluxos migratórios que ocorreram em diferentes momentos da história paulistana, seja pela chegada dos trabalhadores imigrantes do café, seja pela industrialização que provocou intensa mobilidade interna de trabalhadores rurais de diferentes regiões do país.

A cidade de São Paulo teve sua ocupação caracterizada pela expansão e especulação imobiliária. "Já em 1914, com pouco menos de 500 mil habitantes, a cidade de São Paulo ocupa uma área tão grande quanto a de Paris" (WILHEIM, 1965 e SOUZA, 1986 apud SANTOS, 1990). Este parece ser um fenômeno característico de cidades onde o forte caráter especulativo de valorização da terra conduziu a expansão urbana. A cobertura vegetal perdeu lugar para a especulação da terra que se consolidou em toda a cidade, e poucas vezes foi considerada fator importante na estruturação urbana. A vegetação de campos úmidos das várzeas, as matas das colinas deram lugar inicialmente a loteamentos (regulares e clandestinos), distritos industriais, grandes avenidas e recentemente a *shoppings centers* centros de eventos, centros de distribuição de abastecimento alimentar e de mercadorias, etc.

Mesmo assim ainda ocorrem nos interstícios da cidade fragmentos de matas nativa em remanescentes que, se não forem conservados, correm o risco de desaparecer nos próximos anos. A maior parte dos 5.357 hectares perdidos entre 1991 e 2000 foi transformada em loteamentos clandestinos (www.atlasambiental.sp.gov.br)

Sem dúvida esse é o fator que concretiza a ocupação no entanto a expansão viária, combinada com políticas públicas recentes que interferiram na cidade para que ela se expandisse ao longo do sistema viário conectou a especulação ao enorme volume de espaços construídos que a cidade abrigou nas últimas décadas. A cidade expandiu seus limites, deixando no entanto vazios e fragmentos de uma paisagem que continua combinando uma sucessão de áreas urbanizadas e outras não. Muitas das pequenas manchas de matas encontram-se nestes vazios, representados por terrenos não ocupados ou estilos de moradia que mantém quintais, recuos ou jardins internos com vegetação cuja fisionomia lembra a vegetação arbórea original.

Segundo Jacintho (1998) "O município cresceu menos na década de 90 do que em época passadas, mas houve uma migração muito forte para a periferia, provocada pelas condições econômicas", principalmente pelo empobrecimento geral das camadas médias e de baixa renda (Tabela 02)

|Tabela 2| Condição de renda e empobrecimento da população de baixa renda

Data	Famílias com rendimento menores que 2 salários mínimos (%)	Famílias com rendimento menores que 1 salário mínimo (%)
1979	21,0	6,2
1983	24,1	7,9
1990	27,0	15,6

São as imensas as disparidades socioeconômicas e socioambientais dentro da cidade que incentivaram essa periferização e o passivo ambiental que a cidade de São Paulo tem na atualidade. Vazios especulativos, problemas ambientais e qualidade de vida baixos são fenômenos que se complementam. O desmatamento não pode portanto ser analisado fora desta problemática. O espalhamento e adensamento da cidade e sua periferização estão na raiz da degradação dos atributos naturais da paisagem urbana, dentre eles a vegetação. A dinâmica demográfica da cidade decorrente da capitalização da terra, má distribuição de infra-estrutura e da perda de poder aquisitivo "entre 1991 e 2000 mostra que enquanto os distritos centrais perderam população, com taxas de crescimento populacional de até -30,4%, exemplo do bairro do Pari, os distritos periféricos apresentaram crescimento que chegam a 209%, como é o caso do distrito de Anhanguera. Indicando uma grande mobilidade interna a cidade" (LOPES, 2003).

As áreas mais desmatadas nas últimas décadas se concentram nos distritos localizados nas regiões norte e sul da cidade. Entre 1990 e 2000 o distrito do Jardim Ângela, na zona sul, perdeu 410,7 hectares de cobertura vegetal (Lopes, *op.cit*). O segundo distrito que mais perdeu cobertura foi Tremembé, na zona norte, com 407, 6 hectares de redução de cobertura. Lamentavelmente o desmatamento na zona norte progride em direção a Cantareira, importante área de manancial da cidade de São Paulo. Ao sul e ao norte o desmatamento compromete as reservas de recursos hídricos da região metropolitana.

A soma da área desmatada em dez distritos periféricos totaliza 56% do total. Vale ressaltar que, segundo dados do censo do IBGE de 2000, estes distritos estão entre os que mais cresceram em população, no período estudado (Tabela 03)

| Tabela 3 | Crescimento populacional e desmatamento em dez distritos do Município de São Paulo

Distrito	Pop. 1991	Pop. 2000	Cresc. bruto	Tx. cresc.	Desmat. ha.
Jd. Ângela	178.373	245.805	67.432,00	37,80%	410,76
Tremembé	125.075	163.803	38.728,00	30,96%	407,61
Perus	46.301	70.689	24.388,00	52,67%	345,60
Iguatemi	59.820	101.780	41.960,00	70,14%	338,13
Parelheiros	55.594	102.836	47.242,00	84,98%	328,59
Grajaú	193.754	333.436	139.682,00	72,09%	323,01
Anhangüera	12.408	38.427	26.019,00	209,70%	317,70
Cis. Tiradentes	96.281	190.657	94.376,00	98,02%	274,41
Jaraguá	93.185	145.900	52.715,00	56,57%	255,51
São Rafael	89.862	125.088	35.226,00	39,20%	238,86

Nas regiões de urbanização consolidada, praticamente não foi constatado aumento do desmatamento em relação a perda de cobertura já verificada em décadas anteriores, obviamente porque a cobertura vegetal já era escassa em 1991. Veja a tabela que mostra a quantificação da perda de cobertura vegetal por distrito administrativo no período 1991-2000 (Tabela 04).

Os distritos assinalados representam áreas consideradas "deserto" de vegetação. Segundo estudo da prefeitura a zona urbana do Município de São Paulo apresenta 70% de sua área ocupada por espaços construídos, 27% pertencem ao sistema viário e somente 3% são áreas verdes, (Sempla/deplano, 1993) . Esses dados no entanto aparecem combinados de diferentes maneiras nos documentos oficiais. Vejamos outra composição dos mesmos dados. Se tomarmos a área total do município e as áreas verdes e parques têm 5,9% destas áreas no município (Tabela 05).

|Tabela 4| Perda de cobertura vegetal por distrito

DISTRITO	DESMATAMENTO		DISTRITO	DESMATAMENTO
	1991-2000 (ha)			1991-2000 (ha)
JD ANGELA	410,76		ARICANDUVA	8,91
TREMEMBE	407,61		LIMAO	8,82
PERUS	345,60		JAGUARE	8,55
IGUATEMI	338,13		PONTE RASA	8,55
PARELHEIROS	328,59		VILA GUILHERME	8,28
GRAJAU	323,01		ARTUR ALVIM	7,74
ANHANGUERA	317,70		MOEMA	6,75
CID TIRADENTES	274,41		IPIRANGA	6,57
JARAGUA	255,51		SANTANA	6,57
SAO RAFAEL	238,86		BELEM	5,58
JOSE BONIFACIO	154,80		CAMPO GRANDE	5,31
LAJEADO	132,48		ITAIM BIBI	5,31
RAPOSO TAVARES	121,41		TATUAPE	5,04
BRASILANDIA	115,74		SAO LUCAS	4,32
JD HELENA	112,68		SANTO AMARO	4,23
GUAIANASES	106,83		JABAQUARA	2,79
ITAIM PAULISTA	92,88		MORUMBI	2,61
PQ DO CARMO	81,54		VILA MEDEIROS	2,52
ITAQUERA	77,76		SAO MIGUEL	1,98
SAO DOMINGOS	70,92		PARI	1,35
JD SAO LUIS	67,05		AGUA RASA	0,18
MARSILAC	63,99		CURSINO	0,18
CAPAO REDONDO	50,94		ALTO DE PINHEIROS	0,00
RIO PEQUENO	49,14		BARRA FUNDA	0,00
SAO MATEUS	48,24		BELA VISTA	0,00
JACANA	47,52		BOM RETIRO	0,00
VILA ANDRADE	47,25		BRAS	0,00
VILA CURUCA	45,09		CAMBUCI	0,00
PEDREIRA	44,82		CAMPO BELO	0,00

| Tabela 4 | Perda de cobertura vegetal por distrito *(continuação)*

DISTRITO	DESMATAMENTO		DISTRITO	DESMATAMENTO
	1991-2000 (ha)			1991-2000 (ha)
CANGAIBA	43,74		CARRAO	0,00
ERM MATARAZZO	40,95		CASA VERDE	0,00
SAPOPEMBA	38,25		CONSOLACAO	0,00
CID DUTRA	36,45		JAGUARA	0,00
CID LIDER	36,18		JD PAULISTA	0,00
VILA JACUI	35,37		LAPA	0,00
VILA MARIA	31,05		LIBERDADE	0,00
CAMPO LIMPO	30,24		MOOCA	0,00
CACHOEIRINHA	28,17		PERDIZES	0,00
SACOMA	22,59		PINHEIROS	0,00
FREGUESIA DO O	20,43		REPUBLICA	0,00
MANDAQUI	18,18		SANTA CECILIA	0,00
PIRITUBA	15,03		SAUDE	0,00
VILA SONIA	13,86		SE	0,00
VILA FORMOSA	12,78		SOCORRO	0,00
PENHA	10,44		TUCURUVI	0,00
BUTANTA	10,26		VILA LEOPOLDINA	0,00
VILA PRUDENTE	9,27		VILA MARIANA	0,00
CID ADEMAR	9,00		VILA MATILDE	0,00

| Tabela 5 | Município de São Paulo 1995 e o verde urbano

	ÁREA (1) ha	%
Município de São Paulo	150.900	100
Área Urbanizada	87.000	57,6
Áreas verdes e Parques	9.051,7	5,9

Verde urbano no Município de São Paulo 1995

TIPOS	QUANTIDADE	ÁREA ha	%
Município de São Paulo	(1)	4.525,9	100
Parques	34	3.019,9	66,7
Praças	2.785	687,5	15,2
Canteiros	759	411,1	9,1
Áreas Ajardinadas	710	211,6	4,7
Áreas com Equipamentos	530	1.95,7	4,3

Fonte: Secretaria Municipal das Administrações Regionais/SAR Secretaria Municipal do Verde e do Meio Ambiente/SVMA SecretariaMunicipal do Planejamento/Sempla.

(2) Somatória dos diferentes tipos de áreas verdes modificado por Furlan, 2003

Oke 1973 apud Nucci & Cabalheiro, 1998, estimou que um índice de cobertura vegetal na faixa de 30% seria o recomendável para proporcionar um adequado balanço térmico em áreas urbanas, sendo que áreas com índices de arborização inferior a 5% modificam significativamente a umidade relativa do ar e o balanço térmico, simulando situações de aridez nas cidades (Lombardo , 1985).

Outros estudos consideram a combinação de diferentes fatores como importantes para definir a situação de qualidade de vida dos moradores de algumas regiões da cidade (Tabela 06). Num estudo recente considerou-se que existem áreas de privação social (onde há predomínio de chefes de famílias com baixa renda e escolaridade e em onde há forte presença de crianças e adolescentes) associadas a falta de opções de espaços livres de construção para atividades recreativas e culturais.

Vejamos o cruzamento das áreas de maior privação social em relação à perda de cobertura vegetal.

|Tabela 06| Privação social e desmatamento

Distrito	Situação da população em relação a privação social	% de desmatamento na última década
Marsilac	85,1	63,99
Parelheiros	77,4	328,59
Jardim Ângela	73,7	410,76
Lajeado	73,3	132,48
Grajaú	69,1	323,01
Itaim Paulista	62,	92,88
Jardim Helena	56,2	112,68
Pedreira	55,4	44,82
Guaianazes	53,4	106,83
Cid. Tiradentes	52,8	274,41
Capão Redondo	52,6	50,94
Vila Curuçá	52,4	45,09
Cidade Ademar	50,3	9,00
Vila Jacuí	48,4	35,37
Jardim São Luis	42,4	67,05

Fonte: Prefeitura do Município de São Paulo – Fundação Seade

Os dados mostram que pelo menos 4 distritos de maior privação social são os que mais perderam cobertura vegetal e portanto também estão submetidos a um rebaixamento da qualidade ambiental. Podemos associar a privação social a ausências de espaços livres de construção cujo papel social são fundamentais nestes distritos.

Por outro lado um distrito que não apresenta os melhores índices sociais, como Marsilac pode estar localizado numa uma área privilegiada no aspecto ambiental, isto porque é um distrito formado por bairros mais recentes que ainda vem se expandindo em áreas de mananciais na zona sul da cidade.

É preciso lembrar também que as estatísticas baseadas em médias sempre escondem a criticidade da situação que atinge os moradores da cidade na escala local. Por exemplo a cidade é desigual na distribuição dos remanescentes de cobertura vegetal original ou mesmo nas manchas que foram implantadas em forma de praças, parques e verde viário. Quando se somam áreas verdes que não necessariamente representam espaços destinados a utilização humana os dados podem mascarar ainda mais a verdadeira situação socioambiental da localidade. É o caso, por exemplo, do verde viário e canteiros ajardinados, que cumprem importante função ecológica na cidade, mas não constituem espaços urbanos ao ar livre adequados a caminhadas, passeios, descanso, práticas esportivas em geral. Em 48% do município, há uma carência significativa de vegetação e também de espaços livres de construção com esta funcionalidade.

É preciso distinguir remanescentes da cobertura vegetal, espaços livres de construção com finalidades socioculturais e áreas verdes (Nucci, 1998:29-30). Nem sempre o total de cobertura refere-se a espaços onde a população pode usufruir para o lazer. Canteiros de avenidas, árvores isoladas, terrenos baldios, jardins internos de residências podem ser importantes para medir a densidade de verde, mas não tem função social direta na vida urbana. Não refletem por exemplo benefícios para crianças e jovens que vivem em grande maioria em distritos onde há carência de espaços livres de construção para lazer e recreação.

Importante lembrar que o cálculo da área de cobertura vegetal por habitante foi tomado neste estudo considerando o conceito amplo de cobertura, como propôs Cavalheiro (no prelo). Isto é problemático, pois como dissemos a pouco o verde viário, áreas ajardinadas particulares não constituem áreas livres de construção com finalidades socioculturais.

Cerca de 75% da vegetação remanescente no município concentra-se em apenas quatro distritos: Capela do Socorro e Campo Limpo (Zona Sul da cidade) , Jaçanã, Tremembé e Perus, (Zona Norte da cidade) (Tabela 07).

Remanescentes da cobertura vegetal e sua configuração espacial

Podemos analisar padrão de cobertura vegetal remanescente de uma cidade utilizando a configuração proposta por Jim (1989, apud NUCCI & CAVALHEIRO, 1998). Essa classificação é interessante do ponto de vista ecológico pois permite analisar a representatividade do arranjo espacial e a conectividade da

|Tabela 7| Cálculos da população e da cobertura vegetal por distrito municipal – 1999

DISTRITO	COBERTURA VEGETAL 1999 (ha)	POPULAÇÃO 2000	POPULAÇÃO 1991	COBERTURA VEGETAL POR HABITANTE - 1999 (m^2)
MARSILAC	20880,63	8.404	5.992	25.797,7
PARELHEIROS	14098,23	102.836	55.594	1.467,91
ANHANGUERA	3041,19	38.427	12.408	897,34
PERUS	1761,93	70.689	46.301	261,25
MORUMBI	840,33	34.588	40.031	239,04
TREMEMBE	4858,47	163.803	125.075	305,63
GRAJAU	6253,11	333.436	193.754	199,20
PARQUE DO CARMO	1085,04	64.067	54.743	172,35
IGUATEMI	1454,31	101.780	59.820	151,58
JARAGUA	1879,0	145.900	93.185	135,37
BUTANTA	566,01	52.649	58.019	106,35
VILA ANDRADE	699,84	73.649	42.576	100,99
SANTO AMARO	559,89	60.539	75.556	90,23
JARDIM ANGELA	2134,26	245.805	178.373	89,98
JOSE BONIFACIO	914,49	107.082	103.712	85,70
ALTO DE PINHEIROS	3807,90	44.454	50.351	84,48
SOCORRO	305,91	39.09	43.194	77,38
PEDREIRA	827,64	127.425	86.001	67,85
MANDAQUI	791,46	103.113	104.022	76,68
RAPOSO TAVARES	550,17	91.204	82.890	60,97
CIDADE DUTRA	1116,18	191.389	168.821	59,14
SAO RAFAEL	651,60	125.088	89.862	54,04
CIDADE TIRADENTES	826,65	190.657	96.281	46,78
CURSINO	446,31	102.089	110.435	43,34
CANGAIBA	605,43	137.442	115.070	44,93

| Tabela 7 | Cálculos da população e da cobertura vegetal por distrito municipal – 1999 *(continuação)*

DISTRITO	COBERTURA VEGETAL 1999 (ha)	POPULAÇÃO 2000	POPULAÇÃO 1991	COBERTURA VEGETAL POR HABITANTE - 1999 (m^2)
CAMPO GRANDE	318,42	91.373	82.052	35,27
VILA SONIA	304,65	87.379	83.006	35,06
CACHOEIRINHA	659,25	147.649	125.852	45,45
PIRITUBA	537,39	161.796	152.305	33,44
GUAIANAZES	318,33	98.546	81.373	33,00
BRASILANDIA	1107,09	247.328	201.591	45,79
SAO DOMINGOS	241,74	82.834	70.386	29,72
BARRA FUNDA	39,33	12.965	15.977	29,64
JARDIM SAO LUIS	636,93	239.161	204.284	27,10
JARDIM HELENA	342,18	139.106	118.381	25,04
MOEMA	173,16	71.276	77.340	24,07
TUCURUVI	235,08	99.368	111.884	23,35
PINHEIROS	143,37	62.997	78.644	22,20
VILA LEOPOLDINA	51,03	26.870	26.827	18,99
JAGUARA	47,16	25.713	29.798	18,04
RIO PEQUENO	194,85	111.756	102.791	17,60
SANTANA	218,97	124.654	137.679	17,37
JAGUARE	65,07	42.479	44.361	15,24
CAMPO BELO	95,76	66.646	77.952	14,12
CIDADE LIDER	15,111	116.841	97.370	13,20
ERMELINO MATARAZZO	137,61	106.838	95.609	13,04
PARI	19,17	14.824	21.299	12,42
CONSOLACAO	63,90	54.522	66.590	11,46
LAPA	67,59	60.184	70.319	11,04
LAJEADO	163,44	157.773	112.807	10,75

| Tabela 7 | Cálculos da população e da cobertura vegetal por distrito municipal – 1999 *(continuação)*

DISTRITO	COBERTURA VEGETAL 1999 (ha)	POPULAÇÃO 2000	POPULAÇÃO 1991	COBERTURA VEGETAL POR HABITANTE - 1999 (m^2)
SAO MATEUS	165,51	154.850	150.764	10,72
CAMPO LIMPO	200,97	191.527	159.471	10,71
JARDIM PAULISTA	91,08	83.667	103.138	10,64
BELEM	41,67	39.622	49.697	10,26
JACANA	87,93	91.809	86.830	9,64
CAPAO REDONDO	175,32	240.793	193.497	7,46
CARRAO	58,68	78.175	87.336	7,41
BOM RETIRO	200,70	26.598	36.136	7,29
VILA CURUCA	102,42	146.482	124.300	7,12
PERDIZES	61,29	102.445	108.840	5,94
IPIRANGA	55,17	98.863	101.533	5,56
ITAIM PAULISTA	111,51	212.733	163.269	5,40
SAO MIGUEL	52,11	97.373	102.964	5,32
SACOMA	118,80	228.283	211.200	5,25
VILA PRUDENTE	52,38	102.104	114.297	5,07
VILA JACUI	64,26	141.959	101.236	4,70
FREGUESIA DO O	66,78	144.923	152.672	4,58
VILA GUILHERME	21,51	49.984	61.625	4,20
JABAQUARA	86,13	214.095	214.350	4,02
ITAQUERA	78,75	201.512	175.366	3,97
ITAIM BIBI	32,49	81.456	107.497	3,87
TATUAPE	30,78	79.381	81.840	3,86
VILA FORMOSA	31,50	93.850	97.940	3,34
VILA MARIA	37,62	113.845	122.662	3,28
SAO LUCAS	40,32	139.333	152.036	2,87
CASAVERDE	20,97	83.629	96.396	2,47

|Tabela 7| Cálculos da população e da cobertura vegetal por distrito municipal – 1999 *(continuação)*

DISTRITO	COBERTURA VEGETAL 1999 (ha)	POPULAÇÃO 2000	POPULAÇÃO 1991	COBERTURA VEGETAL POR HABITANTE - 1999 (m²)
SAPOPEMBA	64,80	282.239	257.617	2,32
MOOCA	14,58	63.280	71.999	2,27
CAMBUCI	6,66	28.717	37.069	2,25
VILA MEDEIROS	30,96	140.564	156.140	2,18
CIDADE ADEMAR	51,57	243.372	230.794	2,13
LIBERDADE	11,43	61.875	76.245	1,80
VILA MARIANA	11,70	123.683	132.822	0,94
PENHA	11,70	124.292	133.006	0,93
ARTUR ALVIM	10,44	111.210	118.531	0,93
SAUDE	10,62	118.077	126.596	0,89
PONTE RASA	8,10	98.113	102.702	0,82
ARICANDUVA	4,68	94.813	96.512	0,49
AGUA RASA	3,87	85.896	95.099	0,45
REPUBLICA	1,17	47.718	57.797	0,24
SE	0,45	20.115	27.186	0,22
LIMAO	1,62	82.045	90.422	0,20
VILA MATILDE	1,71	102.935	109.023	0,17
BELAVISTA	0,72	63.190	71.825	0,11
BRAS	0	25.158	33.536	0,00
SANTA CECILIA	0	71.179	85.829	0,00
TOTAIS (m²)	76.014,27	10.434.252	9.646.185	73,66

cobertura vegetal, fatores importantes para a ecologia a paisagem, principalmente quando se estuda seu valor como suporte para avifauna urbana, por exemplo. Para demonstração dos padrões escolhemos 5 áreas: Brás (Fx 28 foto 021), Luz (Fx 025 foto 029), Jardins (Fx 20 foto 041), Guarapiranga (Fx 11 foto 058) e Sé (FX 25 foto 039). Estes exemplos estão nas figuras 03 a 07 (ver final do texto).

| Tabela 08 | Exemplos de distritos mais carentes de cobertura vegetal, segundo zonas da cidade

ZONA	DISTRITO	Cobertura vegetal -1999 (ha)	COBERTURA VEGETAL POR HABITANTE - 1999 (m^2)
Zona Leste	Aricanduva	4,68	0,49
	Artur Alvim	10,44	0,93
	Vila Matilde	1,71	0,17
	Ponte Rasa	8,10	0,82
	Água Rasa	3,87	0,45
Zona Sul	Cidade Ademar	51,57	2,13
	Itaim Bibi	32,49	3,87
	Saúde	10,62	0,89
	Jabaquara	86,13	4,02
Zona Norte	Limão	1,62	0,20
	Vila Maria	37,62	3,28
	Vila Guilherme	21,51	4,20
Zona Central	Sé	0,45	0,22
	Santa Cecília	0,00	0,00
	República	1,17	0,24
	Bela Vista	0,72	0,11

O verde sob responsabilidade do poder público municipal

(...)Quando me achava em São Paulo, a cidade se ressentia da falta de um parque público. A administração provincial acabou por perceber que era indispensável aos habitantes de uma cidade um lugar desse tipo, onde eles pudessem respirar um ar mais puro do que o de seus mercados e ruas. Criou-se pois, um parque em 1825, que era chamado de passeio público ou jardim botânico, e cujo projeto já havia sido feito em 1779. Vejamos como se expressa sobre o

> assunto um viajante que visitou o parque em 1839: "Em local privilegiado, bem junto da cidade, há um jardim botânico, organizado há aproximadamente dez anos, onde se vê uma fonte de água cristalina. As aléias foram traçadas com capricho, formando graciosas curvas, e proporcionam agradável sombra aos freqüentadores do lugar. O jardim é vasto, e seria encantador se pudesse receber os cuidados adequados. Infelizmente, a pobreza do tesouro provincial não permite que lhe seja dada a devida atenção... (SAINT HILAIRE, 1976:131)

Até 1860, a cidade contava com apenas um parque, o Jardim da Luz.

No período de 1890 a 1920 este número atinge 6 parques - Parque Villon e Trianon (hoje denominados Siqueira Campos), Parque da Água Branca, Parque Estadual da Capital, Parque Dom Pedro II e o já implantado Jardim da Luz. Entre 1950 a 1980 são criadas novas áreas de reserva dentre eles vários parques municipais, tais como o do Ibirapuera, do Carmo e Anhanguera.

Nos últimos 23 anos tem-se a criação de mais 17 parques, totalizando os atuais 32 parques no município (tabela 09). Mas é também importante frisar que alguns parques importantes para a cidade tiveram sua área reduzida , como mostra a tabela.

> O processo de expansão urbana foi particularmente perverso com os espaços públicos da cidade, em especial com os destinados à implantação de áreas livres de construção (CAVALHEIRO, 1992).

O poder público municipal vem criando um sistema significativo de parques e jardins, porém os dados acima mostram que alguns parques em áreas importantes como a área central da cidade perderam áreas de lazer para a cidade. Este é o exemplo do Parque Dom Pedro II e mesmo o parque do Estado que cederam importantes áreas para o sistema viário. O histórico de criação e implantação reflete uma diversidade de características e singularidades dos parques existentes, que cumprem as mais variadas funções, constituindo-se desde importantes áreas de lazer até significativas áreas de preservação de vegetação nativa e refúgio para a fauna urbana, podendo em alguns casos ser considerados como unidades de conservação. Recentemente tem ocorrido iniciativas da própria população local no sentido de se organizar para criar novos parques. Este é o exemplo do Parque Pinheirinho d' água na Zona Norte da cidade (VITIELLO, 2003)

Muitos parques foram tombados pelo COMPRESP e pelo Condephaat, entre eles o Parque Ibirapuera, Luz, Independência, Trianon (Siqueira

| Tabela 9 | Parques urbanos da cidade de São Paulo

Período	Data de criação	Parque	Área (m²)	Área (ha)	Balanço
1800					
	1825	Jardim Botânico (Luz)	113.428,00	11,34	
		Largo 7 de Abril	30.000,00	3,00	
1890				14,34	14,34
	1890	Parque da Água Branca (Fernando Costa)	200.000,00	20,00	
	1892	Tenente Siqueira Campos (Pq.Villon)	47.100,00	4,71	
	1892	Trianon	6.400,00	0,64	
	1898	Parque Estadual da Capital (Horto Florestal)	1.740.000,00	174,00	
	1914	Parque Dom Pedro II	451.800,00	45,18	
1930				244,53	258,87
	1924	Praça Alexandre Gusmão	13.000,00	1,30	
	1928	Parque Estadual Fontes do Ipiranga (Pq. do Estado)	6.315.000,00	631,50	
	1938	Jardim da Aclimação	112.199,00	11,87	
	1939	Parque Jaraguá	4.888.400,00	488,84	
1950				1.133,51	1392,38
	1950	Guarapiranga	152.605,00	15,26	
	1954	Ibirapuera	1.585.000,00	158,50	
	?	Luz	-31.700	- 3,17	
1960				173,66	1562,87
	1968	CEMUCAN	500.000	50,00	
	1971	Parque Alfredo Volpi (Morumbi)	142.432,00	14,24	
		Parque Dom Pedro II	-451.800,00	-45,18	
		Trianon	-6.400,00	-0,64	
1970				64,24	1581,29
	1976	Carmo	1.548.659,00	154,86	
	1978	Piqueri	97.272,00	9,73	
	1979	Anhanguera	9.780.402,00	978,04	

| Tabela 9 | Parques urbanos da cidade de São Paulo *(continuação)*

Período	Data de criação	Parque	Área (m²)	Área (ha)	Balanço
	1979	Vila dos Remédios	109.810,00	10,98	
	1979	Previdência	91.500,00	9,15	
		(Parque do Estado)	-1.087.844,00	-108,78	
1980				1.162,76	2635,27
		Reserva do Morumbi	15.600,00	1,56	
	1981	Conceição - Lina e Paulo Raia	16.000,00	1,60	
	1980	São Domingos	79.230,00	7,92	
	1980	Nabuco	31.388,00	3,14	
	1981	Raposo Tavares	195.000,00	19,50	
	1986	Vila Guilherme	62.000	6,2	
	1982	Rodrigo Gasperi - Pirituba	39.047,00	3,90	
	1986	Santo Dias (Col. Adventista)	134.000	13,40	
	1987	Lions Club Tucuruvi	23.700	2,37	
	1987	Praça Buenos Aires	22.200	2,22	
	1988	Independência	184.800,00	18,48	
	1989	Chico Mendes	61.650,00	6,16	
	1989	Severo Gomes (Granja Julieta)	35.000	3,50	
	1989	Raul Seixas	33.000	3,30	
1990				93,25	2728,52
	1990	Jardim Felicidade	28.800,00	2,88	
	1990	Luis Carlos Prestes	27.100	2,71	
		Ecológico do Tietê (Centro Rec. Cangaíba)	2.500.000,00	250,00	
	1992	Santa Amélia	27.000	2,70	
	1992	Cidade de Toronto	109.100,00	10,91	
	1995	Burle Marx		45,69	
	1995	Eucaliptus	10.147,57	1,01	

| Tabela 9 | Parques urbanos da cidade de São Paulo *(continuação)*

Período	Data de criação	Parque	Área (m^2)	Área (ha)	Balanço
2000				315,90	3044,42
		Pinheirinho d'água		0,00	
	2002	Chácara das Flores	42.000	4,2	
2003		Vila do Rodeio		0,00	
				0,00	
				4,2	3048,62

Org.: Sueli Angelo Furlan

Campos), Alfredo Volpi, Buenos Aires, Aclimação, Praça Buenos Aires, Burle Marx e em processo de tombamento no COMPRESP, encontra-se o Parque da Previdência.

Os Parques da Previdência, Alfredo Volpi, do Carmo e Santo Dias têm características naturais bastante relevantes, pois são formados por fragmentos de mata atlântica e matas secundárias.

Os parques urbanos tem um papel importante como áreas verdes públicas e muitos tem uma visitação surpreendente como o Horto Florestal, agora transformado em Floresta Estadual. A cidade no entanto carece de políticas mais arrojadas neste sentido, pois a distribuição espacial destas áreas ainda reflete a extrema desigualdade, que coincide com a exclusão social da população. A maior concentração se dá na área consolidada, restando na periferia apenas parques isolados, como o Parque do Carmo, Raul Seixas e Chico Mendes na zona leste, o Anhanguera na porção oeste e os parques do Guarapiranga e Santo Dias, na zona sul.

São Paulo: uma cidade que sacrifica sua vegetação e não tira partido da mesma no *design* de suas paisagens urbanas.

Um dos fatores importantes exercidos pela vegetação urbana está ligado ao seu papel como suporte para a fauna e controle do microclima, importância estética e paisagística. A cidade poderia valorizar suas praças, ruas e avenidas criando verdadeiros corredores de conectividade para a avifauna, por exemplo. O verde viário é essencial neste sentido, uma vez que desempenha importante papel na manutenção da qualidade ambiental da cidade. Segundo diagnóstico realizado pela prefeitura o plantio de árvores ao longo de ruas e avenidas pode ser uma solução para melhorar a qualidade ambiental de bairros onde o estoque destinado a implantação de outras modalidades de cobertura vegetal já se esgotou.

Um dos fatores que dificulta a arborização viária são as múltiplas funções que foram atribuídas as calçadas e canteiros centrais. Freqüentemente as árvores concorrem com uma infinidade de usos destes espaços, em desvantagem. Por outro lado as prefeituras não moldaram a cidade valorizando o verde de acompanhamento viário e por isso temos hoje essa concorrência.

Além disso é preciso conscientizar os moradores da cidade da importância das árvores nas calcadas. Segundo dados de pesquisa o índice de árvores que atingem idade adulta é São Paulo é baixíssimo.

Outro aspecto importante é a diversidade. Os viveiros que dão suporte fornecendo mudas e manejam este tipo de vegetação não tem tradição de trabalho com um repertório botânico mais abrangente, que envolva uma variedade maior de árvores da flora típica de São Paulo. Temos uma baixa diversidade de tipos e isso leva a uma simplificação ecológica inevitável. A cidade está arborizada predominantemente com 15 principais tipos de arvores e muitas são exóticas (Tabela 10). Um estudo realizado em Porto Alegre (Sanchotene, 1989) aponta que de 99 espécies arroladas, constatou-se que 77 possuíam frutos importantes para alimentação da avifauna. Deste total 15 foram listadas como preferencialmente procuradas pelas aves. Seria fundamental discutir o problema da incapacidade técnica dos viveiros e dos desconhecimento potencial de plantas arbóreas frutíferas úteis na arborização de ruas em São Paulo.

Seria importante maior esforço de pesquisa no sentido de diversificar e cultivar espécimes nativas da flora paulista, adequadas em porte para as características das nossas calçadas e canteiros centrais. Seria também muito interessante uma revalorização das calçadas como espaço público, esteticamente e ambientalmente importante para a cidade.

Notas

[1] O estudo foi produzido pela Prefeitura da Cidade de São Paulo com apoio do projeto SINBIOTA-Fapesp e encontra-se disponível na internet (www.atlasambiental.gov.br).

[2] Denominação Tupi

| Tabela 10 | Árvores preferencialmente utilizadas na arborização de ruas e avenidas em São Paulo

Nome popular	Nome científico	Familia	Porte	Origem
Falso	*Cassia leptophylla*	Caesalpinaceae	médio	PR, SC
Falsa seringueira	*Fícus elastica*	Moraceae	grande	Malásia
Figueira-benjamina	*Ficus microcarpa*	Moraceae	grande	Malásia
Ipê amarelo	*Tabebuia ochracea*	Bignoniaceae	grande	Argentina, MS,GO, MG,SP,PR
Jacarandá	*Jacarandá macranta* *Jacarandá puberula*	Bignoniaceae	médio	RJ, SP, MG, PR, SC, RS
Manacá-da-serra	*Tibouchina mutabilis*	Melastomataceae	médio	SP, BR
Paineira	*Chorisia speciosa*	Bombacaceae	grande	GO, MG,RJ,SP, MS,PR
Pata-de-Vaca	*Bauhinia blakeana*	Caesalpinaceae	pequeno	Hong Kong
Pata-de vaca	*Bauhinia cupulata*	Caesalpinaceae	pequeno	PI, GO
Pau-Ferro	*Caesalpinia ferrea*	Caesalpinaceae	grande	PI até SP
Quaresmeiras	*Tibouchina granulosa*	Melastomataceae	médio	BR
Sibipiruna	*Caesalpinia peltophoroides*	Caesalpinaceae	grande	BR
Suinã	*Erytrina speciosa*	Fabaceae	pequeno	ES,MG até SC
Tipuana	*Tipuana tipu*	Fabaceae	grande	Bolívia - ocidente da América do Sul

Bibliografia

AZEVEDO, A. *A Cidade de São Paulo*. São Paulo: Ed. Nacional, 1958. 3v.

CAVALHEIRO, F. & DEL PICCHIA, P.C. D. "Áreas verdes: conceitos, objetivos e diretirzes para o planejamento". In: *Encontro Nacional sobre arborização Urbana,* 4 Vitória- ES, 13 a 18 de set/92. Anais I e II 1992:29-38.

CAVALHEIRO, F. ; NUCCI, J. C.; GUZZO, P. ROCHA, Y.T. Proposição de terminologia para o verde urbano"Bol. *Informativo SBAU* (Sociedade Brasileira d e Arborização Urbana) (no prelo)

HUECK, K. *Mapa Fitogeográfico do Estado de São Paulo*. São Paulo: AGB-Bol. Paulista de Geografia, 1956: 19-25.

JOLY. A. B. "Estudo Fitogeográfico da Fazenda Butantã". (São Paulo). *Bol. Fac. Fil. Ciênc. Let. U.S.P.* 109 Botânica 8:5-67. 1950.

KOSSY, B. *São Paulo, 1900. Imagens de Guilherme Gaensly: Análise e Interpretação*. São Paulo, Livraria Kosmos, 1988.

JIM, C.Y. "Tree canopy characteristics and urbana development in Hong Kong". *The Geographical Review* (79):2. Americam Geographical Society Lawrence, 1989:210-255.

LOMBARDO, M. A. *Ilha de calor nas metrópoles. O exemplo de São Paulo*. São Paulo, Hucitec, 1985: 244p.

LOPES, M. "34 Ibirapueras perdidos em uma década". *Folha de São Paulo*, set/ 2003).

MANTOVANI, W. *2000. Relatório Cobertura vegetal – histórico. Atlas Ambinental – Prefeitura do Município de São Paulo* (www.atlasambiental.org.br)

MARCUS, M.G. & DETWYLER, T. R. *Urbanization and environmentt*. Bermont/ Cal. Duxburg Press, 1972: 286p.

MC HARG, I. L. *Proyectar con la naturaleza*. John Wiley and Sons, 1992, 198p.

NUCCI, J. C. & CAVALHEIRO, F. *Cobertura Vegetal em Áreas Urbanas – Conceito e Método*. São Paulo, FFLCH – Geousp, 1998: 29-36)

NUCCI, J.C. *Qualidade Ambiental e Adensamento Urbano: um Estudo de Ecologia e Planejamento da Paisagem Aplicado ao Distrito de Santa Cecília* (MSP). São Paulo: Humanitas-FFLCH/USP, 2001

SAINT-HILAIRE, A. *Viagem à Província de São Paulo*. (trd. Regina Regis Junqueira. Belo Horizonte, Ed. Itaitaia; São Paulo, Edusp, 1976.

SANCHOTENE, M. C.C. *Frutíferas Nativas Úteis à Fauna na Arborização Urbana*. Porto Alegre, Sagra – Livraria, Editora e distribuidora, 1989, 304p.

SANTOS, M. *Metrópole Corporativa Fragmentada: o Caso de São Paulo*. São Paulo: Secretaria do Estado da Cultura, Nobel, 1990

SÃO PAULO – SECRETARIA ESTADUAL DO MEIO AMBIENTE – SEMPLA – SECRETARIA MUNICIAPAL DE SÃO PAULO. *Vegetação Significativa de São Paulo*. Série Documentos, 1988.

SEMPLA – SECRETARIA MUNICIPAL DE PLANEJAMENTO - *Plano Diretor do Município*, 1988.

SEMPLA – SECRETARIA MUNICIPAL DE PLANEJAMENTO - *Plano Diretor* do Município 2002.

SUKOPP, H. WERNER, P. *Naturaleza en las Ciudades.* Madrid, 1991.

VITIELLO, M. A. *Educação e participação em Áreas Protegidas: Caminhos e Obstáculos no Parque Estadual da Cantareira (SP).* Dissertação de Mestrado, apresentada ao Departamento de Geografia da Faculdade de Filosofia, Letras e Ciências Humanas-FFLCH, da Universidade de São Paulo-USP. São Paulo, fotocópia, 2003..

Sites pesquisados:

www.atlasambiental.org.br
www. spsitecity.com.br
www.ibge.gov.br
www.seade.gov.br

PAISAGENS METROPOLITANAS

Glória da Anunciação Alves

Viver em São Paulo, no mundo contemporâneo, é conviver diariamente com uma profusão de paisagens que podem ser vistas nos trajetos casa-trabalho, busca de trabalho, estudos, saúde, consumo, lazer, além das vistas pelas imagens da televisão (tanto noticiários como telenovelas e outros entretenimentos).

Essa multiplicidade de paisagens pode indicar uma continuidade, como se não houvesse grandes transformações espaciais, no processo de construção e vivência do urbano e até mesmo uma certa homogeneidade: como se todos os lugares, todas as cidades, principalmente as de grande porte, apesar de suas particularidades (que podem ser percebidas pelas diferentes paisagens), tivessem se tornado cada vez mais parecidas, a ponto de pouco estranhamento causar àqueles que as visitam. Essa impressão na literatura já foi descrita por Calvino (1990:125) no diálogo entre o imperador e Marco Pólo da seguinte maneira:

> Parece que você conhece melhor as cidades por meio do Atlas do que visitando-as pessoalmente- disse o imperador a Marco, fechando o livro de repente.
>
> E Pólo:Viajando percebe-se que as diferenças desaparecem: uma cidade vai se tornando parecida com todas as cidades, os lugares alternam formas ordens distâncias, uma poeira informe invade os continentes. O seu Atlas mantém intactas as diferenças: a multiplicidade de qualidades que são como as letras dos nomes.

Assim, as paisagens dos vários lugares nos dão imagens, representações dos mesmos que inicialmente podem indicar diferenças, mas que quando analisadas, podem remeter a um mesmo processo de constituição da vida urbana, o que permite a identificação entre os diferentes lugares. Mas por que, a princípio, no Atlas, as diferenças se mantêm? Talvez por que no Atlas elas já estejam representando algo, sendo já uma leitura da paisagem como nos alerta Lacoste (1995). Ao lermos um mapa, um croqui ou outra representação do espaço, lemos aquilo que outros fizeram da leitura da paisagem e pela representação cartográfica, deixaram seu registro. Ao visitar um lugar, o geógrafo pode apreender outros ângulos, ter outros pontos de referência de uma mesma paisagem a ponto de, muitas vezes, concluir que, apesar das aparentes diferenças na paisagem de uma cidade, esta se parece com as outras por ele conhecidas já que a população, o ritmo da vida, o modo de produzir e consumir faz com que as cidades tenham mais semelhanças do que diferenças.

Mas a leitura da paisagem pode também revelar as rupturas e mudanças profundas nos espaço da cidade, transformando as relações da vida social. No mundo moderno, a percepção das transformações espaciais exige o uso da memória e do processo de constituição histórica do lugar para se revelar. Resgatar ou ter consciência dessa memória espacial implica em transpor a estratégia daqueles que detêm os poderes econômicos, produtivos e político em nossa sociedade.

Há uma tentativa, de certa forma bem sucedida, de minar essa consciência da memória espacial. Como que a fazer parte de uma tendência existente no caso brasileiro, a destruição de espaços do passado em nome da modernização, até pelo pouco poder de mobilização e contestação que existiam em nossa sociedade brasileira até meados dos anos 1980, era um fato "normal" e aceito por boa parcela da população. Em nome do progresso, destruía-se o "velho", ultrapassado arquitetonicamente e que impedia a velocidade máxima de veículos e mercadorias, e criava-se o "novo" moderno, dinâmico, mas fugaz a ponto de também, em um curto período temporal, ser destruído.

Esse processo de transformação espacial eliminava as parcelas da memória social da cidade e da vida existente. Para as novas gerações, em que a dissolução das coisas faz parte da normalidade, esse "*deletar*", esse apagar espacial implica na noção de que tudo é novo, descartável, passível de transformação pela completa destruição do antigo, o que impede a construção de uma consciência espacial dos processos de constituição da vida urbana e, logo, da possibilidade de resistência ao que é imposto.

Assim, paisagens novas estão sempre aparecendo e, em geral, acompanhadas de "qualidades" que o mercado atribui como positivas: são belas, modernas, seguras, em que o individuo posde se sentir à vontade e com a sensação do bom viver. O mercado, principalmente o imobiliário, trabalha bem com as "paisagens", escolhendo lugares na cidade, transformando-os, criando "belas paisagens" muitas vezes verdadeiras ilhas sociais, promovendo a apropriação e o uso do espaço para grupos de alto poder aquisitivo na sociedade. Ao restante da população, que não tem acesso a esses novos lugares, a essas novas paisagens, e às mercadorias criadas para suprir as novas e modernas habitações, e ao estilo de vida criado, resta, segundo Bourdieu, a tentativa de "imitar" ou pelo menos tentar fazê-lo mesmo que por meio de substitutos. Para ele, são as classes de maior poder aquisitivo que, por estarem mais liberadas das necessidades vitais, é que conseguem ter a estilização da vida por excelência, gerando gostos e um tipo de cultura que, embora às vezes tenda a ser rejeitada por outros grupos, acaba sendo imitada. Para esse autor, as chamadas classes populares não possuem a "capacidade de formular seus próprios fins (e a imposição correlativa de necessidades artificiais) é sem dúvida a foram mais sutil da alienação" (BOURDIEU, 1983:100).

Desta forma, ao não contestarem a criação desses novos lugares, permitem e admitem, pela aceitação da lógica de exclusão do espaço, que os "bons" lugares sejam aqueles que por uma forma ou por outra, limitam a acessibilidade a poucos, e isso pode ser inicialmente verificado pela análise da paisagem.

Mas no que a verificação da permanência ou mudança nas paisagens dos lugares, por onde transitamos ou que temos acesso as suas imagens, contribui no entendimento dos processos que impingem a vida uma nova ordem, o que gera a necessidade da criação de novas estratégias espaciais de sobrevivência social?

Saber movimentar-se pelos lugares da cidade, não significa apenas transitar por ela. Implica em conhecê-la, ou pelo menos partes dela, os fragmentos mais relevantes que constituem o cotidiano das pessoas, para poder melhor circular pelos espaços necessários à vivência social. Trata-se de lutar por uma melhor qualidade de vida nesse caminhar pelos vários lugares da metrópole: é a questão da segurança, da quantidade de tempo, energia e custos gastos nesses deslocamentos necessários a reprodução da vida social.

A ciência geográfica tem papel fundamental na contribuição ao entendimento dessa realidade a partir do estudo dos lugares metropolitanos e suas relações; esses lugares que têm dimensões visuais, que podem ser apreendidas pelo estudo da paisagem, conceito tão caro à Geografia.

A noção de paisagem, no senso comum, é identificada pela visualização da natureza, melancolicamente associada ao que não é tocado pelo homem, ou ainda, ao que é "natural". Vários trabalhos na área do ensino de geografia têm demonstrado que crianças do ensino fundamental do ciclo I (1ª a 4ª série) desenham rios, montanhas, áreas com vegetação, como sendo a representação de uma paisagem (LUIZ, 2002 e PAGANELLI, 1998). Nessa paisagem não existe o homem, como elemento constituinte e constituidor da mesma, e muito menos a cidade, criação e criadora da vida urbana.

É necessário reverter esse tipo de entendimento. É preciso aproximar o conhecimento científico do cotidiano da sociedade de modo a que ele contribua à compreensão da realidade social, fornecendo subsídios para que a sociedade possa construir um projeto de transformação e recriação de seus espaços e de sua vida.

Na sociedade é comum atribuir-se ao conhecimento geográfico a tarefa de descrever lugares. A ciência geográfica não se limita a essa prática, ainda que descrever os fenômenos particulares de um lugar, listá-los, caracterizá-los, estabelecer relações internas e externas aos mesmos, indicar os processos que o constituíram e que os mantêm, as tendências e possibilidades de atuação, façam parte da construção de nosso conhecimento. Se recuperarmos a trajetória de nossa constituição como ciência moderna, veremos que a descrição dos lugares fez parte de nosso percurso.

Já encontramos a descrição de lugares em documentos considerados universais (a Bíblia, por exemplo). Como nos chama a atenção Lencioni (1999:34), no *Gênesis* temos o relato da primeira divisão relacionada ao povoamento do mundo pelos descendentes de Noé, em que se descreve os limites territoriais de cada povo. Ainda no *Gênesis*, quando se fala do paraíso, este é descrito em seus diversos aspectos e o homem (Adão e Eva) faz parte da paisagem daquele lugar.

Na ciência geográfica, em La Blache (1954), a paisagem apresenta-se como sinônimo de região. A região lablachiana retratava um lugar único, em que, pela inter-relação de vários elementos em um determinado lugar, podia-se denominar a unicidade de um determinado espaço geográfico, que resultava da combinação de condições físicas e fatos humanos.

A paisagem em La Blache estava relacionada à noção de gênero de vida. Sua unicidade, resultante da inter-relação de diversos elementos estava, de certa forma, limitada por uma idéia de homogeneidade do modo de vida da população de um determinado lugar analisado. Em geral, e levando-se em conta as características da França no início do século, a maior parte das paisagens relacionava-se ou estava associada de alguma forma ao gênero de vida mais vivenciado ao campo. Essa "paisagem", que podia indicar a aparência de um dado modo de viver, em um determinado lugar, explicava-se por suas relações internas, ou seja, pelas relações entre os variados elementos (grupos sociais, vegetação, clima, relevo, tipo de solo, por exemplo) existentes naquele lugar, mas pouco se explicava pelas relações com outros lugares, que possuíam outras paisagens.

Max Sorre (1952), ao utilizar-se da noção de gênero de vida, em uma tentativa de explicar as paisagens urbanas, afirma que "(...) aos olhos do geógrafo, a cidade não é somente um acidente da paisagem" (SORRE, 1952:29), que "(...) seus traços fisionômicos são expressão concreta e durável do gênero de vida urbano, dominado pela atividade de circulação, oposta aos gêneros de vida rural" (SORRE, 1952:29). Ainda que utilize a expressão "gênero de vida urbano", indica em seu trabalho que, devido às múltiplas relações existentes na cidade, onde predominaria o gênero de vida urbano, ficaria difícil explicar a realidade das cidades pela noção gêneros de vida já que estes "(...) se dissolvem aos nossos olhos (...)"(SORRE, 1952:35), preferindo, por isso, utilizar-se do conceito de *habitat*, cujas formas "(...) representariam as expressões concretas dos gêneros de vida mais característicos, as reflexões que precedem penetrando na Geografia com conseqüências práticas (...)" (SORRE, 1952:35). O *habitat* teria uma forma e sua aparência poderia ser entendida pelo estudo da paisagem de um determinado lugar.

Lacoste (1995) chega mesmo a questionar como nós geógrafos temos trabalhado com a paisagem. Segundo ele, militares e agentes do mercado imobiliário e turístico têm se apropriado da noção de paisagem para a realização de seus fins. Os primeiros, os militares, por questão estratégica, de tática, de sobrevivência, principalmente quando em guerra, analisam em detalhes o lugar de ação, representando as paisagens em gravuras, com grande detalhamento, pois poderiam vir a ser lugares de combate. Os segundos, agentes empreendedores do mercado imobiliário e turístico, se apropriam das belas paisagens, tanto as chamadas naturais, como as urbanas, utilizando-as como elemento valorizador do espaço-mercadoria vendido para aqueles que por ele podem pagar. E o que nós geógrafos temos feito? Ainda segundo Lacoste, os geógrafos deveriam refletir melhor sobre as paisagens e sobre a noção de paisagem, contribuindo "(...) para ajudar o maior número de cidadãos a saber pensar o espaço, ainda mais o espaço onde eles vivem, para saberem dizer mais claramente o que eles querem. E também mostrar-lhes de que maneira é possível fazer a crítica do espetáculo organizado pelos *mass media* (...)"[1](LACOSTE, 1995:71-72).

A paisagem seria a exterioridade, possuiria uma aparência do lugar, que poderia indicar, pelo estudo geográfico, algumas relações, alguns elementos que, entretanto, não se auto-explicariam, sendo necessário um estudo aprofundado dos fenômenos, que possuem dimensões superficiais, que muitas vezes podem ser observadas na paisagem, mas que para serem elucidadas, precisam de um aprofundamento, a fim de chegarmos e destrincharmos a essência do fenômeno, ao entendimento do espaço geográfico.

Partimos, neste trabalho, do pressuposto que o espaço geográfico é um produto social e, como tal, temos certa dificuldade em desvendá-lo, e por isso o desafio. Como produto social, devemos levar em consideração em nossa análise não só os aspectos da racionalidade, postos pelas ações conscientes, racionais e planejadas, como os imprevistos, os acasos, o que ocorre fora da ordem estabelecida e, que, portanto, pode aparecer como irracional. Racionalidade e irracionalidade neste sentido estão presentes na vida social e interferem na produção espacial, podendo ou não ser percebidas pela análise da paisagem. O desvendamento dos processos, cuja análise pode ser iniciada pelo estudo da paisagem, primeira aproximação do fenômeno, permitiria fornecer subsídios para um processo de transformação social no qual acreditamos ser possível.

Procuramos até aqui justificar a importância do estudo das paisagens para o entendimento do processo de construção/reconstrução permanente da cidade de São Paulo e, neste sentido faz-se necessário analisar o que mudou nesta cidade, que em um primeiro olhar pode ser percebido por suas paisagens.

Ao lermos o clássico trabalho coordenado por Azevedo (1958) intitulado *A Cidade de São Paulo*, obra composta por quatro volumes, percebemos o quanto as várias paisagens da cidade, foram importantes para o desenvolvimento do estudo sobre ela. Em especial no volume III [2] (estudos da geografia urbana) que trata dos aspectos da metrópole paulista, temos três artigos [3] que lidam especificamente com as parcelas da Cidade e, a partir da procura em desvelar aquilo que se revelava na paisagem, aprofundaram-se os estudos buscando explicitar os fenômenos apontados.

Pelo estudo da paisagem, tendemos a procurar elementos que mais a caracterizem e a diferenciem de outras paisagens. Esse procedimento pode levar a construção teórica da paisagem de um lugar que no discurso homogeneíza-se, particularizando-se quando na comparação com outras e, portanto, devemos estar sempre atentos a esse risco: de tratar um lugar pela sua aparente homogeneidade, desconectando-o do processo mais geral. Tomamos aqui o pressuposto que a parcela do espaço estudada faz parte de uma totalidade, que pelo seu estudo da parte podemos compreender melhor o processo de construção/reconstrução do espaço.

Tendo isto como princípio, restringir-nos-emos a destacar e analisar as paisagens metropolitanas existentes no centro da Cidade de São Paulo. Essas paisagens, ainda que exprimam particularidades desse espaço central, carregam traços, e é essa a tese que pretendemos desenvolver, de todas as outras áreas da Cidade e, até mesmo do exterior. Como veremos esta não é uma característica atual. Prado Junior (1983:80) já afirmava que

> (...) o exterior fez São Paulo: é o desenvolvimento e a riqueza da região do país que ocupa o centro, que lhe impulsionou o progresso até fazer dele a grande cidade que é... a intensidade da vida num grande centro urbano como São Paulo representa um estímulo constante que atua em seu redor; é um foco de energias que irradiam e vão despertar, às vezes à grande distância, atividades e transformações que interessam à geografia e que se tornaram inexplicáveis quando é esquecida aquela fonte donde partiu o impulso inicial e renovador."

Essa é a grande característica dessa área da Cidade que aí tem sua origem [4]: está carregada pela centralidade, constituiu-se em um centro que, apesar das transformações por que passou ao longo do século XX, ainda a mantém como uma de suas marcas, mesmo que atualmente ela se mantenha e seja reforçada por ações públicas e privadas, visando à concretização de um projeto de valorização desse lugar dos quais a centralidade é um elemento importante do processo.

Essa área, que chamamos de centro da cidade de São Paulo tornou-se centro em função das atribuições que nele se desenvolveram e que por isso atraíam uma infinidade de pessoas, empresas, indústrias, promovendo o crescimento da atividade comercial, a criação de uma infra-estrutura local e de ligação, principalmente viária, a outras localidades do Município, bem como a concentração de atividades muito variadas, incluindo religiosas [5] e culturais [6].

A centralidade desse lugar tem como características ser um centro simbólico, posto de intercâmbio (expressão do processo de produção urbana, com a ocupação do solo segundo as leis de mercado) e, por fim, lúdico (em que o ato de consumo é que é valorizado) (CASTELLS, 1979:186).

Essa área segundo Müller era, nos anos 1950, "(...) o seu centro, o 'coração' da cidade (...)" (MÜLLER, 1958:121). Mas definir criteriosamente o que era o Centro não era tarefa fácil. Segundo a autora, os limites administrativos dados pelo poder público não atendiam as necessidades da realidade geográfica. Do ponto de vista geográfico, os critérios para definir e delimitar o"Centro" implicavam em analisar as suas mais diversas relações. Dentre eles, a análise da paisagem local conferia características próprias e individualizantes que marcavam o "Centro", ainda que não lhe fossem exclusivas: a estrutura vertical, a concentração de arranha céus servia, nos anos 1940-1950, para caracterizar o Centro no conjunto da Cidade, ainda que não pudesse delimitar com rigor a área central. Nessa época os altos edifícios começavam a surgir em outras partes da Cidade como na Avenida Paulista, Santa Cecília e Vila Buarque (MÜLLER, 1958:125), ainda que se concentrassem no centro antigo e novo da cidade.

Nesse sentido, por sua paisagem, a Cidade de São Paulo parecia americanizar-se, isto é, seu centro mais especificamente, transformava-se, verticalizava-se, aparentemente identificado com os centros das grandes cidades norte-americanas. Essa característica se manteve: para parcelas da população que não conhecem a região central da cidade, o primeiro contato, muitas vezes, pode levar a confundir o centro histórico com as imagens de cidades veiculadas na mídia, como Nova York (ALVES, 1992: 138).

Müller também já apontava que o aparecimento de novos centros na cidade e, em especial, chamava a atenção para a Rua Augusta. [7] Segundo a autora, a Rua Augusta começava a possuir características semelhantes e próprias do Centro: complexidade de suas funções, atendimento de parcelas da população advinda de diferentes partes da cidade "representando, em proporções mais reduzidas, um papel idêntico ao da verdadeira área central da metrópole" (MÜLLER, 1958:169). Mas o que representava, na época, tal surgimento? Implicaria na perda da importância do Centro tradicional? Para Müller o que ocorreria seria a coexistência de vários "centros", sem que necessariamente a área por ela denominada de centro propriamente dito deixasse de ser o "coração da Cidade".

Mas a denominação de "coração da Cidade' hoje não mais corresponda à realidade da vida do Município de São Paulo. Talvez para a população mais antiga ainda persista essa atribuição por hábito da freqüência ao Centro e este como referência da vida urbana, ou mesmo por saudosismo, rememoração do tempo em que "ir à Cidade" (centro como sinônimo de cidade) para muitos era um acontecimento. Possuía uma centralidade e uma individualidade na Cidade. As periferias careciam de quase todos os serviços e atividades que possibilitam as pessoas se considerarem cidadãos de uma cidade (saúde, infra-estrutura, água, luz, esgoto, pavimentação, educação, cultura, sistemas de comunicação, locais de consumo, de atendimento poder público em suas diversas escalas, oportunidades de emprego, meio de locomoção, acessibilidade aos locais).

A chamada área central possuía essa diversidade e complexidade de funções o que a transformava no lugar da cidadania, em que os habitantes da cidade podiam ter acesso à parte daquilo que lhes era carente nos bairros, principalmente os mais periféricos, distantes do centro. Em sua fisionomia, e na comparação com a periferia, os altos prédios em seus mais variados estilos, as ruas pavimentadas e movimentadas, apinhadas de gente e veículos, as estátuas e ornamentações das praças e prédios públicos, davam, ao centro, ares monumentais, grandiosos, o que lhe qualificava enquanto o lugar dos acontecimentos, "o coração" da cidade.

Com o tempo, a cidade sofre transformações, tanto por pressão popular como pela necessidade de desenvolvimento e reprodução das relações de produção capitalistas. A cidade de São Paulo é uma metrópole e, enquanto tal, guarda a dimensão de uma cidade centro. Mantém intercâmbio com mercados regionais, nacionais e internacionais, possuindo uma centralidade. Esta, que era própria do centro, se expande e não necessariamente continua a área central existente. Ainda que, inicialmente, tivesse maior poder de centralização ao redor das áreas denominadas como centro expandido (correspondendo às áreas da Paulista e Consolação), a Cidade de São Paulo tornou-se polinucleada. A proliferação de centros na Cidade indicava algumas tendências do seu processo de crescimento: a fragmentação, a hierarquização e a homogeneização.

Se por um lado a fragmentação da centralidade pode ser um aspecto que possibilite a população uma melhoria na acessibilidade a algumas atividades e serviços existentes na cidade como consumo (atendimento dos serviços da administração pública nas suas diversas escalas), essa fragmentação em geral está acompanhada de outros atributos: hierarquia e homogeneidade. O que queremos dizer com isso? Que há centros e centros!

Temos, na Cidade, o surgimento de centros especializados e funcionais que, por suas características, excluem a diversidade e a multifuncionalidade (tão próprias do que até então se encontrava nas áreas centrais) ao promoverem e se especializarem em determinadas funções. Alguns desses novos centros surgem como projeto de incorporadoras, ou seja, do segmento de mercado que compõe com a iniciativa privada o conjunto de setores e atividades produtivas. Agindo paralelamente e em conjunto com o setor estatal, criam centros especializados, valorizando áreas antes pouco procuradas para a implementação de atividades econômicas de grande porte, redirecionando o crescimento da cidade.

A região do Centro Empresarial, próximo a ponte João Dias, da Av. Luís Carlos Berrini e da região da Nova Faria Lima faz parte de uma estratégia de valorização e especialização funcional na Cidade. Concentra um grande número de serviços de ponta (informática, propaganda, comunicações) que atendem a empresas de grande porte que necessitam desses serviços. Justamente por serem muito especializados, esses novos centros atendem uma determinada camada social, que usufrui dessas atividades. Para atender a essa população específica criam espaços também próprios, cuja clientela é selecionada pelo poder aquisitivo: restaurantes, barzinhos, academias de ginástica, *flats*, centro de línguas, são alguns exemplos de atividades que se instalam na área e que, ao mesmo tempo, garantem a manutenção de uma certa homogeneidade social.

Seguindo a tendência a homogeneização, temos o surgimento de outros centros, que por suas características também atenderão, preferencialmente, a uma determinada parcela da população que, por uma via, terá acesso a serviços a que antes era destituída, mas que, por outra, aparece como garantia do não contato entre as diferentes camadas populacionais. A implementação de centros comerciais na periferia da cidade, mais especificamente de lugares como *shoppings centers* não passa de uma estratégia para a reprodução capitalista do espaço, ao mesmo tempo em que possibilita a manutenção e controle da ordem social estabelecida.

Nas regiões mais periféricas a área central, em geral, o preço do solo é mais baixo do que nas regiões centrais ou centros regionais já estabelecidos. Com a instalação de novos empreendimentos (no caso os *shoppings centers*), valoriza-se o preço do solo ao redor, servindo para chamariz de novos projetos imobiliários. Como nos diz Chombart de Lauwee (1982:52),

> (...) o espaço construído é transformado, não para responder as necessidades e aos desejos da apropriação dos habitantes desprovidos, mas para obter uma maior eficácia na produção, permitindo um grande proveito na orientação do consumo de habitações e equipamentos, favorecendo no final quem tem mais dinheiro (...)

Não se pode negar que, mesmo não sendo prioritário o atendimento à população, a criação desses centros, em um primeiro momento, possibilita uma melhoria da qualidade de vida local, não só pelo acesso aos locais de consumo (no caso os *shoppings centers*), mas também pela melhoria na infra-estrutura local (vias pavimentadas, sistema de iluminação, água e esgoto) criada para que o empreendimento pudesse ser instalado. Mesmo assim, essa criação espacial, que favorece o surgimento de *sub-centros*, implica na manutenção da ordem espacial estabelecida, já que se apresentam como projeto específico de reprodução espacial capitalista. Os novos empreendimentos, elaborados por grupos detentores de poder e capital, tendem a afastar as pessoas de menor poder aquisitivo das áreas com maior especialidade, mais especificamente dos novos centros dirigidos às parcelas da população mais abastadas. Desta forma temos uma policentralidade, na Cidade, que é hierarquizada, pois são constatados diferentes níveis de especialização e importância entre os centros.

Como fica o chamado centro ou "coração da Cidade", nas palavras de Müller, diante desse processo? Ainda que tenha perdido parte de seu poder de concentrar as atividades comerciais e de serviços (inclusive os altamente especializados), já que em outras áreas da cidade foram criados outros centros, ele ainda carrega as expressões da centralidade. Como nos mostra Sposito (1996:120),

> (...) a centralidade expressa-se cada vez mais a partir da observação da existência de mais de uma área com forte densidade de atividades ligadas a elevados índices de *freqüentação*, ainda que as necessidades e demandas que determinam essa *freqüentação* sejam de natureza e intensidade diferentes (...) indicando diferentes expressões de centralidade.

À medida que se proliferam novos centros, os investimentos também tendem a migrar para essas novas áreas. Esse deslocamento de valores do antigo Centro para as novas áreas acarreta, e é visível, em uma deterioração material na paisagem. Prédios que passam a não ter mais manutenção constante, empresas mudam as sedes para outras e novos centros na cidade, o próprio poder público, até por ser menos requisitado e pressionado, deixa de cuidar e investir na área central. Para Müller, a deterioração material do lugar leva, ou como conseqüência propícia, uma deterioração moral do centro: muitos dos edifícios, principalmente os que aparentemente se encontram sem conservação, transformam-se em lugares de "reputação suspeita" (MÜLLER, 1958:179).

Como vivemos em uma sociedade capitalista, em que as desigualdades e contradições sociais são marcantes, esse processo de transformação do Centro, principalmente pelo deslocamento de parte de investimentos ou até mesmo pela não aplicação de novos, fez com que parte do setor comercial aí existente mudasse, principalmente quando se fala em consumo. Se antes, anos 1950, o Centro era tido como lugar de consumo principalmente das camadas de maior poder aquisitivo, desde a década de 1980, temos a proliferação de lojas populares. Ainda que haja resquícios, as lojas que atendem às camadas de maior poder aquisitivo se deslocaram para os *shoppings centers* ou áreas nobres e seletas da Cidade (a Rua Oscar Freire, nos Jardins, é um exemplo disso).

Para muitos, e como idéia muito divulgada e aceita socialmente, o aumento do trânsito de pedestres de baixo poder aquisitivo no Centro é um indicador da deterioração e estagnação da área. Aparentemente se associa população de baixa renda a problemas como degradação, violência, perigo e não a trabalho, produção, crescimento. Como nos alerta Chauí[8] (1989: 57) os transeuntes, que por suas vestes aparentam não ter posses são "(...) considerados ignorantes, atrasados e preguiçosos, estando a polícia autorizada a parar qualquer trabalhador nas ruas, exigir a carteira de trabalho e prendê-lo para averiguação". Tendo isso como pano de fundo, a "recuperação da área central", os projetos ligados à revitalização do Centro em São Paulo, como que a seguir uma tendência mundial, procuram atrair um novo tipo de população e investimentos, criando estratégias espaciais que afugentem as camadas da população com menor poder aquisitivo.

A recuperação da área central é antes de tudo uma tentativa de garantir e valorizar o patrimônio já investido e que existe nesse Centro. Faz parte de uma estratégia de manutenção da reprodução do capital. Na defesa dos interesses da iniciativa privada temos assistido a um processo em que o poder público se subordina ao privado a ponto de podermos afirmar que vivemos atualmente a privatização dos espaços públicos, com pouca resistência da sociedade.

Nessa área central, que aqui limitamos ao que administrativamente corresponde aos distritos Sé e República, várias ações têm sido efetuadas para revitalizar e recuperar esse centro. Do ponto de vista geográfico, mudanças na paisagem, resultado de ações de transformação do espaço, podem ser bem percebidas e em parte vem atingindo a estratégia de "impedimento" do uso de lugar pela população de renda mais baixa.

A Operação Urbana Centro [9] é a formalização legal e estatal dessa iniciativa que atende prioritariamente os interesses da iniciativa privada. Espacialmente, as ações do poder público resultaram em grandes transformações da paisagem local. Desde a década de 1980 elas vêm acontecendo e impingindo novas características ao centro. Da reurbanização do Vale do Anhangabaú (1991) a mais recente reurbanização da Praça do Patriarca (2002), as modificações espaciais para requalificar as áreas em questão, procuravam promover um outro uso para o lugar, a apropriação por outra camada da população que não a de baixa renda.

As ações de transformação do espaço impingidas pelo Estado eram também uma amostra que o poder público encampava os anseios da iniciativa privada, que contribuía na elaboração dos projetos. Ainda que as gestões municipais, até mesmo por sua postura pública assumida, vez ou outra tentasse levar um caráter mais popular ao uso dos espaços públicos reurbanizados, ao final, o que tem se presenciado é o poder dos interesses privados sobre ação pública.

Quando da reurbanização do Vale do Anhangabaú, transformado em uma grande praça pública, cuja prioridade eram os pedestres, a gestão do poder municipal da época, de Luiza Erundina (PT), enfatizou o uso da praça, promovendo eventos culturais (*shows* de música popular) que atraíam as mais diversas camadas da população para a região aos fins de semana. Era uma tentativa de recuperar o centro, mais do que lugar de trabalho, como lugar de lazer e de cultura. Nas gestões seguintes, de Maluf e Pitta, cedendo às pressões dos interesses privados que sistematicamente procuram transformar o Centro em lugar de turismo qualificado, de novos investimentos, a praça do Vale do Anhangabaú deixa de ser lugar de eventos (passam a ser proibidos), de encontro entre os diferentes, limitando-se a lugar de passagem, de travessia, sempre sob os olhares vigilantes da guarda municipal.

A cooptação do poder municipal continua. Na gestão de Marta Suplicy (2000-2004) pode-se perceber que, com relação à área central, a força dos agentes privados continua, principalmente pela entidade que os representa: a Associação Viva o Centro. O projeto aprovado para reurbanização da Praça Patriarca, por exemplo, já constava, como proposta, dos documentos dessa Associação publicados em 1992 (p. 9), que enfatizava "A retirada dos terminais de ônibus ao longo do leito carroçável". Com a retirada dos terminais de ônibus, o lugar deixaria de prestar-se a passagem da população que utiliza esse meio de transporte. Para compor a ação, ocorreria a recomposição dos desenhos originais do mosaico português das calçadas, o restauro das fachadas dos prédios e Igreja de Santo Antônio, bem como a instalação de um pórtico no acesso à Galeria Prestes Maia, que também teria seu uso reorganizado. Tudo isso foi feito e o resultado foi a transferência de parte das lojas de consumo popular da área, já que perderam parte de sua freguesia que não mais desce em pontos finais de linhas de ônibus. Diminuindo a população de "passagem", a que utiliza ônibus, aumenta o número de pessoas de maior poder de consumo e que trabalham na região que agora vêem a praça como um lugar mais seguro, restaurado, modernizado. A praça passa a ser segregadora.

Para quem passa atualmente na Praça do Patriarca, a paisagem é reveladora. Espaços amplos, sem vegetação, edifícios com fachadas cuidadas, sem camelôs, indicando uma estética moderna e, com um posto da polícia militar nas proximidades, dão a praça ares de segurança e modernidade.

Mas revalorizar a área central não pode se limitar à ação estatal no espaço. A segurança no local não deve se ater à presença da polícia militar ou mesmo da guarda civil. Mesmo para a iniciativa privada e, seguindo padrões que se reproduzem em outras capitais mundiais como Los Angeles, Nova York, Barcelona, Paris, a moradia na área central teria papel fundamental em sua requalificação.

De acordo com dados da Sempla (Secretaria Municipal do Planejamento), as taxas de crescimento dos distritos Sé e República no período de 1996-2000 foram negativas (respectivamente -1,38 e -1,13), ainda que a densidade populacional seja aparentemente alta (101,21 e 215,94). Essa área é bem servida por todos os sistemas de serviços como, abastecimento de água, coleta de esgoto e lixo, telefonia, bem como possui uma complexa estrutura de sistemas de locomoção pública. Esses elementos justificam as iniciativas de maior adensamento populacional na região. Mas de que tipo de população?

É neste ponto que encontramos elementos que poderiam servir para tomada de consciência do projeto elitista de uso que vem tomando forma no centro. É no habitar a região, naquilo que afeta o cotidiano de reprodução da vida que temos os indícios de embates e disputa pelo espaço entre os grupos de poder aquisitivo diferenciado.

Mesmo sempre tendo existido a moradia no Centro, essa função não fazia parte dos elementos que o caracterizavam. Müller (1958: 126) destacava, já na década de 1950, que quanto aos aspectos funcionais, o Centro era complexo a ponto de distinguí-lo em três áreas: *o Centro propriamente dito*, com a quase ausência da função residencial; *as áreas periféricas ao centro*, áreas contínuas e vizinhas, caracterizadas pelo equilíbrio entre as funções típicas do Centro (comercial, financeira, administrativa, da pequena indústria, das profissões liberais e dos variados ofícios, religiosa e de diversões) e a residencial; *as zonas de transição*, com predomínio da função residencial, mas apresentando características do Centro a ponto de serem por ele incorporadas, fazendo que a função residencial deixe de ser predominante.

A incorporação da função residencial como elemento que caracterize os centros modernos faz parte de uma estratégia de valorização e recuperação dos centros tradicionais. Nos Estados Unidos, o bairro do Soho, em Nova York, era uma região central degradada, que tem sua renovação quando artistas passam a ocupar o bairro. Valorizado, entra na lógica de reprodução capitalista. Com a especulação imobiliária, os artistas, que não podiam mais pagar os novos preços imobiliários, são expulsos (BERMAN, 1987:320-321). A valorização da área central para moradia também nos é retratado por Soja (1993) e Davis (1993), ao discutirem o caso de Los Angeles.

No caso paulista, sob a ótica administrativa, adensar a região com moradias implicaria em uma racionalização de investimentos, já que a região possui toda uma infra-estrutura instalada e utilizada apenas durante a semana e horários comerciais, ficando subutilizada aos finais de semana e no período noturno. Favorecer a função residencial no Centro levaria a discutir o tipo de população que seria beneficiada por essa intenção. Seria a que já reside na área ou estar-se-ia pensando na atração de novas pessoas para a região?

De acordo com o IBGE, (1991) da totalidade dos chefes de família dos domicílios existentes na área, cerca de 50% não atingem a renda de cinco salários mínimos, vivendo, em sua maioria, em imóveis alugados ou cedidos, ocupando 32,2% da área utilizada para habitação. Segundo Sposati (1996), da totalidade de domicílios existentes na região, 2,85% são considerados domicílios com precária condição de habitabilidade, por serem cortiços ou improvisados. Na contrapartida a essa realidade, temos que, segundo as mesmas fontes, 8% dos chefes de família ganham entre 15 a mais de 20 salários mínimos, sendo que os chamados domicílios de médio padrão verticais correspondiam a 59,7% da área construída enquanto que os de alto padrão totalizavam uma área de 8,1%. Em termos percentuais e, utilizando a área construída para fins residenciais, poderíamos afirmar que a região central tem como destaque a moradia para a população de médio e alto poder aquisitivo. O que isso significa? Que há necessidade de repensar as condições de moradia da maior parcela da população que atualmente vive no Centro, que de acordo com os dados, ocupam, percentualmente, uma parcela muito restrita do espaço, mesmo sendo numericamente maiores.

A apropriação e uso dos espaços centrais estão implicando em uma verdadeira disputa entre segmentos diferenciados da população. De um lado, temos a iniciativa privada, que em sua ânsia de revalorização de seu patrimônio, vem buscando aplicar uma seletividade aos que utilizam esse espaço. A função residencial, como elemento também caracterizador do Centro, está nos planos de "revitalização" da área central e tem um perfil próprio de morador: busca atrair as camadas da população de médio e alto poder aquisitivo. Essa intenção entra em embate direto com as aspirações das camadas de menor poder aquisitivo, que, apoiadas no Plano Diretor do Município de São Paulo, reivindicam a regulamentação do parcelamento do solo, que incentivaria a ação dos agentes promotores de Habitação de Interesse Social (HIS) (Lei 13.430 de 13 de setembro de 2002, art 12, item VIII).

De acordo com o mesmo plano aprovado, as áreas de HIS também seriam encontradas no Centro e auxiliariam na recuperação da área considerada deteriorada. As moradias seriam destinadas a famílias com renda igual ou inferior a seis salários mínimos e teriam até 50 m^2. Isso implicaria em uma melhoria para a população já residente, podendo ainda favorecer o adensamento populacional na área com a chegada de novos moradores com esse perfil. Teoricamente, o Plano Diretor, neste sentido, estaria reafirmando uma visão de centro como lugar da multiplicidade de funções onde a centralidade estaria mantida e implicaria na "(...) existência de uma coletividade soldada por ações criadoras de relações, que fundamentam diferenças específicas. O lugar, sem essas relações, não passa de um lugar entre muitos outros" (RAFFESTIN, 1993: 187).

Mas o Centro com essas características atende aos anseios e expectativas dos agentes envolvidos na revitalização desse lugar? Ainda que o documento municipal aponte para a possibilidade da diversidade populacional na área, não é isso que aparece nos documentos produzidos pela associação que representa o segmento que possui e quer revalorizar seu patrimônio: a Associação Viva o Centro.

Para ela, a recuperação do Centro depende da manutenção do poder financeiro [10] e de serviços, ou seja, da concentração de atividades interligadas que se beneficiam da estrutura existente para continuar crescendo. Aliada a isso poderia ser incrementada pelo uso residencial e o desenvolvimento de atividades noturnas, de entretenimento e de turismo. Reconhecem que a multifuncionalidade é necessária para a revalorização do local e, essencial para setores especializados do terciário também se instalem.

Quanto ao uso residencial, diferem do que o apontado como possibilidade pelo Plano Diretor do Município. A Associação apresenta, em seus documentos, quatro propostas para essa função dentro de um plano de recuperação da área. São eles:

> 1. Programa de melhoria de cortiços com atuação direta do poder público e co-gestão poder público/associações de moradores; 2. Incentivo à construção de habitações pelo setor privado através de abertura de linhas de financiamento para a população de renda média; 3. Incentivo à reciclagem de imóveis de interesse arquitetônico para uso residencial; 4. Utilização de parcerias entre o poder público e o setor privado para projetos de reurbanização que envolvam produção de moradias (ASSOCIAÇÃO VIVA O CENTRO, 1996: 4).

Das propostas feitas apenas o ponto 1 diz respeito à população de baixa renda. Mesmo assim, ficando a cargo do poder municipal a responsabilidade dos possíveis investimentos. Entretanto, não fica claro na proposta onde exatamente ocorreria a transformação espacial. Para a Associação, a prioridade é a atração da população de renda média[11] . Para esse grupo, já nas propostas da Associação, áreas, como a Zona Cerealista do Pátio do Pari aparecem como lugares possíveis de transformação, o que implicaria em uma mudança do perfil de moradores locais. Enquanto os programas de atendimento à população de baixa renda na área central estão praticamente congelados, os voltados às camadas de melhor poder aquisitivo vêm sendo executados. Segundo a Embraesp (Empresa Brasileira de Estudos do Patrimônio), já em finais da década de 1990 (mais especificamente entre agosto/97 a janeiro/98), cinco grandes empreendimentos imobiliários (com apartamentos residenciais de 69,29m^2) foram colocados à venda e integrados ao mercado.

Há propostas, principalmente do MTST (Movimento dos Trabalhadores Sem Teto), de que prédios da área central que se encontram abandonados sejam recuperados e utilizados em programas de habitação para pessoas de baixo poder aquisitivo. Para essa idéia há resistências. Segundo os que se opõem a tal ação, como a própria associação Viva o Centro, os prédios do Centro de São Paulo se recuperados para moradia da população de baixa renda, em muito pouco tempo, por falta de manutenção, estariam fadados à degradação, o que por sua vez contribuiria na deterioração da paisagem da área central. Como em uma bola de neve, afugentaria tanto investimentos novos como a população de melhor poder aquisitivo, o que inviabilizaria aquela revitalização/ revalorização defendida pelos empresários que desejam investir no lugar.

A criação e manutenção de uma bela paisagem na área central fazem parte do projeto de valorização capitalista da área central. Mas será que o uso e apropriação desse espaço, nessa ótica, só são possíveis a partir da ocupação por uma classe hegemônica, de médio ou alto poder aquisitivo? A heterogeneidade, característica que durante muito tempo era a expressão dos centros das cidades necessariamente deveria ter seu fim? Seria, como nos diz Lefebvre (1969:18) a prevalência do valor de troca sobre o valor de uso, a ponto de quase suprimi-lo? Mas, se for isso, não teríamos também, dialeticamente, movimentos de resistência a esse processo? Cabe a nós, a partir das relações estabelecidas em nosso cotidiano, procurar os possíveis caminhos.

Notas

[1] "(...) d'aider le plus grand nombre de citoyens à savoir penser l'espace, et d'abord l'espace ou ils vivent, pour être plus em mesure de dire clairement ce qu'ils veulent. Et aussi leur montrer de quelle façon il est possible de faire la critique du spectacle qu'organisent les mass media." Há uma tradução desse texto de Lacoste no *Boletim Paulista de Geografia nº 79* (julho de 2003).

[2] O volume IV também trata de estudos de geografia urbana e é intitulado "Os subúrbios paulistanos", discutindo áreas que atualmente correspondem a municípios da Região metropolitana paulista e outras como Cantareira, São Miguel Paulista, Santo Amaro, Taipas e Perus que fazem parte do Município de São Paulo.

[3] Os artigos em questão são: N. L. Muller "A área Central da Cidade" (pp.121-182); R. da S. Mendes "Os bairros da Zona Norte e os bairros Orientais" (pp.183-256); R. da S. Mendes " Os bairros da Zona Sul e os bairros Ocidentais" (pp. 257-364).

[4] Sobre a origem da Cidade de São Paulo ver: Caio Prado Jr. (1983), Azevedo (1958).

[5] Nessa área, além do Pátio do Colégio, onde foi fundada a cidade pelos jesuítas, temos várias igrejas (entre católicas, protestantes e ortodoxas)

[6] Até anos 80 (séc. XX) o centro concentrava quase 50% dos cinemas da capital (CORDEIRO, 1980). Atualmente, uma parcela significativa fechou, transformando-se em templos religiosos e bingos. Apesar desse fenômeno, ainda é área cultural concentrando as salas de teatro (dentre eles o Teatro Municipal).

[7] Nas palavras de Muller: "O que desejamos focalizar é o aparecimento de uma área, em quase tudo idêntica ao Centro da cidade, como a que atualmente existe à Rua Augusta, principalmente no trecho compreendido entre a Rua Estados Unidos e a Alameda Franca, onde existem lojas de artigos de luxo,'ateliers', restaurantes, casas de chá, 'boites', agências bancárias e até mesmo um departamento do Ministério da Aeronáutica, algo que se assemelha ao que se verifica no bairro de Copacabana, no Rio de Janeiro" (MÜLLER, 1958: 168-169).

[8] Filosofa, professora doutora da FFLCH-USP e secretária da Cultura do Município de São Paulo durante a gestão de Luiza Erundina.

[9] A Operação urbana Centro, do município de São Paulo, até junho de 2003 previa: modificações de índices urbanísticos, de características de uso e ocupação do solo e de disposições do Código de Obras e Edificações com isenção de 40% no pagamento de contrapartida financeira, em grande parte da área central da cidade; incentivos especiais para restauro e recuperação de imóveis tombados; novas possibilidades para empreendimentos imobiliários.

[10] O Centro sozinho concentra 45,11% das atividades do setor financeiro contra 31,38% da Paulista, 5,74% da Verbo Divino e 17,77% das demais regiões (Associação Viva o Centro, 1998: 15).

[11] No Plano Diretor do Município de São Paulo, no artigo 79, item X, nomeia-se por renda média baixa aqueles que ganham até 15 salários mínimos e que poderiam auferir das chamadas Habitações de Mercado Popular (HMP), de até 70 m^2, na área central ou em vazios da Cidade.

Bibliografia

ALVES, Glória da A. *Cidade, como Te Ver.* Dissertação de Mestrado, apresentada ao Departamento de Geografia da Faculdade de Filosofia. Letras e Ciências Humanas-FFLCH da Universidade de São Paulo-USP. São Paulo, fotocópia, 1992.

________________. *O Uso do Centro da Cidade de São Paulo e Sua Possibilidade de Apropriação.* Tese de Doutorado apresentada ao Departamento de Geografia da Faculdade de Filosofia. Letras e Ciências Humanas-FFLCH da Universidade de São Paulo-USP. São Paulo, fotocópia, 1999.

ASSOCIAÇÃO VIVA O CENTRO. "Justificativa e Memória Descritiva do Projeto de Reurbanização da Praça Patriarca". In: *O Coração da Cidade.* São Paulo, Associação Viva o Centro, 1992.

____________________________. *Propostas e Compromissos.* São Paulo, Associação Viva o Centro, 1996.

____________________________. *URBS, 8.* São Paulo, Associação Viva o Centro, 1998.

AZEVEDO, Aroldo (coord.). *A Cidade de São Paulo.* São Paulo, Companhia Editora Nacional/ AGB (Associação dos Geógrafos Brasileiros), 1958.

BERMAN, Marshall. *Tudo que é Sólido Desmancha no Ar: a Aventura da Modernidade*. São Paulo, Companhia das Letras, 1986.

BOURDIEU, P.. "Gostos de Classe e Estilos de Vida". In: ORTIZ, R. (Org). *Pierre Bourdieu*. São Paulo, Ática, 1983.

CALVINO, Ítalo. *As Cidades Invisíveis*. São Paulo, Companhia da Letras, 1990.

CARLOS, Ana Fani A.. *A Cidade*. São Paulo, Contexto, 1982.

CASTELLS, M.. *Problemas de Investigação de uma Sociologia urbana*. Lisboa, Presença, 1979.

CHAUÍ, Marilena. *Conformismo e Resistência*, São Paulo, Brasiliense, 1989.

CHOMBART DE LAUWEE, Paul-Henry. *La fin des villes*. Paris, Calmann-levy, 1982.

CORDEIRO, Helena Kohn. *O Centro da Metrópole Paulistana, expansão recente*. São Paulo, USP/IG, 1980.

DAVIS, Mike. *Cidade de Quartzo: Escavando o Futuro em Los Angeles*. São Paulo, Página Aberta, 1993.

LA BLACHE, Vidal. *Princípios de Geografia Humana*. Lisboa, E. Cosmus, 1954.

LACOSTE, Yves. "A quoi sert le paysage? Qu'est-ce qu'un beau paysage?". In: ROGER, Alain. (sous la direction). *La théorie du paysage en France (1974-1994)*. Seyssel, Éditions Champ Vallon, pp. 42- 73, 1995. (Collection Pays/Paysages).

LEFEBVRE. Henri. *La production de l'espace*. Paris, Anthropos, 1984.

______________. *O Direito à Cidade*, São Paulo, Documentos, 1969.

LENCIONI, Sandra. *Região e Geografia*, São Paulo, Edusp, 1999.

LUIZ, Ângela. *Paisagem: Representação e Interpretação, uma Análise da Paisagem no Ensino de Geografia*, Dissertação de Mestrado, apresentada à da Faculdade de Educação-FE da Universidade de São Paulo-USP. São Paulo, fotocópia, 2001.

MÜLLER, N. L. "A Área Central da Cidade". In: AZEVEDO, Aroldo (coord.). *A Cidade de São Paulo*. São Paulo, Companhia Editora Nacional/ AGB (Associação dos Geógrafos Brasileiros), 1958.

PAGANELLI, Tomoko. *Paisagem, uma Decifração do Espaço-Tempo Social*. Tese de Doutorado, apresentada ao Departamento de Geografia da Faculdade de Filosofia. Letras e Ciências Humanas-FFLCH da Universidade de São Paulo-USP. São Paulo, fotocópia, 1998.

PRADO JR., Caio. *A Cidade de São Paulo*. São Paulo, Brasiliense, 1983.

RAFFESTIN, Claude. *Por uma Geografia do Poder*, São Paulo, Ática, 1993.

SANTOS, Milton. *Metrópole Corporativa Fragmentada: o Caso de São Paulo*. São Paulo: Nobel/SEC, 1990.

SOJA, Edward W. *Geografias Pós-Modernas: a Reafirmação do Espaço na Teoria Social Crítica*. Rio de Janeiro, Jorge Zahar, 1993.

SORRE, M. *Lê fondements de la geographie*, tomo III. Paris: Librarie Armand Cohus, 1952.

SPOSATI, A. (org.). *Que cidade é essa? Região Centro*. São Paulo, Núcleo de Estudos e pesquisas de seguridade e Assistência social-PUC, 1996.

SPOSITO, Maria Encarnação B.. "Reestruturação da Cidade". In: MELO, Jayro C. (org.). *Região, Cidade e Poder*, Presidente Prudente: GASPERR, pp. 111-126, 1996.

CAPÍTULO 4

SÃO PAULO – O OLHAR "ESTRANGEIRO" SOBRE A METRÓPOLE

FRAGMENTOS DE SÃO PAULO, METRÓPOLE DE UM PRIMEIRO MUNDO FRAGMENTADO

Carles Carreras i Verdaguer

Introdução

O título do capítulo pretende dialogar com o do livro de Milton Santos de 1990 [1], e o trabalho, ele próprio, quer ser ainda uma homenagem póstuma a sua pessoa e a sua obra. São Paulo foi o seu grande laboratório de Geografia Humana, como também tem sido o meu e o de tantos outros colegas. Eu partilho a sua mesma paixão pela cidade e procuro conhecê-la e compreendê-la já por mais de dezesseis anos. Já em 1996, numa palestra que eu fiz em Cuenca, no interior da Espanha, num dos tantos encontros sobre América Latina que se organizam no mundo, tive a ocasião de apresentar, na frente do professor Milton, algumas das idéias que serão expostas aqui. Mas eu gostaria de esclarecer desde o início que eu não me considero um latino-americanista, senão que o meu interesse por São Paulo é simplesmente o de geógrafo urbano.

São Paulo é, sem dúvida nenhuma, um dos fenômenos urbanos mais interessantes do Mundo contemporâneo. Metrópole emergente nos anos 1960 e 1970, segundo os estudos das Nações Unidas, substituída nos dias atuais pelas grandes cidades da Ásia e da África. Eu cheguei à Cidade da primeira vez, em 1987, quase por acaso, como costuma a acontecer com as cidades interessantes. Uma colega de Rio Claro, a inesquecível Helena

Kohn Cordeiro, estudiosa do Centro de São Paulo, foi uma guia fantástica nessa primeira visita [2], quando três espanhóis foram reitores por um dia. Antes de qualquer coisa, ela fez com que subíssemos ao último andar da sede social do Banespa (hoje em dia, significativamente, Banco Santander), o velho símbolo da Cidade, para descobrir aquela paisagem urbana indescritível. Aquela primeira impressão fica sempre sem se apagar em nossa memória, como fica a primeira visita a Nova York. Depois daquela primeira e até hoje, mais dez visitas a Cidade, e pelo menos uma de até dois meses, permitiram conhecer, estudar, visitar, passear, pesquisar e até viver São Paulo. A área mais vivida na cidade tem sido sempre o bairro de Cerqueira César, nos Jardins, mais a metrópole tem sido percorrida a pé, de ônibus e de metrô, de carro, em longas e demoradas descobertas que nunca conseguem desvendar todos os mundos que estão na cidade e que com o maior conhecimento geram uma ignorância maior. Muitos colegas guiaram essas descobertas, na *cidade exterior* e na *cidade interior*, sobretudo Amália Inês Geraiges de Lemos, com o seu grande conhecimento profissional e pessoal e a sua curiosidade e perspicácia infinitas; e o professor Francisco Capuano Scarlato, grande namorado do centro, de dia e de noite; e as colegas Adyr Aparecida Ballestrery Rodrigues, Liliana Laganà ou Rosa Esther Rossini; e Ana Fani Alessandri Carlos e Silvana Pintaudi, com o seu interesse comercial; além de alguns alunos, entre os quais o mais assíduo foi o Marcelo. O tema central da minha pesquisa pessoal principal tem sido sempre a centralidade e a terciarização, o comércio, o consumo e a cultura em São Paulo, e ainda em curso.

O aqui se apresenta o resultado dessas pesquisas, mas nenhuma delas ainda pode ser uma conclusão. O autor não possui dados, que aparecem muito mais documentados no resto do livro, re-compilados, elaborados, interpretados e explicados muito melhor pelos diferentes colegas especialistas. O que aqui se aporta são interpretações derivadas de um olhar estrangeiro, apaixonado pela Cidade e cheio de subjetividade que quer ser criativa, escritas ao redor de uns poucos elementos que se consideram fundamentais. O primeiro elemento de reflexão é a visibilidade de São Paulo, de um ponto de vista mais ou menos geopolítico, e as suas semelhanças com a minha outra cidade, Barcelona; esse elemento trata-se de explicação de cunho pessoal no estudo da metrópole. O segundo elemento é a fragmentação do espaço urbano e o seu significado. O terceiro é a fragmentação dos tempos na Cidade e o seu impacto na vida cotidiana paulistana. Umas conclusões breves desenham as linhas da pesquisa presente e futura do autor como conseqüência das reflexões apresentadas.

São Paulo, uma visibilidade difícil?

Apesar da magnitude assustadora do crescimento recente de São Paulo, que as Nações Unidas a colocaram no segundo lugar mundial, em 1995 [3], a Cidade não tem uma visibilidade proporcional no imaginário coletivo dos estrangeiros. A disciplina geográfica tem desenvolvido uma série de conceitos para tentar compreender o mundo [4], e nós próprios, os geógrafos, pretendemos às vezes conhecer e explicar o território com esses conceitos diferentes que simulam e dissimulam a realidade, e no fundo escondem conteúdos diversos sob o mesmo conceito. No caso de São Paulo, a aplicação freqüente de alguns desses conceitos tem prejudicado a sua visibilidade em diferentes níveis.

Em primeiro lugar, São Paulo fica dentro do domínio geopolítico mais genérico: o "Brasil". O Estado-Nação é uniformizador por natureza e foi criado justamente para ocultar as realidades diversas que compreende o seu território, como nós sabemos muito bem desde a Catalunha. No caso do Brasil, sob as cores amarela e verde tão populares, o Estado aparece ligado no exterior a um conjunto todo de imagens tópicas que apenas mudam no tempo: futebol, carnaval, samba, meninos da rua, favelas, miséria, Amazônia morrendo, Porto Alegre e a anti-globalização... São Paulo nunca aparece nestas imagens, senão confundida com o conjunto.

Por outro lado, em uma escala maior, no nível do sistema urbano brasileiro, São Paulo fica ainda mais escondida por trás da fama do Rio de Janeiro, a antiga Capital, cidade maravilhosa dos sambas e da bossa nova, do carnaval, do Pão de Açúcar, do Cristo Redentor, Guanabara, Copacabana, Ipanema, Leblon, Tijuca e outros nomes que desenham uma geografia mítica e popular conhecida no Brasil todo e além de suas fronteiras. Mas São Paulo também fica escondida por trás de Brasília, porque, afinal, ela é a Capital política real, apesar de muitas vezes a própria Brasília talvez possa aparecer injustamente simplificada nas críticas gerais ao urbanismo modernista e racionalista [5]. Inclusive Porto Alegre aparece na cena internacional como a Capital da anti-globalizaçao e do orçamento participativo, como Curitiba foi um modelo urbanístico nos últimos anos do segundo milênio. Somente lá atrás apareceria São Paulo, como um nome sem muito conteúdo e de contornos pouco nítidos. É justamente por essa razão que a metrópole paulistana nos leva a pensar em nossa Barcelona, ela própria escondida por trás de Madri, a Capital espanhola renovada com a integração européia, melhor conectada com as redes internacionais. Nas tantas histórias da emigração mediterrânea para América do Sul, no século XIX, São Paulo aparecia escondida inclusive por trás da grande Capital do Prata, Buenos Aires, em especial, para os migrantes espanhóis; os quais, depois da dramática travessia atlântica, quando o navio deles chegava ao porto de Santos, eram estimulados a desembarcar com o nome de Buenos Aires, e muitos assim enganados acabariam trabalhando em São Paulo, inclusive acumulando fortuna.

Em terceiro lugar, e a uma escala bem menor, São Paulo também fica escondida por trás do conceito errado mais muito usado de país subdesenvolvido, como já ficou por trás do conceito de país tropical, embora diferentes, são às vezes usados com sinônimos. Na introdução do professor Aroldo de Azevedo, na primeira homenagem à metrópole paulistana na bibliografia geográfica, o grande geógrafo, vê-se obrigado a justificar a existência de uma grande Cidade, com quase três milhões de habitantes naquela época, ao sul do trópico de Capricórnio; a existência do planalto, que sem dúvida modifica as condições climáticas locais, seria para ele a justificativa de um fato evidente que não precisava justificação nenhuma, talvez uma explicação. Posteriormente, tendo a cidade mais que dobrado o número de seus habitantes, muitos geógrafos formados nas primeiras teorias urbanas de Manuel Castells [6], tiveram que lidar contra o preconceito marxista de que nos países subdesenvolvidos não poderiam existir metrópoles, pois só seriam produtos de sociedades complexas capitalistas.

Mas São Paulo está lá, no Brasil, no planalto, com uma região urbana de quase 18 milhões de habitantes, metrópole complexa e fragmentada. O Milton Santos, militante na causa geral dos países subdesenvolvidos, definiu a complexidade dessas sociedades com a sua teoria dos dois circuitos da economia. O último Milton Santos, já em São Paulo, analisou abertamente o circuito superior, criador de uma sociedade capitalista completa, complexa e poderosa do que ele chamou de *meio técnico-informacional*.

Apesar de toda essa invisibilidade, atualmente São Paulo aparece no meu olhar estrangeiro mais como um exemplo de metrópole avançada, semelhante às do autodenominado Primeiro Mundo, que são também hoje em dia cidades duais [7], as quais contêm também fragmentos de pobreza e de miséria mais ou menos grandes. Como a minha Barcelona, mas, bem maior, bem mais complexa e muito mais dinâmica.

A fragmentação dos espaços urbanos paulistanos

Apesar de escrever no início do terceiro milênio, ainda não temos uma segurança absoluta sobre uma definição clara da cidade. Por isso, é razoável iniciar o estudo de São Paulo perguntado se essa é uma cidade somente ou trata-se de várias cidades ao mesmo tempo. O rápido crescimento de São Paulo, com índices anuais maiores que 5 (cinco) pontos entre 1950 e 1980, favoreceu uma maior fragmentação do espaço urbano a da outras cidades e também uma justaposição dos fragmentos aparentemente desorganizada, ou melhor, com uma ordem que não é nada aparente. É isso o que permite pensar em várias São Paulo ou em uma São Paulo fragmentada. Nas escalas maiores, claro, a unicidade da cidade é bem mais visível.

São Paulo é um Município e uma área metropolitana de velha industrialização (pelo menos desde o fim do século XIX, com europeus, embora com atraso se comparada com a Europa) atualmente terceirizada e bem equipada. Também é uma capital de estado, no Brasil, um dos estados mais ricos da federação e sede das instituições do governo estadual. Ela própria é também uma grande Cidade, a maior do Brasil, que partilha e compete com Rio de Janeiro em busca do segundo lugar na hierarquia urbana da estrutura funcional brasileira. São Paulo nos dias de hoje também é uma nova capital para o novo âmbito econômico do Mercosul, se o império americano consentir sua consolidação, sendo sede de muitas firmas internacionais para esse âmbito, não só do mais anedótico Memorial da América Latina do velho jovem arquiteto Oscar Niemeyer. E, finalmente São Paulo é sobretudo uma cidade global, com a autorização da socióloga Saskia Sassen [8], gerida pelas oscilações da Bovespa, do risco Brasil e do câmbio do dólar americano.

Mas junto com essa unicidade, ainda mais indiscutível no imaginário coletivo dos paulistanos, dos paulistas e de todos os brasileiros, em uma grande escala, urbana, a fragmentação dos espaços também é evidente.

Em primeiro lugar, aparece uma clara fragmentação física do espaço urbano. Na planta da Cidade, usada por geógrafos [9], mas, sobretudo no nível da vida quotidiana, o espaço da Cidade aparece claramente dividido entre os dos rios, Tietê e Pinheiros, esgotos entre marginais (atualmente em recuperação ambiental), com a suas várzeas desaparecidas em razão da urbanização, embora recuperadas periodicamente pelas enchentes tão freqüentes; esse território aparece fragmentado ainda pelo evidente espigão do alto de Pinheiros até a Avenida Paulista, e que foi divisória das águas. É assim que são remarcados uns espaços além Tietê e além Pinheiros, ao norte e ao oeste da Cidade, com conotações sociais claras, tanto que as zonas Sul e Leste acumulam a continuidade irregular do crescimento suburbano, com as suas fragmentações internas. A força da vegetação tropical, mais nas calçadas que nos parques e jardins públicos, às vezes também consegue fragmentar a paisagem urbana.

Essa mesma fragmentação física é também morfológica. A rapidez do crescimento urbano nas décadas de 1940, 1950, 1960 e 1970, é refletida numa fragmentação das morfologias construtivas dos prédios, das casas e dos conjuntos edificados. Os prédios altos em São Paulo, muito provavelmente por causa de uma exploração muito intensiva do espaço urbano, não são de maneira nenhuma característica da centralidade, já que se encontram espalhados por todo o espaço urbano. Esse fenômeno faz com que a visão dos grandes mirantes (Banespa, Terraço Itália, e tantos outros) ou da chegada de avião (em Guarulhos ou em Congonhas) seja impressionante pela constante presença de torres de habitação e de escritórios em todo lugar. Ao lado dessa freqüência de prédios altos, aparecem pacotes de casas baixas, velhos sobrados quase coloniais e novas casas uni familiares, estilo cidade jardim, as quais convivem misturadas para aumentar essa imagem da fragmentação. As próprias calçadas, que ganharam um estudo muito lindo de um dos nossos colegas [10], apesar do modelo português de fundo, das pedrinhas brancas e pretas muitas vezes com a planta do Estado, ficaram, na prática, nas mãos de cada um dos construtores, sendo elas quebradas e fragmentadas, bem difíceis para o passeio a pé. [11]

Ainda do ponto de vista físico e morfológico, se o verde fragmenta a paisagem muitas vezes pela força da natureza tropical, as infra-estruturas quebram o espaço urbano de forma ainda mais violenta. O *déficit* estrutural de transporte público, com pouco metrô, fragmenta a rede em milhares de ônibus e dá a primazia para o transporte privado, que tem rodízio para tentar lutar contra a poluição. Essa primazia faz com que o espaço urbano paulistano seja fragmentado pelas rodovias urbanas, em parte como no modelo de Los Angeles. Desta forma, as marginais dos rios Tietê e Pinheiros são atualmente barreiras maiores como jamais sonharam aqueles rios. Túneis e pontes atravessam o espigão e os rios, suportando rodovias de circulação teoricamente rápida, formando às vezes longos corredores que o espírito popular denominou de "minhocões". Fragmentadas também as rodoviárias (Tietê, Barra Funda, Jabaquara) que movimentam milhares de pessoas quotidianamente entre São Paulo e o resto da metrópole, do Estado e do Brasil inteiro.

Em segundo lugar, por baixo dessa fragmentação física e morfológica aparente, e muitas vezes como causa dela, aparece uma grande fragmentação social. Aos mecanismos típicos da segregação social das cidades capitalistas, junta-se aqui o mosaico étnico das migrações européias e asiáticas do fim do século XIX e do início do XX. Além do mais, aparecem muitas vezes os bairros da experiência cotidiana dos cidadãos e cidadanias, porque cada um deles tem o "seu" bairro e a "sua" própria Cidade. Por cima de todas essas fragmentações, complexas e contraditórias, ainda aparecem os bairros administrativos, os quais mudam com o crescimento da Cidade e com as alternâncias políticas na administração local. Tudo isso cria um mosaico de toponímia urbana muito complicada que faz com que a mobilidade seja ainda mais difícil e a orientação mais confusa.

Uma das características definidoras de São Paulo é justamente o seu mosaico étnico, um espaço social etnicamente fragmentado que lhe assimila aos *melting pots* das cidades norte-americanas. A colonização urbana das distintas etnias e culturas imigradas a cidade teve uma tendência à concentração na sua localização, criando autênticos bairros, mais ou menos homogêneos, que tentavam recriar, em parte, alguns elementos da cultura originária, podendo-se falar em autênticos bairros étnicos. A italiana é a cultura mais presente em São Paulo, ainda hoje; segundo a *Folha de São Paulo,* no outono do 2003, a Cidade tinha 450 restaurantes de comida italiana e 500 pizzarias [12]; além do Terraço Itália, que simbolicamente é o prédio mais alto da Cidade. Dos diversos bairros colonizados pelos italianos (Brás, Bom Retiro) provavelmente seja o Bexiga, o mais representativo, centrado na igreja da Nossa Senhora de Acheropita, com seus restaurantes e lojas de comidas italianas, mas sem representação toponímica nas plantas da cidade. As outras migrações européias, inclusive a portuguesa e a espanhola, ficam muito mais espalhadas na cidade sem uma representatividade semelhante. Ao contrário, algumas imigrações asiáticas, destacam-se também em alguns fragmentos da Cidade: a árabe, com os seus restaurantes e clubes e o famoso hospital Sírio Libanês; a judia, especialmente no bairro de Higienópolis; e, sobretudo, a japonesa com as suas lojas de produtos hortícolas e flores, concentrada no turístico bairro de Liberdade, hoje talvez mais coreano, enquanto os chineses, de imigração mais recente, ocupam algumas lojas de uma parte do "Centrão".

Como outra cidade capitalista e industrial qualquer, São Paulo aparece também socialmente fragmentada em unidades de vizinhança, em geral, menores do que bairros, baseadas na homogeneidade de classe e resultado dos processos da produção do espaço e do funcionamento regular do mercado imobiliário. O Atlas da desigualdade, publicado em 2002, desenha bem muitas delas. O olhar estrangeiro vê rapidamente também essas desigualdades, mais evidentes por causa da rapidez do crescimento urbano.[13] Aparecem de forma clara e contrastada, uns redutos sociais. Por um lado, os redutos dos pobres, que ocupam grandes superfícies e incluem uma maioria da população: cortiços no Centro, favelas e Singapuras na periferia. Se bem que se deva destacar que essa pobreza toda em São Paulo fica muito mais "escondida" do que no Rio de Janeiro, por exemplo. Por outro lado, os redutos dos ricos, que abrangem desde os prédios super controlados das classes médias até os condomínios fechados das classes altas que conseguem articular verdadeiras "cidades" gueto, como Alphaville, ou tantos outros, como os do Município de Atibaia. [14]

Em terceiro lugar, aparece finalmente uma fragmentação funcional, produzida mais espontaneamente do que a partir da segregação do zoneamento planejado. [15] Os fragmentos mais importantes são os centros de decisão, os espaços industriais, e os grandes equipamentos terciários e de lazer.

São Paulo é uma cidade policêntrica, como já tem sido estudado por tantos especialistas, como Helena K. Cordeiro, na sua tese de doutoramento, Heitor Frúgoli, Francisco C. Scarlato, Eduardo Yázigi e Ana Fani A. Carlos, inclusive nesta mesma obra. São Paulo então, criou nos primórdios do século XX um velho centro de negócios terciários, no que atualmente é chamado de "Centrão" que está em processo de recuperação mais ou menos *gentrificadora*. A partir da segunda metade do século, criou-se um novo centro de negócios ao longo da Avenida Paulista, com os arranha-céus dos bancos e das grandes companhias substituindo os velhos casarões dos barões do café e mudando o *skyline* da Cidade toda. Enfim, no fim do século um novo centro foi sendo criado ao longo da Avenida Berrini, ainda em processo de desenvolvimento. Estes três grandes centros, marcantes no espaço urbano em um século, representam uma mostra da dinâmica econômica da Cidade, mais também sinal da fragmentação espacial e temporal dos diversos componentes do capital dominante.

Os espaços industriais ocuparam a zona Leste, mas também se espraia em todo o espaço urbano num processo fragmentário generalizado de cidade fábrica. Atualmente, a indústria se concentrou no sul metropolitano, no famoso ABCD paulistano (nos municípios de Santo André, São Bernardo de Campos, São Caetano e Diadema). Com a crise e a reestruturação industrial, São Paulo vem perdendo peso no setor, inclusive no nível brasileiro, tendo deixado de representar 71,10% do valor da produção industrial brasileira, em 1960, passando a 58,65%, em 1991. Muitas velhas fábricas hoje em dia são remodeladas como equipamentos culturais e de lazer o como moradias, criando novos fragmentos pós-modernos no meio de velhas áreas operárias.

Os grandes equipamentos da cidade do conhecimento, que hoje é o motor da dinâmica paulista, aparecem também em fragmentos diversos espalhados pelo imenso espaço urbano. Dois aeroportos, um internacional, na periferia, e outro nacional, no meio da trama urbana; muitos hospitais, com a concentração das Clínicas perto da Paulista, e muitos outros espalhados; o magnífico fragmento da Cidade Universitária da Universidade de São Paulo, no Butantã, tantas mais, públicas e privadas, em todo lugar; como os museus, os auditórios, os teatros, as salas de arte, com alguma concentração pontual (no parque de Ibirapuera, em Interlagos) e um processo de recuperação do centro (Teatro Municipal, Shopping Light, sala São Paulo). A própria municipalidade está migrando no espaço urbano e entrando num processo de fragmentação, lógico, pelas dificuldades da gestão do enorme organismo urbano, assim como pela adaptação à própria fragmentação geral.

A fragmentação dos tempos da metrópole

Apesar de que em São Paulo os processos têm sido todos muito rápidos, pelo menos até o fim do segundo milênio, é evidente que os tempos e os ritmos de cada um deles seja muito diverso e permitam perceber também a fragmentação do tempo, já descrita por Milton Santos. Mas a acumulação de pesquisas nesse tema é por enquanto muito menor que no tema do espaço, portanto, as reflexões devem ser bem mais simples, quase hipóteses de trabalho.

Por um lado, está o fenômeno urbano fundamental dos tempos individuais, que são diferentes para cada cidadão e vividos e percebidos diferentemente. Lendo a primeira novela de Zélia Gatay, *Anarquistas graças a Deus*, por exemplo, vê-se a descrição do tempo lento de uma família italiana de artesãos nos inícios do século XX, no bairro de Cerqueira César. É somente uma aproximação entre as inúmeras que poderiam ser feitas e que esperam sem dúvida uma análise mais aprofundada. Por outro lado, o tempo histórico da Cidade, em geral, mais conhecido e descrito, e o tempo cotidiano, mais desconhecido, são fragmentos diversos também que às vezes se complementam, e às vezes se contradizem, mas que ainda precisam de muita pesquisa empírica.

Aqui se coloca uma primeira reflexão sobre os tempos da vida econômica, na qual também aparecem fragmentos diversos, contraditórios e complementares. Para entender, em linhas gerais, os tempos diversos da economia, aplica-se de novo a velha hipótese de Milton Santos sobre os dois circuitos da economia, que permite marcar também, pelo menos, dois ritmos temporais diversos na sociedade paulistana.

O circuito superior, que poderia se corresponder com a economia globalizada de hoje que dá o aspecto de cidade do Primeiro Mundo a São Paulo, seria o representante do tempo rápido na metrópole. É um tempo que é consumido nos grandes *shoppings centers* da classe A (Morumbi, *Market Place*, Higienópolis,

Iguatemi, Anália Franco, Villa-Lobos, Ibirapuera) ou B (Paulista, Norte, Eldorado, Frei Caneca, SP Market) [16] e nos seus cinemas, nos grandes clubes privados, nos condomínios fechados, nos restaurantes mais chiques que fazem com que a Cidade possa ser considerada uma capital da gastronomia mundial, nas viagens de avião, das pontes aéreas e das ligações internacionais, nas viagens intra-urbanas dos helicópteros (são mais de 200 heliportos espalhados pela área urbana1). Esse tempo rápido dos dias da semana se corresponde com outro ritmo, também rápido, porém diferente, o dos fins de semana e das férias em que os cidadãos abandonam a cidade para consumir também rapidamente o seu tempo nos seus sítios "rurais", nas praias e *ressorts* turísticos, ou nas viagens de lazer para o estrangeiro.

O circuito inferior seria representante do tempo lento, com ritmos diversos desde o mais acelerado das classes médias até o geralmente mais demorado dos miseráveis. É um tempo que é consumido nas favelas e nos Cingapuras, áreas domésticas e também de redes marginais; é consumido sobretudo no transporte público, deficitário e insuficiente e sempre demorado, que chega a acumular tempos quase iguais aos da jornada de trabalho; mas é consumido também nos *shopping centers* das classes médias e das classes populares (Light, ABC, Metrópole, D, Interlagos, Interlar Home, Metrô Santa Cruz, Tatuapé), e nos espaços do lazer popular: nas ruas e camelô e férias do "Centrão", nos parques públicos (Ibirapuera, Luz) e parques aquáticos, no carnaval nas escolas de samba e no sambódromo. Nos dias da semana, o tempo é consumido no transporte, em demoradas e longas viagens, e no trabalho, enquanto nos fins de semana e nos dias feriados, os tempos lentos permitiriam uma reconquista, porém temporária, da cidade, abandonada da oligarquia, e dos seus espaços públicos, apesar de poucos e mal dotados.

Mas os dois circuitos conseguem também na metrópole tempos e espaços de encontro, que permitem a realização da essência urbana mais no sentido de Jane Jacobs talvez do que no de *O Direito à Cidade*, de Henry Lefébvre[17]. Os tempos e os espaços de consumo são cada dia mais lugares de encontro, mais ou menos interclassista: tanto em alguns *shopping centers*, inclusive em alguns de classe A e B, onde as classes populares realizam pelo menos a função de espectadores, essencial para a cerimônia consumista; como nas feiras dos bairros, nos camelôs que ocupam as ruas em um dinamismo que a municipalidade não consegue controlar; e também em algumas velhas ruas comerciais especializadas (como móveis na Teodoro Sampaio, vestidos de noivas na rua São Caetano, lustres na rua da Consolação, equipamentos eletrônicos na rua Santa Ifigênia e tantas outras). Mas o espaço doméstico também é lugar, embora com menos tempo, de encontro, através das empregadas e faxineiras, dos vigilantes e guardas, dos moços e ajudantes diversos. Os lugares de trabalho, enfim, são também tempo e espaço de encontro, também através de vigilantes e porteiros, do pessoal da limpeza, dos *office boys*, dos garçons, dos garagistas e dos motoristas e de tantos outros pessoal similar. As próprias rodovias permitem inclusive alguns encontros muito rápidos através dos vendedores ambulantes de produtos do campo, como o fazem os cruzamentos urbanos e os múltiplos engarrafamentos, com vendedores de qualquer coisa. Inclusive o espaço simbólico das novelas mais populares da TV brasileira (cada vez menos carioca e mais paulista) acaba sendo um tempo de encontro interclassista, no virtual e no real ao mesmo tempo, com uma importância maior que em qualquer outro país e Cidade.

Conclusões de futuro

A quantidade de fragmentos de espaços e tempos do primeiro mundo da metrópole paulista não permite possivelmente a afirmação absoluta de São Paulo como metrópole do primeiro mundo, mas também não autorizam a simplificação de ser chamada simplesmente de metrópole do Terceiro Mundo. Evidentemente são os próprios conceitos Primeiro e Terceiro os que não ajudam para entender o Mundo para nada [18]; mas apesar da sua inadequação, os termos são muito usados e a precisão deve ser feita. Deixando a provocação intelectual e o erro histórico de falar de metrópoles de Primeiro ou de Terceiro Mundo, São Paulo é uma metrópole mundial, fragmentada no espaço e no tempo, como o mundo todo. O problema se coloca na organização específica dos seus fragmentos e na sua dinâmica. Algumas dinâmicas e muitos lugares de São Paulo merecem o estudo e as considerações de qualquer uma das metrópoles globais internacionais. Essa é a primeira conclusão do meu trabalho e, ao mesmo tempo, o ponto de partida da minha pesquisa.

As dinâmicas fragmentadas e diferenciadas são a grande atração intelectual de São Paulo, uma dinâmica que muitas vezes poderia ser chamada de "americana", no sentido restrito usado pelos Estados Unidos, mas num entorno social, cultural e físico bem Latino, no sentido mais nobre do termo, referido-se a civilização de dois mil anos. Os fragmentos de Primeiro Mundo, enormes e dinâmicos, tão evidentes e marcantes, dessa metrópole fascinam o olhar estrangeiro. A tarefa de compreender todo o complexo organismo urbano é maior e merece reflexão muito mais aprofundada e um trabalho coletivo. O resultado dos diferentes capítulos dessa obra já ajuda muito nesse sentido; as pesquisas bilaterais em curso também.

Uma segunda e última conclusão dessas reflexões refere-se à necessidade de manter o conceito metropolitano entorno da idéia de São Paulo Cidade. Por um lado, a dialética centro-periferia segue explicando alguns processos e lugares urbanos, ainda mais na cidade policêntrica que é São Paulo. Por outro lado, manter a idéia do município paulista como centro, permite explicar muitas lógicas da articulação de espaços maiores, e se coloca como uma imagem identificadora para o exterior e dinamizadora para o interior. A cidade, o território urbano, não pode ser somente um conjunto de subúrbios sem centro, de cidades de fronteira (*edgecities*) sem nome nem personalidade nenhuma. E São Paulo, como a maioria das cidades complexas, pelo menos as Latinas, tem muitas personalidades internas, que são um patrimônio cultural e social que precisa ser defendido: bairros populares e bairros ricos, mas todos os bairros dinâmicos e em mudança quase constante o que reforça e constitui o núcleo duro da sua personalidade.

Notas

[1] Trata-se do livro *São Paulo Metrópole Corporativa Fragmentada*, São Paulo, Nobel, 1990.

[2] O também falecido Pepe Estébanez, participava nessa primeira visita, junto com o colega Miguel Panadero, organizador do seminário de Cuenca.

[3] As previsões do mesmo organismo para o 2015 já a colocam no sexto lugar.

[4] Vide Famoso, 1989.

[5] Nesse sentido eu gostaria de criticar a injusta crítica de Holston à cidade no seu livro que agrava a tendência de alguns antropólogos de elevar a anedota à categoria e, sobretudo, ignora a capacidade criativa do Brasil na urbanização do seu território que vai muito além do plano concreto de uma cidade concreta e, inclusive, ignora a capacidade crítica de tantos autores brasileiros (v. HOLSTON, 19). Prometi ao Milton Santos, e não cumpri, escrever essa crítica quando saísse a primeira edição inglesa do livro.

[6] Vide especialmente, Castells, 1972.

[7] Ver nesse sentido o livro dos sociólogos Mollenkopf & Castells, 1989.

[8] Ver nesse sentido Sassen, 1991. O autor conheceu a Sassen justamente em São Paulo, na casa do Milton Santos, mas, provavelmente, a vida tão global dela não lhe permitiu conhecer bem a Cidade.

[9] Fiquei sempre chocado com a popularidade dos mapas em São Paulo, os quais são vendidos nas ruas e nos sinais de transito; mas, por outro lado, os cidadãos que precisam mais da cidade usam os grandes guias anuais (*Quatro rodas* ou outras), únicos que podem dar conta das mudanças enormes e rápidas, onde o plano aparece ainda mais fragmentado em páginas regulares que impedem qualquer imagem da continuidade do urbano.

[10] Vide Yázigi, 2002.

[11] O tapete vermelho que enfeita algumas calçadas da rua Oscar Freire no Natal pretende ocultar essa fragmentação no esforço de impulsionar o consumismo das lojas e restaurantes chiques daquele lugar.

[12] A famosa pizza de São Paulo, talvez junto com a de Chicago, compete com muita vantagem com as pizzas da própria Itália.

[13] O autor concluiu que em Barcelona o ritmo mais lento do processo de produção capitalista da cidade, entre 1733 e 1929, originou uma segregação social "melhor", no sentido de que ricos e pobres não se confrontam diretamente no cenário urbano, portanto, menos evidente. Vide Carreras, 1993.

[14] Vide Lemos, 2002.

[15] A coincidência dos resultados urbanos dos processos espontâneos e planejados deve ser motivo de reflexão sobre os conteúdos e as práticas do planejamento urbano.

[16] A classificação é totalmente qualitativa e foi elaborada no trabalho de campo no outono de 2003, a partir, sobretudo, no nível das lojas e dos produtos oferecidos em cada um dos *shoppings*.

[17] Vide Jacobs, 1969 e Léfèbvre, 1968.

[18] Isso sem começar a falar do "Segundo" Mundo, necessário entre o primeiro e o terceiro, que se alguma vez existiu realmente, hoje ninguém saberia dizer onde fica ou onde ficou.

Bibliografia

AZEVEDO, A.. *A Cidade de São Paulo. Estudos de Geografia Urbana.* São Paulo: Companhia Editora Nacional, 4 volumes, 1958.

CARLOS, A.F.A.. *Espaço-Tempo na Metrópole.* São Paulo, Contexto, 2001.

CARRERAS, C.. *La Barcelona Literària.* Barcelona, Proa, 2003.

______________. *Geografia Urbana de Barcelona. Espai mediterrani, temps europeu.* Vilassat de Mar, Ikos tau, 1993.

CASTELLS, M.. *The Rise of the Network Society.* Oxford, Basil Blackwell, 1996.

____________. *La question urbaine.* Paris, Anthropos, 1972.

CORDEIRO, H.K.. *A "Cidade Mundial" de São Paulo e a Recente Expansão de seu Centro Metropolitano.* Rio Claro, Unesp, 1992.

FAMOSO, N.. *Una rete di concetti per catturare il mondo.* Catania, C.u.e.c.m., 1989.

FRÚGOLI, H. Jr.. *Centralidade em São Paulo:* Trajetórias, Conflitos e Negociações na Metrópole. São Paulo, Edusp, 2000.

HARVEY, D.. *Spaces of Capital.* New York, Routledge, 2001.

JACOBS, J.. *The Economy of Cities.* New York, Random House, 1969.

LEFÉBVRE, H.. *Le droit à la ville.* Paris, Anthropos, 1968.

LEMOS, Amália I.G. de. "O Retorno à cidade Medieval: os Condomínios Fechados da Metrópole Paulistana". In: CABRALES Barajas, L.F. (org.) *Países Abiertos. Ciudades Cerradas*. Guadalajara, Universidad de Guadalajara-Unesco, 2002.

MILLER, D. *Acknowledging Consumption. A Review of New Studies*. London, Routledge, 1995.

MOLLENKOPF, D. & CASTELLS, M.. *Dual City*. Oxford, Basil Blakwell, 1989.

PINTAUDY, S.. *O Templo da Mercadoria: Estudo Sobre os Shopping Centers no Estado de São Paulo*. São Paulo, Edição do Autor, 1989.

SANTOS, M.. *A Natureza do Espaço. Técnica e Tempo. Razão e emoção*. São Paulo, Hucitec, 1996.

____________. *São Paulo, Metrópole Corporativa Fragmentada*. São Paulo: Nobel, 1990.

SASSEN, S.. *The Global City: New York, London, Tokyo*. 2 ed. Princeton, N.J., Princeton University Press, 2001 [1991].

YAZIGI, E.. *O Mundo das Calçadas*. São Paulo, Impressa Oficial / USP, 2000.

SÃO PAULO, CIDADE MUNDIAL E ESPAÇO REGIONAL*

Martine Droulers

São Paulo, a maior Cidade da América Latina, está entre as maiores cidades do mundo por seu tamanho, pelo poder de sua concentração econômica, pela posição dominante que ocupa sobre território nacional, bem como na América do Sul. Ela parece atingir um nível que a coloca na classificação de cidade mundial, das cidades que atraem uma parte do crescimento, da riqueza e do poder como Nova Iorque, Londres, Tóquio. De fato, o que define funcionalmente uma cidade mundial, segundo Saskia Sassen [1] é o lugar preponderante que ocupam as atividades de serviços e de bens financeiros: o alto nível de serviços de negócios e os novos tipos de serviços financeiros levam "as grandes cidades a definir um novo papel estratégico que se situa entre dispersão geográfica e integração mundial". No movimento da mundialização da economia, a concentração das funções centrais opera-se em um certo número de sítios onde se desenvolve um novo sistema de coordenação da ordem econômica internacional.[2] São Paulo seria o nó do sistema para a América Latina, com sua importante produção de novidades financeiras e a estruturação/integração dos mercados brasileiros e latino-americanos.

O *palmarès* de São Paulo já é impressionante no nível brasileiro: com 10% da população nacional, a aglomeração contribui com 23% do PIB; seu parque automotivo é grande, 4,5 milhões de veículos (ou seja, 21% do total

* Tradução de Andrea de Castro Panizza, doutoranda em Geografia no Departamento de Geografia, FFLCH/USP.

nacional). Conta-se um telefone para 4 habitantes, contra um para 11 no resto do Brasil; um estudante em três se forma; o rendimento médio das famílias é quase duas vezes superior ao resto do país, etc..

Também é uma das cidades mais extensas do mundo, urbanizada em 100 km de leste a oeste e em 60 km do norte a sul, onde se circula melhor sobre pneus: oito milhões de passageiros/dia em ônibus [3], isto é, cinco vezes mais que em Paris. Enfim, é uma metrópole do Terceiro Mundo com seu cortejo de contrastes desafiadores, de injustiças *sócioespaciais*, de miséria, de exclusão, de violência, cujo número de homicídios não pára de crescer (22/dia em 1995). É uma Cidade onde as riquezas se protegem atrás de altos muros, enquanto os pobres lutam para não se deixar levar pela marginalidade. A "questão não é mais de administrar o crescimento, mas de encontrar um crescimento para administrar" como dizia o prefeito de Nova Iorque em 1996.

Tentaremos abordar aqui a especificidade da forma metropolitana paulista em sua passagem de uma cidade industrial a uma cidade mundial, e mostrar o que está mudando nas relações de São Paulo com sua periferia e sua região.[4]

Conjuntos urbanos encaixados

São Paulo recobre realidades espaciais e institucionais muito diferentes, é, ao mesmo tempo, uma imensa aglomeração e o mais rico e o mais populoso dos Estados da Federação brasileira. Os conjuntos formam muitos espaços nos quais os fenômenos urbanos, influenciados pelos ritmos da mundialização, se apreendem e se tratam diferentemente.

A cidade-capital, centralidade e extrema saturação

O Município de São Paulo, muito vasto (1.500km^2, isto é, 15 vezes Paris intramuros) se estende em 40 km de leste a oeste e 65 km de norte a sul. Situado em uma região montanhosa, com altitude média de 800 metros, é também atravessado pelo trópico de Capricórnio. O município abriga perto de 10 milhões de habitantes (que o chamam de Sampa!), seu território é urbanizado em apenas 60%, isto é, possui ainda numerosos vazios, e sua parte meridional, sobre os contrafortes da Serra do Mar, é preservada em zona ecológica a fim de garantir o abastecimento de água para a Cidade.[5] Foi fundada em 1554 com o nome de São Paulo dos Campos de Piratininga; em 1872, a cidade contava somente com 20.000 habitantes, foi com o *boom* do café que seu crescimento tornou-se explosivo. Comparamos seu ritmo de crescimento com o das cidades norte-americanas [6], inicialmente, com Chicago (com alguma defasagem no tempo), e mais recentemente com Los Angeles. Chicago tornou-se uma cidade milionária, aproximadamente, em 1880, e o processo de metropolização acelerou, como na maioria das cidades norte-americanas, entre 1920 e 1940; enquanto São Paulo passou o limite do milhão de habitantes em torno de 1930 e seu processo de metropolização se desenvolveu no final dos anos 1950.

O que aproxima os exemplos de Chicago e São Paulo é o desenvolvimento industrial baseado, na fase inicial, na transformação dos produtos de uma rica região agrícola, assim como a considerável importância dos imigrantes no crescimento das duas cidades. Entretanto, a expansão horizontal da Cidade nas intermináveis periferias, paralelamente ao crescimento vertical nos vários centros, durante os anos 1960 e 1970, fariam São Paulo parecer mais com Los Angeles.

Essas cidades se comparam, então, tanto pelo seu ritmo de crescimento, quanto pela intensidade de movimentos migratórios que elas atraem. No início dos anos 1970, mais de 50% dos habitantes não haviam nascido em São Paulo e, entre eles, 35% tinham menos de 10 anos de residência na Cidade.

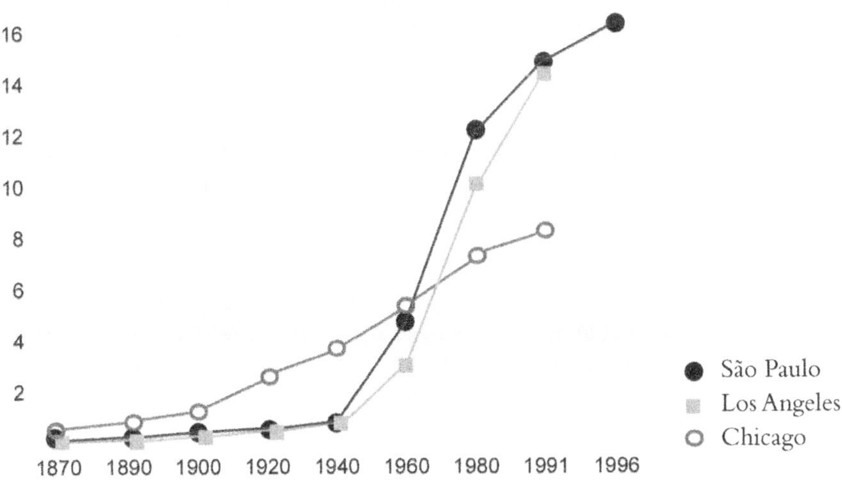

| Figura 1 | Crescimento da população nas aglomerações de São Paulo, Chicago e Los Angeles [7]

Os bairros residenciais segregados

Este Município, cujo peso demográfico equivale ao de um país como a Bélgica, apresenta um tecido urbano extremamente diversificado, fruto da história de um desenvolvimento urbano acelerado há um século. São justapostos bairros saturados pela circulação e densos em imóveis de aproximadamente trinta andares; bairros mais arejados, com "jardins", em casas individuais rodeadas de árvores (como o Jardim Paulista, América, Vila Mariana...); bairros populares com bolsões de pobreza que perduram (como a Vila Prudente); enfim, periferias em crescimento ultra rápido onde predominam os loteamentos mais ou menos equipados.

A Cidade progride por densificação, mudança social e extensão. Os bairros dos imigrantes do início do século XX, localizados próximos ao Centro tornaram-se bairros de classe média. Inicialmente, o sistema de alojamento em vigor para os migrantes foi o da pensão, na forma de aluguel de quartos para as famílias. Uma das preocupações da burguesia consistiu em distanciar os trabalhadores da zona central, pois a concentração demográfica sem higiene aumenta os riscos de epidemia, assim como os índices de criminalidade. Com a extensão da rede de ônibus, outras formas de acesso à propriedade e loteamentos para habitações populares são propostos, sempre mais distantes do centro. Paralelamente, a partir dos anos 1950, aparecem no Centro da Cidade os apartamentos *kitchenettes* em imóveis de concreto armado que atingem 40 andares, como o conhecido Edifício Copan, projetado por Oscar Niemeyer, ou o Edifício Itália. A Cidade é ainda pouco extensa (350 km^2), mas já atinge os quatro milhões de habitantes e ultrapassa o Rio de Janeiro.

A densificação acompanha-se da segregação. Essa ocorre, ao mesmo tempo, entre o Centro com bairros bem equipados e as periferias desfavorecidas que crescem em auréolas sucessivas; e entre os bairros norte e leste que abrigam as classes de renda média e baixa e os bairros do centro-oeste, ao longo do rio Pinheiros, onde se encontram as rendas mais altas. A densidade aumenta por toda à parte, a diferença entre as densidades mais altas e as mais baixas é de 1 a 10: Tabatingueira 525 hab/ha e Parelheiros 48, enquanto a superfície construída por habitante varia entre 60 m^2 nos Jardins e 5 m^2 nos bairros do extremo norte, como Perus. [8] Nos limites da zona urbana central se localizam os bairros deficientes em termos de urbanização, as casas são construídas pelos próprios habitantes, as infra-estruturas de transporte, de rede de água, esgoto e de serviços de educação e saúde são precários. Almejando o planejamento desses bairros recentes os movimentos sociais se mobilizaram. Desde os anos 70, contamos mais de 1.300: movimentos de bairros, de mulheres, de jovens, de estudantes, dentre outras. As Sociedades de Amigos de Bairros (SAB) se multiplicam, assim como as Comunidades Eclesiásticas de Base (CEB). Esses movimentos conseguem obter ganhos concretos: água, iluminação pública, linha de ônibus, etc.. Essas periferias constituem lugares de aprendizagem de diálogo e da promoção de novas formas de sociabilidade. Numerosas e originais experiências de gestão participativa foram conduzidas em São Paulo e nos subúrbios, como os programas de ajuda mútua para obras de esgoto e de vias, nos quais a Prefeitura fornece os técnicos e os habitantes executam uma parte dos trabalhos, estando, assim, exonerados da taxa de serviços municipais.[9]

Atualmente a Cidade surge, eriçada de prédios, de tanto que a verticalização dos edifícios aumentou. O sistema de transporte baseado em automóveis está no limite de saturação absoluta, com recordes para os ônibus, atingindo 23.000 passageiros por hora nas avenidas centrais (Avenida 9 de Julho) e com velocidade média de circulação de 17 km por hora nos ônibus urbanos. O metrô, em serviço desde o final dos anos 1970, tem somente 42 km de linhas, e está longe de resolver o problema do transporte coletivo.

Um centro de negócios que se desloca

O centro de negócios paulista funcionava, até o fim dos anos 1950, no antigo centro histórico. Depois disso, a concentração dos bancos e outras instituições econômicas ocorre na conhecida Avenida Paulista que se torna um dos símbolos da modernidade de São Paulo, a cidade mundial, que abriga em audaciosas arquiteturas, as sedes de grandes bancos e empresas multinacionais. São Paulo é a primeira praça bancária do país, com 217 bancos, dos quais 53 estão sob o controle, ou com participação, de uma instituição estrangeira, e 10.630 agências, isto é, um terço de todas as agências do país. Entre 1995 e 1996, a concentração de instituições bancárias continua para o conjunto do Brasil, o número de agências diminuiu de 2,5%, enquanto em São Paulo o número aumentou em 1%. São Paulo abriga também duas das maiores bolsas da América Latina:

• A Bovespa, a bolsa de valores de São Paulo negocia os mercados de ação e reúne 521 empresas cotadas. Sua capitalização representa atualmente, aproximadamente, 38% do PIB brasileiro (contra, respectivamente, 96%, 53% e 42% para os E.U.A., Japão e México). Os volumes negociados por dia na Bovespa são da ordem de 700 milhões de dólares, são representados em 50% por bancos e em 25% por investidores estrangeiros;

• A BMF-Bolsa Mercantil de Futuros é a principal bolsa para investimentos futuros de taxa de câmbio e de *commodities*. Ela situa-se no 4° lugar mundial em volume de contratos negociados [10] e no 6° lugar em volumes financeiros (20 bilhões de dólares por dia).

São Paulo que continua, incontestavelmente, o centro econômico dominante do país, onde se encontra o essencial dos poderes de decisão, da capacidade de inovar, de atrair investidores e empresários, segue a modernização de seu centro de negócios para se colocar na competição das cidades mundiais. Desde o início dos anos 1990, se constrói no sudoeste da cidade, em direção a marginal do rio Pinheiros e ao longo da Avenida Luís Berrini [11], um novo centro de negócios que reuni as sedes das maiores empresas (a metade sendo grupos internacionais). Uma centena de novos edifícios inteligentes e pós-modernos são erguidos (concepção original da empresa Bratke e Collet).

No entanto, São Paulo não é somente uma capital econômica, ao longo da história, ela manteve com a nação brasileira uma tradição de independência política e intelectual. Em 1922, quando o Rio de Janeiro organizava uma vasta exposição para celebrar o centenário da Independência, um grupo de artistas e escritores lançou em São Paulo a Semana de Arte Moderna, ponto de partida de um movimento intelectual que lutou para "abrasileirar" o país, para o retorno às fontes e a exaltação das raízes da nação e das três raças fundadoras da miscigenação. [12] A partir desse momento, São Paulo permanece pioneira nos movimentos artísticos graças a seu Museu de Arte, o MASP, a sua audaciosa arquitetura e, mais ainda, a sua Bienal de Arte, que desde 1951 é uma das mais importantes manifestações artísticas do mundo.

Uma gestão municipal inovadora

No conjunto, a gestão de tal Município torna-se um enorme desafio. As equipes municipais se esforçaram, repetidas vezes, em incitar uma parada do crescimento, regulamentando a abertura de loteamentos, obrigando a construção prévia de infra-estrutura e diminuindo os créditos aos transportes urbanos. Esta vontade recorrente de parar o crescimento da Cidade de São Paulo manifesta-se, também, no projeto de uma nova Capital para o Estado de São Paulo (proposição do governo Maluf no início dos anos 1980) e na preferência afirmada para o desenvolvimento das cidades do interior do Estado, principalmente com medidas que estimulam a descentralização da indústria e da pesquisa.

Entretanto, a recessão econômica dos anos 1980 e o contexto da mundialização do início dos anos 1990 induzem mudanças de tendências: as taxas de crescimento demográfica e econômica se comprimem, a dinâmica de acumulação se desacelera, as políticas públicas são redefinidas, a pobreza aumenta de maneira significativa atingindo a pequena burguesia, as favelas, até então pouco numerosas no tecido urbano, se multiplicam. [13] São Paulo (assim como o Rio de Janeiro) é freqüentemente apresentada pela imprensa como um caos social e ambiental: cada vez mais habitações se localizam em zonas de risco, os deslizamentos de terrenos, e, mais ainda, as inundações são freqüentes. Numerosas são as vezes que toda a circulação se encontra paralisada durante várias horas, pois as vias de circulação rápida, nas margens dos rios, estão sob as águas.

A Cidade é igualmente um laboratório de iniciativas municipais [14] com experiências na luta contra a exclusão *sócio-espacial*, facilitando o acesso à propriedade urbana para os mais pobres, a gratuidade dos transportes coletivos [15], a generalização da merenda escolar, as inovações para a coleta e eliminação de dejetos[16], etc.. As necessidades sociais são enormes, mas, o crescimento demográfico da Cidade se comprime, com uma taxa de 1,15% para o período de 1980-1991, mais baixo que a taxa nacional, 1,93%, e a da aglomeração, 3,1%. [17] Essa desaceleração do crescimento continua: o cálculo para 1996 indica uma progressão de menos 200.000 habitantes em cinco anos para a Cidade de São Paulo (0,5% contra 1,46% para o país).

A aglomeração: centro e periferia

A região metropolitana de São Paulo, composta de 39 municípios, cobre 8.050 km², correspondendo ao alto da bacia do rio Tietê. Esta entidade administrativa, denominada Grande São Paulo, foi criada em 1973 com o objetivo de melhor planificar e administrar os grandes serviços urbanos de interesse comum da aglomeração que acabava de ultrapassar 10 milhões de habitantes.

Com uma área urbanizada contínua, de 100 km de leste a oeste, e 60 km de norte a sul, totaliza, em 1996, 16,5 milhões de habitantes, isto é, um brasileiro em dez ; e fornece um quinto do PIB brasileiro.

Os subúrbios: novas tendências metropolitanas

Além das diferenças de tamanho, certas municipalidades da grande São Paulo ultrapassam os 500.000 habitantes (Guarulhos, São Bernardo, Osasco, etc.) enquanto outras não atingem 20.000 habitantes. Diferentes usos se superpõem permitindo estabelecer uma tipologia, ainda que grosseira, em três setores:

Na zona sudeste localizam-se as fábricas da fase industrial fordista (automóveis, mecânica, bens de equipamento) e os bairros populares de operários do conhecido ABC(D): Santo André, São Bernardo, São Caetano e Diadema. Essa zona de quase dois milhões de habitantes vive grandes transformações depois da recessão econômica dos anos 1980, o setor terciário em expansão se diversifica, os centros comerciais se criam, enquanto a pobreza se aprofunda em certos bairros miseráveis.

A leste, dominam as indústrias de menor tamanho, com um tecido urbano misto de empresas, habitação popular e ainda, como pólo estruturante, o aeroporto Internacional de Guarulhos, que ocupa o 30° lugar na classificação mundial para o número de passageiros.As populações de baixa renda se agrupam em Ferraz de Vasconcelos, Poá, Itaquaquecetuba e Mogi das Cruzes.

A oeste (Osasco, Barueri, Cotia), avizinha-se o terciário superior dos serviços de alta tecnologia, os loteamentos de luxo (Santana do Parnaíba, Alphaville) protegidos por muros altos [18] e os bairros mais populares de Itapevi e Jandira.

Ainda se procura a política urbana dos anos 1990, as reformas para o desenvolvimento de uma real planificação urbana parecem difíceis de serem realizadas. No entanto, a utilização de novos instrumentos de gestão aliados à dinâmica dos movimentos sociais organizados deveriam ser suficientes para contribuir para construção de uma cidade mais justa. [19] Entretanto, as forças conservadoras, os interesses imobiliários, as instituições jurídicas retardam os processos de regulamentação e mantêm, até mesmo, a ascensão de "culturas cívicas predadoras" que florescem ao abrigo de um sistema de concessões de privilégios pelo poder público e de uma "sociabilidade perversa" do crime e das máfias. [20]

A região metropolitana, com seus 1.200 km de ruas dos quais 350 em sistema de estradas [21] sofre poluições graves: os veículos automotores seriam responsáveis por 90% da poluição do ar. Enquanto a poluição do rio Tietê, onde a cada dia se derrama mais de uma tonelada de efluentes, está relacionada em 40% às indústrias e 60% aos poluentes de origem doméstica (mais de um terço da população não está ligada a nenhuma rede de esgoto).

Podemos ainda associar a esta aglomeração metropolitana, a zona portuária situada do outro lado da montanha, à qual está ligada por três rodovias. Denominada "Baixada Santista" agrupa, ao redor do porto de Santos, de São Vicente e da Cidade industrial de Cubatão, mais de um milhão de habitantes. Concentra usinas gigantescas: refinarias, siderurgias, química, etc.. Este litoral *industrial-portuário*, de fundo de baía e extremamente poluído, no qual se associa o conjunto balneário de Guarujá, Bertioga, Praia Grande acabou de ser, na atual fase de competição entre os territórios, institucionalizado como nova zona metropolitana, capaz de receber certas atividades descentralizando-se de São Paulo. Assim, enquanto a aglomeração de São Paulo continua a polarizar atividades de decisão e de comunicação e a se impor como um nó fundamental das redes de informação no Brasil, no primeiro cinturão de descentralização de atividades a planificação cria um nível institucional metropolitano ao redor dos núcleos de Santos, Campinas e São José dos Campos.

A metropolização paulista

Em que o processo de metropolização de São Paulo é específico? O termo metropolização é aqui compreendido no sentido de uma nova configuração urbana poli funcional que conseguiu criar ou atrair novas especializações, tecendo com as cidades vizinhas várias ligações de interpendência. Seguindo Lacour [22], os modelos de metropolização declinam em dois tipos de processos. O primeiro marca a intensificação-concentração (tudo o que abunda no sentido da globalidade e da mistura). Trata-se da concentração financeira, bancária, de telecomunicações, etc. que opera efetivamente nos centros da aglomeração de São Paulo. O segundo marca a extensão e a dissolução (no sentido do estouro e do espalhamento) das atividades nos subúrbios, um cinturão de cidades a 100 km, depois um segundo a 200 km, onde os salários são, aproximadamente, um terço inferiores em relação aos do centro.

Geralmente, podemos mostrar o quanto às formas desses conjuntos urbanos, sempre mais vastos, diferenciados, fragmentados são cada vez mais complexos de explicar. É, então, que o recurso à formalização teórica e a modelização pode alimentar a reflexão, permitir uma melhor compreensão no sentido do desenvolvimento espacial das cidades e contribuir para uma melhor definição das possíveis opções em matéria de planejamento.

Nós retemos aqui as formalizações melhor acabadas. [23] Por exemplo, a Escola de Ecologia Urbana de Chicago que fundamenta sua abordagem sobre os modelos morfológicos a partir da idéia de competição entre os grupos sociais na ocupação do solo. Esse método conduz a tipos de representação do espaço urbano que permite reencontrar os estratos da formação da metrópole:

• A cidade concêntrica (BURGESS, 1925). No coração, o centro de negócios rodeado por uma auréola com forte densidade onde os recentes imigrantes se amontoam; essa mesma, também é rodeada por zonas residenciais ricas. Inicialmente, os imigrantes foram os do *boom* da economia do café do início do século quando chegaram um milhão de italianos (bairros do Brás e Mooca) e quase o mesmo de espanhóis, assim como 300.000 pessoas de origem da Europa central, e, finalmente, os japoneses sempre agrupados no típico bairro da Liberdade. Com a crise da superprodução do café em 1929, a imigração estrangeira parou, ela retoma somente nos anos 1950-1960, desta vez com os migrantes brasileiros originários das zonas rurais, principalmente do Nordeste, vindos com o *boom* da indústria. Nesse modelo de desenvolvimento por auréolas, o sistema urbano funciona segundo um duplo processo: ascensão social com migração de grupos sociais favorecidos do centro para a periferia.

• O esquema da cidade setorial (HOYT, 1939) privilegia o impacto dos eixos de transporte. Os bairros situados sobre as radiais são mais atrativos e se desenvolvem rapidamente. Então, a cidade se organiza em setores. Por exemplo, em São Paulo a estrada de ferro Jundiaí-Santos (1870) abriu o importante eixo industrial do sudeste, ao passo que a de Sorocaba (1885) facilitou a difusão industrial de leste para oeste.

• A cidade com vários núcleos (HARRIS & ULMAN, 1945) corresponde ao desenvolvimento de centros independentes e conduzem para uma cidade policêntrica, cujo melhor exemplo é dado pelo deslocamento do centro de negócios e da multiplicação de grandes centros comerciais, cada vez mais completos, incluindo atividades culturais e de laser, espaços hospitalares, espaços universitários; em resumo, um jogo com múltiplas centralidades mais ou menos articuladas.

Recentemente as representações sistemáticas da cidade ressaltam como o espaço urbano se fabrica sob a dupla influência de seu contexto (migração, evolução econômica, etc.) e de sua própria dinâmica (construção, renovação, etc.) e solicitam explicação pela teoria dos sistemas complexos dinâmicos (PUMAIN, SANDERS & SAINT-JULIEN, 1989). A organização urbana é assim feita de subsistemas encaixados interagindo.

A lembrança desses esquemas permite, portanto, restabelecer a coabitação de várias dinâmicas de crescimento do tecido urbano de São Paulo que apresenta, ao mesmo tempo, uma estrutura policêntrica e setorial, uma expansão em mancha de óleo e a interação de numerosos subsistemas.

Redes industriais e urbanas regionais em mutação

O Estado de São Paulo (250.000 km^2) agrupa um quinto da população brasileira, passou de 7 milhões de habitantes em 1940, a 25 milhões em 1980, e a 31 milhões em 1991, para atingir na última contagem da população, em 1996, 34,2 milhões de habitantes com uma taxa de urbanização de, aproximadamente, 90%.

No início dos anos 1970, no momento do milagre econômico brasileiro, o Estado de São Paulo concentrava 59% do valor da produção industrial do país, dos quais 70% para a região metropolitana e 44% para a Capital. Em 1985, data do último recenseamento econômico nacional, o Estado de São Paulo concentrava ainda a metade do valor da produção industrial do país, dos quais 56% para a região metropolitana e 30% para a capital. A participação do Estado de São Paulo no PIB nacional continua estacionada há dez anos, por volta de 36%, enquanto durante o mesmo tempo, a participação do Sudeste no conjunto nacional declinou de 60 para 57%.

Sistema urbano paulista

O sistema espacial paulista é bem específico, sua trama urbana é mais para densa: uma cidade de mais de 100.000 habitantes para 5.500 km^2 (a média do Brasil é uma para 56.000 km^2), e para o sudeste uma cidade de mais de 100.000 habitantes para 12.000 km^2. O sistema urbano paulista tem tendência a se reproduzir além da estrita região metropolitana definida pelos planificadores urbanos. Um crescimento cujo motor permanece industrial ganha regiões cada vez mais distantes do Centro, onde se efetua uma difusão/dispersão de empresas e de atividades, que se agrupam em cidades médias capazes de oferecer terrenos, serviços, assim como, mão-de-obra menos exigente. É assim que certos lugares conseguem desenvolver o que pudemos definir como o círculo virtuoso do crescimento, quando as forças locais conseguem desencadear uma dinâmica própria e intermediar iniciativas decididas em outro lugar.

Sobre uma rede urbana construída no momento do *boom* econômico com regularidade ao longo das vias de estradas de ferro, se impôs uma trama urbana que, densificando-se, tornou-se coalescente, formando um tipo de nebulosa *urbano-industrial.* [24] Essa estrutura urbana densa foi dinamizada pelo afrouxamento das atividades industriais no Centro de São Paulo, redirecionadas para as cidades do primeiro cinturão a 100 km (Sorocaba, Campinas, São José dos Campos, etc.); depois em direção ao segundo cinturão a 200 km (São Carlos, Bauru, etc.).

A evolução do número de cidades segundo o tamanho mostra como essa rede urbana se estrutura. Se o número de cidades pequenas aumenta, a proporção de sua população no total aumenta pouco, contrariamente às cidades grandes de 100.000 habitantes, que tem mais importância em número e em peso na população urbana.

|Tabela 1| Tamanho das cidades no Estado de São Paulo

Número de habitantes	1980		1991		1996	
	Nº de cidades	População (milhões)	Nº de cidades	População (milhões)	Nº de cidades	População (milhões)
20.000 a 50.000	67	2,2	86	2,8	88	3
50.000 a 100.000	29	2	46	3,4	47	3,5
100.000 a 1 milhão	30	7,1	42	8,5	51	13
São Paulo	1	8,5	1	9,6	1	9,8
Total	130	19,6	175	22,2	197	29

Fonte: IBGE-Samba.

Esta dinâmica por desconcentração e especialização industrial para abastecer o mercado regional, mas também nacional e pouco a pouco o internacional, é simplesmente conjuntural ou estruturalmente durável? Desde já, alguns resultados podem ser tidos por duráveis.

Campinas e sua região

Campinas beneficiou precocemente do processo de descentralização industrial operado pelas multinacionais comprimidas em São Paulo : desde o fim dos anos 1940, as usinas da Pirelli, Singer e Merck se instalaram, seguidas, nos anos 1950-60, da Bosch, Mercedes, Clark e Bendix, etc.. Explicamos este deslocamento pela diminuição do preço da energia. Depois, nos anos 1970, em volta da moderna refinaria da Petrobrás em Paulínia, que representa atualmente 25% da capacidade de refinação do país, prosperam uma série de indústrias químicas (Rhodia, Elanco, Shell, ICI), formando um verdadeiro complexo industrial. Um novo ciclo informático-eletrônico se desenvolve ao redor dos centros de pesquisa, com a instalação da IBM em Sumaré.

A concentração geográfica de empresas multinacionais em Campinas ilustra a nova divisão internacional do trabalho, na qual o Brasil fabrica certos componentes para a indústria norte-americana, e mostra que a intensificação da concorrência internacional acentua a dicotomia entre as regiões que ganham e aquelas que se deixam marginalizar. Campinas parece se inscrever entre os sítios favorecidos engajados no círculo virtuoso do reforço da capacidade tecnológica nacional. Essa cidade beneficia de uma boa rede de infra-estrutura: duas rodovias a ligam a São Paulo e uma outra a São José dos Campos (Via Pedro I), de um aeroporto internacional (Viracopos), de excelentes hospitais e ainda faz melhor que São Paulo com 2,2 leitos para 1.000 habitantes, contra 0,8 em São Paulo. Enfim, uma excelente universidade científica, a Unicamp, com 15.000 estudantes, criada em 1966 seguindo o modelo norte-americano e amplamente voltada para a pesquisa.

Uma verdadeira nebulosa urbano-industrial está em processo de constituição ao redor de Campinas, cuja região administrativa se estende em 27.500 km^2, conta com 83 municípios e quatro milhões de habitantes, com uma série de cidades de mais de 100.000 habitantes oferece uma qualidade de vida atraente[25] e um nível de vida comparável ao da Europa (em média, um carro para 4 habitantes). Todas as cidades, em pleno crescimento, se esforçam para diversificar suas atividades industriais e comerciais, reforçar suas escolas profissionais e suas infra-estruturas.

Entretanto, os conjuntos da economia revelam uma grande sensibilidade a conjuntura mundial, particularmente, no setor de armamento ou do calçado na França, por exemplo, que apesar da reconversão para o mercado interno está longe das taxas de lucro obtidas no momento com o *boom* das exportações para os E.U.A. (anos 1980). Apesar da difusão dos benefícios do crescimento e da exploração de novas potencialidades do mercado, o desencadeamento do desenvolvimento regional não está jamais definitivamente adquirido.

Especialização industrial

O processo de industrialização foi o motor do desenvolvimento de São Paulo, modesto no início do século XX (334 fábricas e 150.000 operários em 1907), depois perseguido e acelerado com a entrada maciça de capitais estrangeiros durante o governo de Juscelino Kubitschek (10.000 fábricas em 1960).

A internacionalização da metrópole se acelera ainda nos anos 70. Com um número de fábricas sempre mais importante, 23.000 em 1972, 44.000 atualmente, a presença de multinacionais se reforça um terço das grandes empresas são filiais. O setor secundário atinge seu máximo na participação do PIB em 1980, com 40% (sendo 31% para a indústria manufatureira). O Estado de São Paulo se caracteriza pelo parque industrial complexo e diversificado abastecendo o mercado interno, que representa, em 1980, 2,7 milhões de trabalhadores em fábricas, dos quais mais de um milhão somente na Cidade de São Paulo, uma das principais concentrações de operários do mundo. [26] A figura 3 representa a repartição dos empregos nos setores industriais do Estado de São Paulo, para esse ano de máxima concentração operária. Os círculos pretos indicam as cidades onde os efetivos do setor considerado são superiores à média dos ativos desse setor no Estado de São Paulo; e em cinza onde os ativos são inferiores, o que permite perceber uma certa especialização.

A relação entre o tamanho da Cidade e da repartição de empregos na indústria alimentar aparece claramente, ilustrando bem a urbanização linear ao longos dos grandes eixos de circulação, assim como a emergência de uma rica região agrícola ao redor de Ribeirão Preto, chamada de "Califórnia paulista". A indústria do móvel foi extraída pela sua grande dispersão em zona rural mais distante, implantada em pólos rurais que concentram riqueza e modernidade. A propósito dessa estrutura urbana no meio de campos ricos podemos evocar um tipo de sistema produtivo comparável com a "terceira Itália" traduzindo um incontestável dinamismo regional.

O setor têxtil indica uma polarização mais forte, além da Cidade de São Paulo, Americana constitui, com suas vizinhas Santa Bárbara do Oeste e Nova Odessa (300.000 habitantes), o principal parque têxtil da América Latina (fábricas como Toyobo; Tabascow; Santista; Fibra, do grupo Vicunha).

As indústrias ligadas ao setor mecânico-metalúrgico são, de longe, as mais representadas (40% dos efetivos), mais concentradas na zona metropolitana para a metalurgia, mais desconcentrada para a mecânica onde aparecem os centros de Piracicaba (300.000 habitantes), especializados em equipamentos agrícolas e materiais para destilarias de álcool carburante, e que dispõe de boa rede de escolas públicas e privadas e duas universidades. Há também São Carlos, Cidade notável para o desenvolvimento de tecnologias avançadas para novos materiais (lá a Volkswagen abriu em 1996 uma fábrica de motores).

A indústria de material de transporte, ainda mais concentrada, suscitou uma grande especialização, particularmente em São José dos Campos (500.000 habitantes), pólo aeroespacial graças à presença das oficinas da grande empresa pública Embraer-Empresa Brasileira de Aeronáutica, dos laboratórios do INPE-Instituto Nacional de Pesquisas Espaciais, situados no conjunto do CTA-Centro Técnico Aeroespacial [27]; e também em São Bernardo do Campo, no subúrbio sudeste de São Paulo, capital da indústria automotora com grandes fábricas da Ford e Volkswagen do Brasil. Finalmente, Limeira (200.000 habitantes) conhecida, inicialmente como a "Capital da laranja" e que se tornou a "Capital das peças de automóveis". Uma de suas empresas, a Freios Vargas, até mesmo montou sucursais nos Estados Unidos. No fim dos anos 1980, o Brasil tornava o 4º exportador mundial de peças automobilísticas.

A difusão das atividades industriais é, ao mesmo tempo, espontânea e planificada. Ações voluntárias do governo de São Paulo para consolidar alguns núcleos no interior de Estado existem. Entretanto, a descontinuidade administrativa penaliza, freqüentemente, os métodos de acompanhamento da descentralização. Mais que uma descentralização industrial combinada, assistimos um tipo de espalhamento sem planificação se articulando sobre sedes administrativas municipais, na forma de *cidades-lineares* que se estendem ao longo das vias rápidas de circulação.

Todos os especialistas auscultam a evolução do coração econômico do país, alguns mencionam uma inversão do processo de polarização, até mesmo uma espécie de desindustrialização mais profunda que um simples reajuste industrial. Um debate se abre entre geógrafos e economistas espaciais em relação a possível inversão da polarização. [28] A parte de São Paulo na formação do PIB e no valor da produção industrial com tendência a se pulverizar, um certo número de indícios do declínio da dominação paulista são colocados em primeiro plano, indo até a se falar na inversão do crescimento. Assistimos a uma simples descentralização industrial ou a uma expansão do sistema metropolitano paulista consolidando sua estrutura produtiva em rede sobre uma vasta região? Em todo o caso, São Paulo cidade global, se concentra espalhando-se completamente.

São Paulo é incontestavelmente o centro econômico dominante do país. Na periferia da economia mundial, o Brasil e sua capital econômica, conhecem reflexos das evoluções do primeiro mundo, ao mesmo tempo atraídos pela grande modernidade, pela velocidade, e pelo tempo mundial... Mas também ultrapassados, submergidos pela massa de pobres a incorporar. A Cidade cresce rápido, mas as habitações não seguem o crescimento, as indústrias produzem cada vez mais, mas os consumidores não existem em número suficiente, pelo menos nos tempos da inflação não controlada. Depois, com plano de estabilização do Real (julho de 1994) o consumo está mais bem repartido, e os empresários aumentam a capacidade de produção para o maior benefício da indústria paulista.

Uma cidade mundial distingue-se pela resposta que ela apresenta localmente aos maiores desafios da mundialização:

- Um centro de negócios ultramoderno e funcional capaz de atrair os investidores operando na escala do mundo inteiro e capaz de aumentar sua capacidade financeira de tratamento, volumes de troca, nível dos serviços prestados às empresas;
- Medidas de melhora no ambiente urbano, luta contra a poluição (como a limpeza e revitalização das margens do rio Tietê), equipamentos culturais, de lazer, ou ainda, grandes projetos de circulação (túnel sobre o rio Pinheiros, Avenida Airton Senna, etc.).

São Paulo, cidade mundial, se distingue, portanto, por uma renovação e uma densidade sempre mais elevada do setor de negócios, de serviços raros do terciário avançado, hotéis e restaurantes de nível internacional, mas ela não consegue erradicar as favelas que, ao contrário se estendem, enquanto os enclaves de modernidade se isolam como fortalezas, expressão de desigualdades cada vez mais irredutíveis e de diferenças inconciliáveis que se aprofundam no caminho da mundialização.

Notas

[1] Saskia Sassen, *La ville globale*, New York, Londres, Tokyo, Princeton University Press 1991. Trad. francesa Descartes & Cie, 1996.

[2] Segundo Pierre Veltz, *Mondialisation, villes et territoires: l'économie d'archipel,* Paris, PUF, 1996. Em 1993, o PIB do Brasil se elevava a 500 bilhões de dólares; o do Estado de São Paulo, a cerca de 160 bilhões de dólares; e o da aglomeração de São Paulo a 86 bilhões de dólares, sendo 45% de origem industrial.

[3] Contra 2,3 milhões de passageiros/dia no metrô e 1,2 milhões de passageiros/dia em trens de subúrbio.

[4] Nossa abordagem do espaço urbano paulista se faz pelas publicações de geógrafos brasileiros. Os processos de metropolização estão no centro de seus estudos recentes:

- Milton Santos, *Por uma Economia Politica da Cidade, o Caso de São Paulo*, São Paulo, Hucitec/Educ, 1994.
- Maria Adelia de Souza, *A Identidade da Metrópole, Verticalização em São Paulo,* São Paulo, Hucitec, 1994.

A Emplasa fornece a cada ano estatísticas sobre a Grande São Paulo. A maioria dos dados citados são fornecidos por essa fonte.

Em francês, podemos nos referir a J. P. Damais, "São Paulo 1985, une ville à la poursuite de sa croissance", *Annales de géographie n°536,* 1987.

[5] 185 litros de água são distribuídos por habitante por dia. Em 1992, a companhia de gestão declarava perdas na rede da ordem de 40%. A privatização dessa companhia está em curso.

[6] Como escrevia Pierre Monbeig, in: "La croissance de la ville de São Paulo", artigo da *Revue de Géographie Alpine* 1953, 94 p. 14 fig.: "(...) mesmo sendo americana pela rapidez de seu crescimento, pela sua nova arquitetura, por sua mistura étnica, a Cidade de São Paulo conservou um ritmo europeu (...)" (p. 82) conforme "Monbeig, un géographe pionnier", *IHEAL*, 1991.

[7] Segundo Cynthia Ghorra-Gobin, *Los Angeles, le mythe américain inachevé,* Paris, CNRS Editions, 1997.

[8] As normas dos planos de ocupação do solo estipulam um máximo de 600 hab/ha e um mínimo de 35 m² por unidade construída, in: *São Paulo: Crise e Mudança,* R. Rolnik, L. Kowarick, N. Somekh, Prefeitura de São Paulo/Brasiliense, 1990.

[9] Ver Céline Sachs, *São Paulo, politiques publiques et habitat populaire,* Paris, Maison des Sciences de l'Homme, coll. Brasília, 1990.

[10] Segundo o Chicago Board of Trade (CBOT), LIFFE de Londres e o Chicago Mercantile Exchange (CME) a Matif de Paris está na 8ª colocação (Fonte: Futures Industry Association).

[11] Helena Kohn Cordeiro, "Du centre ville au centre métropolitain, la ville mondiale de São Paulo", *Acta Geográfica*, n°96, 4° trim., pp. 16-27, 1993.

[12] Mario Carelli, *Cultures croisées*, Paris, Ed. Nathan, coll Essais & Recherches, 1993.

[13] Segundo os estudos conduzidos pela equipe municipal em *São Paulo: crise e mudança,* R. Rolnik, L. Kowarick, N. Somekh. Prefeitura de São Paulo / Ed. Brasiliense, 1990.

[14] Ver *Problèmes d'Amérique Latine*, n°13, abril-junho 1994, com dois artigos, um sobre a gestão das prefeituras do PT (Partido dos Trabalhadores), e outro sobre o orçamento da Cidade de São Paulo.

[15] Depois do fracasso, em 1990, do projeto tarifa zero que a Prefeita do Partido dos Trabalhadores, Luiza Erundina, tentou colocar em prática, sua equipe municipal conseguiu a municipalização dos transportes em comum, que permanece como uma inovação importante, assim como a do orçamento.

[16] Coleta-se 17 000 toneladas de lixo/dia e onde haveria duas vezes mais ratos que homens.

[17] "La dynamique territoriale du Brésil", *Cahiers des Amériques latines*, IHEAL n°20, pp. 29-130, 1996.

[18] Ver "Un nouveau modèle de ségrégation spatiale: les murs de São Paulo", Teresa Caldeira, Unesco, *RISS n°147*, pp. 65-77, março 1996.

[19] Ver Pedro Jacobi, *Movimentos Sociais e Politicas Publicas*, São Paulo, Cortez, 1989.

[20] Segundo as análises de L. C. Ribeiro, *Globalização, Fragmentação e Reforma Urbana*, Civilização Brasileira, 1994, pp. 261-289.

[21] Os 200 km de linhas de trem de subúrbio transportam duas vezes menos passageiros que os 42 km (três linhas) do metrô. O número de trabalhadores viajando a pé seria, aproximadamente, de três milhões de pessoas.

[22] E "Forme et formalisations urbaines", in: *Penser la ville, théories et modèles,* Paris, Eds. P. H. Derycke, J. M. Huriot, D. Pumain. Anthropos, pp. 259-299, 1996, Essa obra reuni e confronta as teorias espaciais da cidade elaboradas, principalmente, em economia e em geografia.

[23] "La ville et ses représentations formelles" de C. Baumont e J. M. Huriot (pp 7-52) especialmente as páginas 24 a 28.

[24] Ver M. Droulers, "Le Brésil à l'aube du troisième millénaire". *IHEAL*, 1991, p. 58.

[25] Essas cidades do interior paulista têm uma política de controle de migração, limitando a chegada e, até mesmo, rejeitando os migrantes sem emprego. Ver o exemplo da cidade de Bebedouro apresentado no *Le Monde Diplomatique* de fevereiro de 1992.

[26] Depois da recessão econômica dos anos 1980 e da reestruturação industrial, o setor industrial declina, atualemente contamos, aproximadamente, com 2 milhões de operários e a participação industrial no PIB caiu para 34%.

[27] Onde se desenvolve a pesquisa fundamental, a pesquisa aplicada, o desenvolvimento tecnológico, a formação humana, apoio a indústria segundo uma organização feita por institutos especializados.

[28] Cujo tema a revista *Espaco e Debates* aborda no seu número 38, 1994, com artigos de Sandra Lencioni "Reestruturação urbano-industrial no Estado de São Paulo" (pp. 54-61); e de Barjas Negri e Carlos Antonio Pacheco "A nova dimensao espacial da indústria paulista" (pp. 62-82).

REQUALIFICAR O URBANO DO SÉCULO XX: PROJETO PARA O CENTRO DA CIDADE DE SÃO PAULO – MISTURA[1] OU GENTRIFICAÇÃO*

Hélène Rivière D'Arc

São Paulo, nos dizem os especialistas tais como Neil Smith [2], desconheceu tanto a primeira quanto a segunda fase da *gentrificação* que eles distinguem em New York. Mas eis que os anos 1990 teriam visto o processo ganhar o planeta inteiro, inclusive São Paulo. A questão é então saber se a *gentrificação* sem passado, ou sem lastro no passado, torna-se de imediato, nos anos 1980, uma estratégia urbana, global e projetada. Se ela é um traço da globalização, no sentido que os geógrafos entendem esta última[3] (DOLFUSS, 1997), ou se é a concretização e a consolidação de uma categoria socioeconômica que dá conta das recomposições urbanas neste período pós-fordista. Essas duas interrogações podem servir de referência para apresentar o caso de São Paulo, dentro do contexto de uma mudança geral de atitude com respeito aos centros das cidades no Brasil, posterior aos vinte anos de projetos de reabilitação da maior parte dos centros das cidades mexicanas, mas, sobretudo da Europa. Assistimos, com efeito, no Brasil, nos anos 1970-1980 a passagem de uma "fuga para frente" em direção à modernidade concretizada pela extensão contínua das cidades em direção à periferia, com construções de padrão elevado e protegidas por grades, mais também sob a forma de moradia precária e pouco densa, conforme diversas

* Tradução Vanderli Custódio.

configurações. A planificação por intermédio do sistema de financiamento nacional de habitação (BNH-Banco Nacional da Habitação) acompanhava essa extensão. Vimos então surgir uma inquietude em face de um crescimento sem limite do espaço urbanizado e se fala de uma revalorização da área construída urbana mais ou menos antiga. Assim, toda uma história de cerca de cinqüenta anos de urbanização foi explicada considerando que o valor de uso dos centros das cidades não era até hoje em dia, devidamente levado em conta (LACERDA & ZANCHETTI, 2000).

Neil Smith relembra que "o liberalismo fim de século sugere uma rede de convergência entre as experiências urbanas nas grandes cidades do que se denomina primeiro mundo e de Terceiro Mundo", da qual a *gentrificação* será um aspecto. Outros viram "a cidade se desfazer" na atual fase neoliberal e se espalhar sob forma de "bairros fechados" habitados por famílias de classes médias nas franjas das metrópoles. As cidades da América Latina, e aquelas do Brasil em particular, não escapariam a esse processo de fragmentação; São Paulo seria mesmo um caso emblemático (DONZELET, 1999; PRÉVÔT SCHAPIRA, 1999).

Qual será então o papel reservado ao espaço construído antigo e ao centro urbano, em sentido amplo, nessas novas configurações? Aquele do lugar da especulação imobiliária excludente, segundo N. Smith, e da difusão localizada do cultural como estratégia produtiva (SCOTT, 1999) se levarmos em conta a tese da "*gentrificação generalizada*"; aquele de um espaço público livre dos pobres e/ou particularmente "privatizado", pelos que defendem a tese da "cidade que se desfaz".

Fica bem claro, entretanto, que os promotores dos programas de "revitalização", segundo expressão consagrada no Brasil, não reconhecem a visão que eles querem dar do futuro dos centros urbanos na irreversibilidade mais ou menos declarada dessas grandes tendências. As proposições dos urbanistas hoje em dia sensíveis à revitalização e implicados mais ou menos diretamente com os programas municipais, incluem os valores sociais, culturais e estéticos, supondo responder a uma demanda ou antecipar sobre uma demanda *policlassista*. Mas eles também são bastante conscientes de dispor somente de alguns instrumentos de regulação para aplicar, face as grandes forças do mercado e da concorrência que fragmenta o espaço cada vez mais rapidamente. [4]

Esta incerteza, mas também a certeza de que é preciso fazer alguma coisa, conduziu os promotores dos projetos brasileiros a pesquisar nos modelos europeus supondo que eles fizeram sua lição mais que os norte-americanos, das referências e do *savoir-faire*. A tomada de consciência em certos meios que conhecem a necessidade de "conservar um patrimônio que retoma a cultura local", "revitalizar a cidade de modo durável", de "bem gerir" etc. faz finalmente mais referência à Europa que aos Estados Unidos, não como retorno às origens, mas antes face à evolução do modelo urbano que pode ser observado em um e em outro continente. Segundo essa tomada de consciência, as cidades latino-americanas são vistas como se submetendo as mesmas derrapagens pós-modernas que as cidades norte-americanas, derrapagens que é preciso corrigir e nas quais o desaparecimento progressivo do espaço público parece ser um aspecto maior. Notamos, entretanto sem dar muita importância, que esta tomada de consciência está pouco em conformidade com a realidade e corresponde antes à das representações imaginárias da cidade norte-americana percebidas sobre um modelo idêntico de leste a oeste dos Estados Unidos, no momento em que esta última conhece na realidade vários tipos de evolução dos quais um será o modelo "Nova Inglaterra" onde se pode observar o desenvolvimento de um processo de *gentrificação*, e o outro, o modelo "californiano" que apresenta uma extensão periférica ilimitada (Los Angeles). A amálgama com a cidade americana guarda alguma injustiça, pois a cidade norte-americana residencial se estende sob a forma de casas com jardim, a cidade latino-americana privilegia nitidamente os imóveis em altura dentro de grandes conjuntos mais ou menos protegidos. Os termos dessa tomada de consciência servem para explicar a nova retórica que valoriza os referenciais europeus entre os quais os modelos Barcelona, Bolonha e Bilbao, têm um lugar importante (para copiá-los ou se situar com relação a eles).

Se a justificativa da conservação dos patrimônios da humanidade pela Unesco nos anos 1970 serviu para detonar uma mudança do ponto de vista, sua aplicação universal mais seletiva se revela reducionista e não recupera, nem de longe, todo o campo da "revitalização urbana". A Unesco fornece todo um quadro às discussões internacionais que se desenvolvem periodicamente graças ao suporte das instituições de cooperação e de redes de cidades de natureza muito diversas tais como o Icomos, Urbal, o "modelo Barcelona", Cidades Unidas[5] etc., para evocar na desordem a cooperação Europa-América Latina. Mas ela não fornece receitas devidamente suscetíveis para se pensar o conjunto do que se denomina hoje em dia de "projeto urbano" que inclui largamente a revitalização, a requalificação ou a regeneração (L'ORDINAIRE LATINO-AMÉRICAIN, 2000).

Como no tempo da reforma urbana no início do século XX, como no tempo do higienismo, está no centro dos congressos de arquitetos, de profissionais do urbano e de representantes dos poderes municipais que se observa desenvolver os traços desse "projeto" suscetível de flexionar ou de transformar em bem-estar as tendências de fundo, acima mencionadas, das quais os sociólogos e os jornalistas destacam, por sua parte, os perigos.

Representações e Realidades do Centro de São Paulo

O caso de São Paulo é muito interessante. O europeu poderá crer, com efeito, que esta cidade com dez milhões de habitantes (dentro dos limites de seu município), com dezoito milhões quando se considera sua aglomeração, que possuía somente 30.000 em 1870, não tem passado. Nada a ver com Salvador da Bahia, por exemplo, que conheceu uma excepcional e recente extensão espacial, ou Recife e Olinda, reconhecidos patrimônios da humanidade pela Unesco, onde se pode circunscrever muito bem "o perímetro simbólico da memória urbana". A São Paulo atual cobre uma superfície dez vezes superior àquela que a cidade conhecia há quarenta anos. Os centros da cidade, do residencial ao de negócios, já se deslocaram três vezes em direção à oeste: Centro-Paulista-Morumbi-Berrini (FRUGOLI, 2000).

A cidade original construída, sobretudo entre 1900 e 1950, conheceu vicissitudes que se desenvolveram num ritmo tão rápido quanto aquele de seu crescimento, deixando, entretanto a cada etapa, traços muito visíveis dos modos de vida de uma burguesia que se afirmou incessantemente.

Um dos lugares que aparecem no coração simbólico da cidade, a Praça da República, nos dias de hoje muito desvalorizada pelas representações que lhe são associadas – notadamente como antro de tráfico e do consumo de *crack* – oferece, todavia quando observada de um sexto andar de um prédio, uma extraordinária concentração arquitetônica (tropical?) do século XX para o uso de uma burguesia moderna e urbana que Niemeyer não renegou uma vez que aí construiu dois prédios. Os quarteirões centrais de São Paulo inspiram o pedestre que simplesmente passeia, o morador, o usuário da cidade, as representações muito individuais. Dizemos que o quanto o reconhecimento da "qualidade", que é suposta, constitui o ponto de partida da requalificação, é difícil discernir. Ela faz, aliás, sempre parte de um constante fatalismo. É preciso "embelezar" São Paulo, afirma a prefeita Marta Suplicy, eleita em 1999, em face de um espaço urbano central que foi particularmente prejudicado na década de 70 durante a qual se privilegiou a construção de vias de circulação rápida pelo meio da Cidade, na altura dos primeiros andares, obstruindo as ruas, tudo isso a custos muito elevados (SANTOS, 1990). A imagem do Centro de São Paulo difundida e percebida atualmente é aquela de um espaço degradado, mal conservado e poluído, contendo numerosos imóveis completamente abandonados, e outros ocupados por "sem-teto" e um espaço público (a rua) transformada em imenso *shopping center* a céu aberto, por milhares de comerciantes ambulantes e em refúgio de SDF [6], que se abrigam sob as vias de circulação rápida. Todos, num ambiente de insegurança.

Mas esta imagem não dá a justa idéia da existência e da manutenção das ruas e dos quarteirões de tradição burguesa (no distrito da República, por exemplo), de bairros tradicionais de comércio especializado, étnicos (rua de restaurantes italianos, bairro japonês no distrito da Liberdade), de ruas de bares e de prostituição, enfim da permanência ou do retorno das atividades bancárias, administrativas e culturais em alguns dos arranha-céus mais prestigiados dos anos 1920-1930 (Sé e República). [7]

Muitos trabalhos recorrem aos dados quantitativos que permitem descrever a Cidade de São Paulo; tenta-se aqui compreender como nasce um "projeto urbano" e quais são as representações que contribuem à sua construção. O Município (circunscrição administrativa sem equivalência à comuna francesa, pois é "soberana" e pode criar leis) com seus 10 milhões de habitantes deixou de cresce, e a zona central, aquela que privilegiamos aqui, conheceu em vinte anos (1980-2000) uma taxa de crescimento negativo de 19,78% (SPOSATI, 2001). A Administração Regional da Sé [8] tem menos do que 412.000 habitantes. [9] Mas conhece uma das mais fortes densidades do município (110 habitantes por hectare) por uma razão muito simples, no conjunto, é construída em altura.

Os indicadores sociais clássicos dessa zona são relativamente homogêneos, mesmo se parecerem notadamente melhores nos dois distritos de oeste do que naqueles de leste, em termos de renda familiar e de nível de instrução (cinco a dez salários mínimos por família em média a leste, vinte a trinta nos dois distritos de oeste). [10] Mas esses dados nos esclarecem pouco sobre o tipo de emprego ocupado e/ou as atividades praticadas pelas pessoas que vivem no centro da Cidade. A cartografia que permitiria conhecer a repartição sócio-profissional de uma população residente cujos rendimentos parecem tipicamente corresponder àqueles que a linguagem popular denomina de "classe média baixa" ainda está por fazer. [11]

Mas esse espaço central não corresponde em nada à representação que o conhecimento desses dados médios poderia inspirar: numerosas questões restam em suspenso. As pessoas partem, a população envelhece. A proporção de carros por habitante residente é nitidamente inferior à média do município; isso é por conta da mediocridade dos rendimentos, pela inexistência de estacionamentos privados, por medo dos ladrões ou por conta do espírito "verde" pós-moderno? Quem sabe responder a essa questão? Mas, sobretudo a taxa de criminalidade nos dois distritos centrais da Sé e da República é particularmente elevada. A morte violenta é uma das principais causas de mortalidade de jovens e da quantidade de pessoas muito vulneráveis – SDF, população de rua – estimada em aproximadamente 5.000 para os dois distritos, é o mais elevado de São Paulo. Existe, portanto, de fato, uma "mistura" [12] social e espacial, urbana, histórica, que não é, como quadro de vida, indiferente para nenhum habitante, nem para nenhum observador.

Antigo centro administrativo de negócios e de bancos, Sé e República, perderam várias de suas funções. Mas o Centro permanece o principal lugar de comércio popular, de um Município que conta com 15% dos desempregados do Estado de São Paulo e mesmo preferido por certas redes comerciais que têm relação com todo o sul do país, com a Bolívia e o Paraguai também. 600.000 empregos declarados, 500.000 pedestres, 250 linhas de ônibus e de microônibus que derramam cotidianamente uma população de empregados, de ambulantes (170.000?), de artesãos e visitantes; dezessete estações de metrô, duas estações rodoviárias. Essa breve lista das representações e das realidades que constituem esse formigueiro humano que não tem fim, é algo que se esforça para dar conta do "efeito-espelho" atração/repulsão exercida por esses lugares.

O Projeto de Revitalização do Centro de São Paulo

O ano de 2001 se destacou pelas "reciclagens" que tiveram por objetivo o bairro denominado como CentroVelho (Sé): retorno das administrações, criação de centros culturais nos quais se observa o mecenato do Banco de Boston, *shopping center*, circuito de pedestres e outros ainda...

Mas o projeto de revitalização do Centro de São Paulo apenas aparece como um eixo verdadeiramente prioritário do Plano estratégico da Cidade com a administração municipal que chegou ao poder em janeiro 2000, dirigida pela Prefeita Marta Suplicy, pertencente ao Partido dos Trabalhadores, esquerda brasileira que se beneficia atualmente de uma sólida experiência de gestão urbana.

De fato, as prioridades de seus antecessores haviam sido orientadas preferencialmente no sentido de deixar o oeste do Município em condições de receber o novo centro de negócios (Faria Lima-Berrini), ao preço de consideráveis escândalos de corrupção e de um endividamento urbano sem igual (catorze bilhões de reais em 1999).

Os planos estratégicos de Cidade foram, com efeito, multiplicados no Cone Sul da América Latina no curso dos anos 1990, sob a máxima do: "reduzir a distância entre planificação e gestão", seguindo-se aos planos diretores dos anos 1970-1980. De Buenos Aires a Recife, passando por Porto Alegre e pelo Rio de Janeiro, o "modelo Barcelona" [13] está desde os anos 1990, presente em todos os escritórios. Numerosos autores, como Jan Bitoun em um texto de 1999, o disseram também. Mas, acrescidos, esses planos compreendem em geral uma dimensão suplementar: aquela da dificuldade financeira. Como solicitar novos investimentos em um período de terrível crise fiscal e de endividamento interno? Subentendido: como aplicar à situação dos anos 1990 a receita da durabilidade e da boa governança ao uso das municipalidades difundidas pelo Banco Mundial e que se pode resumir na fórmula das quatro palavras-conceito seguintes: competitividade, *livability/amenities*, (qualidade de vida/ fatores que tornam a vida agradável) *good governance/management (*boa governança/gestão), *bankability* (credibilidade a fim de ter acesso ao mercado internacional de capitais)? (WORLD BANK, 1999).

Em novembro de 2001, a Prefeita lançou em várias instituições (como o Departamento de Arquitetura e Urbanismo da Universidade de São Paulo-USP) e nos bairros, os debates públicos sobre o Plano Estratégico 2001-2010, elaborado pela Secretaria Municipal de Planejamento Urbano. Após o anúncio de um balanço de evoluções caóticas que a Cidade conheceu, o plano propõe como ponto 3 do cenário 2010: um "centro principal requalificado com muitos habitantes e atividades econômicas", uma proposta confirmada em diferentes discursos, pela Prefeita Marta Suplicy (SUPLICY, 2001).

O espírito do plano, criticado por alguns por seu mimetismo tecnocrático diante das idéias-guia que circulam no mundo (arquitetura-publicitária em Berlin, refuncionalização-participação em Barcelona e em outras cidades) vai ao sentido de um abandono das grandes operações de infra-estrutura e da promoção de *technoburbs* e de *business-centers* em proveito da recomposição dos espaços urbanos integrados e diversificados, onde a problemática da luta contra a poluição está em destaque. O Plano estratégico de São Paulo, concebido dentro deste espírito, não inclui, contudo, um projeto participativo do mesmo modo daquele apresentado em Porto Alegre, emblema da gestão urbana do PT há treze anos. A simplicidade dessa velada desobediência aos princípios do PT requer algumas explicações. Uma primeira explicação seria a imensidade da Cidade; existiria talvez um princípio espacial e numérico de exercício da participação/ deliberação direta que São Paulo ultrapassaria. As consultas às quais o Plano deu lugar, por seu turno, possibilitaram críticas da parte dos militantes e dos urbanistas que relembraram as duras realidades que caracterizam esta imensa aglomeração, tornando sua realização dificilmente pensável. 60% da população está fora do mercado imobiliário, declarou em uma intervenção Ermínia Maricato, que foi Secretária de Planejamento durante o primeiro governo do PT exercido por Luiza Erundina no início dos anos 1990, retomando sua reflexão sobre "os riscos de incorporação de numerosos modismos, de concepções reificadas (...) (planos estratégicos: americanos, catalães, alemães) etc." (MARICATO, 1997).

Além do que, se nos referirmos ao assunto "qualificação do Centro", nos parece interessante e significativo da circulação de idéias, colocar em perspectiva os instrumentos e os objetivos propostos para São Paulo com aqueles que foram promulgados no México.

Esses quadros que se contentam em selecionar alguns grandes capí-

| Quadro 1 | Recomendações colocadas em perspectiva, para a reabilitação dos centros do México e de São Paulo

México

- Reordenamento das ruas e do transporte;
- Praças e jardins, patrimônio monumental;
- Ampliação e maior difusão da oferta cultural da cidade;
- Desenvolvimento, melhor distribuição e abertura de atividades culturais noturnas;
- Segurança pública com participação dos cidadãos;
- Desenvolvimento de atividades ligadas ao turismo;
- Desenvolvimento de hotéis especializados em turismo de jovens;
- Intervenção nos imóveis de alto risco no parque residencial dos setores populares;
- Construção de residências nos terrenos baldios urbanos;
- Oferta de residência para locação de nível médio;
- Promoção de espaços e participação cidadã;
- Reordenamento e "regularização" do comércio sobre a via pública;
- Desenvolvimento de micro-empresas.

Fonte: CIUDAD DE MÉXICO, FIDEICOMISO CENTRO HISTÓRICO DE LA CIUDAD DE MÉXICO, *Plan estratégico para la regeneración y el desarrollo integral del Centro Histórico de la Ciudad de Mexico,* agosto 1998-agosto 1999.

São Paulo

- Reestruturação da circulação de veículos;
- Preservação, restauração e recuperação dos espaços de interesse histórico;
- Educação sobre o patrimônio;
- Projeto de corredor cultural;
- Cultura, lazer e recuperação: à tardezinha e fim de semana no Centro;
- Otimização das infra-estruturas turísticas, da cultura e dos lazeres;
- Estímulos pela criação de albergues da juventude;
- Construção de novos imóveis e reciclagens de imóveis desocupados;
- Programa residencial acessível às famílias que recebem menos de seis salários mínimos;
- Linhas de financiamento para as camadas da população que têm baixos e médios rendimentos;
- Garantir à população meios para sentir que ela faz parte da história da Cidade, de se reconhecer e participar;
- Reabilitação imediata de zonas reservadas ao comércio ambulante;
- Melhoramento das zonas comerciais e de serviços especializados.

Fonte: PREFEITURA DA CIDADE DE SÃO PAULO. *Reconstruir o Centro – Reconstruir a cidade e a cidadania.* Setembro 2001.

tulos das projeções, longe de serem exaustivos, são apresentados de modo desordenado com relação às fontes. A idéia mostrar as recomendações de uma e de outra cidade em perspectiva. Pode-se perceber, assim, que as preocupações sociais são muito presentes e declaradas de modo mais preciso em São Paulo do que no México. Numerosas medidas complementares ainda são consideradas em relação às mulheres, os moradores de rua/indigentes. Elas concernem igualmente à criação de pequenas atividades de interesse público, o desenvolvimento de cooperativas e de projetos de economia solidária. Mas as relações de trabalho informais e bastante tradicionais que caracterizam o centro da Cidade se adaptam mal a essas novas formas de trabalho qualificadas de cooperativistas e solidárias.

Entretanto, o que esses programas deixam de revelar, e que é normal, pois se trata da Prefeitura e das instituições com as quais se pretende estabelecer parcerias possíveis de serem controladas (como as associações, as ONGs, e os bancos de desenvolvimento), é a inevitabilidade de recorrer aos grandes investidores do mercado, processo que está em curso. Esses últimos como Slim [14] no México, apresentado por D. Hiernaux num estudo recente (HIERNAUX, 2003) ou o Banco de Boston em São Paulo, marcante, aliás, num arranha-céu na Sé, no coração da Cidade, já estão em ação. Mas, ainda que todos os dois utilizem o mecenato como meio de intervenção, seus "projetos urbanos" são distintos. Pode-se somente dizer que os compromissos que eles se impõem podem tornar irrisórias as belas utopias desenhadas pelos projetos públicos.

Os pontos fortes dos dois programas, aquele de São Paulo e aquele do México, são, todavia próximos. Interpretados, todos os dois parecem nos dizer o seguinte: únicos no espaço urbano, os centros das cidades são suscetíveis de difundir uma aura no sentido percebido pelo caminhante de Walter Benjamin, de erguer-se em substrato da tensão entre modo de vida em rede de proximidade, individualismo e inovação. Ora, tudo isso constitui a urbanidade, vista por Simmel e/ou Escola de Chicago (Wirth [15] notadamente sobre seu *Urbanism as way of life*): a imagem da cidade cadinho da modernidade (mas também reflete a brasilianidade ou a mexicanidade) será transmitida pelas classes médias que serão as portadoras, mesmo que se sonhe com uma espécie de *continuum* sociológico que fará com que todos os segmentos da sociedade contribuam cada um com sua pedra para a reprodução dessa cultura. Após os decênios de monotonia, o retorno à cidade permitirá conciliar globalização e identidade. Mas é na "mistura" que esse retorno se justificará; é também o único lugar onde essa última tem alguma chance de se realizar. "Será um erro aceitar tanto sua *gentrificação* como a consolidação de seu caráter atual de zona de povoamento popular", nos diz René Coulomb (1999) referindo-se ao México. Esta frase, sem dúvida, não será renegada pelos autores do projeto paulista, no qual não se releva o "risco" de *gentrificação*, uma palavra, aliás, ausente do vocabulário dos operadores do urbano e com razão; "classes populares" e "classes médias", no senso comum e genérico dado a essas categorias devem, pois se reencontrar, confirmando l'Asbea [16] em 2003 após o BID ter acertado um empréstimo de 100 milhões de dólares para a construção de moradias no centro da Cidade.

O segundo argumento invocado para requalificar o centro das cidades é econômico. Tanto no México como em São Paulo, mas também em várias cidades de menor dimensão (Guadalajara, Salvador...), supõem-se que a extensão espacial tenha alcançado vários limites: custo de difusão de serviços, de vias de acesso, de disponibilidade de terrenos, complexidade de custos de transações intermunicipais, perda de controle.

Longe de nós, entretanto, confrontar México e São Paulo. Suas histórias são tão diferentes que qualquer historiador de uma ou de outra dessas cidades se indignaria do resumo que tentássemos fazer. Se nos aventuramos a fazê-lo, é antes para mostrar a difusão planetária de certas idéias, o impacto de uma corrente do urbanismo que abre as frestas a certo *savoir-faire* (em matéria de construção e de cabos subterrâneos, sobretudo), mas que faz também sempre apelo a uma sensibilidade (*internacional-identitária-estética*), portadora de valores "pós-materialistas" mais que pós-modernos, este é o caso dessas duas imensas cidades. [17]

O alcance ou a importância de uma ou de outra dessas dimensões, remete aos valores do urbano e à noção de princípio econômico, diferenciando os projetos: uns projetam a *gentrificação*/consumação no sentido da terceira etapa descrita por Neil Smith; os outros imaginam uma grande diversidade de acesso à moradia reabilitada ("moradia digna", como se diz na América Latina, no mundo das ONGs) num contexto de mistura social no qual é necessário ajudar a recriar as condições. Esta mistura referindo-se, tanto sobre a diversidade dos rendimentos quanto sobre aquelas das redes, dos modos de vida e das classes de idade.

Em cidades em transformação rápida como São Paulo, quer se trate do seu nível de degradação ou da dinâmica da construção periférica, o preço do terreno e da construção não são fixados pelo teto máximo, como em Paris ou em Londres. A oferta é muito abundante no Centro, quer dizer no perímetro da Administração Regional da Sé, os seus mais belos quarteirões são acessíveis a um rendimento salarial dito médio/médio, do mesmo jeito que o era a moradia nova nos quarteirões periféricos na época do BNH (Banco Nacional de Habitação), extinto no fim dos anos 1980. Os apartamentos ali são muito grandes, notadamente as construções dos anos 1940 e 1950. Em alguns casos foram divididos em cortiços [18]. Outros distritos, como o da Liberdade, que têm vocação comercial específica ou são conhecidos como bairros "étnicos" (japoneses, ou ruas de restaurantes exclusivamente italianos) não são construídos em altura. Aliás, eles já são alvo de programas de reabilitação, com auxílio do Bndes [19] a fim de manter sua vocação comercial.

Esta diversidade conduziu a Prefeitura a explicitar duas condições suscetíveis de permitir o acesso à moradia no centro da Cidade, a formação e a reabilitação propriamente dita e toda uma série de instrumentos financeiros adaptados às populações com frágeis rendimentos. Nesse sentido, é importante recordar que a população brasileira recebe os rendimentos mais extremos do mundo, e que no interior dessa mesma desigualdade, a gama de salários presentes é também de um extremismo considerável.

A Prefeitura enfim, tenta estabelecer uma lógica de parceria, uma noção muito em moda hoje em dia no Brasil.

A primeira condição faz por vezes apelo aos saberes europeu, notadamente aos franceses que as redes internacionais de cidades favoreceram. A Caixa Econômica Federal que contribui para o financiamento de moradia popular, associada à Prefeitura, pensa que "reabilitar os imóveis, especialmente nas zonas centrais, é uma prática adotada há alguns decênios na Europa, como forma de preservar o patrimônio, e de reduzir os custos de expansão desnecessários das cidades. Nos países sem experiência, a reabilitação tem um custo atual superior àquele da nova construção. No Brasil, para que esse tipo de intervenção possa se propagar com qualidade e eficácia, continua a Caixa, é fundamental desenvolver as pesquisas e formar técnicos, as empresas de construção e a indústria de insumos. O conhecimento das experiências internacionais pode ser um elemento importante da realização desse projeto" (Seminário Internacional, Reabilitação de edifícios para uso habitacional: tecnologia da reforma, 2001).

Assim, à França são creditadas as experiências (subentendidos sucessos) e às suas empresas as competências. O modelo europeu, se é que existe, e particularmente o francês, teria então um futuro na América Latina? Questão culturalmente e economicamente pertinente, e incongruente ao mesmo tempo [20].

Assinalemos, para demonstrar uma aproximação, que os "modelos" se chocam no Centro de São Paulo, atraídos pelo gigantismo da problemática colocada, por uma inabalável crença na capacidade de inovação de uma cidade tal como essa e pela demanda de todos os azimutes expressados pelos poderes que a gerenciam sucessivamente: de Barcelona a Paris como já assinalamos, passando por Boston, onde o centro conheceu uma rica e longa experiência de *gentrificação*, reivindicada pelo Boston Bank, hoje em dia mecenas cultural no coração de São Paulo. "O Centro se transforma no maior pólo de atividades culturais da Região Metropolitana de São Paulo. Ele recebe investimentos para a construção de novos hotéis. Ele dispõe de uma infra-estrutura completa de telecomunicações, com redes de fibra óptica... A requalificação do Centro será impensável sem os investimentos públicos e privados que se orientam na direção dos equipamentos culturais, dos serviços avançados e das novas opções de comércio, hotelaria e lazer" lembra o Presidente do Bando de Boston do seu arranha-céu, onde aterrissa de helicóptero na pista do edifício vizinho ao Martinelli onde funcionam os serviços da municipalidade, notadamente a Secretaria do Planejamento. [21]

Mas a reabilitação do Centro de São Paulo e o projeto de "mistura" (*mixité*) (a palavra inexiste em português) passam evidentemente por uma política habitacional ativa como anuncia a lista de intenções que citamos precedentemente. A questão é crucial e colocada em termos limpos de política de habitação popular que remete ao problema da solvabilidade dos habitantes de um lado e à invenção de medidas financeiras alternativas de outro, pois o sistema nacional de financiamento (BNH) foi extinto pelas políticas de ajuste no fim dos anos 1980, e o reembolso anual da dívida atinge perto de 20% do orçamento. De fato tornar acessível aos pobres e aos menos pobres as moradias renovadas no centro da Cidade, parece um desafio. Isso pouco faz parte da cultura dos promotores imobiliários brasileiros.

Mais que por meio de uma análise socioeconômica e demográfica da população residente e/ou trabalhadora deixada nos centros de pesquisa das universidades e no Seade (Fundação Sistema Estadual de Análise de Dados), a Prefeitura propôs uma revisão da legislação municipal de interesse social e do código dos trabalhos públicos, bem como a realização de um recenseamento rigoroso dos imóveis degradados, dos ocupados por "sem-teto" e em litígio.

Por outro lado, e sem entrar em detalhes, se destacará somente dois programas promovidos em parceria pela prefeitura, um, o Programa de Arrendamento Social é qualificado de "Viva perto..." e se compreenderá que isso se refere ao centro da Cidade (novos projetos em curso). As linhas de crédito propostas são concedidas pela Caixa Econômica Federal e pelo Fundo Municipal de Habitação, por quinze anos destinam-se em princípio às famílias cujo rendimento não ultrapasse dez salários mínimos. O PAC (Programa de Ação em Cortiços), cujos recursos são provenientes do Governo do Estado de São Paulo e do BID diz respeito atualmente a dez mil "unidades residenciais". Além disso, programas de locação/acesso à propriedade, programas de locação social inteiramente subvencionados para os que recebem "menos de três salários" para os imóveis que permanecerão como bem públicos, estão em curso. Mas o grande projeto da Prefeitura que suscitou intenso debate em 2001, é uma reformulação do pagamento do IPTU (imposto sobre a propriedade fundiária), pois em caso de dívida com a Prefeitura ou de atrasos antigos, os proprietários de imóveis abandonados ou ocupados por "sem-teto" poderão trocá-los inteiramente ou parcialmente pelo débito. Do mesmo modo, a Prefeitura tentou com sucesso (2002) renegociar a dívida da Cidade com o governo federal a fim de converter uma parte dela para ter acesso a novos financiamentos nacionais e internacionais.

Não escapará que quaisquer cifras que assinalemos em termos de rendimentos e de planos familiares de financiamento não concernem aos mais pobres, com exceção do programa "menos de três salários mínimos". Eles se referem às classes populares ou médias baixas (segundo as categorias empregadas no Brasil e em toda a América Latina) no qual o rendimento tem origens diversas. Os rendimentos médios mais baixos (seja cinco salários) estão no Cambuci, Bom Retiro e Sé. Encontra-se, como já dissemos, a oeste da zona central (República, Consolação, Santa Cecília) as médias de renda mais elevadas, localizadas em certos quarteirões: entre vinte e trinta salários mínimos. A distância [22] salarial extremada (de 1 a mais de 40), como ressaltamos, está longe de ser atacada. O Centro nos confirma, pois, a existência de uma "classe média baixa", assalariada do comércio e dos serviços (privados e públicos), mais ele é também tocado por bolsões de pobreza: "sem-teto" que invadiu prédios abandonados, moradores de rua e de cortiços, os "paus-para-toda-obra" [23] do comércio ambulante com endereço inexistente, e cujo rendimento freqüentemente nulo, não aparece nas médias. Mas para quê recordar aqui essa presença? A explicação é dada por Nabil Bonduki, vereador (eleito para a Câmara Municipal de São Paulo), presidente da Comissão de Estudos sobre Habitação na área central, quando diz: "(...) como se a deterioração (do centro da Cidade) fosse sinônimo ou conseqüência do fato das pessoas pobres nele habitarem." E mais adiante "(...) a habitação popular no Centro tornou-se sinônimo de cortiços, de precariedade, e de anomalia" (CÂMARA MUNICIPAL DE SÃO PAULO, 2001). Difícil engrenagem e dura vizinhança para uma classe média com aspirações ecológicas para a qual a modernidade passa pela respiração de ar puro e sempre pelo exercício de alguma prática esportiva. Espantosa constância também das representações desde os discursos higienistas dos anos 1990, denunciadores de miasmas (BRESCIANI, 2001).

Em suma, o centro da cidade está estigmatizado: os ricos jamais vão ao centro, e para os menos ricos, ele é poluído, desconfortável, mal conservado, atravancado... não há garagens, não há muitos estacionamentos. Ele perde os moradores, mas as ruas são invadidas durante os dias da semana... Ao contrário, não há ninguém à noite nem no domingo. Contrariamente ao Centro de Paris, por exemplo, onde os moradores da periferia, em massa, consomem e percorrem nas margens do Rio à noite e nos finais de semana, o Centro de São Paulo, seus lugares culturais, de criação e/ou de lazeres, fecham suas portas às 19 horas e não as abrem no domingo. Alguns poucos continuam ali seus negócios, quer dizer, em algumas ruas específicas, os lugares do tráfico de drogas e da prostituição.

Representações e realidades enumeradas confusamente têm vida dura e pretendem traduzir por sua vez uma rejeição e a aspiração a um outro modo de vida. É então interessante elaborar algumas hipóteses sobre aqueles entre os quais circulam essas representações. O primeiro elemento que nos permitiria conhecê-las seria: quem deixou o centro há trinta anos? Não se sabe. Na análise *socioespacial* que Luiz César de Queiroz Ribeiro e Edmond Preteceille realizaram sobre a Cidade do Rio de Janeiro, em 1999, revelou-se que havia poucas mudanças nas divisões *sócioprofissionais* dos moradores por unidade espacial estatística. Eles colocaram em evidência, no máximo, um reforço matizado das tendências durante os anos 1980. "As evoluções da estrutura ocupacional e da divisão social do espaço são caracterizadas pela inércia". Podemos somente, com o recuo que nos dá essa conclusão, anunciar o que se revela num simples golpe de vista: a verificação de abandono puro e simples de imóveis de padrão médio/bom como tantos que foram construídos nos anos 1950. Uma classe média "tradicional" (com relação à "nova") que no Centro viveu ao menos duas gerações, deixou o Centro. Isso significa também que os *gentrificadores*[24] não estão realmente convencidos de retornar para esses bairros. Mas o que certos autores reconhecem como um segmento da classe média, uma *new middle class* de serviços, dotada de um estatuto e de uma consciência de pertencer, existirá em São Paulo? Poucos trabalhos dão conta. No máximo ver-se-á ressaltar as polarizações dos empregos nos serviços na aglomeração tais como as definiu Sassen (1991): especialização dos empregos de serviços altamente qualificados associados a altos salários e precarização e/ou reprodução de um setor informal no outro extremo. A confirmação dessa tendência foi verificada por Milton Santos (1994) quando qualifica São Paulo de lugar mundial e lembra que nos anos 1980, o crescimento dos empregos na categoria "serviços, bancos, comunicações, artes, hotelaria e pesquisa" havia conhecido um ritmo duas vezes superior àquele dos empregos operários e da população ativa em geral. Mas, a maior parte dos estudos sobre o mercado de trabalho em São Paulo concede pouco valor particular a esses estatutos. A tentativa de manter certo nível de vida que corresponderia às representações dos padrões internacionais da parte de uma camada de assalariados, aos gostos e às aspirações globalizadas, caracteriza uma parte da classe média na qual os rendimentos são de fato relativamente elevados. Mas nada pode fazer pensar que esta camada (senão talvez o meio artístico) encontrará no espaço patrimonial da cidade, a satisfação de suas aspirações; os numerosos trabalhos sobre a multiplicação dos conjuntos fechados (conjuntos residenciais fechados) associados às novas catedrais do consumo (*shopping-centers*), segundo a expressão de Amália Inês Geraiges de Lemos, vão num sentido oposto. Assim, o lugar – o centro da Cidade em ocorrência – "garante as distinções entre as culturas" ou "espaço de difusão dos produtos culturais", elementos estratégicos do novo capitalismo descentralizado, (STORPER, 2000; SCOTT, 1999) no qual será apreciada e produtora certa classe média, em nome de uma identidade que ela procura, isso parece realmente inexistir em São Paulo. O centro abriga um comércio de produtos de fabricação fordista e um artesanato popular de miudezas e de volume tão intenso que chega a encobrir o nível da rua, as entradas dos edifícios reciclados para os fins culturais. Muitos afirmam, aliás, que a criação artística e cultural globalizada não tem realmente um lugar e que os criadores populares reivindicarão, antes, seu "pertencer" à periferia ou às favelas.

A riqueza do patrimônio arquitetônico do centro do México conserva nos meios do urbanismo (operacionais, municipais, universitários) a idéia de que é possível reconquistar a aura perdida e assim seduzir eventuais "pioneiros" para não dizer *gentrificadores* – os jovens na ocorrência – em conformidade com o que se passou nas cidades da Nova Inglaterra ou da Europa. No México, apóia-se mesmo sobre as características demográficas novas desses eventuais candidatos (jovens, velhos, pessoas sozinhas, famílias monoparentais, estudantes), em função dos ciclos de vida que remetem para além do estereótipo familiar (pais de 30-50 anos, duas crianças, uma empregada doméstica) a quem está destinado todo tipo de apartamento construído por promotores muito interessados na "classe média", como, aliás, em toda a América Latina. O centro da Cidade deve oferecer atualmente uma diversidade não somente social, mas também espacial e demográfica na oferta, na demanda e no modo de vida. Nenhuma análise equivalente da sociedade urbana serve de referência para São Paulo, mesmo se ela puder aqui parecer igualmente pertinente.

Socialmente, o projeto de São Paulo depende, portanto, de duas correntes cujo sucesso dependerá de uma relação de força na medida em que cada um dentre elas se sinta engajado. As duas correntes se apóiam sobre uma nova idéia de Brasil, aquela de um lugar específico e não reproduzível (LACERDA, 2000). Mas elas diferem nas suas apreciações dos instrumentos de intervenção. A perspectiva social da prefeitura do PT está presa a um princípio de diversidade/mistura, nós o temos dito várias vezes, cuja herança atualmente perceptível, será um testemunho da história. Assim, esse princípio confere às camadas populares mais do que o direito de residir no centro da Cidade, pois fará deles os atores dessa história e dessa urbanidade. É necessário então fornecer os meios para os que pretendem ou para os que querem no Centro permanecer, enquanto ainda há tempo. Somente a intervenção pública pode encontrar esses meios. Outra corrente promete a requalificação pela intervenção do setor privado na promoção de objetos culturais consumíveis por uma "classe média" cujo padrão de vida está globalizado, mas que estará de algum modo, na busca de uma identidade por meio de uma cultura reificada. Essa corrente confia o papel de promotor de infra-estrutura e de guardião da segurança à municipalidade. Assim, cabe a ela, nesse espírito, resolver os problemas: 1) da presença considerada excessiva de comerciantes ambulantes; 2) aquele dos "moradores de rua".

O choque entre as duas correntes cujos representantes competem revela algumas incompatibilidades colocadas em cena em nome da democracia local. A reforma do IPTU, por exemplo, sugerida pela Prefeitura deixa de convencer a segunda tendência que pensa que ela bloqueará a construção e a atividade imobiliária. Cada uma delas por seu lado possui seu grupo de militantes que são representativas das duas associações "Viva o Centro" e "O Centro Vive" que se afrontam de modo mais radical. A primeira quer resolver o problema do comércio ambulante, a segunda defende a presença dos camelôs e dos moradores de rua. O papel dos arquitetos que aderem à idéia de que o espaço físico, logo sua organização, estrutura o desejo da cidade, é importante tanto em uma como em outra tendência. O problema é que ninguém sabe realmente qual é o desejo das "classes médias" com as quais os operacionais do urbanismo eram tão preocupados durante a época do BNH e do "milagre brasileiro", criando por essa época, um modelo de organização do espaço urbano que parece ainda responder às necessidades dessa última. Finalmente, o apelo às classes médias, como produtoras de uma vida urbana diversificada, do retorno ao centro da cidade, segundo a primeira corrente, como consumidora de uma cultura reificada conforme a segunda, contrasta com seu silêncio" (isso é o que diz N. Smith, 2003).

Conclusão

O tempo político que baliza a alternância das equipes municipais de direita e de esquerda e a tentativa de cada uma em marcar a seu modo a paisagem urbana, é distinto do tempo social. E a estruturação do desejo das classes médias, das quais essas mesmas municipalidades são representativas, que é construída nos anos 1960-1970, sobre o consumo dos quais o "milagre" estava apoiado, e enfim que estão apoiadas em massa no elevador social de seus elegantes imóveis modernos, não parece realmente em fase nem com o modernismo dos anos 1960-1985, nem com a proposição de "retorno à Cidade".

Apostando na existência de um *continuum* social que tenderia a se afirmar e a se espacializar, as prefeituras do PT se antecipam sobre uma eventualidade muito incerta, pois se vê acentuar nesse lugar central uma extrema pobreza que "impôs" sua presença nos espaços que se queria "qualificar" para as novas funções, mas que a exclui. Ao contrário, nada permite mais pensar como aqueles que apostam numa nova modernidade, que o mercado "fordista popular", resistindo no centro da Cidade, deixará a praça aos produtos culturais – incluindo os serviços – procurados pela nova classe média.

Finalizamos então, com uma questão paradoxal: esta situação é em si mesma uma chance que permitirá São Paulo evitar os excessos da competição pela *reapropriação* estratégica do espaço urbano tal como a vê Neil Smith?

Notas

[1] A palavra original é *mixité*, mas como esclarece a própria autora em certo momento do texto, esta palavra inexiste em português, mas se traduziria pela idéia de misto, misturado ou mistura (Nota da tradutora).

[2] Neil Smith, um dos teóricos da gentrificação trata desse conceito em "A gentrificação generalizada: de uma anomalia local a uma "regeneração" urbana como estratégia urbana global". In: BIDOU-ZACHARIARISEN, Catherine (Dir.) *Retour en ville*. Paris, Descartes et Cie., 2003.

[3] Ele analisa a superposição de megapólos em mosaico, de redes de difusão cultural e de redes técnicas cuja imbricação contribui para identificar territórios.

[4] Lembramos que todas as histórias da urbanização na América Latina conheceram ritmos muito rápidos com relação aos ritmos europeus.

[5] Icomos (International Council on Monuments Sites) é uma ONG internacional de profissionais que trabalham para a conservação de monumentos e sítios históricos no mundo. Sua secretaria fica em Paris. É reconhecida pela Unesco com a qual possui um centro de documentação. Urbal (Programa URB-AL de Cooperação da Comisssão Européia) promove parcerias com agentes locais para intercâmbio e transferência de conhecimentos e experiências entre cidades da União Européia e da América Latina. Envolve mais de 700 cidades em seus projetos. Sua sede também é em Paris. Cidades Unidas (Federação Mundial das Cidades Unidas – FMCU) é uma associação que atua no plano internacional prestando cooperação em nível local, no caso brasileiro, aos municípios. Objetiva, dentre outras coisas, um urbanismo a serviço do homem (Nota da tradutora).

[6] O SDF (a expressão inexiste no Brasil), que faz parte da categoria dos indigentes, pode ser considerado como o mais pobre dos sem-teto. É um perfil bastante novo nas ruas de São Paulo; é sem dúvida um verdadeiro excluído que se mobiliza, aliás, muito pouco no Movimento dos Sem-Teto. Ele faz, no entanto, por vezes, parte da

associação O Centro Vive que luta contra a expulsão dos pobres do centro da cidade. Ver. Viva o Centro, A rua no centro, uma discussão sobre a rua e seus atores sociais, 04/05/1995 e Instituto de Estudos Especiais da PUC, Vidas de rua, destino de muitos, CD, 1999.

[7] Uma reabilitação emblemática: o Edifício Martinelli (1930), enorme arranha-céu abandonado por seu fundador, em seguida foi adquirido pela Prefeitura no início dos anos 1990, foi restaurado por ela para que nele fossem instaladas suas secretarias. Por exemplo, a Secretaria de Planejamento.

[8] Espaço central composto por dois distritos (Sé e República) e dez bairros. O Município de São Paulo é composto 28 administrações e 97 distritos que correspondem às unidades estatísticas do IBGE e quase na zona de cobertura do IPTU (imposto fundiário). As divisões foram modificadas depois de 1965. Entretanto, as administrações cuja circunscrição não corresponde àquela das redes técnicas, nem mesmo àquela de certas instituições administrativas, deveriam ter responsabilidade com o projeto de descentralização promovido pelo governo do PT e o estabelecimento de Conselhos de representação regional (participação) que exige em princípio a LOM (Lei Orgânica Municipal, votada em 1990) (Nota da autora).

Cabe esclarecer que as Administrações Regionais foram extintas. Com a Lei Municipal n.13.399, de 1°. de agosto de 2002, o Município de São Paulo foi dividido em 31 subprefeituras, formadas por distritos (Nota da tradutora).

[9] Curiosamente, trata-se quase do mesmo número de habitantes que há no perímetro histórico do Centro do México.

[10] O salário mínimo – em torno de 180 reais mensais em 2001, ou seja, 100 dólares – é uma referência teórica por duas razões: uma é que pouco dos salários declarados foi recebido; em segundo lugar, o salário mínimo, por exemplo, de um trabalhador iniciante, é geralmente acompanhado de algumas vantagens sociais (alimento e transporte), e enfim porque muitas pessoas ganham um pouco de dinheiro em um momento do mês, mas não ganham nada em outro, e assim sucessivamente.

[11] Pensamos aqui num trabalho do tipo realizado por Edmond Preteceille e Luiz Carlos César Ribeiro para a Cidade do Rio de Janeiro, que foi publicado em várias obras e revistas no curso dos anos 2000.

[12] No original mixité (Nota da tradutora).

[13] O "modelo Barcelona" é muito apreciado nos escritórios de urbanismo das cidades da América Latina. Baseado numa nova funcionalização/espacialização da cidade e a participação dos habitantes, ele foi difundido nos anos 1980 por Jordi Borja, urbanista e intelectual catalão que foi conselheiro da Prefeitura de Barcelona.

[14] Trata-se de Carlos Slim, magnata e investidor mexicano, dono do Grupo Carso, do setor de tecnologias de informação e comunicações. É considerado o homem mais rico da América Latina (Nota da tradutora).

[15] Parece tratar-se do arquiteto norte-americano Frank Lloyd Wright (1889-1909), discípulo de Louis Sullivan, da Escola de Chicago e não "Wirth", como consta do original (Nota da tradutora).

[16] A Asbea (Associação Brasileira de Escritórios de Arquitetura) foi criada em 1973. Possui sede em São Paulo e congrega mais de 300 escritórios associados. Celebra convênios, presta serviços, aperfeiçoa materiais e sistemas de construção, relaciona-se com entidades da indústria civil, pública e privada (Nota da tradutora).

[17] Na França, essa sensibilidade "urbana" será talvez particularmente encabeçada pelos Verdes, mais a idéia de meio ambiente urbano faz largamente seu caminho nas instâncias internacionais.

[18] Os cortiços, numerosos no centro da Cidade são moradias de um cômodo por família resultado da divisão de apartamentos. Com o tempo, lhes foram acrescentados os sanitários comuns. Há uma tendência a se traduzir essa palavra por taudis (casebre, pardieiro).

[19] O Banco Nacional de Desenvolvimento pouco financia programas urbanísticos, particularmente em São Paulo, pois a Cidade está impossibilitada de ter acesso a seus créditos, por conta de seu endividamento. No momento em que os projetos relevantes do setor privado e as operações financeiras podem ser operacionalizados.

[20] Os projetos de cooperação tratam de diferentes trocas em matéria de reflexão sobre o desenvolvimento espacial e social integrado, são promovidos pelos arquitetos e pelos economistas e sobre a implicação de empresas (reabilitação de residências e de redes, cabos subterrâneos).

[21] Discurso de Henrique Meirelles, Presidente do Fleet Boston Global Bank, Presidente Mundial do Bank Boston, Presidente da Associação "Viva o Centro", in: Centro de São Paulo, a grande virada 1999-2000. Bank Boston, que cita as reabilitações das quais participou: Complexo Cultural Estação Júlio Prestes, Centro Cultural Banco do Brasil etc.

[22] No original *fourchette*, forquilha, bifurcação (Nota da tradutora).

[23] No original *factotums*, em português factótum, pau-para-toda-obra, faz-tudo (Nota da tradutora).

[24] No original *gentrifiers* (Nota da tradutora).

Bibliograia

BIDOU-ZACHARIASEN, Catherine (Dir.). *Retours en ville.* Paris, Descartes et Cie, 2003.

BITOUN, Jan. "A contribuição dos planos estratégicos na gestão municipal modernização do discurso, seletividade o aprimoramento das práticas?" *Congresso de Geografia*, Universidade de San Carlos, 1999.

BRESCIANI, Maria-Stella. "Langage savant et politique urbaine à São Paulo: 1890-1950 ». In: *Projet "Les mots de la ville". Amérique Latine, les discours techniques et savants sur la ville dans la politique urbaine.* Textes réunis par Hélène Rivière D'Arc. Unesco, Gestion des Transformations Sociales, MOST, n.37, 1999 .

CÂMARA MUNICIPAL DE SÃO PAULO. *Síntese do Relatório Final*, set. 2001.

COULOMB, René. *El Centro Histórico de la Ciudad de Mexico, del rescate territorial al desarrollo integral*, n.p., 1999.

DOLFUSS, Olivier. *La mondialisation*. Paris, Presses de Sciences Po, 1997.

DONZELOT, Jacques. "La nouvelle question urbaine". *Esprit*, nov.1999.

FRUGOLI JR., Heitor. *Centralidade em São Paulo*. São Paulo, Cortez-Edusp-Fapesp, 2000.

HIERNAUX NICOLÁS, Daniel. "La réappropriation de quartiers de Mexico par les classes moyennes: vers une gentrification?". In: BIDOU-ZACHARIASEN, Catherine (Dir.), *Retours en ville*. Paris, Descartes et Cie, 2003.

INSTITUTO DE ESTUDOS ESPECIAIS DA PUC. *Vidas de Rua, Destino de Muitos*, CD, 1999.

LACERDA, Norma & ZANCHETTI, Silvio. "A Revitalização de Áreas Históricas, Como Estratégia de Desenvolvimento Local. Avaliação do Bairro do Recife". *L'ordinaire Latino-Américian*, n.182, oct-déc., 2000.

L'ORDINAIRE LATINO-AMÉRICAIN, n.181 et 182, 2000.

MARICATO, Ermínia. "Brasil 2000. Qual Planejamento?" *Cadernos IPPUR*, ano XI, jan.-dez., 1997.

PREFEITURA MUNICIPAL DE SÃO PAULO / CAIXA ECONÔMICA FEDERAL / GOVERNO FRANCÊS. "Reabilitação de Edifícios para Uso Habitacional: Tecnologia da Reforma". *Seminário Internacional*, 19-20 nov. 2001.

PRETECEILLE, Edmond & RIBEIRO, Luiz Cesar de Q.. "Tendências de Segregação Social em Metrópoles Globais: Paris e Rio de Janeiro nos Anos 80". *Revista Brasileira de Ciências Sociais*, v.14, n.40, 1999.

PRÉVÔT SCHAPIRA, Marie-France. "Amérique Latine: la ville fragmentée". *Esprit*, nov. 1999.

REVUE ESPRIT, numéro spécial "Quand la ville se défait", nov. 1999.

SANTOS, Milton. *Por uma Economia Política da Cidade: O Caso de São Paulo*. São Paulo, Hucitec, 1994.

____________. "Un centre à la périphérie". In: DURAND, Marie-France; LÉVY, Jacques & RETAILLÉ, Denis. *Le monde, espace et systèmes*. Paris, Presses de la Fondation Nationale des Sciences Politiques et Dalloz, 1993.

____________. *Metrópole corporativa fragmentada: o caso de São Paulo*. São Paulo, Nobel 1990.

SASSEN, Saskia. *The Global Cities*. Princeton, 1991.

SCOTT, Allen J.. "Economie culturelle des villes". *Géographie, Economie, Société*, v. 1, n.1, 1999.

SMITH, Neil. "Gentrification and the rent gap". *Annals for the American Geographers*, v.77, 1987.

_______. "La gentrification généralisée: d'une anomalie locale à la "regeneration" urbaine comme stratégie urbaine globale". In: BIDOU-ZACHARIASEN, Catherine, *Retours en ville*. Paris, Descartes et Cie, 2003.

SPOSATI, Aldaíza. *Cidade em pedaços.* São Paulo: Brasiliense, 2001.

STORPER, Michaël. "Lived Effects of the Contemporary Economy: Globalization, Inequality and Consumer Society". In: *Public culture on Millenial Capitalism.* Edited by Jean and John Camaroff, 2000.

SUPLICY, Marta. "Reconstruction du centre et soutien aux habitants: les défis de la mairie de São Paulo". *Villes en Développement*, n.82, jui. 2001.

VIVA O CENTRO. *A Rua no Centro, uma Discussão Sobre a Rua e Seus Atores Sociais*, 04/05/1995.

WORLD BANK. *A Strategic View of Urban and Local Governments Issues: Implications for the Bank.* January 1999, draft, Washington, 1999.

SÃO PAULO, CAPITAL DO BRASIL

Hervé Théry

Qualquer aluno brasileiro de terceira série sabe que a capital do Brasil é Brasília e, todos os livros de geografia do país confirmam este fato inegável: Brasília foi concebida para ser a "cabeça" da nação, sede do governo, das grandes autarquias e das representações diplomáticas. Ela exerce, sem dúvida, alguma este papel, como o fizeram Salvador e Rio de Janeiro no passado.

Porém, ao lado da capital política, e de suas duas ex-capitais, destaca-se atualmente uma outra metrópole, São Paulo, cujo peso e influência são tamanhos que nenhuma outra cidade brasileira pode rivalizar com ela. O título do artigo não é, portanto, tão paradoxal como parece à primeira vista: tentar-se-á aqui mostrar que São Paulo tornou-se a verdadeira capital do país. Como método principal de prova, o uso de mapas estatísticos de âmbito nacional, que destacam a primazia e, às vezes, até a hegemonia da metrópole paulista em diversos campos de atividade econômica e social.

Examinar-se-á primeiro o peso da metrópole paulista na economia nacional, tanto nos principais setores do PIB como naqueles em que se define atualmente a real liderança de uma cidade, os segmentos industriais e financeiros. Baseado nesta grandeza poder-se-á, em seguida, mensurar a influência da capital econômica nas redes urbanas do país e a sua evolução recente.

Algumas redes importantes são, ao mesmo tempo, causa e conseqüência de tal influência, transportando pessoas, mercadorias, energia e informação para alimentar a cidade e projetar o seu poder na maior parte do território nacional. Resultado desta força e da acumulação que ela permite, São Paulo é o lugar de residência das elites nacionais, seja do ponto de vista da renda avaliada pelos censos, seja pelo nível de formação, medida tanto pela mesma fonte como por outras.

Finalmente, uma dupla mudança de escala "para cima" e "para baixo" leva a questionar o privilégio paulistano, quando outras cidades próximas atingem níveis de equipamento, com uma melhor qualidade de vida, enquanto a análise *intra urbana* mostra disparidades preocupantes, ressaltado por meio de um rápido exemplo.

Peso econômico

Analisando-se as disparidades internas do país e a atração de São Paulo em termos de setores econômicos, dentro das divisões clássicas da economia, vê-se em primeiro lugar quanto o Brasil mudou em relação à época na qual a sua base principal era a exportação de produtos agrícolas e de minerais, e mesmo em relação à época da sua decolagem industrial. Atualmente os setores que pesam mais na sua economia são os serviços, evidenciado pelo mapa 1, no qual se manteve a mesma escala para representar de maneira comparável o PIB do setor agropecuário, da indústria, do comércio e dos serviços. Em todos eles a liderança de São Paulo.

No setor agropecuário, a principal concentração nacional é situada no norte do Estado de São Paulo e no Triângulo Mineiro, regiões onde setor agroindustrial é mais potente e organizado. Para os serviços, que são doravante o setor mais importante da economia brasileira, a dominação da Cidade de São Paulo é esmagadora, é manifestamente uma das chaves da sua potência e a sua influência. Rio de Janeiro localiza-se não muito longe, sendo seguido pelas por outras capitais estaduais.

A situação é sensivelmente a mesma na indústria, cujo peso econômico é atualmente menor do que o de serviços e no comércio. A diferença principal destaca que no campo industrial São Paulo distancia claramente Rio de Janeiro de Janeiro: a relação entre as duas metrópoles é mais ou menos à igualdade para o comércio; de 1,4 para 1 para os serviços, e de 2 para 1 para a indústria.

Esta organização global, para a qual São Paulo manifesta uma clara liderança, é confirmada para o indicador "pessoal empregado por unidades locais" (mapa 2): aparecem nela uma forte concentração nas capitais, e a evidente predominância do Sudeste-Sul e uma verdadeira nebulosa de pequenos centros que cercam as grandes cidades, São Paulo e Rio de Janeiro de Janeiro nomeadamente.

Relacionando o emprego nesses estabelecimentos com a população da microrregião (mapa 3), a supremacia do Sudeste é mais nítida ainda. O critério do número de pessoas por unidade local confirma o recurso maciço à mão de obra de execução no Nordeste e no Norte, onde os estabelecimentos são pouco numerosos, mas onde os assalariados formam uma parte mais importante do pessoal dos estabelecimentos. Nas grandes metrópoles do Sudeste (e mais ainda no Sul), a sua proporção é menor, o que indica que a proporção de empresários individuais e de pessoas associadas à direção do estabelecimento é mais alta.

O setor bancário (mapa 4) é relativamente bem presente em todo o território nacional, e, ao mesmo tempo, altamente concentrado: mais de 3.000 municípios (62%) são dotados de agências bancarias. Mas a sua distribuição é longe de ser homogênea, e reflete bem as hierarquias urbanas. Se mais de 1.750 municípios (35%) ainda possuem duas agências ou mais, são apenas um pouco mais de 400 (8 %) a ter 10 ou mais e somente 47 (menos de 1%) a ter 100 ou mais. Relacionar a distribuição destas agências com a população (agências para 100.000 habitantes) evidencia que as grandes cidades estão na média, enquanto as regiões rurais prósperas do Sul e do Estado de São Paulo e de Goiás, são mais valorizadas por serem grandes consumidoras de créditos bancários para o financiamento de sua agricultura moderna.

A distribuição dos depósitos realizados nessas agências é muito instrutiva, na qual se destaca a oposição entre os depósitos públicos e privados. Os primeiros se sobressaem, com montantes modestos, nas capitais dos Estados do Norte e o Nordeste, Rio de Janeiro de Janeiro e, naturalmente, Brasília, enquanto são quase inexistentes no Sudeste e no Sul. Para os depósitos privados, a situação é oposta. As capitais do Nordeste, do Norte e do Centro-Oeste revelam-se ainda e distinguem-se bem do interior dos seus territórios respectivos, porém três pólos principais destacam-se, Rio de Janeiro de Janeiro e Brasília, mas, sobretudo São Paulo, cujos depósitos bancários representam respectivamente 2 vezes e 2,7 vezes os das duas outras cidades. E para a poupança, a hegemonia de São Paulo é mais esmagadora ainda, representa aqui 1,4 vez Rio de Janeiro de Janeiro, mas é quase multiplicada por 8 em relação a Brasília, 4,6 vezes para Belo Horizonte e 5,3 vezes para Porto Alegre. Em relação à população, o Nordeste, exceto Recife, e mais ainda o Norte é distanciado: a análise deste mapa permite apontar para as dificuldades encontradas para financiar o desenvolvimento destas regiões e a necessidade de transferências financeiras importantes, que se tornam dia a dia mais difíceis com a retração do Estado e de seu papel de regulação e de compensação entre as partes do território nacional.

Influência

O mapa 5, produzido a partir dos dados da pesquisa Regic (Regiões de Influência das Cidades), reúne as nove cidades classificadas pelo IBGE ao nível 1, o de "centralidade máxima". Oito delas estão no Sudeste (cinco das quais no Estado de São Paulo), seis no Sul e seis no Nordeste, dois apenas no Norte amazônico e só uma, Brasília, no Centro-Oeste.

O fato mais visível é a dimensão da área de atração de São Paulo, que engloba doravante uma grande parte do Centro-Oeste e da Amazônia. As outras cidades desta categoria são, sem surpresa, as outras regiões metropolitanas de primeira geração, exceto Belém e incluindo Goiânia, que irradia largamente sobre o resto Centro-Oeste e até sobre algumas porções da Amazônia (Sul do Pará e Maranhão). Goiânia drena uma área bem mais importante do que Brasília, que figura apenas na segunda categoria, e que é decididamente mais capital federal que metrópole regional.

Rio de Janeiro, claramente distanciada por São Paulo, guarda do seu passado de capital federal algumas conexões com os antigos territórios federais de Amazônia (Roraima e Acre), mas a sua área própria é doravante bem reduzida.

A atração de São Paulo vem disputar-lhe a primazia junto às fronteiras de seu próprio estado, infiltra-se nos interstícios, colocando em xeque a atração das outras metrópoles, tanto no Sul e no Nordeste (sul da Bahia, Alagoas, Piauí e Maranhão) como a Amazônia inteira que são drenados pela de influência de São Paulo. No Nordeste, a área de atração de Fortaleza praticamente reduziu-se ao Ceará, e Salvador sofre a concorrência de Recife, além da de Feira de Santana, que abre um "buraco" bem visível na sua área de influência. A área desta última cidade ultrapassa os limites de Pernambuco ao longo do rio São Francisco, onde se desenvolveu uma forte fruticultura irrigada.

Localizada entre as atrações de Belo Horizonte e Goiânia, Brasília tem dificuldades em encontrar o seu próprio espaço, à exceção do oeste da Bahia, talvez por falta de concorrência já que este "Além São Francisco", recentemente conquistado pela cultura da soja, estava pouco polarizado.

Na falta de dados especializados recentes, simulações podem dar uma idéia das zonas de atração teórica em diferentes campos de atividade, utilizando algoritmos derivados da lei da gravitação: estes supõem que o poder (a influência) de uma cidade, da mesma maneira que a de um planeta é em função da sua massa e inversamente proporcional à distância (e geralmente ao quadrado desta) que o separa de outros lugares. As simulações dão resultados próximos dos que foram obtidos por pesquisas de campo, o que confirma que podem ser usadas nos intervalos entre estas, com a vantagem adicional que usando diferentes variáveis para a "massa", pode-se simular diferentes tipos de atração. Assim, tomando como referência o emprego no comércio atacadista, pode-se construir um mapa teórico de suas zonas de influência para cada cidade (mapa 6).

São Paulo distancia-se muito de todas as outras cidades, com a exceção das capitais amazônicas que beneficiam de seu isolamento e da ausência de concorrência próxima. Brasília, Cuiabá e Curitiba ocupam, com essa variável um espaço bem restrito, contrariamente à Goiânia e Uberlândia, que desfrutam das vantagens da sua posição central: neste caso, o modelo teórico é conforme a realidade observada, estas duas cidades realmente têm desempenhado este papel desde os anos 1950, graças à construção e manutenção das estradas que as colocou numa posição ideal para distribuir, para o Norte e Centro-Oeste, os produtos da indústria de São Paulo.

A pesquisa Regic do IBGE não é a primeira deste tipo, outras já haviam sido realizadas nos anos 1970. O tema das áreas de atração era mais requisitado do que na atualidade e tinham sido aplicados no Brasil métodos derivados dos inquéritos Piatier. Em um dos artigos reunidos num livro que analisava a regionalização do espaço no Brasil, intitulado "Cidades e organização do espaço no Brasil", Michel Rochefort (1971) publicou um mapa baseado nestas pesquisas dando a estas um estilo gráfico e um grau de generalização, comparáveis a do Regic (mapa 7).

Durante os 22 anos que separam os dois mapas, a evolução mais nítida é o alargamento da área de São Paulo. Recua ligeiramente ao Sul, onde o Norte do Paraná escapa-lhe em proveito de Curitiba, e no Centro-Oeste, em benefício de Goiânia (não desenhado aqui porque não foi tratado em 1971) ao norte. Inclui doravante maior parte da Amazônia e avançou, via Maranhão, na parte do Nordeste que lhe é adjacente. Todos os espaços pioneiros do país passaram, por conseguinte, sob o controle da capital dos bandeirantes de outrora. A única cidade que parece poder opor-se a essa conquista é Goiânia, aparecendo incrustada no vasto movimento rotativo que a envolve pelo oeste e norte.

Praticamente todas as outras cidades vêem sua área de atração diminuir, com exceção de Belo Horizonte, que atinge o mar e engloba todo o estado do Espírito Santo e progride na direção do Sul, em detrimento de Rio de Janeiro. Belém perde a Amazônia ocidental, Fortaleza e Recife o Maranhão e o Piauí. A área de influência de Salvador, Rio de Janeiro e Porto Alegre se retrai e se reduz aos limites do estado do qual são capitais, ou até a uma parte dos mesmos.

No conjunto, as pesquisas e estes mapas confirmam a dessimetria entre as grandes metrópoles do Sul-Sudeste, eficazmente apoiadas por redes de cidades de médio porte, e as cidades do Norte-Nordeste. Entre as primeiras, São Paulo tem doravante uma primazia indiscutível, é para esta Cidade que pessoas de outras cidades voltam-se cada vez mais, seja para encontrar mercadorias raras e serviços de qualidade (da educação à saúde, passando por toda a gama dos serviços pessoais), seja para os serviços culturais que por muito tempo foi privilégio do Rio de Janeiro. Curitiba, Goiânia e Belo Horizonte mantêm as suas posições, os dois últimos às custas de Brasília, que não tem uma área de atração à altura dos seus dois milhões de habitantes, apesar do seu estatuto de capital federal, ou, quem sabe, não seria por conta dele?

Redes

No mundo atual cada vez mais reticular e menos administrado dentro das tradicionais malhas administrativas e políticas, o fator decisivo de influência é situação em relação às redes e o domínio do seu uso em benefício das elites locais. Deste ponto de vista também São Paulo soube conquistar uma invejável situação de destaque, que pode ser demonstrada nos casos dos transportes aéreos e terrestres, da energia e da informação.

Os fluxos inter-regionais são o essencial e a razão de ser do tráfego aéreo. Levando em conta todos os fluxos (mapa 8) ou destacando apenas as linhas mais freqüentadas, aparece uma extraordinária dessimetria dos fluxos. Certamente os fluxos principais são claros, ainda que a imagem não reflita exatamente a realidade, já que liga as cidades "à vôo de pássaro" e não seguindo os corredores aéreos que existem em certas regiões do país, mas que não ocorrem em outras, onde os pilotos têm a liberdade de voar em linha reta de uma cidade para a outra.

Os que acompanham a direção do litoral, do Chuí até Recife, e principalmente os que ligam entre si as cidades do Sudeste e do Sul, são de longe os mais importantes e aparecem como a "coluna vertebral" do país. Acrescentando o eixo secundário que acompanha o litoral mais ao norte, e segue pelo vale do Amazonas, reúne-se o essencial das rotas aéreas do país. Obviamente, a organização espacial do tráfego aéreo reflete a lógica da organização territorial brasileira e, consequentemente, a reforça.

Porém, o transporte aéreo permite também a aparição de outros eixos, pela sua capacidade de livrar-se parcialmente das distâncias e dos obstáculos. É o caso do feixe de linhas que sai de São Paulo para Fortaleza, Belém (via

Brasília), Manaus, Rondônia (via Cuiabá) e Acre. Este leque de linhas estrutura os intercâmbios entre Norte do país e São Paulo e ajudou a transformá-la na verdadeira capital econômica do país. Foi, indubitavelmente, um dos meios essenciais da "captura" do Centro-Oeste e da Amazônia, pelo menos da Amazônia ocidental, para a zona de atração paulista. Prova disso é o fato que enquanto o transporte do correio aéreo, obedecendo ainda essencialmente a uma lógica de serviço público disponível para todo o território nacional, tem malhas regulares e liga todas as regiões entre si; o frete aéreo, obedecendo à uma lógica meramente econômica, privilegia ainda mais que os fluxos de passageiros, as principais linhas de força do território, o eixo paralelo ao litoral e os feixes procedentes de São Paulo.

Uma estrutura similar aparece para os transportes terrestres e na comparação dos movimentos de passageiros nas ligações entre "Grandes Centros Nacionais" (São Paulo, Rio de Janeiro e Brasília) os "Centros Nacionais" e os "Centros Regionais" (na terminologia da Agencia Nacional de Transportes Terrestres). A "estrela" das relações de São Paulo atinge um número maior de centros urbanos, algumas das quais bem distantes, como Porto Velho ou Rio Branco; ela é a única das três cidades onde aparecem linhas de tráfego denso (mais de 160 milhões de passageiros-quilômetros) fora das ligações com as duas outras metrópoles, no caso Recife, Campo Grande e Curitiba. Ou seja, Nordeste, Sul e Centro-Oeste, em três das cinco macro-regiões brasileiras. Comparativamente, as redes de Rio de Janeiro e de Brasília são menos completas: a primeira não tem nenhuma linha de tráfego médio (mais de 58 milhões de passageiros-quilômetros) em direção ao Centro-Oeste, a segunda, mesmo tendo uma rede que abrange boa parte do território nacional, as linhas de alto tráfego dirigem-se para Rio de Janeiro e as linhas de tráfego médio para São Paulo, Belo Horizonte e Goiânia.

Esta mesma estrutura centrada sobre São Paulo desenha-se igualmente num outro campo: as redes de informação à longa distância (redes de transmissões de dados por microondas, analógicas e numéricas, redes de fibras ópticas, redes *Internet backbone*, redes de transmissão por satélite). Estas redes têm papel cada vez mais importantes na estruturação do território em todos os países do mundo, porque são vitais para o funcionamento da economia, e tornam-se fator de localização tão importante quanto os transportes físicos e a disponibilidade de energia, e pelo menos, tão necessárias ao acesso à uma reserva de mão-de-obra qualificada.

Esse fator é particularmente crucial num país onde as distâncias são enormes e as disparidades econômicas e sociais tão fortes que a implantação de uma sucursal nas regiões periféricas equivale frequentemente a uma implantação num país vizinho, com os seus inconvenientes (distância) e as suas vantagens (baixos salários), mas, em os todos os casos, a necessidade de manter um contato fácil e rápido.

Os diferentes suportes têm evidentemente configurações ligeiramente diferentes, por razões ligadas ao funcionamento técnico de cada um dos sistemas, os quais não têm as mesmas características e também foram implantados em períodos diferentes: é especialmente o caso da difusão por satélite, muito presente em Amazônia, porque tem a vantagem de cobrir vastas superfícies com um mínimo de implantações terrestres. Mas mesmo neste ramo, em que se disse, talvez com um pouco de precipitação, que as distâncias e a noção mesmo de redes seriam abolidas, constata-se que existem assim mesmo eixos fortes, favoráveis aos investimentos, e vazios onde qualquer implantação seria problemática. Neste caso ainda é o litoral que permanece o eixo essencial do país, e curiosamente o desenho da rede de fibras ópticas reproduz o mais antigo de todos os meios de transporte brasileiros, a cabotagem costeira, originada no tempo das caravelas.

Porém, logo após estes eixos nacionais (duplicados por redes internas aos estados, e financiados por eles), reencontra-se aqui a figura observada nos fluxos aéreos, e mais forte ainda, o leque de linhas que se estendem a partir de São Paulo para cobrir todo o noroeste do território nacional. A linha principal é o eixo norte-sul, que aparece com a mesma força na rede elétrica e segue, grosso modo, a rodovia Brasília-Belém, um eixo que "fecha" o triângulo formado pelo litoral, cortando reto para a Amazônia oriental e encerra o principal espaço "vazio" (ou pelo menos mal servido), do Nordeste interior. Mais ao oeste, outras linhas asseguram as ligações com a Amazônia ocidental, quer seguindo as estradas construídas nos anos 1970, para Cuiabá e Porto Velho, quer livrando-se delas e indo direto para Manaus e Boa Vista, no extremo Norte do país. Os "tubos" de informação atingem, portanto, as capitais mais remotas do país, restando, a saber, como a informação que veiculam é distribuída a partir dos pontos de acesso, como é a capilaridade das redes locais, a taxa de cobertura obtida em cada região.

O mapa 10 mostra que a demanda de São Paulo condiciona em grande parte a organização da produção e do transporte de energia elétrica. A produção é principalmente hidroelétrica e, como a capacidade dos rios mais próximos das regiões consumidores já chegou ao seu limite, implica na necessidade de usar recursos cada vez mais remotos. Foi tida como a razão principal da construção, sob o regime militar, da barragem de Itaipú, no rio Paraná, fronteira com o

Paraguai. Uma outra razão, não explicitada, era ampliar a influência brasileira neste país, frente à da Argentina.

O feixe de linhas de alta tensão que ligam Itaipú a São Paulo é o eixo essencial das redes elétricas brasileiras. Conectado com o complexo de barragens do Paraná e o Tiête, ele assegura à região Sudeste uma boa cobertura e, a maior parte do tempo, uma alimentação suficiente, apesar do crescimento constante da demanda.

O verdadeiro desafio é valorizar o potencial do eixo Araguaia-Tocantins. Com o objetivo, de um lado, de satisfazer as necessidades do Nordeste e de outro, sobretudo os infinitamente maiores do Sudeste, que foi empreendida a construção de uma série de barragens e linhas de transmissão no eixo Araguaia-Tocantins, desde 1995.

Este eixo alimentará linhas que partirão para o leste (direto para Salvador) e, sem dúvida posteriormente, para o oeste, especialmente as necessidades não satisfeitas das regiões pioneiras do sudeste do Pará e do nordeste do Mato Grosso. Estas obras serão, sobretudo, o meio de "puxar" linhas do Norte para o Sudeste, e este eixo será a coluna vertebral da interconexão do país, ligando as principais regiões produtoras e consumidoras entre si e abrindo para São Paulo os recursos imensos e subutilizados da bacia amazônica, a grande fronteira energética do país.

Elites

O poder econômico do "centro" é frequentemente causa e conseqüência da acumulação de riquezas no país nas regiões mais desenvolvidas do território. Nada o demonstra tão claramente como as disparidades de renda, perceptíveis por meio da análise e espacialização dos dados censitários.

O censo demográfico de 2000 dá, à escala dos municípios, indicações sobre os rendimentos médios dos responsáveis de domicílios calculados em número de salários mínimos. Agregando estes resultados à escala das microrregiões, podem-se produzir mapas (mapa 11) que mostram, ao mesmo tempo, os efetivos destes conjuntos e a sua proporção no total dos domicílios.

Para manter suas dimensões comparáveis nos três mapas, a escala dos círculos proporcionais foi conservada a mesma e, por conseguinte, constata-se primeiro que se os efetivos dos pobres são mais importantes nas grandes metrópoles do Sudeste, no entanto, é no Nordeste e no Norte que a sua proporção é mais forte, passando de dois terços da população nas capitais para mais dos três quartos no interior.

As classes médias são bem menos numerosas, e mais concentradas, em São Paulo e Rio de Janeiro, nas capitais do Nordeste, do Norte e do Centro-Oeste, e numa série de cidades médias do Sudeste e o Sul, onde chegam a representar mais de 40% das famílias. São nessas localidades que, de fato, sente-se a impressão de estar num mundo dominado por sua presença, seus gostos e seus valores.

Terceiro grupo, o dos "ricos" é mais heterogêneo, já que esta categoria agrupa pessoas muito diferentes: o grupo não tem limite superior e compreende famílias cujos rendimentos contar-se-iam – se fossem calculados assim – em centena de salários mínimos. A sua distribuição espacial é muito clara, ligada à hierarquia urbana, começando pelas grandes metrópoles: é lá que se reproduzem as elites e onde vão viver os que conseguiram se juntar a elas. Os seus efetivos são naturalmente reduzidos, porém na região de São Paulo representam mais de 700.000 pessoas, e constituem uma minoria significativa. É suficiente para fornecer fregueses às lojas de luxo, das quais São Paulo reúne uma das mais densas concentrações mundiais. Vuitton, Mont Blanc, Chanel, Armani e outras marcas afins têm os mais altos faturamentos de toda a sua rede mundial, localizam-se no bairro dos Jardins, onde algumas ruas se comparam favoravelmente com a Rue du Faubourg Saint Honoré ou a Via dei Condotti.

A hegemonia de São Paulo em termos de renda se repete também quanto ao nível de educação. Durante décadas afirmou-se que embora São Paulo acumulasse dinheiro graças ao café ou à industria, a verdadeira capital intelectual do pais continuava sendo Rio de Janeiro. Tal afirmação careceria de fundamento na atualidade, julgando pelos dados do censo para a massa da população e pelas publicações universitárias para os níveis mais elevados.

O censo demográfico dá uma indicação original sobre este assunto, totalizando para cada um dos municípios o número de anos de estudos – a partir da entrada na escola primária – que seguiram os seus habitantes. No mapa 12, agregados por microregiões sobressai: a distribuição deste "capital escolar" reflete – e explica em parte – a do capital econômico e financeiro, com a mesma predominância das grandes metrópoles e as capitais dos Estados. Apenas no Sul e no Sudeste as cidades médias têm níveis comparáveis, e o bom nível de formação dos seus habitantes não é a menor de suas vantagens comparativas.

A variável educativa é de fato uma das chaves para explicar o subdesenvolvimento persistente do Nordeste e do Norte, como demonstram as respostas dadas pelos responsáveis de domicílios à pergunta sobre o seu nível de formação, no censo de 2000. A concentração das pessoas que atingiram o nível do mestrado e o doutorado nas grandes capitais, e particularmente no Rio de Janeiro (nesse caso conserva uma pequena vantagem) e em São Paulo, é ao mesmo tempo, conseqüência e causa de sua liderança econômica e social. Nota-se também que só o Sudeste e o Sul apresentam concentrações destas pessoas qualificadas em cidades do interior, fato que é igualmente causa e conseqüência do crescimento econômico e social que conheceu, por exemplo, o interior de São Paulo.

Entre as funções urbanas que determinam as áreas de atração, as atividades culturais e educativas merecem uma atenção especial porque podem, em certos casos, permitir à cidades especializadas ter áreas de atrações mais vastas e menos previsíveis do que justificaria a sua "massa" econômica: em outros contextos Cambridge e Oxford, ou Heidelberg e Tübingen, têm zonas de influência muito superiores às que deixariam supor a sua população e a sua atividade econômica. Não é o caso no Brasil, onde a hierarquia universitária segue a das massas urbanas (mapa 13). São Paulo também neste tema impõe-se e domina o país inteiro, com o seu conjunto de universidades públicas, na frente das quais a Universidade de São Paulo-USP (mais de 40.000 estudantes), e privadas (como a Pontifícia Universidade Católica-PUC, ou o Mackenzie). As outras cidades têm, no entanto, universidades de adequada dimensão e de boa reputação, audaciosamente defendida. Se o modelo gravitacional similar ao do mapa 6 dá um bônus às cidades amazônicas, que a distância "protege" da influência do Sul (o que não é completamente o caso, pois na realidade, os aviões encarregam-se reduzir as distâncias), as outras as cidades do Sudeste e o Sul são os verdadeiros rivais de São Paulo. Desta maneira, tomando-se como critério básico as publicações científicas, Rio de Janeiro de Janeiro "pesa" a metade de São Paulo, Porto Alegre um quinto. E outras cidades, qualificadas de universitárias, têm um papel de polarização regional não desprezível: Campinas, São José dos Campos e São Carlos, no Estado de São Paulo; Uberlândia, Juiz Fora e Viçosa, em Minas Gerais; Londrina, Maringá e Ponta Grossa, no Paraná; Santa Maria e Pelotas no Rio Grande do Sul. Fora do Sudeste-Sul poucas universidades de peso significativo existem fora das capitais, apenas Campina Grande, na Paraíba, e – em menor esca – Cruz das Almas, na Bahia.

Se um – modesto – movimento de descentralização aparece assim no mundo acadêmico, ele não se coloca como ameaça à predominância paulistana. Em outros casos, porém surgiram movimentos que a solapam tanto "por fora" como "por dentro", "por cima" e por baixo".

Disparidades

Fenômenos novos – ou cuja intensidade se acentuou recentemente – ameaçam, de fato, a hegemonia paulistana: indicadores diversos passaram a demonstrar que podia-se viver melhor em outras cidades, interioranas, com qualidade de vida melhor, mais segurança e equipamentos materiais e culturais comparáveis aos da capital. E, fica cada vez mais claro que as disparidades que existem entre São Paulo e o resto do país não param na portas da Cidade, mas têm o seu equivalente interno, nas diferenças significativas entre partes vizinhas da metrópole.

Outra maneira de medir o nível de riqueza das regiões é analisar o equipamento dos domicílios, um dado que consta no censo demográfico. A geografia do nível de consumo de equipamentos domésticos das famílias é principalmente uma geografia econômica, estando estreitamente relacionada com a renda das famílias, mas, às vezes, é também uma geografia cultural, cujos determinantes são menos perceptíveis. Considerando-se a escala nacional, a geografia do telefone e do automóvel, também seria idêntica para a televisão e outros equipamentos, indica um eixo privilegiado que vai de Santos ao Triângulo mineiro, ao qual se deve juntar Brasília, dentro do conjunto Sul-Sudeste, globalmente melhor equipado que o Nordeste e o Norte. Não é nenhuma surpresa reencontrar, sublinhado e confirmado por estes indicadores de nível de vida, o principal eixo de desenvolvimento do Brasil.

Na escala do Estado de São Paulo, a distribuição dos mesmos equipamentos opõe claramente capital e interior. O predomínio da Capital ainda é esmagador, tanto em número de famílias equipadas como em taxas de equipamento. Porém, as cidades médias escalonadas ao longo das estradas de penetração para o interior tem níveis similares ou superiores. E a capital perde para várias cidades do interior com relação aos automóveis, o que se pode entender quando se considera as dificuldades de circulação em São Paulo, onde os transportes coletivos, apesar de todos os defeitos, transportam diariamente os milhões de pessoas.

Ainda que as cidades sejam os lugares da modernidade, o processo de urbanização acelerada que o país conheceu nos últimos cinqüenta anos acompanhou-se de um forte desequilíbrio social urbano, com o aparecimento de uma massa crescente de excluídos. As cidades brasileiras são fragmentadas e vêem frequentemente coabitar bairros dotados de infra-estruturas impecáveis, destinados aos setores produtivos de elevada tecnologia ou residências de luxo, e bairros miseráveis, cujas populações, pobres e subempregadas, vivem sem saneamento e são atingidas por graves problemas ambientais. A ausência ou a insuficiência dos investimentos públicos na distribuição da água potável, no tratamento das águas residuais, na coleta dos lixos nestes bairros pobres, onde os serviços públicos (saúde, educação, segurança) são deficientes tem, por conseqüência, graves problemas de saúde pública. Em nenhum outro local a situação é tão grave como nas favelas de Rio de Janeiro, onde as autoridades públicas praticamente renunciaram a penetrar e cuja gestão abandona aos traficantes de droga. Mas, muitas outros cidades brasileiras conhecem situações que constituem desafios – ou ameaça – para todas as autoridades.

A marginalização das populações e dos bairros pobres não se manifesta sempre da mesma forma (mapa 07-19). A mais antiga delas, os cortiços, sendo os de São Paulo os mais conhecidos. Imigrantes e nordestinos ocuparam-nos no tempo da corrida para os empregos do café e da industrialização, quando a cidade gabava-se de não ter favelas. Existe, porém, em outras regiões, em cidades do Nordeste, em cidades amazônicas, como Altamira, ou qualquer outra cidade para onde convergem os migrantes, mas não no Rio de Janeiro, onde a forma dominante são as favelas.

Essa discussão inexiste no que diz respeito às favelas, povoadas de pobres, mesmo se com o tempo puderam equipar-se e ter moradores menos pobres. Nascidas no Rio de Janeiro e ainda são numerosas nesta cidade, contudo a "cidade maravilhosa" não tem mais o monopólio, pois estão numerosamente presentes em Belo Horizonte, Porto Alegre. O mapa 15 mostra que o fenômeno atinge todas as regiões do país, desde a Amazônia onde, *a priori*, o espaço abundante e os materiais de construção tradicionalmente utilizados na construção deveriam torná-las raras, até no interior dos estados do Sudeste e Sul, os mais desenvolvidos do país. Contudo, São Paulo tem atualmente o triste recorde do número e da proporção de pessoas morando em favelas, indicador que é comparável entre as duas metrópoles. São Paulo, até nisso, passou na frente do Rio de Janeiro.

Outra situação de desigualdade preocupante é revelada pelo acesso aos dados mais finos, proporcionado pela publicação dos "setores censitários", pelo IBGE. Eles permitem melhor abordagem dos contrastes *intra-urbanos*, pelo menos daquelas descritas pelas variáveis do censo demográfico de 2000. No caso de Brasília, por exemplo, passa-se assim de vinte regiões administrativas a 2.673 setores censitários, dos quais 2.336 setores urbanos. Isso propicia um importante ganho de resolução, tanto para mapas sociais como ambientais. Para São Paulo, esta definição ainda é mais fina, já que o Município é dividido em 13.000 setores, o que permite, por exemplo, delimitar os bairros onde abundam os cômodos, destinados principalmente aos imigrantes recentes (mapa 10-13).

Obviamente, este exemplo das possibilidades dadas pela escala dos setores censitários é apenas uma indicação das disparidades internas da metrópole, analisadas em outros artigos desta coletânea. A nossa única ambição é de destacar, à maneira de conclusão, que o que aparece na escala nacional – e crescentemente continental – como um pólo avançado, uma Cidade de influência cada vez mais ampla, pode ao mesmo tempo ser um espaço urbano que justapõe pessoas e grupos sociais cujos meios são extremamente desiguais e cujos destinos tendem a divergir cada vez mais.

Esse repetição do macrocosmo nacional no microcosmo urbano não é nenhuma coincidência, mas sim, resultado de processos de acumulação desigual, cuja análise ultrapassa o âmbito deste trabalho. A justiça social não faz parte dos atributos de nenhuma capital, fato abundantemente demonstrado pela evolução de Brasília, que em menos de quarenta anos passou do sonho igualitário dos seus fundadores a uma das situações mais claras de segregação do país. Ou vividas pelas grandes capitais mundiais, Roma, Londres, Paris ou Nova York, mais longe no espaço e no tempo, nos seus respectivos auges. Poderia até se dizer que uma capital que não conhece desigualdades, uma capital pacata, ordenada, Camberra, Bonn, ou Washington, raramente é capital de fato, papel assumido pela "outra" capital, maior, mais potente, mas, também, mais feia, mais injusta, mais brutal. Nisso também, São Paulo se qualifica como Capital do Brasil.

Bibliografia

ROCHEFORT, Michel. "Villes et organisation de l'espace au Brésil". In: *La régionalisation de l'espace au Brésil*. Paris, CNRS, pp. 127-135, 1971.

SOBRE OS AUTORES

ANA FANI ALESSANDRI CARLOS, professora Livre Docente, é coordenadora do Programa de pós-graduação em Geografia Humana do Departamento de Geografia da FFLCH e da *Revista GEOUSP:espaço-tempo*, do mesmo programa. Escreveu vários livros dentre eles, destaca-se, *A Reprodução do Espaço Urbano* (1994); *O Lugar no/do Mundo* (1996) *Espaço - Tempo na Metrópole* (2001, o qual recebeu menção honrosa do prêmio Jabuti). Organizou várias obras coletivas dentre elas, *Os Caminhos da Reflexão Sobre a Cidade e o Urbano* (1994); *Novos caminhos da Geografia* (1999); *A Geografia na Sala de Aula* (1999), com Damiani, e Seabra, organizou *O Espaço no Fim de Século: a Nova Raridade* (2001); com Lemos o livro *Dilemas Urbanos* (2003) e com Bertoncello, *Processos Territoriales em Argentina e Brasil* (2003).

ARIOVALDO UMBELINO DE OLIVEIRA, Professor Titular de Geografia Agrária, Orientador (ME e DO) do Programa de Pós-Graduação em Geografia Humana, FFLCH USP. Autor dos seguintes livros: *Agricultura e Modo Capitalista de Produção* (1986), *Amazônia: Monopólio, Expropriação e Conflitos* (1987), *Integrar para não Entregar – Políticas Públicas e a Amazônia* (1988), *Agricultura Camponesa no Brasil* (1991), *Amazônia* (1995), *Geografia das Lutas no Campo* (1996) e *Geografia do Brasil* (19996) em co-autoria ganhador do Prêmio Jabuti (199&). E também é organizador dos livros: *Para Onde Vai o Ensino de Geografia* (1988), *Geografia em Perspectiva* (2002) e *Chiapas - Construindo a Esperança* (2002).

AMÁLIA INÉS GERAIGES DE LEMOS, Professora Titular de Geografia, especializada em Geografia Urbana. Seus trabalhos de mestrado e doutorado foram realizados sobre a formação da metrópole paulistana, na sua expansão para Oeste (Cotia) e para o leste de Itaquaquecetuba, respectivamente. Ganhou prêmio de História dos Bairros da Secretaria de Cultura do Município de São Paulo, com o Bairro Itaquera em co-autoria com a Profa. Maria Cecília França. A Livre Docência e a titularidade se referem às metrópoles latino-americanas, em particular São Paulo Rio de Janeiro e Buenos Aires. Ministrou cursos nas Universidades de Bogotá, Madrid, Barcelona, Havana e várias argentinas. É Chefe do Departamento de Geografia em 3ª Gestão. Tem vários trabalhos publicados em revistas e livros internacionais e no Brasil

CARLES CARRERAS é professor catedrático do Departamento de Geografia da Universidade de Barcelona, coordenador de um convênio de pesquisa com a USP, autor de vários livros publicados na Espanha e no exterior .

EMERSON GALVANI, professor doutor do Departamento de Geografia, formou-se pela Universidade Estadual de Maringá-PR, Mestre em Agronomia, área de concentração em Agrometeorologia pela Escola Superior de Agricultura "Luiz de Queiroz"-ESALQ, Doutor em Agronomia, área de concentração em Energia na Agricultura pela Faculdade de Ciências Agronômicas da Unesp, Botucatu, SP.

GLÓRIA DA ANUNCIAÇÃO ALVES, bacharel e licenciada em Geografia, mestre e doutora em Geografia Humana, professora do Departamento de Geografia da Faculdade de Filosofia Letras e Ciênciais Humanas da Universidade de São Paulo e membro da Associação dos Geógrafos Brasileiros (AGB).

HÈLÉNE RIVIÈRE D'ARC, geógrafa, diretora de pesquisa no CNRS, trabalha no Credal (Centre de Recherche et Documentation sur l'Amérique Latine – Paris) sobre transformações territoriais urbanas abordadas segundo diversas perspectivas metodológicas (les mots de la ville, l'analyse de l'action réformatrice face aux tendances de temps long). Suas publicações mais recentes sobre o tema da cidade e do território são: (dir.) *Nommer les nouveaux territoires urbains* (Editions de l'Unesco, Editions de la Maison des Sciences de l'Homme, Paris, 2001, avec Marie-France Prévôt-Schapira); *Les territoires de l'Etat-Nation en Amérique Latine* (Editions de l'IHEAL, Paris 2001); "Linguagem internacional e técnica sobre a cidade: qual o consenso com a linguagem popular? Exemplos nas cidades brasileiras e mexicanas", in Maria Stella Bresciani (org.), *Palavras da Cidade* (Editora da Universidade, Porto Alegre 2001); "Requalifier le XXe siècle: projet pour le centre ville de São Paulo", in Catherine Bidou-Zachariasen (dir.); *Retours en ville* (Descartes et Cie, Paris, 2003); "Metropolis y recuperación urbana : la comparación Europa-America latina es pertinente?" (*America Latina,* n°3, 2003, Santiago de Chile).

HERVÉ THERY é diretor de pesquisa no CNRS-Credal e diretor da Unidade Mista de Pesquisa ENS/IRD TEMPS (Território e globalização nos países do Sul). Entre diversas funções exercidas, foi diretor do GIP Reclus, professor na École Normale Supérieure de Paris e diretor da sua seção de geografia. Atualmente é pesquisador convidado no Centro de Desenvolvimento Sustentável da Universidade de Brasília-CDS.

JOSÉ PEREIRA DE QUEIROZ NETO Professor Titular de Geografia Física, Departamento de Geografia, FFLCH-USP, Engenheiro Agrônomo e Doutor em

Agronomia pela Esalq-USP, especialização em Pedologia: Orstom - França, Membro Titular da Academia de Ciências do Estado de São Paulo, Professor Emérito da FFLCH-USP, Secretário Regional da SBPC (1990-1992), Conselheiro do Consema por vários mandatos.

JURANDYR LUCIANO SANCHES ROSS é bacharel e licenciado em Geografia pela FFLCH-USP em 1972, fez mestrado na Área de Geografia Física, defendido em 1982 e doutorou-se pela FFLCH-USP em 1987. É autor de vários livros e artigos, com foco na área de Geomorfologia, Análise Ambiental e Zoneamento Ecológico-Econômico.

LUÍS ANTONIO BITTAR VENTURI é bacharel, licenciado, mestre e doutor em Geografia pela Universidade de São Paulo onde, desde 2001, atua como professor na área de Geografia Física, desenvolvendo pesquisa em Geografia dos Recursos Naturais. É autor de outros artigos sobre a temática dos mananciais, publicados em Revistas especializadas e jornais.

MARIA ADÉLIA APARECIDA DE SOUZA é professora titular de Geografia Humana da USP. Foi Prefeita da Cidade Universitária em São Paulo; publicou livros destacando dois sobre a cidade de São Paulo: *A Identidade da Metrópole – a Verticalização em São Paulo* (USP/Hucitec, 1994) e *São Paulo Ville Global – L'Urbanisme Français aux Tropiques* (L'Harmattan, Paris, 1999) e a primeira Política Urbana do Brasil.

MARTINE DROULERS é geografa, diretora de pesquisa no CNRS, trabalha no l'Institut des Hautes Etudes de l'Amérique Latine de l'Université de Paris 3, e professora visitante de Geografia na Univesidade Federal da Paraíba. Efetuou numerosas missões de pesquisa no Brasil. Publicou un ouvrage de synthèse en 2001 chamado *Brésil: une géohistoire*" (Presses Universitaires de France) et en 2004, *L'Amazonie, vers un développement durable* (Editions Armand Colin).

MÓNICA ARROYO é Professora do Departamento de Geografia da Faculdade de Filosofia, Letras e Ciências Humanas, Universidade de São Paulo. Doutora em Ciências pelo Programa de Pós-Graduação em Geografia Humana, Faculdade de Filosofia, Letras e Ciências Humanas, Universidade de São Paulo. Mestre em Integração da América Latina pelo Programa de Pós-graduação em Integração da América Latina, Universidade de São Paulo.

ROSELY PACHECO DIAS FERREIRA, Professora Doutora do Departamento de Geografia, Vice – Coordenadora do Laboratório de Pedologia do Departamento de Geografia da FFLCH-USP, professora de disciplinas envolvendo as áreas de geomorfologia, pedologia, cartografia e fotointerpretação. Formada em Geografia pela FFLCH – USP, mestre e doutora em Geografia Física pela FFLCH-USP.

SIDNEIDE MANFREDINI, Professora Doutora da disciplina de Solos Tropicais, Coordenadora do Laboratório de Pedologia do Departamento de Geografia da FFLCH-USP, Engenheiro Agrônomo pela Faculdade de Agronomia de Jaboticabal - Unesp, Mestre em Energia Nuclear na Agricultura pelo CENA-Esalq-USP, Doutora em Solos e Nutrição Mineral de Plantas pela Esalq-USP.

SUELI ANGELO FURLAN, Professora Assistente Doutora do Depto. de Geografia - FFLCH-USP; Mestre e Doutora em Geografia Física pela Universidade de São Paulo. É também bacharel e licenciada em Biologia pela mesma universidade. Produziu vários trabalhos científicos publicados em revistas nacionais e estrangeiras; Foi técnica do Condephaat, Conselho de Defesa do Patrimônio Histórico, Artístico e Arquitetônico do Estado de São Paulo. Desenvolve pesquisas socioambientais no litoral paulista coordenando o Grupo de Pesquisa "Litoral Sudeste: ambiente, conservação e populações tradicionais". Foi consultora da United Nations Reserach Institute for Social Development (ONU). É coordenadora científica do projeto de desenvolvimento do Plano Diretor de Ilhabela (parceria entre a Prefeitura do Município de Ilhabela e Departamento de Geografia – USP)

WAGNER COSTA RIBEIRO é geógrafo, professor do Departamento de Geografia da USP e autor de *Ordem Ambiental Internacional e Patrimônio Ambiental Brasileiro*, entre outros. Foi membro do Conselho Estadual de Meio Ambiente, do Conselho Municipal de Meio Ambiente e Desenvolvimento Sustentável de São Paulo e do Conselho Regional de Engenharia, Arquitetura e Agronomia de São Paulo.

ANEXO

CADERNO DE MAPAS

LOCALIZAÇÃO DO MUNICÍPIO DE SÃO PAULO

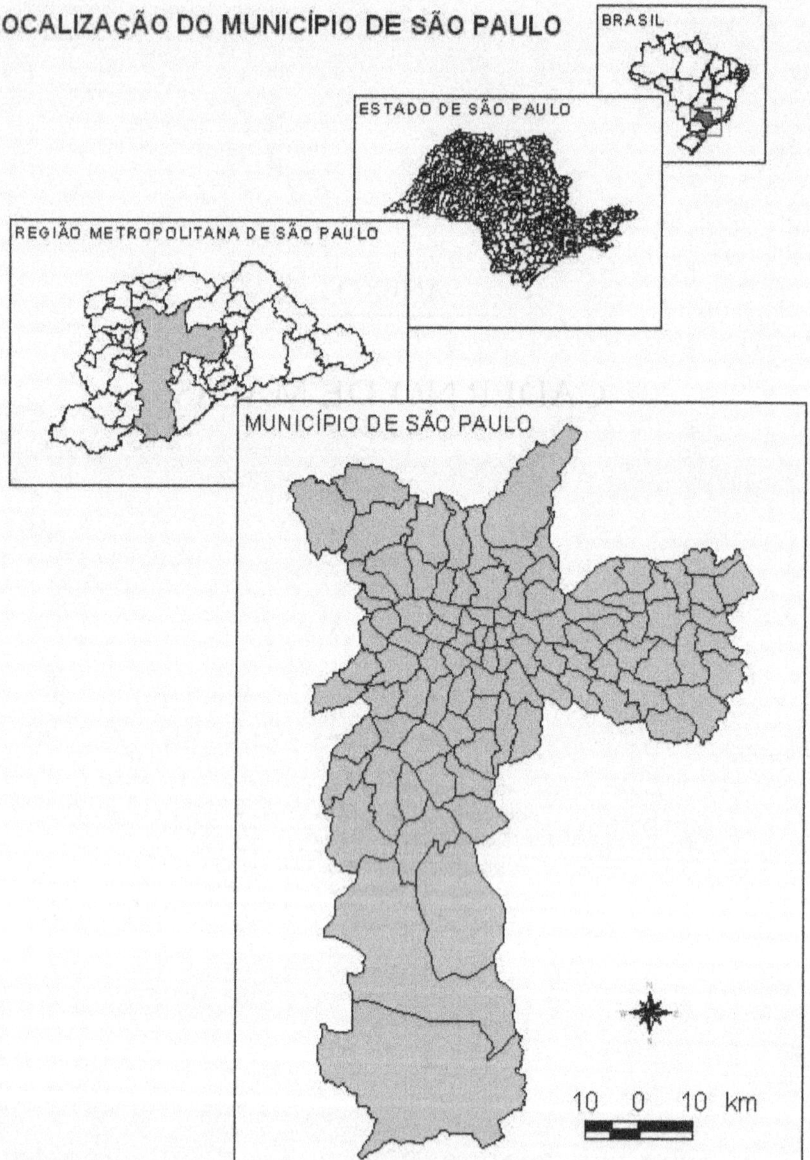

Org.: CARLOS, A. F. A.
Elaboração: CORREIA JR., Paulo A. - Laboratório de Cartografia - DG - FFLCH - USP
Fonte: IBGE, 2003.

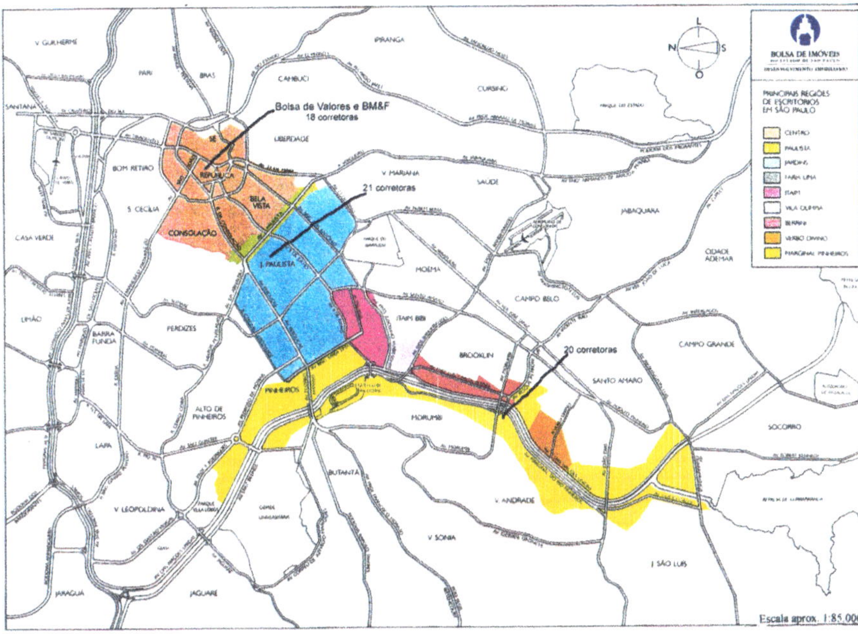

| Figura 2 de *São Paulo: do capital industrial ao capital financeiro* | Localização das Bolsas de Valores e Corretoras de Ações na Cidade de São Paulo. *Fonte:* Carlos, Ana Fani A. Espaço-tempo da vida cotidiana na metrópole – Tese de livre docência apresentada no DG–USP, 2000. *Adaptação:* Amália Inês Geraiges de Lemos.

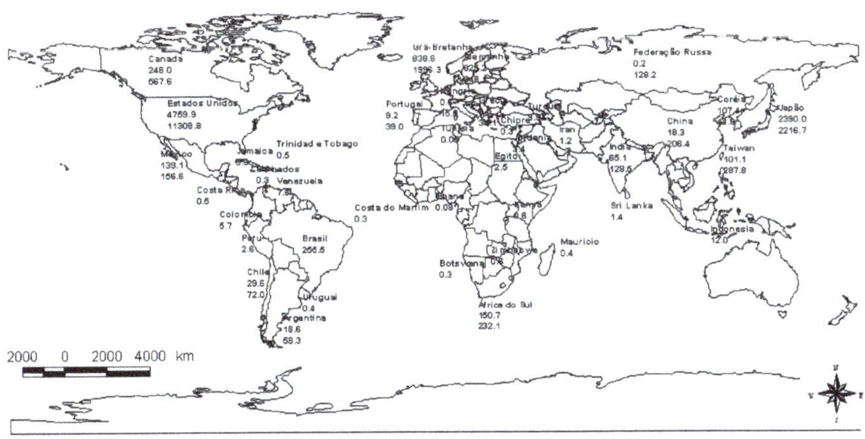

| Figura 1 de *São Paulo: metrópole financeira da América do Sul* | São Paulo no mundo, mercado de capitais, 1992 e 1997 (bilhões de dólares). Fonte: IFC Markets Factbook, 1993 e 1998. Adaptado de Martinez, P. E. O. (1999). Org.: Amália Inéz Geraiges de Lemos, 2003. Elaborado por: Paulo de Almeida Correia Junior - LabCart - DG - FFLCH - USP.

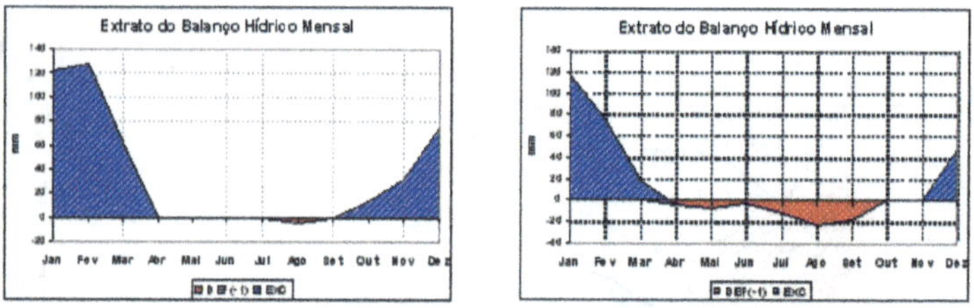

|Figura 3 de *Considerações acerca dos estudos bioclimáticos*| Representação simplificada do extrato do balanço hídrico (deficiências e excedentes) conforme metodologia proposta por Thornthwaite & Mather, (1955). A esquerda a localidade de São Paulo, SP, 1961-1990 e a direita a localidade de Piracicaba, SP, 1917-1998. *Fonte*: http://www.ce.esalq.usp.br/bhbrasil/

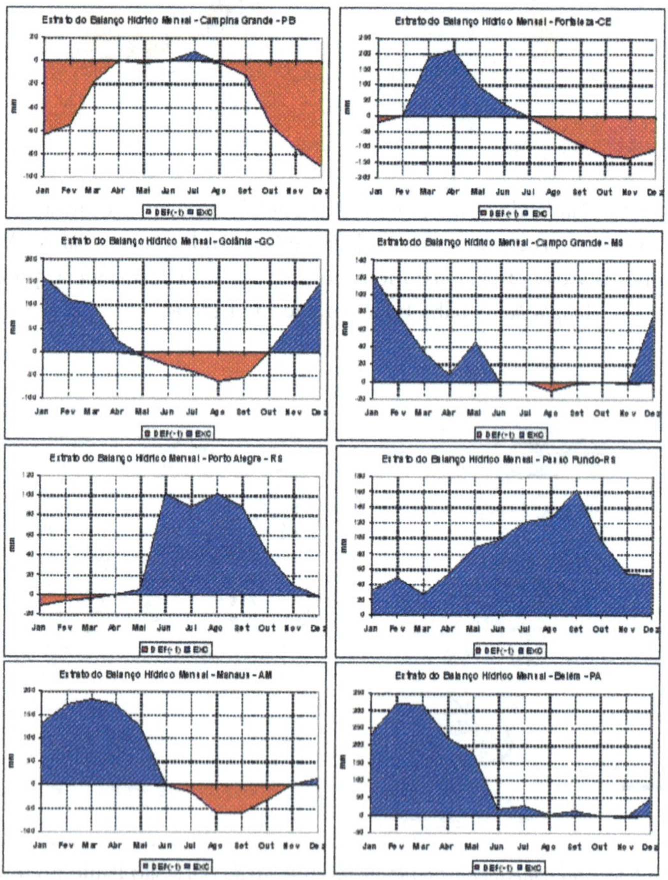

|Figura 4 de *Considerações acerca dos estudos bioclimáticos*| Balanço Hídrico Climatológico (deficiências-DEF e excedentes hídricos-EXC) representativo de localidades com diferentes tipos climáticos. *Fonte*: http://www.ce.esalq.usp.br/bhbrasil/

| Figura 1 de *Tristes mananciais* | Foto do Rio Tamanduateí ao final do século XIX. Vê-se ao fundo, do lado esquerdo, o Mercado Municipal construído em aterro (atual Rua 25 de Março), na base do barranco do Colégio. *Foto:* Militão Augusto de Azevedo, Coleção de Rui Azevedo.

| Figura 2 de *Tristes mananciais* | Foto da Ponte do Carmo (já demolida, por onde passa atualmente a Avenida Rangel Pestana). A constante falta de água nos chafarizes públicos obrigava as lavadeiras a usarem o próprio rio Tamanduateí. *Foto:* Militão Augusto de Azevedo, final do século XIX.

| Figura 3 de *Tristes mananciais* | Foto de ocupação irregular em vertente acentuada em área de mananciais, configurando quadro de alto risco de deslizamentos de encosta. *Foto:* Luis Bittar, junho de 2001.

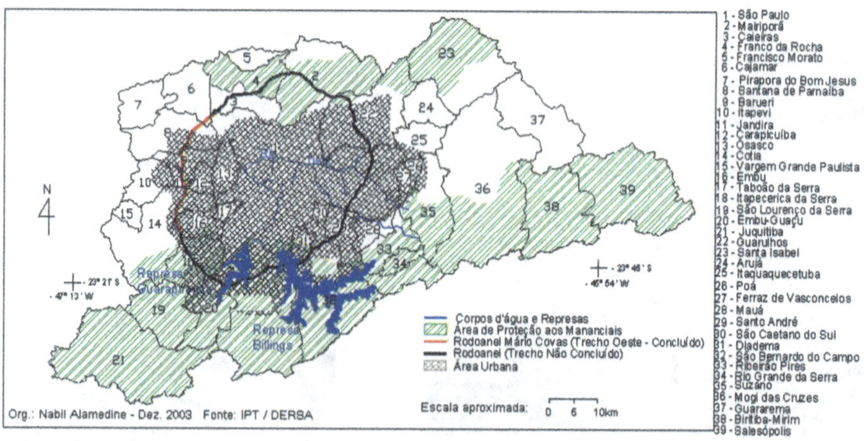

| Figura 4 de *Tristes mananciais* | Mapa da Região Metropolitana de São Paulo, com traçado do Rodoanel, área urbanizada e área de proteção aos mananciais. *Org.:* Nabil Alamedini, dezembro de 2003. *Fonte:* IPT/DERSA.

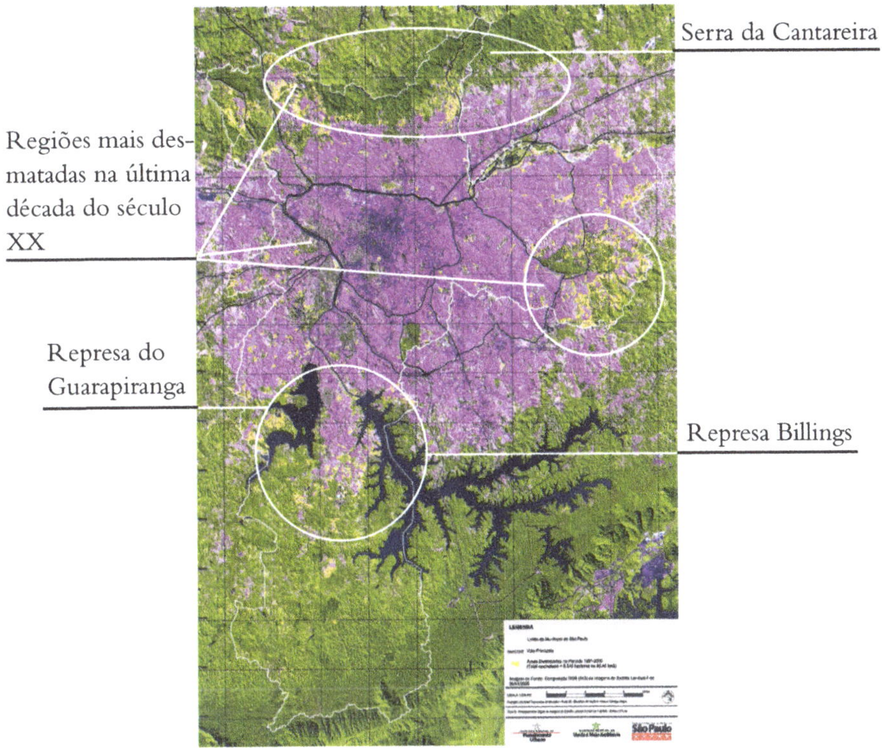

| Figura 1 em *Paisagens sustentáveis: São Paulo e sua cobertura vegetal* | Imagem de satélite do município identificando a progressão do desmatamento na última década do século XX. A coloração alanrajada representa as áreas de expansão do desmatamento recente (fonte: www..atlasambiental.org.br – Org. por Furlan, S. A.)

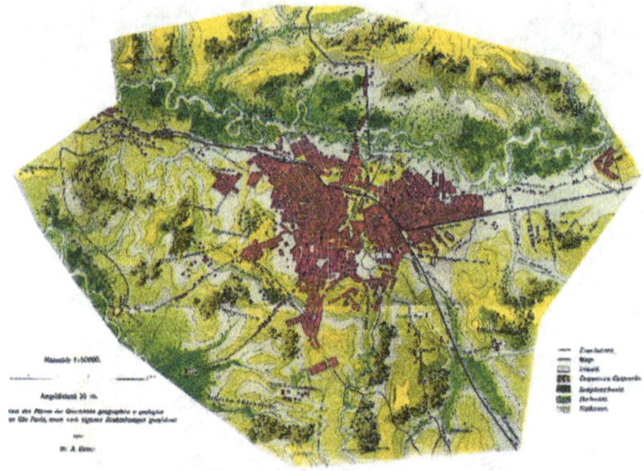

| Figura 2 em *Paisagens sustentáveis: São Paulo e sua cobertura vegetal* |
Vegetação no Município de São Paulo. USTERI (1911)

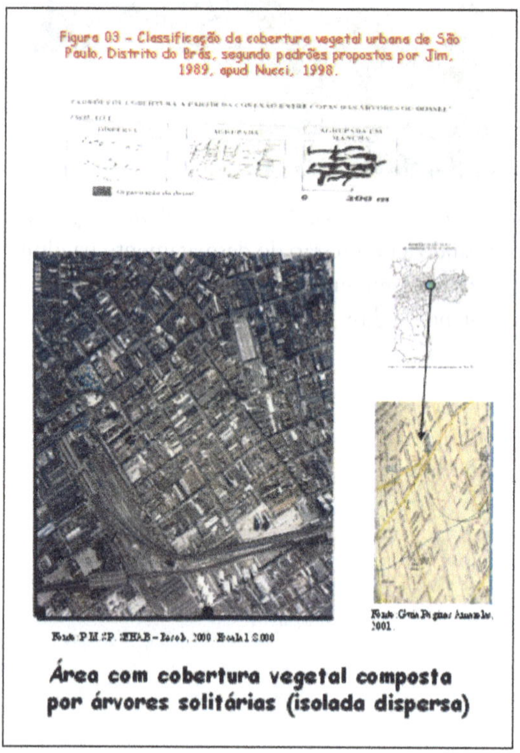

| Figura 3 em *Paisagens sustentáveis: São Paulo e sua cobertura vegetal* |

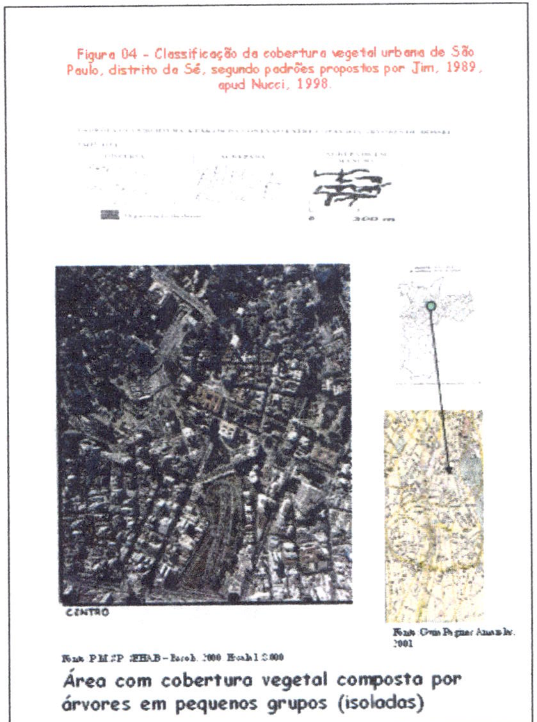

| Figura 4 em *Paisagens sustentáveis: São Paulo e sua cobertura vegetal* |

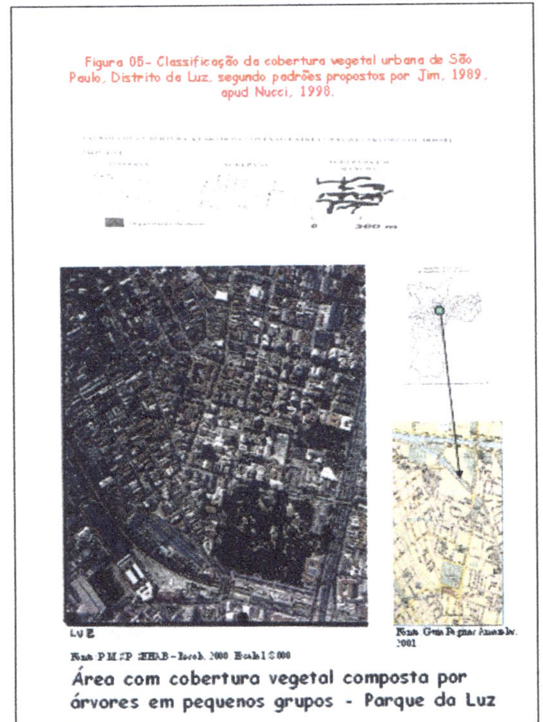

| Figura 5 em *Paisagens sustentáveis: São Paulo e sua cobertura vegetal* |

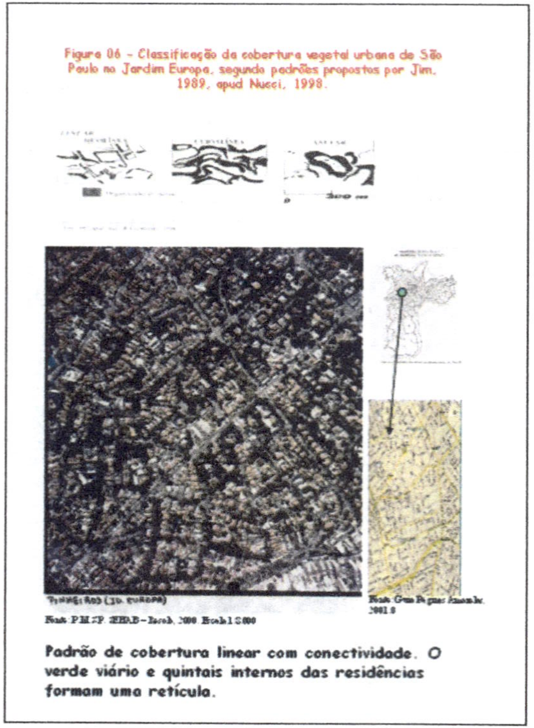

| Figura 6 em *Paisagens sustentáveis: São Paulo e sua cobertura vegetal* |

| Figura 7 em *Paisagens sustentáveis: São Paulo e sua cobertura vegetal* |

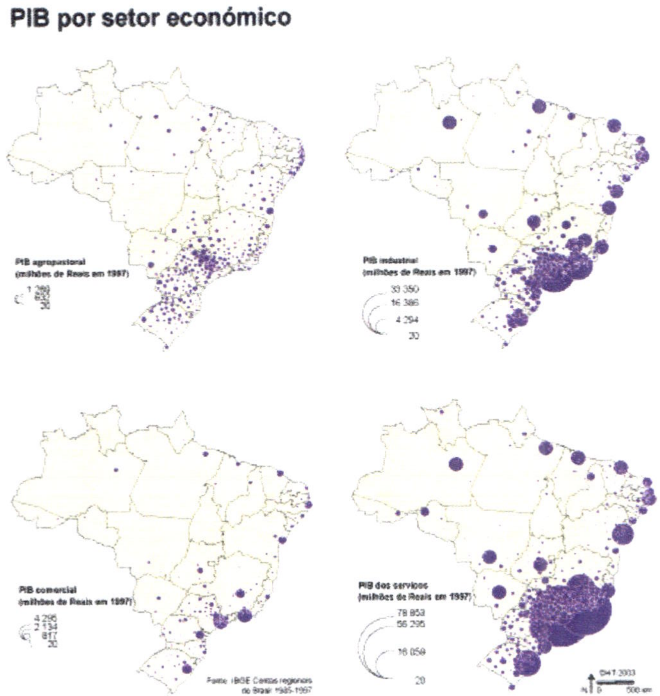

| Figura 1 em *São Paulo, capital do Brasil* | PIB por setor econômico.

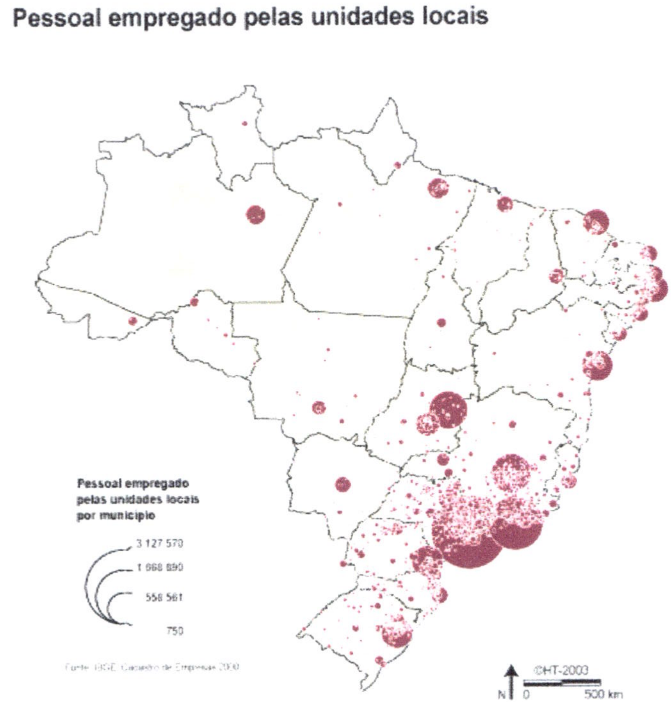

| Figura 2 em *São Paulo, capital do Brasil* | Pessoal empregado pelas unidades locais.

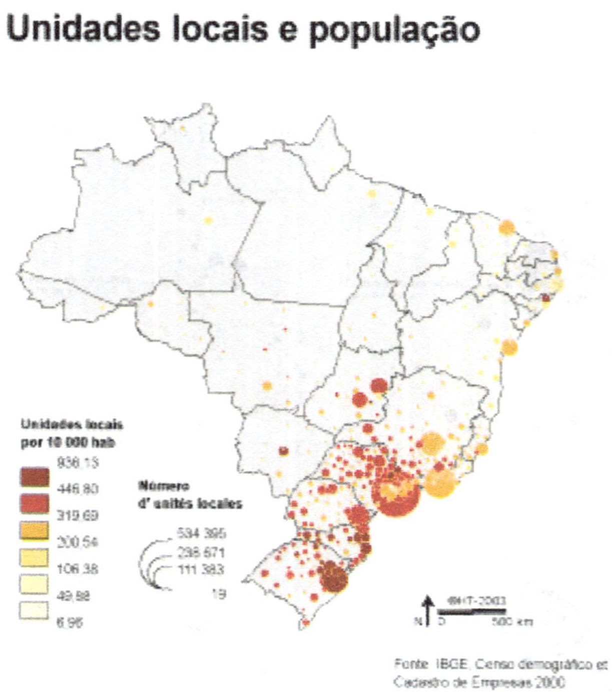

|Figura 3 em *São Paulo, capital do Brasil*| Unidades locais e população.

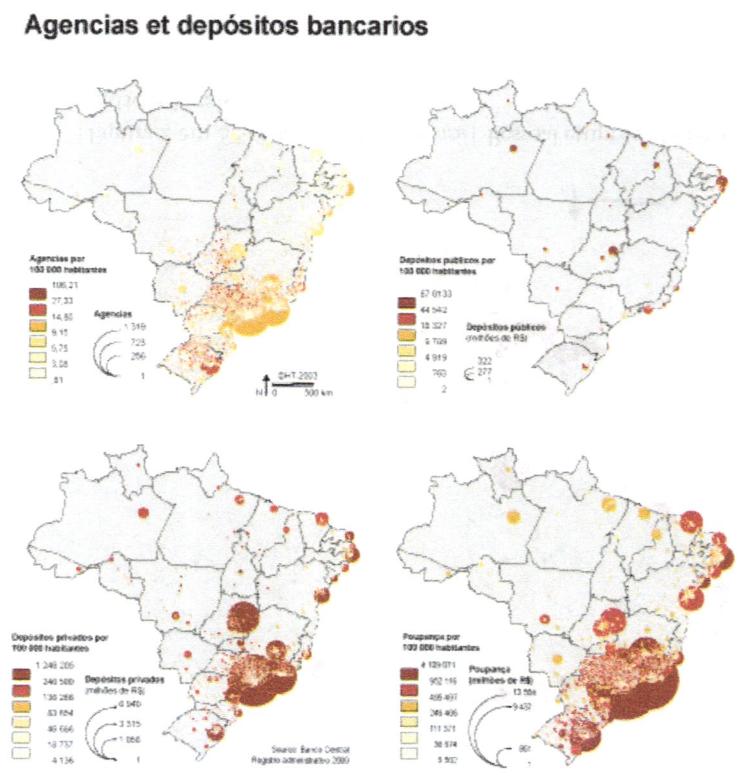

|Figura 4 em *São Paulo, capital do Brasil*| Agências e depósitos bancários.

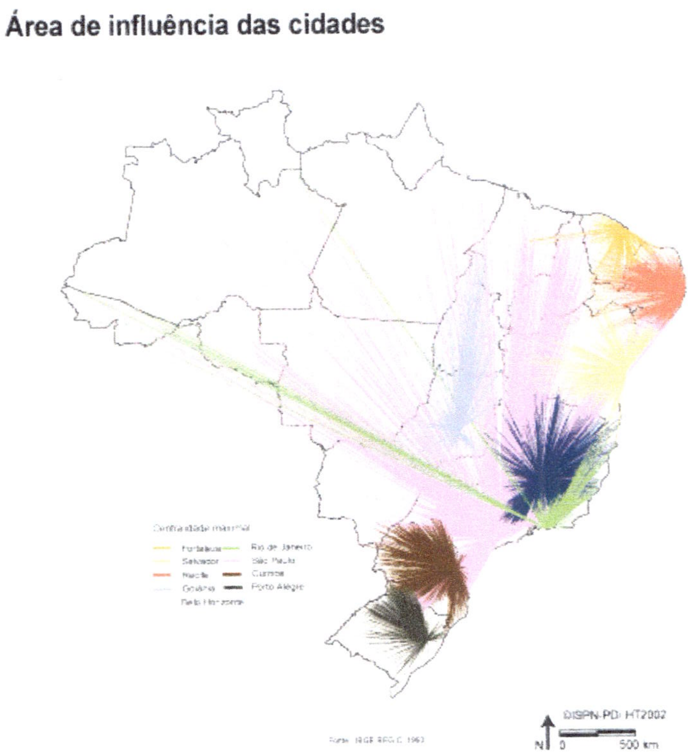

|Figura 5 em *São Paulo, capital do Brasil*| Área de infuência das cidades.

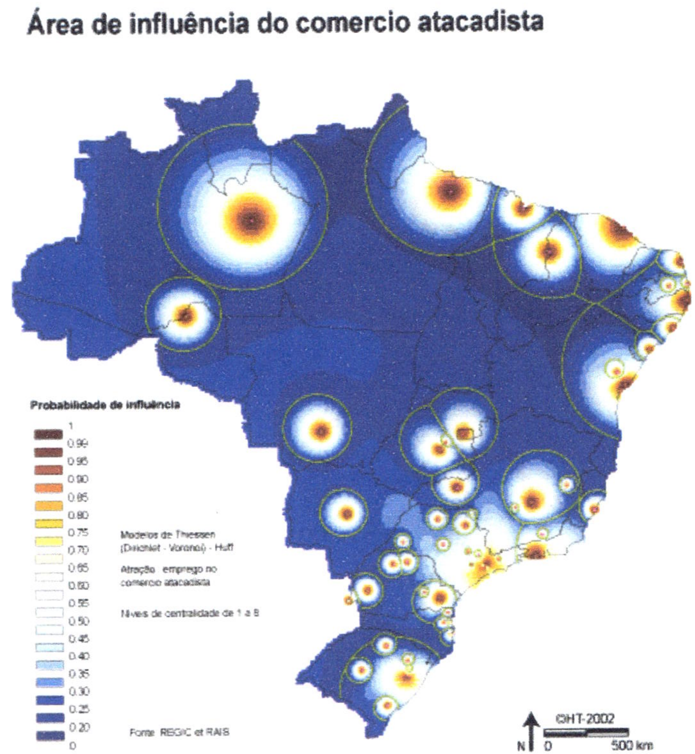

|Figura 6 em *São Paulo, capital do Brasil*| Área de influência do comércio atacadista.

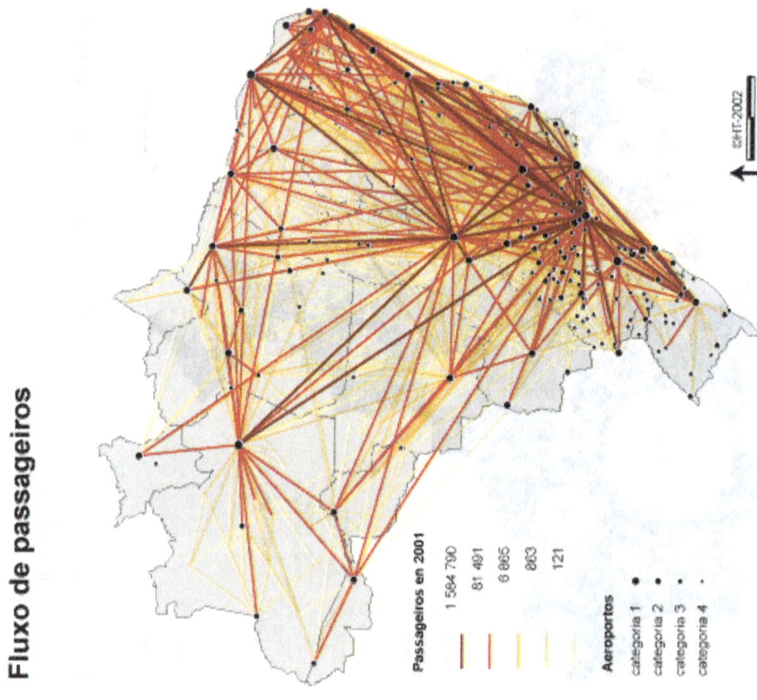

| Figura 8 em *São Paulo, capital do Brasil* | Fluxo de passageiros.

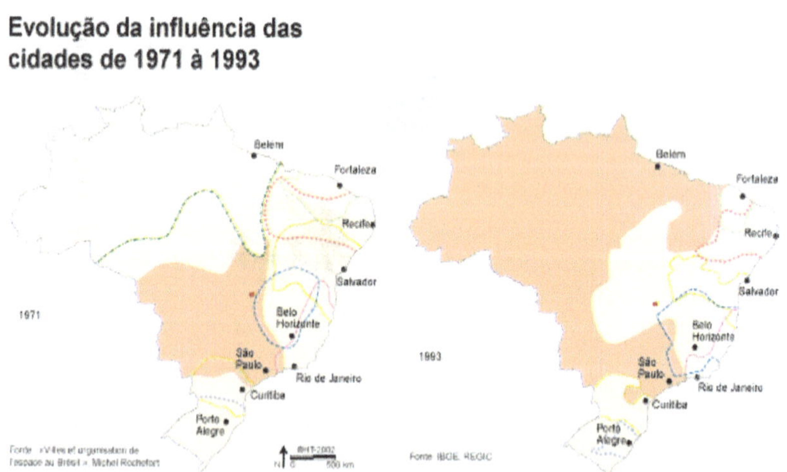

| Figura 7 em *São Paulo, capital do Brasil* | Evolução da influência das cidades de 1971 a 1993.

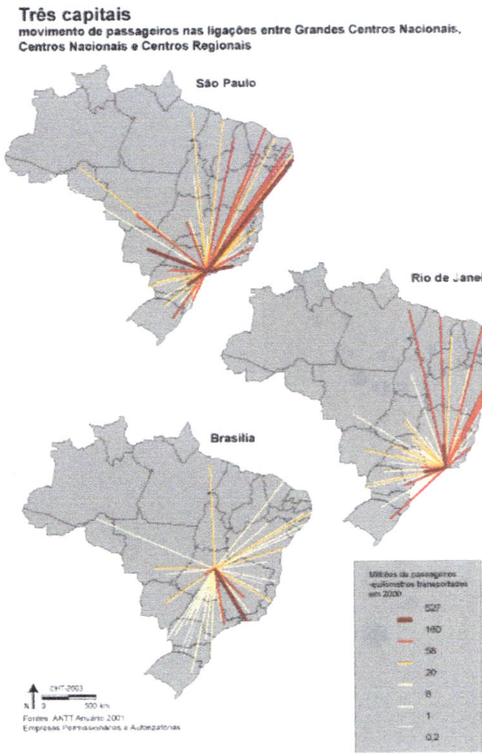

| Figura 9 em *São Paulo, capital do Brasil* | Três capitais - Movimento de passageiros entre Grandes Centros Nacionais, Centros Nacionais e Centros Regionais.

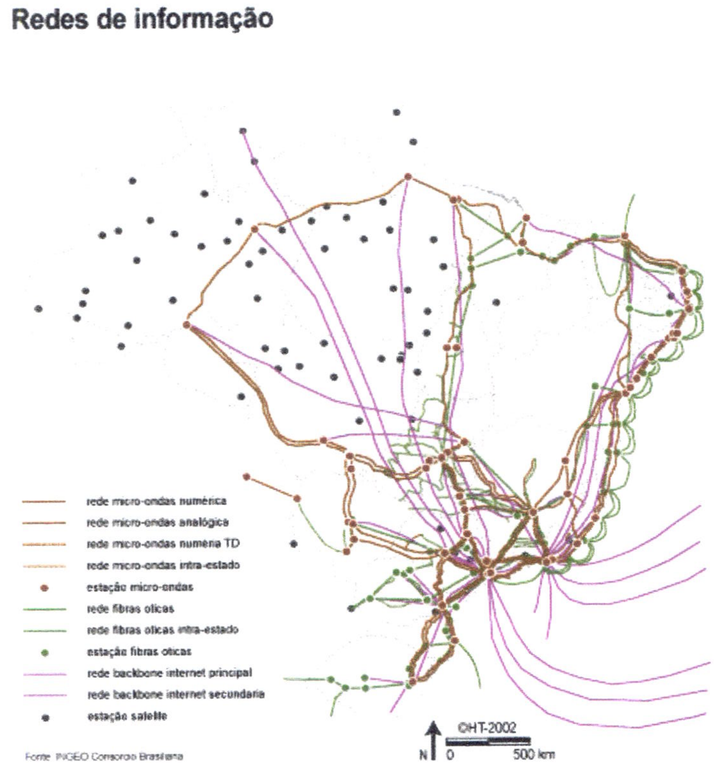

| Figura 10 em *São Paulo, capital do Brasil* | Redes de informação.

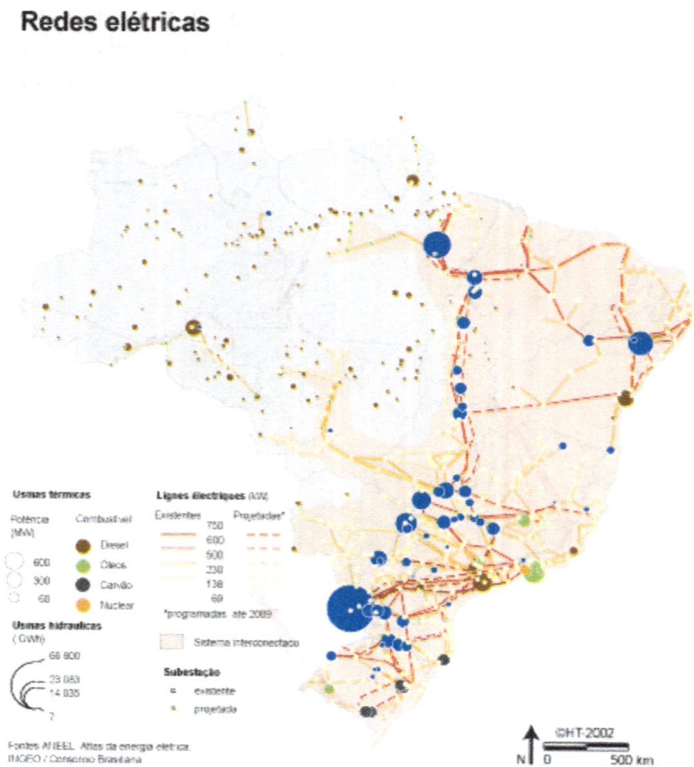

| Figura 11 em São *Paulo, capital do Brasil* | Redes elétricas.

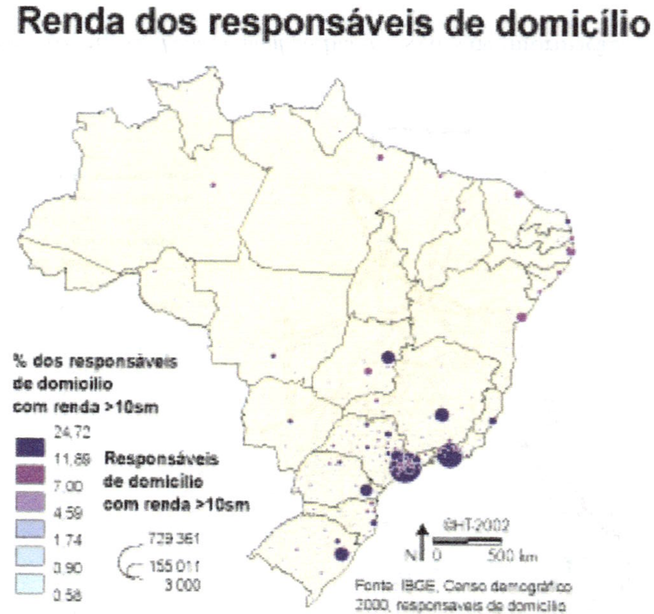

| Figura 12 em *São Paulo, capital do Brasil* | Renda dos responsáveis de domicílio.

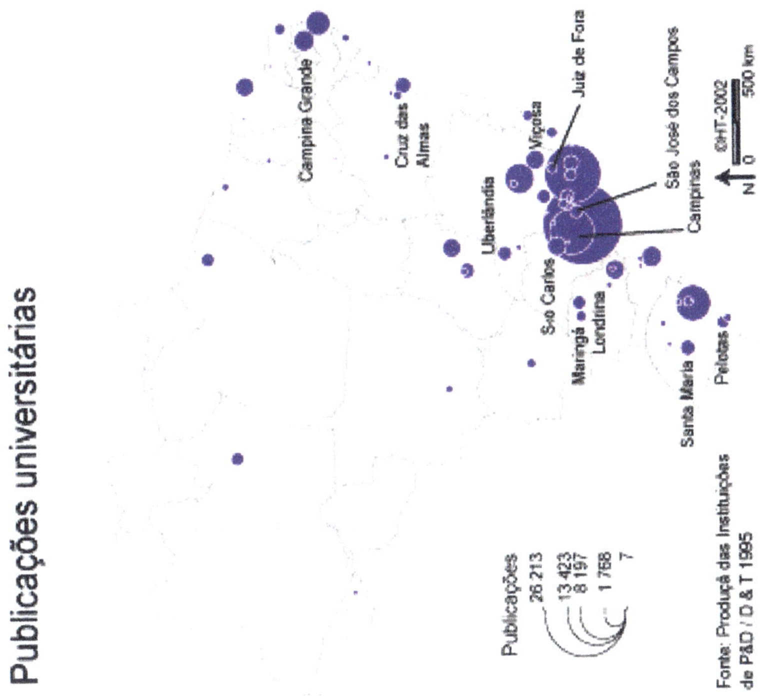

| Figura 14 em *São Paulo, capital do Brasil* | Publicações universitárias

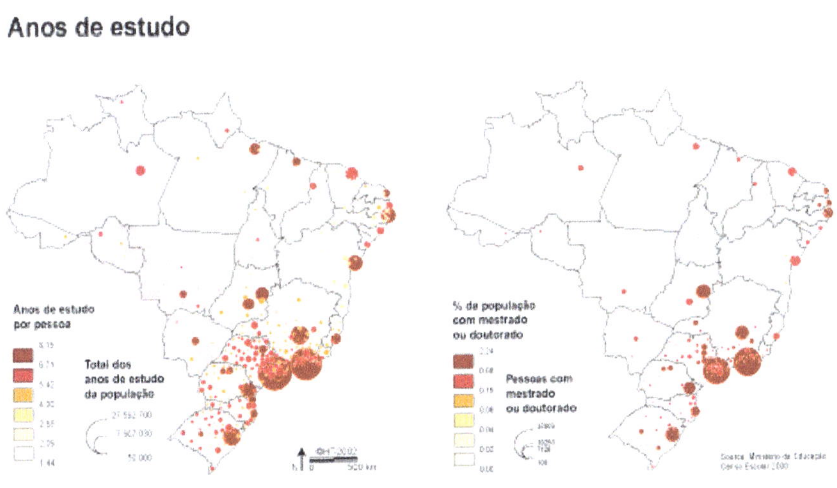

| Figura 13 em *São Paulo, capital do Brasil* | Anos de estudo.

Equipamento dos domicílios no estado de São Paulo

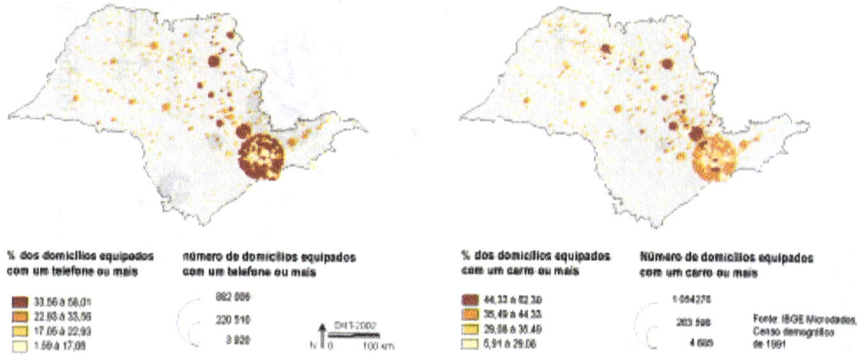

| Figura 15 em *São Paulo, capital do Brasil* | Equipamento dos domicílios no estado de São Paulo.

Moradias irregulares

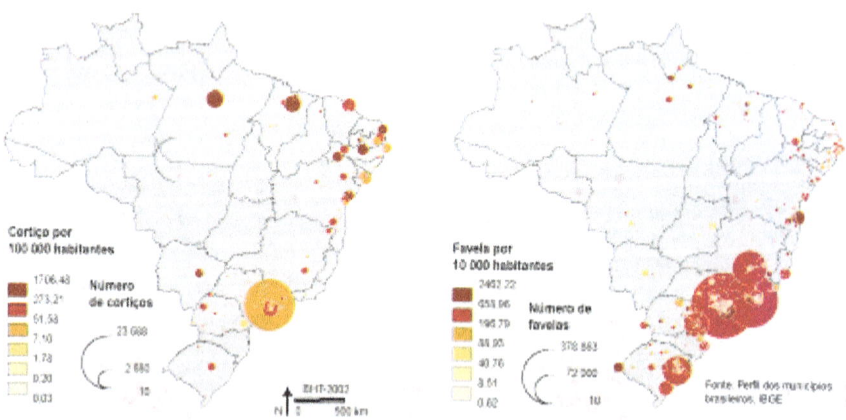

| Figura 16 em *São Paulo, capital do Brasil* | Moradias irregulares.